普通高等教育电子信息类系列教材

U0159640

天线与电波传播

曹祥玉　高　军
刘　涛　李　桐　编　著
杨欢欢　李思佳

西安电子科技大学出版社

内 容 简 介

本书系统介绍了天线与电波传播的基础知识、基本理论、基本分析方法以及实际工程中常用天线的结构和性能、天线新技术和新型天线。全书共 13 章，内容包括绪论、电磁场理论基础、传输线理论、微波传输线、天线理论基础、对称振子与阵列天线、常用线天线、面天线理论和常用面天线、新型天线、电波传播、地面波传播、天波传播、视距传播等。

本书结合了作者多年来的教学和科研经验，编排力求自成体系，将原电磁场与电磁波、微波技术与天线课程内容进行精选、整合，新增了智能天线、超材料天线、等离子天线等内容，拓展了天线与电波传播在实际工程中的应用以及近年来的天线新技术，具有一定的深度和广度，各部分之间具有相对的独立性。为了切实帮助读者掌握和理解所学内容，提高分析问题和解决问题的能力，书中每章章末均附有习题。

本书可作为电子与通信类专业本科高年级学生的教学用书，也可作为研究生的学习参考书以及从事天线开发和研究工作的工程技术人员的自学参考书。

图书在版编目(CIP)数据

天线与电波传播/曹祥玉等编著. 一西安：西安电子科技大学出版社，2020.7
ISBN 978 - 7 - 5606 - 5643 - 4

Ⅰ. ① 天… Ⅱ. ① 曹… Ⅲ. ① 天线－高等学校－教材 ② 电波传播－高等学校－教材
Ⅳ. ① TN82② TN011

中国版本图书馆 CIP 数据核字 (2020) 第 075871 号

策划编辑 臧延新
责任编辑 唐小玉
出版发行 西安电子科技大学出版社(西安市太白南路 2 号)
电 话 (029)88242885 88201467 邮 编 710071
网 址 www.xduph.com 电子邮箱 xdupfxb001@163.com
经 销 新华书店
印刷单位 陕西天意印务有限责任公司
版 次 2020 年 7 月第 1 版 2020 年 7 月第 1 次印刷
开 本 787 毫米×1092 毫米 1/16 印张 20.5
字 数 487 千字
印 数 1～2 000 册
定 价 48.00 元

ISBN 978 - 7 - 5606 - 5643 - 4/TN

XDUP 5945001－1

前　言

天线与电波传播同雷达、通信、导航等密切相关，实际应用相当广泛，在军事和国民经济建设中的重要性与日俱增，不可或缺。

"天线与电波传播"是电子与通信类专业本科生必修的一门专业基础课，课程涵盖的内容是电子与通信类专业本科学生所应具备知识结构的重要组成部分。根据高等院校课程体系改革的需要，有些院校将原来电子信息类本科生专业基础课"电磁场与电磁波"（50 学时）、"微波技术与天线"（60 学时）整合为一门课程"天线与电波传播"（50 学时）。为适应这一变化，本书在编写时本着"厚基础、重应用"的指导思想，力求系统完整，自成体系。全书以介绍基础知识、基本理论、基本分析方法和工程设计为主，以理论推导为辅，将原电磁场与电磁波、微波技术与天线课程内容进行精选、整合，新增了智能天线、超材料天线、等离子天线等内容，拓展了天线与电波传播在实际工程中的应用，增加了近年来新的天线技术介绍，具有一定的深度和广度，力求使学生在较短时间内掌握电磁场与电磁波、微波技术、天线与电波传播的基础理论、基本知识以及分析和求解问题的基本方法，培养学生用"场"和"路"的理论分析问题和解决问题的能力，为今后学习其他后续课程或从事天线与电波传播方面的研究和工程设计工作打下良好的基础。

本书由空军工程大学信息与导航学院曹祥玉、高军教授担任主编，刘涛副教授、李思佳副教授、杨欢欢讲师、李桐讲师参与编写，且刘涛参与完成了本书的编写计划制定、审定和统稿。全书共 13 章。第 0 章为绪论；第 1 章为电磁场理论基础，从麦克斯韦方程出发，介绍了电磁场与波产生和传播的基础理论；第 2 章、第 3 章从微波传输线方程出发，介绍了微波传输线的基本理论和工程中常用的矩形波导、圆波导、同轴线、带状线和微带；第 4 章至第 7 章为天线基本理论以及常用天线介绍，包括天线理论基础、对称振子与阵列天线、常用线天线、面天线理论和常用面天线等内容，阐述了天线的基础知识，介绍了各种常用天线的结构、工作原理、性能参数及工程应用；第 8 章重点介绍与工程应用密切相关的天线新技术、新方法以及各种实用新型天线，如超材料天线、智能天线及等离子天线；第 9 章至第 12 章为电波传播理论，概述了电波传播的基本理论，包括地面波、天波、视距传播的过程、规律和场强的计算方法。此外，为了指出学习要点，总结精华，启发深入思考，培养学生的自主学习和创新能力，本书自第 1 章起，每章前后均附有提要和总结，且每章中均有典型例题讲解及大量习题，希望通过剖析例题来帮助学生加深理解，经过习题练习自测来帮助学生巩固所学知识，提高其分析问题和解决问题的能力。本书是为信息工程类专业本科生编写的教学用书，教学参考学时为 50 学时。

　　本书在编写过程中，得到了空军工程大学信息与导航学院各级领导和同志的支持与帮助，在此表示衷心的感谢。同时，本书在编写过程中还参阅和引用了相关优秀教材，在此对这些教材的作者致以诚挚的谢意。

　　感谢西安电子科技大学出版社为本书的出版提供的帮助。

　　由于编写时间较仓促，加上编者水平有限，书中难免有疏漏和不当之处，殷切希望读者批评指正。

编　者

2020 年 4 月

目　　录

第 0 章 绪 论

1864 年，麦克斯韦发表了《电磁场的动力理论》，从理论上预言了电磁波的存在；1887 年，赫兹验证了电磁波的存在；1897 年，马可尼第一个采用大型天线实现了远洋通信。一百多年来，伴随着科学技术的不断进步，人类对自然界广泛存在的电磁波这一物质形态的认识不断深化，创造了多种多样的无线电通信系统，并在广播、电视、移动通信、雷达、导航、卫星以及军事领域中的制导武器、电子对抗等应用领域，取得了极为丰硕的研究成果。

任何无线电电子系统的信息传输既包含电磁波的发射和接收，也包含电磁波在空间的传播过程。电波传播与天线的理论与技术研究作为无线电科学的重要组成部分，是具有广泛使用意义与科学意义的应用基础学科和交叉学科，其研究成果将直接影响电磁波工程系统的整体水平。

天线是任何无线电通信系统都离不开的重要前端器件。尽管设备任务不相同，但天线在其中所起的作用基本上是相同的。天线的任务是将发射机输出的高频电流能量（导行波）转换成电磁波辐射出去，或将空间电波信号转换成高频电流能量送给接收机。为了能顺利实现上述目的，要求天线具有一定的方向特性和较高的转换效率，能满足系统正常工作的频带宽度。天线作为无线电系统中不可缺少且非常重要的部件，其本身的质量直接影响着无线电系统的整体性能。

现代通信技术的飞速发展对天线提出了许多新的要求，使天线的研发主要朝小尺寸、宽频带、多波段工作和智能方向图控制等方向发展。随着天线功能不断有新突破，许多新型天线应运而生。例如，为了适应微型和集成电路的要求，出现了体积小、剖面低的多频多极化微带天线；为适应信息化军事技术的发展，电扫描和多波束天线能同时跟踪多目标；为适应复杂电磁环境，出现了具有抗干扰能力的自适应天线；移动通信的关键技术——智能天线，除了能完成高频能量的转换外，还可对传递的信息进行一定的加工和处理，能够智能化地进行来波到达方向（Direction Of Arrival，DOA）估计以及具有预定空域特征的数字波束形成（Digital Beam Forming，DBF）；利用最近出现的超材料的奇异电磁特性，可以改善天线的辐射特性。目前智能天线和超材料天线技术已成为天线领域的研究热点。

天线种类繁多，为了适应各种不同用途的需要，人们设计和研制出了各种类型的天线。对于这些天线，可以从不同的角度分类。按工作性质，可分为发射天线和接收天线；按用途，可分为通信天线、广播天线、电视天线、雷达天线等；按工作波长，可分为超长波天线、长波天线、中波天线、短波天线、超短波天线、微波天线等；按结构形式和工作原理，可分为线天线和面天线等。在实际应用中，一种形式的天线通常并不专属于以上某一类，而是常常兼属几类。

虽然各种各样的天线令人眼花缭乱，但它们都遵从相同的电磁场基本原理。研究天线问题，就是研究天线所产生的空间电磁场分布以及由其所决定的天线的特性；而求解天线问题的实质，就是求解满足特定边界条件的麦克斯韦方程组的解。严格求解天线问题是非常复杂和困难的，因此，对具体天线问题往往将条件理想化，采取近似处理的方法来获得所需的结果。目前，随着计算机仿真软件的不断涌现，人们往往依靠电磁仿真软件进行辅助分析、设计，从而可以更准确地处理天线问题。

电波传播是指无线电波在地球、地球大气层和宇宙空间中的传播过程。电波受媒质和媒质交界面的作用，会产生反射、散射、折射、绕射和吸收等现象，使电波的幅度、相位、极化、传播方向等特性参量发生变化。电波传播主要研究无线电波与媒质间的这种相互作用，阐明其物理机理，计算传播过程中的各种特性参量，为各种无线电技术设备的方案论证、最佳工作条件选择和传播误差修正等提供数据和参考。

电波传播在无线电技术设备中的应用非常广泛，几乎所有的无线电技术设备都要涉及电波传播问题，都要利用电波传播。电波传播是无线电技术设备重要的技术基础。早期的电波传播研究就是为了建立和改善无线电通信而开展起来的。随着电子技术的发展，无线电技术设备日新月异，出现了各种各样的电波传播问题。正是这些实际应用中的问题促使着电波传播研究向前发展；反过来，电波传播每一次新的发现和进展，也都为无线电技术设备开辟了新的技术途径。

本书从天线与电波传播的基础理论——麦克斯韦方程出发，详细介绍了天线与电波传播涉及的时变场概念、平面电磁波、传输线理论以及微波传输线。在掌握了场与波的基础概念和分析方法之后，本书以天线基础理论为起点，介绍了天线的功能、描述天线的参数、基本的天线辐射单元以及天线收发互易原理，并以此为基础介绍了工程中各种常用的天线，如对称振子与阵列天线以及各种各样的反射面天线，包括作者从事多年天线研究的新成果——超材料天线、智能天线、等离子天线等，最后介绍了电波循着不同途径传播过程中信号的变化。这些问题的研究可以直接或间接地帮助我们提高通信的效率，改进通信的质量。

希望通过本书的学习，使读者能在较短的时间内快速掌握电磁场理论、天线与电波传播的基本知识，为开展和从事该领域的研究奠定基础。

第 1 章　电磁场理论基础

1.1　麦克斯韦方程组

　　麦克斯韦方程组是英国物理学家麦克斯韦在 19 世纪建立的一组描述电场、磁场与电荷密度、电流密度之间关系的偏微分方程。它含有四个方程,不仅分别描述了电场和磁场的行为,而且描述了它们之间的关系,使电场和磁场成为一个不可分割的整体。该方程组系统而完整地概括了电磁场的基本规律,并预言了电磁波的存在。正是这些基础方程的相关理论,发展成了现代的电力科技与电子科技。因此,麦克斯韦方程组是学习电波传播与天线的理论基础。

1.1.1　高斯定理

　　在"大学物理"的电磁学部分,我们已经学习了静态电场和磁场的高斯定理。

　　静态电场高斯定理的微分形式为

$$\nabla \cdot \boldsymbol{D} = \rho \tag{1.1-1}$$

式中,∇ 为哈密顿算子;ρ 为介质中自由体的电荷密度,单位是库仑每立方米(C/m^3);$\boldsymbol{D}$ 为电通量密度矢量(或称为电位移矢量),单位是库仑每平方米(C/m^2)。

　　电场的高斯定理说明,任意一点电通量密度矢量 $\boldsymbol{D}$ 的散度等于该点的体电荷密度。这表明电场是一个发散场,电荷是场的发散源,电力线从正电荷出发而终止于负电荷。

　　将式(1.1-1)两端在任意体积 V 内积分,应用高斯散度定理将式(1.1-1)左端的体积分变换成在被包围体积 V 内的闭合面 S 上的面积分,即

$$\oiint_S \boldsymbol{D} \cdot \mathrm{d}\boldsymbol{S} = \iiint_V \rho(\boldsymbol{r})\mathrm{d}V \tag{1.1-2}$$

这就是高斯定理的积分形式，其中 r 是空间一点的位置矢量。式(1.1-2)表明，电通量密度矢量 D 在任一闭合面上的通量等于该闭合面所包围的总电量。

静态磁场高斯定理的微分形式为

$$\nabla \cdot \boldsymbol{B} = 0 \tag{1.1-3}$$

式中，B 为磁感应强度（也称磁通密度），单位是特斯拉（T），也可表示为韦伯/每平方米（Wb/m²）。

磁场的高斯定理表明磁场是无散度场，磁场中没有通量源。

同样，应用高斯散度定理，可得到式(1.1-3)的积分形式，即

$$\oiint_S \boldsymbol{B} \cdot \mathrm{d}\boldsymbol{S} = 0 \tag{1.1-4}$$

这说明在磁场中通过任意闭合面的磁通量恒等于零，或者说穿进闭合面的磁力线数目等于穿出闭合面的磁力线数目，所以磁场中的高斯定理又称为磁通连续性原理。

1.1.2 法拉第电磁感应定理

在人类对于电磁相互转换的认识上，法拉第起到了关键的作用。奥斯特首先发现电可转换为磁（即线圈可等效为磁铁），而法拉第坚信磁也可转换为电。经过长时间无数次的实验，1831 年，法拉第首次发现了电磁感应现象。当穿过闭合导体回路的磁通量 ψ 发生变化时，回路中就会产生感应电流。这表明回路中感应了电动势，这就是法拉第电磁感应定律，用公式可表式为

$$\mathcal{E} = -\frac{\mathrm{d}\psi}{\mathrm{d}t} \tag{1.1-5}$$

式中，$\mathcal{E}$ 为感应电动势；负号表示感应电流产生的感应电动势总是阻碍原磁通 ψ 的变化。这里规定感应电动势的正方向和磁通正方向之间存在右手螺旋关系。

由于导体回路上的电流是电场力推动电荷作定向运动而形成的，因此导体回路上有感应电流就表明空间有电场存在。可见，磁场的变化要在其周围空间激发电场。这种电场不同于静电场，不是由电荷激发的，通常称为感应电场。因此，闭合回路中的感应电动势又可用感应电场强度 E 沿整个闭合回路的线积分来表示，即

$$\mathcal{E} = \oint_l \boldsymbol{E} \cdot \mathrm{d}l \tag{1.1-6}$$

式中，E 是回路 l 上线元 $\mathrm{d}l$ 处的电场强度。

而穿过回路的磁通量为

$$\psi = \oiint_S \boldsymbol{B} \cdot \mathrm{d}\boldsymbol{S} \tag{1.1-7}$$

因而法拉第电磁感应定律式(1.1-5)可以写成

$$\oint_l \boldsymbol{E} \cdot \mathrm{d}l = -\frac{\partial}{\partial t} \oiint_S \boldsymbol{B} \cdot \mathrm{d}\boldsymbol{S} \tag{1.1-8}$$

式(1.1-8)为法拉第电磁感应定理的积分形式。

应用斯托克斯（Stokes）定理，由式(1.1-8)可以直接推导出法拉第电磁感应定律的微分形式，即

$$\nabla \times \boldsymbol{E} = -\frac{\partial \boldsymbol{B}}{\partial t} \tag{1.1-9}$$

式(1.1-9)表明：感应电场和静电场的性质完全不同，它是有旋度的场，它的力线是一些无头无尾的闭合曲线，所以感应电场又称为涡旋电场。静电场和稳恒电流的电场可以看成$\partial \boldsymbol{B}/\partial t = 0$的特例。

1.1.3　全安培环路定理

感应电场的概念揭开了电场与磁场联系的一个性质，即变化的磁场产生电场。在研究从库仑到法拉第等前人成果的基础上，深信电场、磁场有着密切关系且具有对称性的麦克斯韦(Maxwell)，通过解决安培环路定律用于时变场时出现的矛盾，提出了位移电流的假说，揭示了电场与磁场联系的另一个性质——变化的电场产生磁场。

在"大学物理"电磁学部分，我们学习了安培环路定律

$$\nabla \times \boldsymbol{H} = \boldsymbol{J} \tag{1.1-10}$$

它是在稳定情况下导出的，其中，$\boldsymbol{H}$是磁场强度，$\boldsymbol{J}$代表传导电流密度。

对$\nabla \times \boldsymbol{H} = \boldsymbol{J}$两端取散度，因为$\nabla \cdot (\nabla \times \boldsymbol{H}) = 0$，所以

$$\nabla \cdot \boldsymbol{J} = 0 \tag{1.1-11}$$

但是在时变场中，根据电荷守恒定律应有

$$\nabla \cdot \boldsymbol{J} = -\frac{\partial \rho}{\partial t} \tag{1.1-12}$$

比较式(1.1-11)与式(1.1-12)可见，安培环路定律与电荷守恒定律出现了矛盾。同时发现，采用式(1.1-10)安培环路定律求解图1.1-1所示的平板电容器充放电电路时也出现了矛盾。

如图1.1-1所示，做闭合曲线c与回路铰链。由式(1.1-10)安培环路定理积分形式可知，经过S_1面时有$\oint_c \boldsymbol{H} \cdot \mathrm{d}l = i_c$。而经过

S_2面时，由于没有电流流过，则$\oint_c \boldsymbol{H} \cdot \mathrm{d}l = 0$。显然，出现了矛盾。

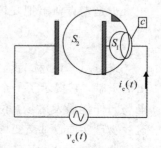

电荷守恒定律是通过大量实验总结出的普遍规律，而安培环路定律则是根据稳态电流的实验定律推导出的特殊规律。针对安培环路定律在求解平板电容器充放电电路中出现的矛盾，麦克斯韦断言：平板电容器中必有电流存在。由于该电流不能由传导产生，麦克斯韦称其为"位移电流"。为此，麦克斯韦在安培环路定理中加入了"位移电流"项，以保证它对时变场也是正确的。

图1.1-1　平板电容器

该项表达式可由高斯定理和电荷守恒定理得出，推导过程如下：

假设静电场中的高斯定律$\nabla \cdot \boldsymbol{D} = \rho$仍然成立，并把它代入电荷守恒定律公式，得

$$\nabla \cdot \boldsymbol{J} = -\frac{\partial}{\partial t} \nabla \cdot \boldsymbol{D} = -\nabla \cdot \frac{\partial \boldsymbol{D}}{\partial t}$$

或

$$\nabla \cdot \left(\boldsymbol{J} + \frac{\partial \boldsymbol{D}}{\partial t}\right) = 0 \tag{1.1-13}$$

其中 $\dfrac{\partial \boldsymbol{D}}{\partial t}$ 是电位移矢量随时间的变化率，它的单位是

$$\left[\frac{法拉}{米} \cdot \frac{伏}{米} \cdot \frac{1}{秒}\right] = \left[\frac{库仑}{米^2 \cdot 秒}\right] = \left[\frac{安培}{米^2}\right]$$

与电流密度的单位一致，量纲也是[电流]·[长度]$^{-2}$，所以称为位移电流密度，记为

$$\boldsymbol{J}_d = \frac{\partial \boldsymbol{D}}{\partial t} \tag{1.1-14}$$

式(1.1-13)称为全电流连续方程。

位移电流的引入扩展了电流的概念。平常我们所说的电流是电荷做有规则的运动形成的。在导体中，它是自由电子的定向运动形成的传导电流。设导体的电导率为 σ，其传导电流密度 $\boldsymbol{J}_c = \sigma \boldsymbol{E}$；在真空或气体中，带电粒子的定向运动也会形成电流，称为运流电流。设电荷运动速度为 v，其运流电流密度为 $\boldsymbol{J}_v = \rho v$。位移电流并不代表电荷的运动，它与传导电流和运流电流不同。传导电流、运流电流以及位移电流之和称为全电流，即

$$\boldsymbol{J}_{\text{total}} = \boldsymbol{J}_c + \boldsymbol{J}_v + \boldsymbol{J}_d \tag{1.1-15}$$

式(1.1-13)中，$\boldsymbol{J} = \boldsymbol{J}_c + \boldsymbol{J}_v$，其中 $\boldsymbol{J}_c$ 和 $\boldsymbol{J}_v$ 分别存在于不同媒质中。固体导电媒质电导率 $\sigma \neq 0$，只有传导电流 $\boldsymbol{J}_c$，没有运流电流，即 $\boldsymbol{J}_v = 0$。

式(1.1-13)比式(1.1-11)增加了一项位移电流密度，从而解决了图1.1-1中电流不连续的矛盾。事实上，在传导电流 i_c 流进封闭曲面 S_2 的时刻，电容器极板被充电，电介质中的电位移矢量增大，产生位移电流 i_d，用公式可表示为

$$i_d = \oint_{S_2} \frac{\partial \boldsymbol{D}}{\partial t} \cdot \mathrm{d}\boldsymbol{S}_2$$

位移电流流出该封闭曲面，形成连续全电流。

于是麦克斯韦把安培环路定律修改为

$$\nabla \times \boldsymbol{H} = \boldsymbol{J} + \frac{\partial \boldsymbol{D}}{\partial t} \tag{1.1-16}$$

式(1.1-16)称为全安培环路定理。位移电流假说是麦克斯韦对电磁理论做出的最杰出的贡献，它揭示了一个新的物理现象：不但运动电荷能够激发磁场，而且随时间变化的电场同样能激发磁场。位移电流的概念表明随时间变化的电场与电流一样，也能激发磁场这一物理实质。对交变场来讲，加进位移电流这一项有非常重要的意义。如果没有这一项，麦克斯韦就无法预言电磁波的存在。而通过实验验证了电磁波的存在之后，所有现代的通信手段都是基于安培定理的这项修正发展起来的。

1.1.4　麦克斯韦方程组的一般形式

麦克斯韦在对高斯定理、法拉第电磁感应定理和全安培环路定理进行高度概括、提炼后，形成了麦克斯韦方程组，其微分形式为

$$\nabla \times \boldsymbol{H} = \boldsymbol{J} + \frac{\partial \boldsymbol{D}}{\partial t} \tag{1.1-17a}$$

$$\nabla \times \boldsymbol{E} = -\frac{\partial \boldsymbol{B}}{\partial t} \tag{1.1-17b}$$

$$\nabla \cdot \boldsymbol{B} = 0 \tag{1.1-17c}$$

$$\nabla \cdot \boldsymbol{D} = \rho \qquad\qquad (1.1-17\text{d})$$

方程组的积分形式为

$$\oint_l \boldsymbol{H} \cdot \mathrm{d}\boldsymbol{l} = \iint_S \left(\boldsymbol{J} + \frac{\partial \boldsymbol{D}}{\partial t} \right) \cdot \mathrm{d}\boldsymbol{S} \qquad\qquad (1.1-18\text{a})$$

$$\oint_l \boldsymbol{E} \cdot \mathrm{d}\boldsymbol{l} = -\iint_S \frac{\partial \boldsymbol{B} \cdot \mathrm{d}\boldsymbol{S}}{\partial t} \qquad\qquad (1.1-18\text{b})$$

$$\oiint_S \boldsymbol{B} \cdot \mathrm{d}\boldsymbol{S} = 0 \qquad\qquad (1.1-18\text{c})$$

$$\oiint_S \boldsymbol{D} \cdot \mathrm{d}\boldsymbol{S} = q \qquad\qquad (1.1-18\text{d})$$

　　积分形式的麦克斯韦方程组反映了电磁运动在某一局部区域的平均性质，是对电磁现象的宏观描述。而微分形式的麦克斯韦方程反映了场在空间每一点的性质，它是积分形式的麦克斯韦方程当积分域缩小到一个点的极限，是对同一电磁现象的微观描述。

　　麦克斯韦方程组是电磁现象基本规律的高度概括和完整总结。利用这些方程可以解释和预示所有的电磁现象。麦克斯韦方程组是分析各种电磁问题的出发点，其蕴含了深刻的物理意义：

　　(1) 两个旋度方程左边物理量为磁(或电)，而右边物理量则为电(或磁)。这中间的等号深刻揭示了电与磁间相互转化、相互依赖、相互对立的关系，共存于统一的电磁波中。正是由于电不断转换为磁，而磁又不断转换为电，才会发生能量交换和贮存，如图 1.1-2 所示。

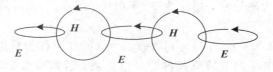

图 1.1-2　电磁转换

　　(2) 从物理学角度来讲，运算反映一种作用(Action)。进一步研究旋度方程两边的运算，方程的左边是空间的运算(旋度)，方程的右边是时间的运算(导数)，中间用等号连接。它深刻揭示了电(或磁)场任一地点的变化会转化成磁(或电)场时间的变化；反过来，场的时间变化也会转化成地点变化，构成时空变换的四维空间。正是这种空间和时间的相互变化，构成了波动的外在形式。用通俗的话来说，即一个地点出现过的事物，过了一段时间又在另一地点出现了。

　　(3) 两个旋度方程的时谐表达式为

$$\nabla \times \boldsymbol{H} = \boldsymbol{J} + \mathrm{j}\omega \boldsymbol{D}$$
$$\nabla \times \boldsymbol{E} = -\mathrm{j}\omega \boldsymbol{B}$$

这表明电磁转化有一个重要条件，即需要频率 ω。直流情况则没有电磁转换。

　　(4) 麦克斯韦方程表明：不仅电荷和电流能激发电磁场，而且变化着的电场和磁场也可以互相激发。因此，在某处只要发生电磁扰动，由于电磁场的互相激发，就会在紧邻的地方激发起电磁场，形成新的电磁扰动；新的扰动又会在更远一些地方激发起电磁场……如此继续下去，便形成了电磁波的运动。由此可见，电磁扰动的传播是不依赖于电荷、电流而独立进行的。

1.1.5　媒质本构关系

　　麦克斯韦方程组的四个方程并不完全独立，其中两个旋度方程以及电流连续性方程是独立方程，由这三个独立方程可以导出麦克斯韦方程组中的两个散度方程。这三个独立方程可组成七个标量方程。这七个标量方程中共有五个未知矢量（E、D、B、H 和 J）和一个未知标量 ρ，共十六个未知量。要确定这十六个未知，还必须补充另外九个独立的标量方程。这九个独立的方程就是 D 与 E、B 与 H 以及 J 与 E 之间的关系式，这些关系式又被称为介质电磁性质的本构关系式或麦克斯韦方程组的辅助方程，它们描述的是媒质的存在对电磁场的影响。

　　一般而言，表征媒质宏观电磁特性的本构关系为

$$D = \varepsilon_0 E + P \tag{1.1-19a}$$

$$B = \mu_0 (H + M) \tag{1.1-19b}$$

$$J = \sigma E \tag{1.1-19c}$$

式中，P 为极化强度；M 为磁化强度。

　　对于各向同性的线性媒质，有

$$D = \varepsilon_0 \varepsilon_r E = \varepsilon E \tag{1.1-20a}$$

$$B = \mu_0 \mu_r H = \mu H \tag{1.1-20b}$$

$$J = \sigma E \tag{1.1-20c}$$

式中，ε、μ、σ 是描述媒质宏观电磁特性的一组参数，ε 为介电常数，单位是法/米（F/m）；ε_r 为相对介电常数；μ 为磁导率，单位为亨/米（H/m）；μ_r 为相对磁导率；σ 为电导率，单位是西/米（S/m）。

　　在真空（或空气）中，$\varepsilon = \varepsilon_0$，$\mu = \mu_0$，$\sigma = 0$。$\sigma = 0$ 的介质称为理想介质，$\sigma = \infty$ 的介质称为理想导体，σ 介于两者之间的媒质统称为导电媒质。若媒质参数与场强大小无关，称为线性媒质；若媒质参数与场强方向无关，称为各向同性媒质；若媒质参数与位置无关，称为均匀媒质；若媒质参数与场强频率无关，称为非色散媒质，否则称为色散媒质；线性、均匀、各向同性的媒质称为简单媒质。

　　方程组（1.1-17）适用于任何媒质，不受限制，所以称作麦克斯韦方程组的非限定形式。利用媒质的本构关系可消去非限定形式中的 D、B、J，此时麦克斯韦方程组可用 E、H 两个矢量表示

$$\nabla \times H = \frac{\partial}{\partial t}(\varepsilon E) + \sigma E \tag{1.1-21a}$$

$$\nabla \times E = -\frac{\partial}{\partial t}(\mu H) \tag{1.1-21b}$$

$$\nabla \cdot \mu H = 0 \tag{1.1-21c}$$

$$\nabla \cdot \varepsilon E = \rho \tag{1.1-21d}$$

式（1.1-21）与媒质有关，称为麦克斯韦方程组的限定形式。

1.1.6　麦克斯韦方程组的复数形式

　　在时变电磁场中，场量和场源既是空间坐标的函数，也是时间的函数。如果场源（电荷

或电流)以一定的角频率 ω 随时间作正弦变化,则它所激发的电磁场也以相同的角频率随时间作正弦变化。这种以一定频率作正弦变化的场称为正弦电磁场。正弦电磁场又称为时谐电磁场。在一般情况下,电磁场不是正弦变化的,但可用傅里叶级数化为正弦电磁场来研究。因此正弦电磁场的研究在时变电磁场的研究中具有十分重要的地位。

设场量以一定角频率随时间变化的依赖关系是 $\cos\omega t$,或用复数形式 $e^{j\omega t}$ 表示为

$$\boldsymbol{E}(\boldsymbol{r},\ t)=\boldsymbol{E}(\boldsymbol{r})e^{j\omega t} \tag{1.1-22}$$

用 $\boldsymbol{E}(\boldsymbol{r})$ 等表示除时间因子 $e^{j\omega t}$ 以外的部分,它仅是空间位置 $\boldsymbol{r}$ 的函数。式中 $\boldsymbol{E}(\boldsymbol{r},\ t)$、$\boldsymbol{E}(\boldsymbol{r})$ 等均为复数。场的实数形式可由 $\boldsymbol{E}(\boldsymbol{r},\ t)$ 取实部或由 $\boldsymbol{E}(\boldsymbol{r})$ 乘以 $e^{j\omega t}$ 后取实部得到。其他场量可类似表示。

将微分形式的麦克斯韦方程组(1.1-17)中各量均用复数形式表示(注意 $\boldsymbol{D}$、$\boldsymbol{B}$ 对时间的微分可用 $\boldsymbol{D}$、$\boldsymbol{B}$ 乘 $j\omega$ 来代替),消去方程两边的时间因子 $e^{j\omega t}$ 后可得麦克斯韦方程组的复数形式

$$\nabla\times\boldsymbol{H}=\boldsymbol{J}+j\omega\boldsymbol{D} \tag{1.1-23a}$$
$$\nabla\times\boldsymbol{E}=-j\omega\boldsymbol{B} \tag{1.1-23b}$$
$$\nabla\cdot\boldsymbol{B}=0 \tag{1.1-23c}$$
$$\nabla\cdot\boldsymbol{D}=\rho \tag{1.1-23d}$$

1.2　边　界　条　件

麦克斯韦方程组适用于任何媒质。实际中常常遇到两种媒质,这两种媒质的分界面上一般会出现面电荷或面电流分布,因而使电磁场在这些地方发生突变,并使麦克斯韦方程组的微分形式失去意义。但麦克斯韦方程组的积分形式在这些地方仍然是有效的。因此,我们可以通过积分形式的麦克斯韦方程组来导出电磁场的边值关系或边界条件。界面上的场分量可以分解为垂直于界面的法向分量和平行于界面的切向分量两部分,下面我们分别讨论这两种分量的边界条件。

1.2.1　场矢量 $\boldsymbol{D}$ 和 $\boldsymbol{B}$ 的法向分量的边界条件

对于法向分量,我们先推导 $\boldsymbol{D}$ 的法向分量的边界条件。为此,在分界面上取一扁平圆柱面高斯盒,如图 1.2-1 所示。圆柱面的高度为 Δh,上、下底面的面积为 ΔS,且均很小,因此可认为每一底面上的场是均匀的。

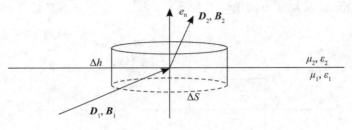

图 1.2-1　法向边界

将积分形式的麦克斯韦方程

$$\oiint_S \boldsymbol{D}\cdot d\boldsymbol{S}=\iiint_V \rho\,dV$$

应用到此高斯盒上。在 $\Delta h \to 0$ 的情形下，左端为 $(D_{2n}-D_{1n})\Delta S$；右端为高斯圆柱面内的总自由电荷 $q=\rho \Delta h \Delta S=\rho_S \Delta S$，其中，$\rho_S=\lim\limits_{\Delta h \to 0}\rho \Delta h$，为界面上的自由电荷密度，故有

$$D_{2n}-D_{1n}=\rho_S$$

或

$$\boldsymbol{e}_{n} \cdot (\boldsymbol{D}_2-\boldsymbol{D}_1)=\rho_S \qquad (1.2-1)$$

两种绝缘介质的分界面上不存在自由电荷，即 $\rho_S=0$，因此式 $(1.2-1)$ 可简化为

$$\boldsymbol{e}_{n} \cdot (\boldsymbol{D}_2-\boldsymbol{D}_1)=0 \qquad (1.2-2)$$

在理想导体和介质的交界面上，导体内部 $\boldsymbol{D}=0$，导体表面存在自由电荷，式 $(1.2-1)$ 变为

$$\boldsymbol{e}_{n} \cdot \boldsymbol{D}=\rho_S \qquad (1.2-3)$$

同理，对于磁场 $\boldsymbol{B}$ 的法向分量的边界条件，我们将积分形式的麦克斯韦方程

$$\oiint\limits_{S}\boldsymbol{B} \cdot \mathrm{d}\boldsymbol{S}=0$$

应用到扁平的圆柱面高斯盒上，在 $\Delta h \to 0$ 情况下，有

$$\boldsymbol{e}_{n} \cdot (\boldsymbol{B}_2-\boldsymbol{B}_1)=0 \qquad (1.2-4)$$

对于理想导体表面，有

$$\boldsymbol{e}_{n} \cdot \boldsymbol{B}=0 \qquad (1.2-5)$$

注意：上面各式中界面的法向单位矢量 $\boldsymbol{e}_n$ 是从介质 1 指向介质 2 的，理想导体表面的法向是表面的外法线方向。

式 $(1.2-1)\sim$ 式 $(1.2-5)$ 表明，在介质与介质的分界面上，$\boldsymbol{D}$ 和 $\boldsymbol{B}$ 的法向分量连续；在导体与介质的分界面上，它们不连续，$\boldsymbol{D}$ 的法向分量等于导体表面的面电荷密度，$\boldsymbol{B}$ 的法向分量为零。

1.2.2　场矢量 $\boldsymbol{E}$ 和 $\boldsymbol{H}$ 的切向分量的边界条件

对于切向分量，我们先推导 $\boldsymbol{H}$ 的切向分量的边界条件。为此，我们在分界面上取一矩形回路，如图 1.2-2 所示。回路一长边在介质 1 中，另一长边在介质 2 中，且两长边都平行于界面。设两长边的长度都为 Δl 且很小，因此每一长边上各处的场强均相同。设矩形回路所围面积的法线单位矢量为 $\boldsymbol{e}_{Sn}$，穿过此面积的传导电流密度为 $\boldsymbol{J}$，分界面的法线单位矢量为 $\boldsymbol{e}_n$，界面上沿 Δl 的切线方向单位矢量为 $\boldsymbol{e}_t$。$\boldsymbol{e}_t$、$\boldsymbol{e}_{Sn}$、$\boldsymbol{e}_n$ 三者满足 $\boldsymbol{e}_t=\boldsymbol{e}_{Sn} \times \boldsymbol{e}_n$。

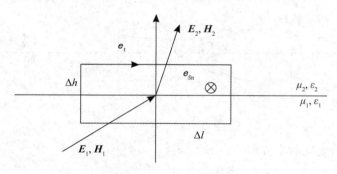

图 1.2-2　分界面上的矩形回路

将积分形式的麦克斯韦方程

$$\oint_l \boldsymbol{H} \cdot \mathrm{d}\boldsymbol{l} = \iint_S \left(\boldsymbol{J} + \frac{\partial \boldsymbol{D}}{\partial t}\right) \cdot \mathrm{d}\boldsymbol{S}$$

应用于此矩形回路。在 $\Delta h \to 0$ 情况下，左端为 $(H_{2t} - H_{1t})\Delta l$。右端第一项为回路内的总传导电流 $\boldsymbol{J} \cdot \Delta \boldsymbol{S} = \boldsymbol{J} \cdot \Delta h \Delta l \boldsymbol{e}_{Sn} = \boldsymbol{J}_S \cdot \boldsymbol{e}_{Sn} \Delta l$，其中 $\boldsymbol{J}_S = \lim\limits_{\Delta h \to 0} \boldsymbol{J}\Delta h$，是界面上的面电流密度；第二项为回路内的总位移电流。由于回路所围的面积趋于零，而 $\dfrac{\partial \boldsymbol{D}}{\partial t}$ 为有限值，故在 $\Delta h \to 0$ 时，$\iint_S \dfrac{\partial \boldsymbol{D}}{\partial t} \cdot \mathrm{d}\boldsymbol{S} \to 0$，于是得到

$$H_{2t} - H_{1t} = \boldsymbol{J}_S \cdot \boldsymbol{e}_{Sn}$$

或

$$\boldsymbol{e}_t \cdot (\boldsymbol{H}_2 - \boldsymbol{H}_1) = \boldsymbol{J}_S \cdot \boldsymbol{e}_{Sn} \tag{1.2-6}$$

由于 $\boldsymbol{e}_{Sn} \times \boldsymbol{e}_s = \boldsymbol{e}_t$，并且由于 $(\boldsymbol{e}_{Sn} \times \boldsymbol{e}_n) \cdot \boldsymbol{H} = (\boldsymbol{e}_n \times \boldsymbol{H}) \cdot \boldsymbol{e}_{Sn}$，因此式(1.2-6)可变为

$$[\boldsymbol{e}_n \times \boldsymbol{H}_2 - \boldsymbol{H}_1] \cdot \boldsymbol{e}_{Sn} = \boldsymbol{J}_S \cdot \boldsymbol{e}_{Sn}$$

由于 $\boldsymbol{e}_{Sn}$ 的方向是任意的，故有

$$\boldsymbol{e}_n \times (\boldsymbol{H}_2 - \boldsymbol{H}_1) = \boldsymbol{J}_S \tag{1.2-7}$$

这就是 $\boldsymbol{H}$ 的切向分量的边界条件。

由于介质与介质的交界面上不存在传导电流，故有

$$\boldsymbol{e}_n \times (\boldsymbol{H}_2 - \boldsymbol{H}_1) = \boldsymbol{0} \tag{1.2-8}$$

理想导体表面存在传导电流，但其内部场为零，故有

$$\boldsymbol{e}_n \times \boldsymbol{H} = \boldsymbol{J}_S \tag{1.2-9}$$

同理，对 $\boldsymbol{E}$ 的切向分量的边界条件，可将积分形式的麦克斯韦方程

$$\oint_l \boldsymbol{E} \cdot \mathrm{d}\boldsymbol{l} = \iint_S \frac{\partial \boldsymbol{B}}{\partial t} \cdot \mathrm{d}\boldsymbol{S}$$

应用到矩形回路上。考虑到 $\dfrac{\partial \boldsymbol{B}}{\partial t}$ 在界面上为有限值，在 $\Delta h \to 0$ 的情况下，可得

$$E_{2t} - E_{1t} = 0 \quad 或 \quad \boldsymbol{e}_n \times (\boldsymbol{E}_2 - \boldsymbol{E}_1) = \boldsymbol{0} \tag{1.2-10}$$

在理想导体表面有

$$\boldsymbol{e}_n \times \boldsymbol{E} = \boldsymbol{0} \tag{1.2-11}$$

综上所述，电磁场边界条件的普遍形式为

$$\boldsymbol{e}_n \times (\boldsymbol{D}_2 - \boldsymbol{D}_1) = \rho_S \quad 或 \quad D_{2n} - D_{1n} = \rho_S$$
$$\boldsymbol{e}_n \times (\boldsymbol{B}_2 - \boldsymbol{B}_1) = 0 \quad 或 \quad B_{2n} = B_{1n}$$
$$\boldsymbol{e}_n \times (\boldsymbol{H}_2 - \boldsymbol{H}_1) = \boldsymbol{J}_S \quad 或 \quad H_{2t} - H_{1t} = J_S$$
$$\boldsymbol{e}_n \times (\boldsymbol{E}_2 - \boldsymbol{E}_1) = \boldsymbol{0} \quad 或 \quad E_{2t} = E_{1t}$$

在介质与介质交界面上，有

$$D_{2n} = D_{1n}, \quad B_{2n} = B_{1n}, \quad H_{2t} = H_{1t}, \quad E_{2t} = E_{1t}$$

在理想导体表面上，有

$$D_n = \rho_S, \quad B_n = 0, \quad H_t = J_S, \quad E_t = 0$$

同时在分界面两侧，自由面电流密度和自由面电荷密度满足电流连续性方程

$$\nabla_t \cdot \boldsymbol{J}_s = -\frac{\partial \rho_s}{\partial t}$$

1.3　电磁能量——坡印廷定理

1.3.1　坡印廷定理的一般形式

电磁场是一种物质，它也具有能量。已知静电场的能量体密度为

$$w_e = \frac{1}{2}\varepsilon E^2 = \frac{1}{2}\boldsymbol{D} \cdot \boldsymbol{E}$$

静磁场的能量体密度为

$$w_m = \frac{1}{2}\mu H^2 = \frac{1}{2}\boldsymbol{B} \cdot \boldsymbol{H}$$

而时变电磁场中出现的一个重要现象是能量的流动。因为电场能量的密度随电场强度的变化而变化，磁场能量的密度随磁场强度的变化而变化。而能量是守恒的，故能量密度的变化必然伴随能量的流动。我们定义单位时间内穿过与能量流动方向垂直的单位表面的能量为能流密度矢量，其方向为该点的能量流动方向。

电磁能量和其他能量一样服从能量守恒定理。利用这个原理与场中一个闭合面包围的体积，可导出用场量表示的能量守恒关系，即坡印廷定理和能流密度矢量的表达式。

假设闭合面 S 包围的体积 V 内无外加源，且介质是均匀和各向同性的，利用矢量恒等式及麦克斯韦方程

$$\nabla \times \boldsymbol{H} = \frac{\partial \boldsymbol{D} + \boldsymbol{J}}{\partial t} \tag{1.3-1a}$$

$$\nabla \times \boldsymbol{E} = -\frac{\partial \boldsymbol{B}}{\partial t} \tag{1.3-1b}$$

用 $\boldsymbol{H}$ 点乘式(1.3-1b)，$\boldsymbol{E}$ 点乘式(1.3-1a)，然后将所得的两式相减便得

$$\boldsymbol{H} \cdot (\nabla \times \boldsymbol{E}) - \boldsymbol{E} \cdot (\nabla \times \boldsymbol{H}) = -\boldsymbol{E} \cdot \frac{\partial \boldsymbol{D}}{\partial t} - \boldsymbol{J} \cdot \boldsymbol{E} - \boldsymbol{H} \cdot \frac{\partial \boldsymbol{B}}{\partial t}$$

根据矢量恒等式 $\nabla \cdot (\boldsymbol{E} \times \boldsymbol{H}) = \boldsymbol{H} \cdot (\nabla \times \boldsymbol{H}) - \boldsymbol{E}(\nabla \times \boldsymbol{H})$，可得

$$\nabla \cdot (\boldsymbol{E} \times \boldsymbol{H}) = -\boldsymbol{E} \cdot \frac{\partial \boldsymbol{D}}{\partial t} - \boldsymbol{J} \cdot \boldsymbol{E} - \boldsymbol{H} \cdot \frac{\partial \boldsymbol{B}}{\partial t} \tag{1.3-2}$$

假设媒质是线性、各向同性的，介质的参数不随时间和场强改变，则有

$$\boldsymbol{H} \cdot \frac{\partial \boldsymbol{B}}{\partial t} = \mu \boldsymbol{H} \cdot \frac{\partial \boldsymbol{H}}{\partial t} = \boldsymbol{B} \cdot \frac{\partial \boldsymbol{H}}{\partial t} = \frac{1}{2}\left(\boldsymbol{H} \cdot \frac{\partial \boldsymbol{B}}{\partial t} + \boldsymbol{B} \cdot \frac{\partial \boldsymbol{H}}{\partial t}\right)$$

$$= \frac{\partial}{\partial t}\left(\frac{1}{2}\boldsymbol{B} \cdot \boldsymbol{H}\right) = \frac{\partial}{\partial t}w_m \tag{1.3-3}$$

$$\boldsymbol{E} \cdot \frac{\partial \boldsymbol{D}}{\partial t} = \varepsilon \boldsymbol{E} \cdot \frac{\partial \boldsymbol{E}}{\partial t} = \boldsymbol{D} \cdot \frac{\partial \boldsymbol{E}}{\partial t} = \frac{1}{2}\left(\boldsymbol{E} \cdot \frac{\partial \boldsymbol{D}}{\partial t} + \boldsymbol{D} \cdot \frac{\partial \boldsymbol{E}}{\partial t}\right)$$

$$= \frac{\partial}{\partial t}\left(\frac{1}{2}\boldsymbol{D} \cdot \boldsymbol{E}\right) = \frac{\partial}{\partial t}w_e \tag{1.3-4}$$

$$\boldsymbol{J} \cdot \boldsymbol{E} = \sigma E^2 = p_T$$

式中，w_m 和 w_e 分别是磁场的能量密度和电场的能量密度；p_T 是单位体积中变为焦耳热的功率，则式(1.3-2)可变为

$$\nabla \cdot (\boldsymbol{E} \times \boldsymbol{H}) = -\frac{\partial}{\partial t}(w_m + w_e) - p_T \tag{1.3-5}$$

式(1.3-5)对体积 V 积分，可得

$$\iiint_V \nabla \cdot (\boldsymbol{E} \times \boldsymbol{H}) \mathrm{d}V = -\iiint_V \frac{\partial}{\partial t}(w_m + w_e) \mathrm{d}V - \iiint_V p_T \mathrm{d}V \tag{1.3-6}$$

应用高斯定理将式(1.3-6)左边的体积分变为面积分，并同时改变方程两边的符号，可得

$$-\oiint_S (\boldsymbol{E} \times \boldsymbol{H}) \cdot \mathrm{d}\boldsymbol{S} = \frac{\partial}{\partial t}\iiint_V (w_m + w_e) \mathrm{d}V + \iiint_V p_T \mathrm{d}V = \frac{\partial}{\partial t}(w_m + w_e) + p_T \tag{1.3-7}$$

式(1.3-7)右边第一项是体积 V 内单位时间内电场和磁场能量的增加量，第二项是体积 V 内单位时间欧姆损耗功率；左边的面积分是单位时间经过闭合面 S 进入体积 V 内的功率。式(1.3-7)称为坡印廷定理，是能量守恒定律在电磁场中的一种表现形式。

式(1.3-7)左边的面积分去掉负号表示穿出闭合面的功率。被积函数 $\boldsymbol{E} \times \boldsymbol{H}$ 是一个具有单位表面功率量纲的矢量，我们把它定义为能流密度矢量，用 $\boldsymbol{S}$ 表示为

$$\boldsymbol{S} = \boldsymbol{E} \times \boldsymbol{H} \tag{1.3-8}$$

$\boldsymbol{S}$ 也称为坡印廷矢量，单位为瓦/米²。由式(1.3-8)可看出，坡印廷矢量的方向就是能量流动的方向，$\boldsymbol{S}$ 总是垂直于 $\boldsymbol{E}$、$\boldsymbol{H}$，且服从 $\boldsymbol{E}$ 到 $\boldsymbol{H}$ 的右手螺旋法则。只要已知空间任一点的电场和磁场，便可知该点电磁功率流密度的大小和方向，所以坡印廷矢量是时变电磁场中的一个重要物理量。

1.3.2　坡印廷定理的复数形式

在正弦电磁场的情况下，坡印廷定理可以用复数形式表示。用 $\boldsymbol{E}^*$ 和 $\boldsymbol{H}^*$ 分别表示 $\boldsymbol{E}$ 和 $\boldsymbol{H}$ 的共轭复数，由恒等式

$$\nabla \cdot (\boldsymbol{E} \times \boldsymbol{H}^*) = \boldsymbol{H}^* \cdot (\nabla \times \boldsymbol{E}) - \boldsymbol{E} \cdot (\nabla \times \boldsymbol{H}^*)$$

和麦克斯韦方程组

$$\nabla \times \boldsymbol{H}^* = \boldsymbol{J}^* - \mathrm{j}\omega \boldsymbol{D}^*$$

$$\nabla \times \boldsymbol{E} = -\mathrm{j}\omega \boldsymbol{B}$$

可得

$$-\nabla \cdot (\boldsymbol{E} \times \boldsymbol{H}^*) = \mathrm{j}\omega (\boldsymbol{B} \cdot \boldsymbol{H}^* - \boldsymbol{E} \cdot \boldsymbol{D}^*) + \boldsymbol{J}^* \cdot \boldsymbol{E}$$

$$-\nabla \cdot \left(\frac{1}{2}\boldsymbol{E} \times \boldsymbol{H}^*\right) = \mathrm{j}2\omega \left(\frac{1}{4}\boldsymbol{B} \cdot \boldsymbol{H}^* - \frac{1}{4}\boldsymbol{E} \cdot \boldsymbol{D}^*\right) + \frac{1}{2}\boldsymbol{J}^* \cdot \boldsymbol{E} \tag{1.3-9}$$

将式(1.3-9)在体积 V 内积分并利用散度定理，可得

$$-\oiint_S \left(\frac{1}{2}\boldsymbol{E} \times \boldsymbol{H}^*\right) \cdot \mathrm{d}\boldsymbol{S} = \int_V \frac{1}{2}\boldsymbol{J}^* \cdot \boldsymbol{E} \mathrm{d}V + \mathrm{j}\omega \int_V \frac{1}{2}\boldsymbol{B} \cdot \boldsymbol{H}^* \mathrm{d}V - \mathrm{j}\omega \int_V \frac{1}{2}\boldsymbol{E} \cdot \boldsymbol{D}^* \mathrm{d}V$$

$$\tag{1.3-10}$$

式(1.3-10)就是复数形式的坡印廷定理，等式左边的 S 为体积 V 的表面；右边第一项是导电媒质中平均损耗功率

$$\frac{1}{2}\boldsymbol{J}^* \cdot \boldsymbol{E} = \frac{1}{2}\sigma|\boldsymbol{E}|^2$$

右边第二项表示此区域所储存的磁能，其时间平均磁能密度

$$\langle w_{\mathrm{m}}\rangle = \frac{1}{2}\boldsymbol{B}\cdot\boldsymbol{H}^* = \frac{1}{2}\mu|\boldsymbol{H}|^2$$

右边第三项表示此区域所储存的电能，其时间平均电能密度

$$\langle w_{\mathrm{m}}\rangle = \frac{1}{2}\boldsymbol{E}\cdot\boldsymbol{D}^* = \frac{1}{2}\varepsilon|\boldsymbol{E}|^2$$

左端的面积分表示单位时间经过闭合面 S 进入体积 V 内的复功率。

能流密度，即复坡印廷矢量为

$$\boldsymbol{S} = \frac{1}{2}\boldsymbol{E}\times\boldsymbol{H}^* \qquad (1.3-11)$$

平均能流密度即坡印廷矢量的平均值为

$$\boldsymbol{S}_{\mathrm{av}} = \frac{1}{2}\mathrm{Re}[\boldsymbol{E}\times\boldsymbol{H}^*] \qquad (1.3-12)$$

式中，$\mathrm{Re}[\boldsymbol{E}\times\boldsymbol{H}^*]$ 表示取复数实部。

1.4 波动方程

1.4.1 电磁场的波动性

麦克斯韦方程表明，在随时间变化的情形下，电磁场具有波动性质。

假设在真空中某一区域内存在一种迅速变化的电荷电流分布，而在该区域外的空间中，电荷及电流密度处处为零，我们来研究此空间中电磁场的运动变化。

在无源空间 $\rho=0$ 处，电场和磁场互相激发，电磁场的运动规律满足下列无源区的麦克斯韦方程组

$$\nabla\times\boldsymbol{H} = \varepsilon\frac{\partial\boldsymbol{E}}{\partial t} \qquad (1.4-1a)$$

$$\nabla\times\boldsymbol{E} = -\frac{\partial\boldsymbol{H}}{\partial t} \qquad (1.4-1b)$$

$$\nabla\cdot\boldsymbol{H} = 0 \qquad (1.4-1c)$$

$$\nabla\cdot\boldsymbol{E} = 0 \qquad (1.4-1d)$$

现在我们从这组联立的偏微分方程中找出电场 $\boldsymbol{E}$ 和磁场 $\boldsymbol{H}$ 各自满足的方程，然后再看它们的解具有什么样的性质。为此对式(1.4-1b)取旋度，再将式(1.4-1a)代入，得

$$\nabla\times(\nabla\times\boldsymbol{E}) = -\frac{\partial}{\partial t}\nabla\times\boldsymbol{H} = -\mu_0\varepsilon_0\frac{\partial^2\boldsymbol{E}}{\partial t^2}$$

再利用矢量恒等式 $\nabla\times(\nabla\times\boldsymbol{E})=\nabla(\nabla\cdot\boldsymbol{E})-\nabla^2\boldsymbol{E}$ 及式(1.4-1d)，可得电场 $\boldsymbol{E}$ 所满足的方程为

$$\nabla^2\boldsymbol{E} - \frac{1}{c^2}\frac{\partial^2\boldsymbol{E}}{\partial t^2} = 0 \qquad (1.4-2)$$

式中

$$c = \frac{1}{\sqrt{\mu_0 \varepsilon_0}} \qquad (1.4-3)$$

同样，对式(1.4-1a)两边取旋度，消去 E 可得磁场 H 所满足的方程为

$$\nabla^2 H - \frac{1}{c^2} \frac{\partial^2 H}{\partial t^2} = 0 \qquad (1.4-4)$$

方程(1.4-2)和(1.4-4)是普通物理学中标准形式的波动方程。它表明，满足这两个方程的一切脱离场源(电荷电流)而单独存在的电磁场，在空间中的运动都是以波的形式进行的。以波动形式运动的电磁场称为电磁波。在真空中传播的一切电磁波(包括各种频率范围的电磁波，如无线电波、光波、X 射线、γ 射线等)，不论它们的频率是多少，它的传播速度都等于 $c = \frac{1}{\sqrt{\mu_0 \varepsilon_0}}$。将 $\varepsilon_0 \approx 8.85 \times 10^{-12}$ 法拉/米(F/m)和 $\mu_0 = 4\pi \times 10^{-7}$ 亨利/米(H/m)代入式(1.4-3)中，可得 $c = \frac{1}{\sqrt{\mu_0 \varepsilon_0}} = 3 \times 10^8 (m/s)$。此值恰好等于由实验测定的真空中的光速。麦克斯韦认为这两个速度的一致性表明"光是一种按照电磁学定律在场内传播的电磁扰动"，光的电磁理论后来被大量的实验所验证。

1.4.2　电磁场的位

1.4.1 节我们讨论了在无源空间中，场量 E、H 满足波动方程。波动方程的求解是很容易的，但在 J、ρ 不等于零的情况下，场方程变得十分复杂，很难求解。因此我们引入辅助量——电磁场的矢量位 A 和标量位 ϕ。

利用方程 $\nabla \cdot B = 0$ 和矢量恒等式 $\nabla \cdot (\nabla \times A) = 0$ 来定义矢量位函数 A，令

$$B = \nabla \times A \qquad (1.4-5)$$

将式(1.4-5)代入式(1.4-1b)，可得

$$\nabla \times \left[E + \frac{\partial A}{\partial t} \right] = 0 \qquad (1.4-6)$$

利用矢量恒等式 $\nabla \times (\nabla \phi) = 0$ 来定义标量位函数 ϕ，令

$$E + \frac{\partial A}{\partial t} = -\nabla \phi \qquad (1.4-7)$$

式(1.4-7)右端的负号是使 A 与时间无关时，标量位与静电场的关系仍满足 $E = -\nabla \phi$，即静电场强度 E 等于电位梯度的负值。式(1.4-7)可改写为

$$E = -\nabla \phi - \frac{\partial A}{\partial t} \qquad (1.4-8)$$

1.4.3　达朗贝尔方程

现在我们来导出 A、ϕ 所满足的方程。为此把式(1.4-8)代入式(1.1-23d)，并由 $D = \varepsilon E$，可得

$$\nabla^2 \phi + \frac{\partial}{\partial t} \nabla \cdot A = -\frac{\rho}{\varepsilon} \qquad (1.4-9)$$

将式(1.4-5)和式(1.4-8)代入式(1.1-23a)，并由 $B = \mu H$，可得

$$\nabla^2 \boldsymbol{A} - \mu\varepsilon \frac{\partial^2 \boldsymbol{A}}{\partial t^2} - \nabla \left(\nabla \cdot \boldsymbol{A} + \mu\varepsilon \frac{\partial \phi}{\partial t} \right) = -\mu \boldsymbol{J} \qquad (1.4-10)$$

在式(1.4-10)中，若令

$$\nabla \cdot \boldsymbol{A} + \mu\varepsilon \frac{\partial \phi}{\partial t} = 0 \qquad (1.4-11)$$

则式(1.4-11)($\boldsymbol{A}$、ϕ 满足的关系式)称为洛仑兹规范。在洛仑兹规范下，式(1.4-9)、(1.4-10)可简化为

$$\nabla^2 \phi - \mu\varepsilon \frac{\partial^2 \phi}{\partial t^2} = -\frac{\rho}{\varepsilon} \qquad (1.4-12\text{a})$$

$$\nabla^2 \boldsymbol{A} - \mu\varepsilon \frac{\partial^2 \boldsymbol{A}}{\partial t^2} = -\mu \boldsymbol{J} \qquad (1.4-12\text{b})$$

此时，$\boldsymbol{A}$、ϕ 的方程完全分离，并且具有完全相同的形式。方程(1.4-12)是矢量位 $\boldsymbol{A}$、标量位 ϕ 的非奇次波动方程，又称达朗贝尔(D'Alembert)方程。此方程表明矢量位 $\boldsymbol{A}$ 的源是 $\boldsymbol{J}$，而标量位 ϕ 的源是 ρ，时变场中 $\boldsymbol{J}$ 和 ρ 是相互联系的。由这一组非齐次的波动方程可以求出 $\boldsymbol{A}$、ϕ 为

$$\boldsymbol{A} = \frac{\mu}{4\pi} \int_{v'} \frac{\boldsymbol{J}(t-R/c)}{R} \mathrm{d}V' \qquad (1.4-13\text{a})$$

$$\phi = \frac{1}{4\pi\varepsilon} \int_{v'} \frac{\rho(t-R/c)}{R} \mathrm{d}V' \qquad (1.4-13\text{b})$$

式(1.4-13)表明距离源 R 处、t 时刻的矢量位和标量位是由稍早时间 $t-R/c$ 时的源($\boldsymbol{J}(t-R/c)$、$\rho(t-R/c)$)决定的。要在距离 R 处感受源的影响，需要 R/c 的时间，表明电磁波的传播需要时间。求出 $\boldsymbol{A}$、ϕ 后，将其代入式(1.4-5)和(1.4-8)中，即可求出 $\boldsymbol{B}$、$\boldsymbol{E}$。毫无疑问，通过对 $\boldsymbol{A}$、ϕ 的微分导出的电场、磁场也必将是 $t-R/c$ 的函数，因此在时间上也是滞后的，滞后的时间恰好是电磁波传播所需的时间。

1.4.4　亥姆霍兹方程

由于在场量的复数表示法中，对时间的一阶微分可用乘 $\mathrm{j}\omega$ 来代替，二阶微分可用乘 $-\omega^2$ 来代替，因此波动方程(1.4.2)和方程(1.4-4)以及达郎贝尔方程(1.4-12)的复数形式可表示为

$$\nabla^2 \boldsymbol{E} + k^2 \boldsymbol{E} = 0 \qquad (1.4-14\text{a})$$

$$\nabla^2 \boldsymbol{H} + k^2 \boldsymbol{H} = 0 \qquad (1.4-14\text{b})$$

$$\nabla^2 \boldsymbol{A} + k^2 \boldsymbol{A} = -\mu \boldsymbol{J} \qquad (1.4-15\text{a})$$

$$\nabla^2 \phi + k^2 \phi = -\frac{\rho}{\varepsilon} \qquad (1.4-15\text{b})$$

式中

$$k^2 = \omega^2 \varepsilon \mu \qquad (1.4-16)$$

称为波数。

式(1.4-14)和式(1.4-15)分别称为齐次和非齐次的亥姆霍兹方程，或正弦电磁场的波动方程和达郎贝尔方程。

1.5　理想介质中的均匀平面电磁波

1.5.1　电磁波的基本类型

　　根据电磁波波阵面(等相位面)形状的不同,可以把电磁波分为平面电磁波、柱面电磁波和球面电磁波等几种类型。一般情况下麦克斯韦方程求解出的电磁波的复数解具有以下几种简单的形式(不同的形式主要取决于波源的形状和求解问题时所建立的坐标系):

$$\boldsymbol{E}(r, \theta, \varphi)=\boldsymbol{E}_0 \mathrm{e}^{\pm jkr}, \quad \boldsymbol{E}(\rho, z, \varphi)=\boldsymbol{E}_0 \mathrm{e}^{\pm jk\rho}, \quad \boldsymbol{E}(x, y, z)=\boldsymbol{E}_0 \mathrm{e}^{\pm jkz}$$

　　无论是哪种形式,其复数解一般都包括两项,其中 $\boldsymbol{E}_0$ 是振幅项,它主要描述波源向各个方向辐射的电磁波的强弱不同; $\mathrm{e}^{\pm jkr}$、$\mathrm{e}^{\pm jk\rho}$、$\mathrm{e}^{\pm jkz}$ 称为相位项,其中 k 是常数,相位等于常数确定的方程就是等相位面方程。显然相位项为 $\mathrm{e}^{\pm jkr}$ 对应的是球面波,$\mathrm{e}^{\pm jk\rho}$ 对应的是柱面波,$\mathrm{e}^{\pm jkz}$ 对应的是平面波。

　　麦克斯韦方程最简单的解是均匀平面电磁波,均匀平面波解的振幅项 $\boldsymbol{E}_0$ 是常矢量。$\boldsymbol{E}_0$ 不是位置的函数。在等相位面上,如果电场和磁场的振动方向、振幅和相位都相同,这种电磁波称为均匀平面电磁波。严格意义上的均匀平面电磁波是不存在的,但是,一般电磁波的源——天线辐射的电磁波——可以看成是球面波;而接收天线距离发射天线很远,一个半径足够大的球面波上一块很小面积上的电磁波,可以近似看成是均匀平面电磁波。研究均匀平面电磁波的传播特性不仅有助于理解复杂的波动现象,而且许多实际问题的求解还可以用均匀平面电磁波的叠加来处理。

　　根据电磁波的电场强度和磁场强度在传播方向上是否存在分量,可以把电磁波分为横电磁波(TEM 波)、横电波(TE 波,也称为 H 波)、横磁波(TM 波,也称为 E 波)三种。

1.5.2　波动方程的均匀平面波解

　　当研究无限大的无源、线性、均匀、各向同性理想介质(即 $\sigma=0$,ε、μ 为常数)中的正弦电磁波时,可以从齐次亥姆霍茨方程

$$\begin{cases} \nabla^2 \boldsymbol{E}+k^2 \boldsymbol{E}=0 \\ \nabla^2 \boldsymbol{H}+k^2 \boldsymbol{H}=0 \end{cases} \tag{1.5-1}$$

$$k^2=\omega^2 \varepsilon \mu \tag{1.5-2}$$

出发进行求解。

　　设电磁波沿 z 轴方向传播,在与 z 轴垂直的平面(等相位面)上,其电磁场强度各点具有相同的值,振动方向相同,即 $\boldsymbol{E}$ 和 $\boldsymbol{H}$ 只与 z 有关,而与 x 和 y 无关。这种电磁波就是前面描述的均匀平面电磁波,其波阵面(由等相位点组成的面,又称等相位面)为与 z 轴垂直的面,这种情况下亥姆霍兹方程可简化为一个二阶常微分方程,即

$$\frac{\mathrm{d}^2 \boldsymbol{E}(z)}{\mathrm{d}z^2}+k^2 \boldsymbol{E}=0 \tag{1.5-3}$$

其复数形式解为

$$\begin{cases} \boldsymbol{E}(z)=\boldsymbol{E}_0^+ \mathrm{e}^{-jkz}+\boldsymbol{E}_0^+ \mathrm{e}^{jkz} \\ \boldsymbol{E}(z)=\boldsymbol{E}_0 \mathrm{e}^{\pm jkz} \qquad \text{(简化表示)} \end{cases} \tag{1.5-4}$$

其瞬时值为

$$
\begin{cases}
\boldsymbol{E}(z,\,t)=\boldsymbol{E}_0^+\cos(\omega t-kz)+\boldsymbol{E}_0^+\cos(\omega t+kz) \\
\boldsymbol{E}(z,\,t)=\boldsymbol{E}_0\cos(\omega t\pm kz) \qquad （简化表示）
\end{cases}
\tag{1.5-5}
$$

如果假设电磁波的传播方向为 $\boldsymbol{k}^0$，定义波矢量 $\boldsymbol{k}=k\boldsymbol{k}^0$，波矢量 $\boldsymbol{k}$ 的方向就是电磁波的传播方向。这样就可以把沿 $\pm x$ 轴、$\pm y$ 轴和 $\pm z$ 轴方向传播的均匀平面电磁波写成一种标准形式，即

$$
\begin{cases}
\boldsymbol{E}(\boldsymbol{r})=\boldsymbol{E}_0\mathrm{e}^{-\mathrm{j}\boldsymbol{k}\cdot\boldsymbol{r}} \\
\boldsymbol{E}(\boldsymbol{r},\,t)=\boldsymbol{E}_0\cos(\omega t-\boldsymbol{k}\cdot\boldsymbol{r})
\end{cases}
\qquad 电磁波的传播方向 \boldsymbol{k}^0
$$

其中，$\boldsymbol{E}_0$ 是均匀平面电磁波的振幅项，它是个常矢量；$\mathrm{e}^{-\mathrm{j}\boldsymbol{k}\cdot\boldsymbol{r}}$ 是相位项，其中 $\boldsymbol{k}=k\boldsymbol{k}^0=\omega\sqrt{\varepsilon\mu}\boldsymbol{k}^0=\dfrac{2\pi}{\lambda}\boldsymbol{k}^0$，是波矢量，它的方向是电磁波的传播方向；$\boldsymbol{r}=x\boldsymbol{e}_x+y\boldsymbol{e}_y+z\boldsymbol{e}_z$，是位置矢量。

平面电磁波的磁场可以由麦克斯韦方程

$$
\nabla\times\boldsymbol{E}=-\mathrm{j}\omega\mu\boldsymbol{H}\Rightarrow\boldsymbol{H}=\frac{1}{-\mathrm{j}\omega\mu}\nabla\times\boldsymbol{E}
$$

求出。对于均匀平面电磁波，$\boldsymbol{E}_0$ 和 $\boldsymbol{k}$ 都是常矢量，所以

$$
\nabla\times\boldsymbol{E}=\nabla\times[\boldsymbol{E}_0\mathrm{e}^{-\mathrm{j}\boldsymbol{k}\cdot\boldsymbol{r}}]=(\nabla\mathrm{e}^{-\mathrm{j}\boldsymbol{k}\cdot\boldsymbol{r}})\times\boldsymbol{E}_0=(-\mathrm{j}\boldsymbol{k})\times\boldsymbol{E}=-\mathrm{j}\omega\sqrt{\varepsilon\mu}\boldsymbol{k}^0\times\boldsymbol{E}
$$

故

$$
\boldsymbol{H}=\frac{1}{\omega\mu}\boldsymbol{k}\times\boldsymbol{E}=\sqrt{\frac{\varepsilon}{M}}\boldsymbol{k}^0\times\boldsymbol{E}
\tag{1.5-6}
$$

式(1.5-6)对于均匀平面电磁波的复数解和瞬时值都成立。

1.5.3 均匀平面波在理想介质中的传播特性

由波动方程均匀平面波的解分析可知，在理想介质中传播的均匀平面波有以下传播特性(仍设电磁波沿 z 轴方向传播)：

(1) 均匀平面波是横电磁波，其场量 $\boldsymbol{E}$ 和 $\boldsymbol{H}$ 都垂直于波的传播方向。

$\boldsymbol{E}_0$ 是一个常矢量，它是均匀平面波的振幅项；$k=\omega\sqrt{\varepsilon\mu}$、$\pm kz$ 是均匀平面波复数形式的相位。在 $\boldsymbol{E}_0$ 和 k 是常数时，可以证明

$$
\nabla\cdot(\boldsymbol{E}_0\mathrm{e}^{\pm\mathrm{j}kz})=\pm\mathrm{j}k\boldsymbol{e}_z\cdot(\boldsymbol{E}_0\mathrm{e}^{\pm\mathrm{j}kz})=\pm\mathrm{j}k\boldsymbol{e}_z\cdot\boldsymbol{E}
$$

由 $\nabla\cdot\boldsymbol{E}=0$ 可得 $\boldsymbol{E}_0\perp(\pm\boldsymbol{e}_z)$ 电磁波的传播方向，即

$$
\boldsymbol{E}_0=E_{0x}\boldsymbol{e}_x+E_{0y}\boldsymbol{e}_y
$$

说明 $E_z=0$，这种电磁波的电场强度 $\boldsymbol{E}$ 在传播方向上没有纵向($\boldsymbol{e}_z$)分量。同理可以证明在传播方向上没有 H_z 分量。$\boldsymbol{E}$、$\boldsymbol{H}$ 和 $\boldsymbol{k}$ 三者相互正交，并构成右手螺旋关系，所以这种电磁波称为横电磁波，也就是 TEM 波(Transverse Electromagnetic Wave)。

(2) $\boldsymbol{E}$ 和 $\boldsymbol{H}$ 相位相同，其振幅比 η 为实数。

$\boldsymbol{E}$ 和 $\boldsymbol{H}$ 的振幅之比为

$$
\eta=\left|\frac{\boldsymbol{E}}{\boldsymbol{H}}\right|=\sqrt{\frac{\mu}{\varepsilon}}
\tag{1.5-7}
$$

式中，η 的单位为欧姆(Ω)，称为介质的波阻抗或本征阻抗，它的倒数称为介质的本

征导纳。

在真空中，$\mu=\mu_0$，$\varepsilon=\varepsilon_0$，$\eta_0=\sqrt{\mu_0/\varepsilon_0}=120\pi\approx377\ \Omega$，称为真空中的波阻抗。由于理想介质的 ε 和 μ 都是实数，所以 E 和 H 的相位也相同。

由式(1.5-6)可得

$$\begin{cases} H=\dfrac{1}{\omega\mu}k\times E=\sqrt{\dfrac{\varepsilon}{\mu}}k^\circ\times E=\dfrac{1}{\eta}k^\circ\times E \\ E=-\dfrac{1}{\omega\varepsilon}k\times H=-\sqrt{\dfrac{\mu}{\varepsilon}}k^\circ\times H=\eta H\times k^\circ \end{cases} \tag{1.5-8}$$

式(1.5-8)对于均匀平面电磁波的复数解和瞬时值都成立。

(3) 相位项 $-\mathrm{j}kz$ 表示沿 $+z$ 轴传播的均匀平面波，$+\mathrm{j}kz$ 表示沿 $-z$ 轴传播的均匀平面波。

沿 $\pm z$ 轴传播的均匀平面电磁波的瞬时值可以表示为

$$E(z,t)=E_0^+\cos(\omega t-kz)+E_0^+\cos(\omega t+kz)$$

如图 1.5-1 所示，对于第一项 $E_0^+\cos(\omega t-kz)$：

在 $t=0$ 时刻，$z=0$ 处，相位 $\omega t-kz=0$；

在 t 时刻，相位 $\omega t-kz=0$ 传到 $z=\omega t/k$ 处。

对于第二项 $E_0^+\cos(\omega t+kz)$：

在 $t=0$ 时刻，$z=0$ 处，相位 $\omega t+kz=0$；

在 t 时刻，相位 $\omega t+kz=0$ 传到 $z=-\omega t/k$ 处。

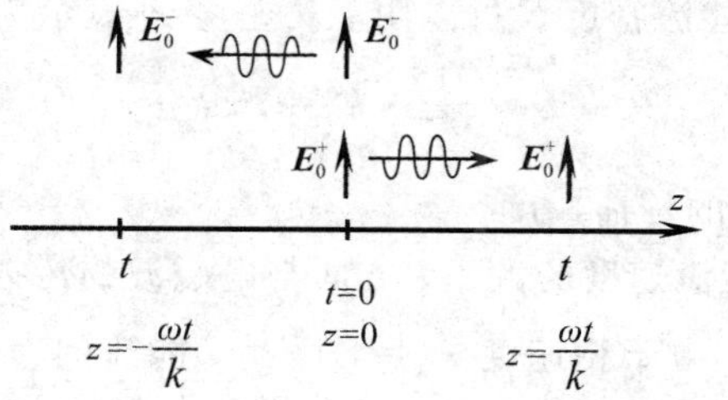

图 1.5-1　沿 z 轴传播的均匀平面电磁波

(4) 均匀平面波的相速度 v_p 表示波的等相位面移动的速度。

波的等相位面移动的速度称为相速度 v_p。

由 $\omega t-kz=$ 常数和 $\dfrac{\mathrm{d}(\omega t-kz)}{\mathrm{d}z}=0$，可得

$$v_\mathrm{p}=\frac{\mathrm{d}z}{\mathrm{d}t}=\frac{\omega}{k}=\frac{1}{\sqrt{\varepsilon\mu}} \tag{1.5-9}$$

如果是真空，有 $\varepsilon=\varepsilon_0$，$\mu=\mu_0$，则电磁波传播的速度就是真空中的光速，即

$$c=\frac{1}{\sqrt{\varepsilon_0\mu_0}}=3\times10^8\ \text{米/秒} \tag{1.5-10}$$

而在介质中，电磁波传播的速度可以写成

$$v_\mathrm{p}=\frac{c}{\sqrt{\varepsilon_\mathrm{r}\mu_\mathrm{r}}}=\frac{c}{n} \tag{1.5-11}$$

式中，$n=\sqrt{\varepsilon_r\mu_r}=\sqrt{\varepsilon_r}$，称为介质的折射率（对于一般媒质，$\mu=\mu_0$）。

（5）波数 k 表示在 2π 的距离上波长的个数。

由于相速、波长和频率的关系为 $v=\lambda f$，由式（1.5-9）可得

$$k=\frac{\omega}{v}=\frac{2\pi}{\lambda} \qquad (1.5-12)$$

可见，k 表示在 2π 距离上波长的个数，故称为波数。由式（1.5-5）可知，$-\mathrm{j}kz$ 代表相位角，因此 k 又表示电磁波沿 $+z$ 方向传播单位距离所滞后的相位，故称为相位常数。

（6）均匀平面波可在介质中无衰减地传播，其相速度与能流速度相等。

电磁场的能量密度为

$$w=\frac{1}{2}\boldsymbol{E}\cdot\boldsymbol{D}+\frac{1}{2}\boldsymbol{H}\cdot\boldsymbol{B}=\frac{1}{2}(\varepsilon E^2+\mu H^2)$$

对于均匀平面电磁波，由式（1.5-7）可得 $\varepsilon E^2=\mu H^2$。可见平面电磁波的电场能量和磁场能量相等，因此有

$$w=\varepsilon E^2=\mu H^2 \qquad (1.5-13)$$

则能流密度矢量（坡印廷矢量）的瞬时值为

$$\boldsymbol{S}(\boldsymbol{r},\ t)=\boldsymbol{E}(\boldsymbol{r},\ t)\times\boldsymbol{H}(\boldsymbol{r},\ t)=\sqrt{\frac{\varepsilon}{\mu}}\boldsymbol{E}(\boldsymbol{r},\ t)\times[\boldsymbol{k}^0\times\boldsymbol{E}(\boldsymbol{r},\ t)]$$

$$=\sqrt{\frac{\varepsilon}{\mu}}E^2(\boldsymbol{r},\ t)\boldsymbol{k}^0 \qquad (1.5-14)$$

式中，$\boldsymbol{E}(\boldsymbol{r},\ t)$ 是电场强度的瞬时值；$\boldsymbol{k}^0$ 是电磁波的传播方向。

考虑到式（1.5-13），能流密度 $\boldsymbol{S}$ 可以用能量密度 w 表示为

$$\boldsymbol{S}=\frac{1}{\sqrt{\varepsilon\mu}}w\boldsymbol{k}^0=vw\boldsymbol{k}^0 \qquad (1.5-15)$$

式中，v 是电磁波在介质中的传播速度。

可见，平面电磁波的能流速度的大小、方向与电磁波的传播相速度相同。

对于均匀平面电磁波，由于相速度 $v_p=1/\sqrt{\varepsilon\mu}$，能流的速度 $v=1/\sqrt{\varepsilon\mu}$，因此均匀平面电磁波的相速度与能流的速度相等。

由式（1.5-6）和平均能流密度的定义，可得

$$\bar{\boldsymbol{S}}=\frac{1}{2}\mathrm{Re}[\boldsymbol{E}\times\boldsymbol{H}^*]=\frac{1}{2\eta}|\boldsymbol{E}|^2\boldsymbol{k}^0 \qquad (1.5-16)$$

其中 $\boldsymbol{E}$ 是均匀平面电磁波电场的复数形式，即

$$|\boldsymbol{E}(z)|^2=\boldsymbol{E}(z)\cdot\boldsymbol{E}(z)^* \qquad (1.5-17)$$

1.6　导电媒质中的均匀平面电磁波

1.6.1　导电媒质中的平面波解

导电媒质与理想介质的区别是导电媒质中具有自由电子。因而在导电媒质中只要有电场存在，就会引起传导电流 $\boldsymbol{J}$；但是在导电媒质内部，$\rho=0$。

对于线性、各向同性且均匀的导电媒质，其传导电流 $\boldsymbol{J}=\sigma\boldsymbol{E}$，无自由电荷，所以 $\rho=0$。

此时麦克斯韦方程组可以写成

$$\begin{cases} \nabla \times \boldsymbol{E} = -\mathrm{j}\omega\mu\boldsymbol{H} \\ \nabla \times \boldsymbol{H} = \sigma\boldsymbol{E} + \mathrm{j}\omega\varepsilon\boldsymbol{E} \\ \nabla \cdot \boldsymbol{H} = 0 \\ \nabla \cdot \boldsymbol{E} = 0 \end{cases} \tag{1.6-1}$$

将式(1.6-1)中的第二个方程改写成

$$\nabla \times \boldsymbol{H} = \mathrm{j}\omega\left(\varepsilon - \mathrm{j}\,\frac{\sigma}{\omega}\right)\boldsymbol{E} = \mathrm{j}\omega\dot{\varepsilon}\,\boldsymbol{E}$$

其中，$\dot{\varepsilon} = \varepsilon - \mathrm{j}\,\dfrac{\sigma}{\omega}$ 是引进的复介电常数。

此时，式(1.6-1)变为

$$\begin{cases} \nabla \times \boldsymbol{E} = -\mathrm{j}\omega\mu\boldsymbol{H} \\ \nabla \times \boldsymbol{H} = \mathrm{j}\omega\dot{\varepsilon}\,\boldsymbol{E} \\ \nabla \cdot \boldsymbol{H} = 0 \\ \nabla \cdot \boldsymbol{E} = 0 \end{cases}$$

媒质内的场仍然满足齐次的亥姆霍兹方程

$$\begin{cases} \nabla^2\boldsymbol{E} + \dot{k}^2\boldsymbol{E} = 0 \\ \dot{k} = \omega\,\sqrt{\dot{\varepsilon}\,\mu} \end{cases} \tag{1.6-2}$$

方程(1.6-2)中的相位常数 $\dot{k} = \omega\,\sqrt{\dot{\varepsilon}\,\mu}$ 是复数。方程(1.6-2)的解与(1.5-1)解的形式一样，所以没有必要刻意强调 k 是实数还是复数，一般情况不会刻意在 k 上面加"·"，且解的一般形式为

$$\boldsymbol{E}(\boldsymbol{r}) = \boldsymbol{E}_0\,\mathrm{e}^{-\mathrm{j}k \cdot r} \tag{1.6-3}$$

但是我们应该知道，对于导电媒质来说，k 是复矢量 $\dot{k}$，即

$$k = \boldsymbol{\beta} - \mathrm{j}\boldsymbol{\alpha} \tag{1.6-4}$$

式中，$\boldsymbol{\beta}$ 和 $\boldsymbol{\alpha}$ 均为实矢量，因此式(1.6-3)可以写成

$$\boldsymbol{E} = \boldsymbol{E}_0\,\mathrm{e}^{-\boldsymbol{\alpha} \cdot r}\,\mathrm{e}^{-\mathrm{j}\boldsymbol{\beta} \cdot r} \tag{1.6-5}$$

由式(1.6-5)可以看出：

(1) 指数因子 $\mathrm{e}^{-\mathrm{j}\boldsymbol{\beta} \cdot r}$ 表示沿 $\boldsymbol{\beta}$ 方向传播的平面电磁波，其等相位面与 $\boldsymbol{\beta}$ 垂直，$\boldsymbol{\beta}$ 的方向就是等相位面的法向。$\boldsymbol{\beta}$ 为相位传播矢量，称为相位因子或相位常数，单位为 rad/m。

(2) 平面波的振幅为 $\boldsymbol{E}_0\,\mathrm{e}^{-\boldsymbol{\alpha} \cdot r}$。$\mathrm{e}^{-\boldsymbol{\alpha} \cdot r}$ 是衰减因子，表示平面波的振幅沿着 $\boldsymbol{\alpha}$ 方向衰减。$\boldsymbol{\alpha}$ 的方向就是等振幅面的法向，$\boldsymbol{\alpha}$ 称为衰减矢量，单位为 Np/m 或 dB/m。

(3) $\boldsymbol{\alpha}$ 和 $\boldsymbol{\beta}$ 方向不同的波是非均匀平面电磁波，$\boldsymbol{\alpha}$ 和 $\boldsymbol{\beta}$ 方向相同的波是均匀平面电磁波。

1.6.2　均匀平面波在导电媒质中的传播特性

在导电媒质中传播的均匀平面波有以下传播特性：

(1) 电磁波在导电媒质中是一种衰减波。

当波的振幅衰减到初值的 $1/\mathrm{e}$ 时，电磁波传播的距离称为趋肤深度，记作 δ，用公式可表示为

$$\delta = \frac{1}{\alpha} \qquad (1.6-6)$$

下面求解 $\boldsymbol{\alpha}$ 和 $\boldsymbol{\beta}$ 的值。

$$k^2 = \boldsymbol{k} \cdot \boldsymbol{k} = \beta^2 - \alpha^2 - \mathrm{j}2\boldsymbol{\alpha} \cdot \boldsymbol{\beta} = \omega^2 \mu \left(\varepsilon - \mathrm{j}\frac{\sigma}{\omega} \right) \qquad (1.6-7)$$

复数方程(1.6-7)可分解为两个实数方程,即

$$\begin{cases} \beta^2 - \alpha^2 = \omega^2 \mu \varepsilon \\ \boldsymbol{\alpha} \cdot \boldsymbol{\beta} = \dfrac{1}{2} \omega \mu \sigma \end{cases} \qquad (1.6-8)$$

在无界均匀媒质中传播的平面波是均匀平面波,$\boldsymbol{\alpha}$ 和 $\boldsymbol{\beta}$ 方向一致,因此有

$$\boldsymbol{k} = \boldsymbol{\beta} - \mathrm{j}\boldsymbol{\alpha} = (\beta - \mathrm{j}\alpha)\boldsymbol{k}^0 = k\boldsymbol{k}^0$$

式(1.6-8)变为

$$\begin{cases} \beta^2 - \alpha^2 = \omega^2 \mu \varepsilon \\ \alpha\beta = \dfrac{1}{2} \omega \mu \sigma \end{cases} \qquad (1.6-9)$$

求解式(1.6-9),得

$$\begin{cases} \beta = \omega \sqrt{\varepsilon\mu} \left\{ \dfrac{1}{2} \left[\sqrt{1 + \left(\dfrac{\sigma}{\omega\varepsilon} \right)^2} + 1 \right] \right\}^{\frac{1}{2}} \\ \alpha = \omega \sqrt{\varepsilon\mu} \left\{ \dfrac{1}{2} \left[\sqrt{1 + \left(\dfrac{\sigma}{\omega\varepsilon} \right)^2} - 1 \right] \right\}^{\frac{1}{2}} \end{cases} \qquad (1.6-10)$$

① 对于良导体来说,导电媒质 $\dfrac{\sigma}{\omega\varepsilon} \gg 1$,因此有

$$k^2 = \beta^2 - \alpha^2 - \mathrm{j}2\boldsymbol{\alpha} \cdot \boldsymbol{\beta} = \omega^2 \mu \left(\varepsilon - \mathrm{j}\frac{\sigma}{\omega} \right) \approx -\mathrm{j}\omega\mu\sigma \qquad (1.6-11)$$

$$\alpha = \beta = \sqrt{\frac{\omega\mu\sigma}{2}}$$

由式(1.6-11)和式(1.6-6)可得趋肤深度 δ 为

$$\delta = \sqrt{\frac{2}{\omega\mu\sigma}} \qquad (1.6-12)$$

对于金属导体铜来说,$\sigma_{铜} = 5.7 \times 10^7$ s/m。当频率为 50 Hz 时,$\delta = 0.94$ cm;当频率为 100 MHz 时,$\delta_{铜} = 0.67 \times 10^{-3}$ cm。

由此可以得出结论:对于高频电磁波,场仅集中在导体表面很薄的一层,相应的高频电流也集中在导体表面很薄的一层内流动。这种现象称为趋肤效应。

② 对于非良导体来说,导电媒质 $\dfrac{\sigma}{\omega\varepsilon} \ll 1$,因此有

$$\begin{cases} \beta \approx \omega \sqrt{\varepsilon\mu} \\ \alpha \approx \dfrac{\sigma}{2} \sqrt{\dfrac{\mu}{\varepsilon}} \end{cases} \qquad (1.6-13)$$

由式(1.6-13)可知,$\beta \gg \alpha$,所以电磁波衰减很小,且与频率无关,可以认为其传播特性与理想介质中的相同。

（2）相速度即等相位面传播速度。

由等相位面方程 $\omega t - \boldsymbol{\beta} \cdot \boldsymbol{\gamma} =$ 常数，可得

$$v_{\mathrm{p}} = \frac{\omega}{\beta} \qquad\qquad (1.6-14)$$

① 对于良导体来说，$v_{\mathrm{p}} = \sqrt{\dfrac{2\omega}{\mu\sigma}}$。不同频率的电磁波在良导体中传播的速度不同，我们把这种现象称为色散。

② 对于非良导体来说，$v_{\mathrm{p}} = \dfrac{1}{\sqrt{\varepsilon\mu}}$。它与频率无关，相速度与理想介质中的情况近似一致。

（3）导电媒质中 $\boldsymbol{H}$ 的相位与 $\boldsymbol{E}$ 不同，在时间上 $\boldsymbol{H}$ 的相位比 $\boldsymbol{E}$ 的相位滞后 φ，且磁场能量大于电场能量。

由式（1.5-8）可得

$$\boldsymbol{H} = \frac{1}{\omega\mu}\boldsymbol{k} \times \boldsymbol{E} = \frac{k}{\omega\mu}\boldsymbol{k}^{0} \times \boldsymbol{E} \qquad\qquad (1.6-15)$$

根据式（1.6-10）、式（1.6-15）可得

$$k = |\boldsymbol{k}| \mathrm{e}^{-\mathrm{j}\varphi} = \sqrt{\beta^{2}+\alpha^{2}}\, \mathrm{e}^{-\mathrm{j}\varphi} = \omega\sqrt{\varepsilon\mu}\left[1+\left(\frac{\sigma}{\omega\varepsilon}\right)^{2}\right]^{\frac{1}{4}} \mathrm{e}^{-\mathrm{j}\varphi}$$

由 $k = \beta - \mathrm{j}\alpha$，可得

$$\varphi = \cot\frac{\alpha}{\beta} = \frac{1}{2}\cot\frac{\sigma}{\omega\varepsilon}$$

因此式（1.6-15）可以写成

$$\boldsymbol{H} = \frac{1}{\omega\mu}\boldsymbol{k} \times \boldsymbol{E} = \sqrt{\frac{\varepsilon}{\mu}}\left[1+\left(\frac{\sigma}{\omega\varepsilon}\right)^{2}\right]^{\frac{1}{4}} \mathrm{e}^{-\mathrm{j}\varphi}\boldsymbol{k}^{0} \times \boldsymbol{E} \qquad\qquad (1.6-16)$$

在良导体中，由式（1.6-11）可得

$$\begin{cases} |\boldsymbol{k}| = \sqrt{\beta^{2}+\alpha^{2}} = \sqrt{\omega\mu\sigma} \\[2mm] \varphi = \cot\dfrac{\alpha}{\beta} = 45° \end{cases} \qquad\qquad (1.6-17)$$

由式（1.6-15）可得

$$\boldsymbol{H} = \frac{k}{\omega\mu}\boldsymbol{k}^{2} \times \boldsymbol{E} = \sqrt{\frac{\sigma}{\omega\mu}}\, \mathrm{e}^{-\mathrm{j}\frac{\pi}{4}}\boldsymbol{k}^{0} \times \boldsymbol{E} = (1-\mathrm{j})\sqrt{\frac{\sigma}{2\omega\mu}}\boldsymbol{k}^{0} \times \boldsymbol{E} \qquad (1.6-18)$$

因此可得磁场能量和电场能量之比为

$$\frac{w_{\mathrm{m}}}{w_{\mathrm{e}}} = \frac{\dfrac{1}{2}\mu H^{2}}{\dfrac{1}{2}\varepsilon E^{2}} = \frac{\mu}{\varepsilon} \times \frac{\sigma}{\omega\mu} = \frac{\sigma}{\omega\varepsilon} \gg 1 \qquad\qquad (1.6-19)$$

可见在良导体中，均匀平面电磁波磁场的相位比电场的相位滞后 45°，且磁场能量大于电场能量。

1.7　均匀平面波的极化特性

电磁波的电场矢量 $\boldsymbol{E}$ 的振动保持在某一固定方向或按某一规律旋转的现象称为电磁

波的极化。电磁波的极化是通过在固定点观察电磁波的电场矢量端点在一个时间周期里描绘的轨迹进行描述的。

1.7.1　电场矢量端点描绘的轨迹

如果假设电磁波沿 $+z$ 轴传播，选择 e_x、e_y 两个正交方向描述 E，这样假设对于均匀平面电磁波并不失一般性，则有

$$E(z, t)=E_1\cos(\omega t-kz)e_x+E_2\cos(\omega t-kz-\theta)e_y \qquad (1.7-1)$$

选择固定点位置 $z=0$，则式(1.7-1)变成

$$E(0, t)=E_1\cos(\omega t)e_x+E_2\cos(\omega t-\theta)e_y \qquad (1.7-2)$$

消去方程(1.7-3)中的时间因子 t，有

$$\begin{cases} E_x=E_1\cos(\omega t) \\ E_y=E_2\cos(\omega t-\theta)=E_2(\cos\omega t\cos\theta+\sin\omega t\sin\theta) \end{cases} \qquad (1.7-3)$$

可得

$$\frac{E_x^2}{E_1^2}+\frac{E_y^2}{E_2^2}-2\frac{E_xE_y}{E_1E_2}\cos\theta=\sin^2\theta \qquad (1.7-4)$$

这是一个非标准形式的椭圆方程，它说明在一般情况下，一个均匀平面波电场矢量的端点描绘出的轨迹是一个椭圆。

1.7.2　电磁波极化的分类

了解了均匀平面电磁波的极化后，还需要观察电磁波的时域解——瞬时值。通过观察电场矢量端点描绘出的轨迹，可以把极化电磁波分为线极化波、圆极化波和椭圆极化波三种。

1. 线极化波($\theta=0$，$\pm\pi$)

$\theta=0$ 时，式(1.7-2)变成

$$E(0, t)=E_1\cos(\omega t)e_x+E_2\cos(\omega t)e_y$$

图1.7-1描绘了在一个时间周期 T 内 $t=0$、$t=T/4$、$t=T/2$、$t=3T/4$、$t=T$ 时刻，电场矢量端点的运动轨迹。

$t=0 \Rightarrow E=E_1e_x+E_2e_y$

$t=\dfrac{T}{4} \Rightarrow E=0$

$t=\dfrac{T}{2} \Rightarrow E=-E_1e_x-E_2e_y$

$t=\dfrac{3T}{4} \Rightarrow E=0$

$t=T \Rightarrow E=E_1e_x+E_2e_y$

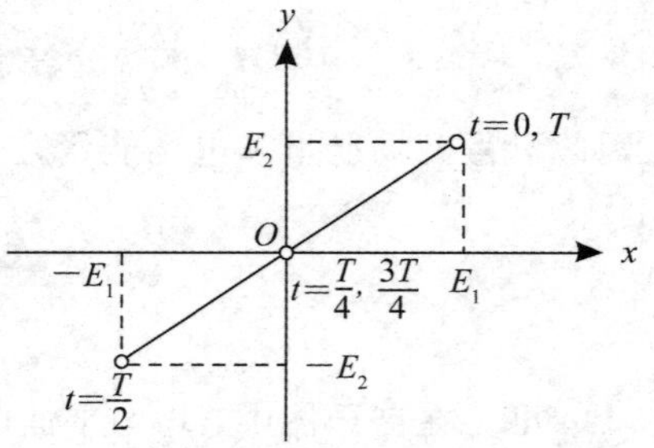

图 1.7-1　线极化波

$\theta=\pm\pi$ 时的情况与上面相同。式(1.7-2)中的两个正交分量也是线极化波，所以任何一个极化电磁波都可以用两个正交的线极化波合成。在实际工程中，经常选择一个平行于地面的线极化波和一个垂直于地面的线极化波去描述平面电磁波的极化，其中平行于地面

的极化电磁波称为水平极化波，而垂直于地面的极化电磁波称为垂直极化波。

2. 圆极化波（$E_1 = E_2 = E_0$ 且 $\theta = \pm\pi/2$）

$E_1 = E_2$ 且 $\theta = \pm\pi/2$ 时，式(1.7-2)变成 $\boldsymbol{E}(0, t) = E_0\cos(\omega t)\boldsymbol{e}_x \pm E_0\sin(\omega t)\boldsymbol{e}_y$，其中

$$\begin{cases} E_x = E_0\cos(\omega t) \\ E_y = \pm E_0\sin(\omega t) \end{cases}$$

由此可以得到电场矢量端点描绘出的轨迹方程为一个圆方程，即

$$E_x^2 + E_y^2 = E_0^2 \tag{1.7-5}$$

但是，在 $\theta = \pm\pi/2$ 时，电场矢量端点的旋转方向是不同的。下面，我们在一个时间周期 T 内观察电场矢量端点描绘出的轨迹。当 $\theta = \pi/2$ 时，电场矢量端点随时间变化的旋转方向和电磁波的传播方向可以用右手描述的电磁波称为右旋圆极化波，如图 1.7-2 所示。

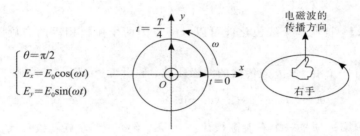

图 1.7-2　右旋圆极化波

当 $\theta = -\pi/2$ 时，电场矢量端点随时间变化的旋转方向和电磁波的传播方向可以用左手描述的电磁波称为左旋圆极化波，如图 1.7-3 所示。

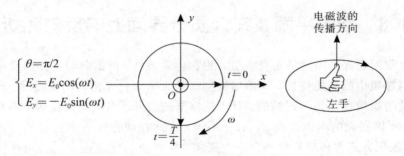

图 1.7-3　左旋圆极化波

3. 椭圆极化波（$\theta \neq 0, \pm\pi$；不发生 $E_1 = E_2 = E_0$ 且 $\theta = \pm\pi/2$ 的任意情况）

椭圆极化波也分为左旋椭圆极化波和右旋椭圆极化波两种。

【例 1.7-1】 已知自由空间中电磁波电场 $\boldsymbol{E} = (-\mathrm{j}25\boldsymbol{e}_x + 25\boldsymbol{e}_z)\mathrm{e}^{-\mathrm{j}120y}\ \mathrm{mV/m}$，判断电磁波的极化方式。

解 先写出电场的瞬时值。由两个正交分量的幅度相等且相位相差 $\pi/2$ 可知，该电磁波为圆极化波，因此有

$$\boldsymbol{E}(y, t) = 25\cos\left(\omega t - 120y - \frac{\pi}{2}\right)\boldsymbol{e}_x + 25\cos(\omega t - 120y)\boldsymbol{e}_z$$

在 $y=0$ 处观察可得

$$\boldsymbol{E}(0,\ t)=25\cos\left(\omega t-\frac{\pi}{2}\right)\boldsymbol{e}_x+25\cos(\omega t)\boldsymbol{e}_z$$

电磁波的传播方向为 $+y$ 方向，指向里面，因此该电磁波是右旋圆极化电磁波，如图 1.7-4 所示。

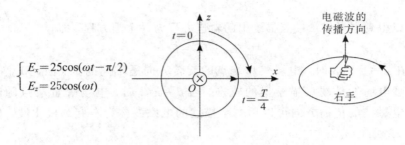

图 1.7-4　例 1.7-1 图

【例 1.7-2】　证明一个线极化波可以分解成为两个振幅相等的右旋圆极化波和左旋极化波的叠加。

证明　设有一个沿 $+z$ 方向传播的线极化波，假设 $\boldsymbol{E}=\boldsymbol{e}_x E_0 \mathrm{e}^{-jkz}$，则

$$\boldsymbol{E}=\boldsymbol{e}_x E_0 \mathrm{e}^{-jkz}=\frac{1}{2}(\boldsymbol{e}_x-\mathrm{j}\boldsymbol{e}_y)\mathrm{e}^{-jkz}+\frac{1}{2}(\boldsymbol{e}_x+\mathrm{j}\boldsymbol{e}_y)\mathrm{e}^{-jkz} \qquad (1.7-6)$$

式(1.7-5)第一项是一个右旋圆极化波，第二项是一个左旋圆极化波。

我们已经知道圆极化波可以用两个正交的线极化波叠加而成，现在又证明了一个线极化波可以用两个正交的圆极化波叠加而成。这说明圆极化波天线可以接收空间线极化波一半的能流；同理，线极化天线也可以接收空间圆极化波一半的电磁能流。

1.8　均匀平面波在介质分界面上的反射和折射

任何电磁问题都必须满足麦克斯韦方程和边界条件。前面我们主要研究了平面电磁波在无界均匀媒质中的传播特性，即传播的空间是无限大且充满均匀媒质的。但实际情况是传播电磁波的媒质往往是不连续的，且占据有限的空间。当电磁波投射到两种媒质交界面上时，由于不同媒质的本构参数 ω、μ、σ 不同，因此在两种媒质中传播的平面电磁波的幅度、相速、极化方式等传播特性都会发生变化，且媒质的突变还会引起电磁波传播方向的变化，这就是电磁波在媒质交界面上的反射和折射现象。

1.8.1　均匀平面波对介质的垂直入射

如图 1.8-1 所示，假设 $z=0$ 为介质 1 和介质 2 的平面交界面，电磁波由介质 1 沿 $+z$ 轴传播垂直投射到两种介质的交界面上。假设入射波电场沿 x 方向线极化，这样假设对于沿其他方向的电场和任意极化的电磁波仍不失一般性，因为均匀平面电磁波是 TEM 波，电场方向一定垂直于传播方向，电场的方向总是交界面的切向；且任意极化的电磁波都可以用两个正交的线极化波合成。

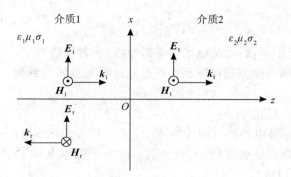

图 1.8-1　入射波垂直媒质交界面入射

设 $\boldsymbol{k}_i = k_i \boldsymbol{e}_z (k_i = k_1)$，且入射波电场为

$$\boldsymbol{E}_i(z) = E_{i0} \mathrm{e}^{-jk_1 z} \boldsymbol{e}_x \tag{1.8-1}$$

对于均匀平面电磁波来说，有

$$\boldsymbol{H}_i(z) = \frac{1}{\eta_1} \boldsymbol{k}_i^0 \times \boldsymbol{E}_i = \frac{1}{\eta_1} E_{i0} \mathrm{e}^{-jk_1 z} \boldsymbol{e}_y \tag{1.8-2}$$

这一点也可由电场方向、磁场方向和能流密度方向三者之间的关系得到。

对于反射波，由于 $\theta_i = 0$，则 $\theta_r = 0$，$\boldsymbol{k}_r = k_r(-\boldsymbol{e}_z)(k_r = k_1)$，且传播介质是线性、各向同性的介质，因此反射波的极化方式也不会发生变化。仍然沿 x 方向极化。假设它为

$$\boldsymbol{E}_r(z) = E_{r0} \mathrm{e}^{+jk_1 z} \boldsymbol{e}_x \tag{1.8-3}$$

则有

$$\boldsymbol{H}_r(z) = -\frac{1}{\eta_1} E_{r0} \mathrm{e}^{+jk_1 z} \boldsymbol{e}_y \tag{1.8-4}$$

同理，可以推出透射波（折射波）的电磁场表达式为

$$\boldsymbol{E}_t(z) = E_{t0} \mathrm{e}^{-jk_2 z} \boldsymbol{e}_x \tag{1.8-5}$$

$$\boldsymbol{H}_t(z) = \frac{1}{\eta_2} E_{t0} \mathrm{e}^{-jk_2 z} \boldsymbol{e}_y \tag{1.8-6}$$

电磁场的边界条件为

$$\begin{cases} E_{2t} - E_{1t} = 0 \\ H_{2t} - H_{1t} = J_S \end{cases}$$

理想介质或有限电导率的导电介质交界面上不存在面电流，因此 $J_S = 0$，即

$$\begin{cases} E_{1t} = E_{2t} \\ H_{1t} = H_{2t} \end{cases} \tag{1.8-7}$$

将介质中入射波、反射波和透射波电磁场在 $z=0$ 处代入式(1.8-7)中，可得

$$\begin{cases} E_{i0} + E_{r0} = E_{t0} \\ \dfrac{E_{i0}}{\eta_1} - \dfrac{E_{r0}}{\eta_1} = \dfrac{E_{t0}}{\eta_2} \end{cases} \tag{1.8-8}$$

求解式(1.8-8)，可得

$$r = \frac{E_{r0}}{E_{i0}} = \frac{\eta_2 - \eta_1}{\eta_2 + \eta_1} \tag{1.8-9}$$

$$t = \frac{E_{t0}}{E_{i0}} = \frac{2\eta_2}{\eta_2 + \eta_1} \qquad (1.8-10)$$

其中，r 称为电场的反射系数；t 是电场的透射系数（折射系数）。

由式(1.8-8)的第一个方程可得反射系数和透射系数的关系为

$$1 + r = t \qquad (1.8-11)$$

由以上分析可得出结论如下：

(1) 上述推导中假设电场的方向始终不变，磁场的方向由 $S = E \times H$ 确定。

(2) 在反射面是理想导电媒质($\sigma = \infty$)时，由于理想导电媒质中不存在电磁场，因此 $t = 0$，则由式(1.8-11)可得

$$\begin{cases} r = -1 \\ t = 0 \end{cases} \qquad (1.8-12)$$

这一点也可以由边界条件式(1.8-7)得到。

(3) 两种媒质中的电场强度为

$$\begin{cases} \boldsymbol{E}_1 = E_{i0} e^{-jk_1 z} \boldsymbol{e}_x + r E_{i0} e^{+jk_1 z} \boldsymbol{e}_x \\ \boldsymbol{E}_2 = t E_{i0} e^{-jk_2 z} \boldsymbol{e}_x \end{cases} \qquad (1.8-13)$$

$$\begin{cases} \boldsymbol{H}_1 = \dfrac{1}{\eta_1}(E_{i0} e^{-jk_1 z} - r E_{i0} e^{+jk_1 z}) \boldsymbol{e}_y \\ \boldsymbol{H}_2 = \dfrac{1}{\eta_2} t E_{i0} e^{-jk_2 z} \boldsymbol{e}_y \end{cases} \qquad (1.8-14)$$

我们已经知道，当均匀平面电磁波垂直投射到两种不同媒质交界面上时，电磁波的传播特性会发生变化。下面通过两个不同的例子来做进一步地说明。

【例 1.8-1】　电场强度为 $\boldsymbol{E}_i(z) = E_0(\boldsymbol{e}_x + j\boldsymbol{e}_y) e^{-j2\pi z}$，电磁波由自由空间垂直入射到 $\varepsilon_r = 4$、$\mu_r = 1$ 的介质。求：

(1) 反射波 $\boldsymbol{E}_r$ 和透射波 $\boldsymbol{E}_t$；

(2) 判断入射波、反射波和透射波的极化方式。

解
$$\eta_1 = \sqrt{\frac{\mu_0}{\varepsilon_0}} = 120\pi, \quad \eta_2 = \sqrt{\frac{\mu_0}{4\varepsilon_0}} = 60\pi$$

$$k = \omega\sqrt{\varepsilon\mu}, \quad k_1 = 2\pi, \quad k_2 = 4\pi$$

$$r = \frac{\eta_2 - \eta_1}{\eta_2 + \eta_1} = -\frac{1}{3} = \frac{1}{3} e^{j\pi}, \quad t = 1 + r = \frac{2}{3}$$

(1) $\boldsymbol{E}_r(z) = r\boldsymbol{E}_i = -\dfrac{E_0}{3}(\boldsymbol{e}_x + j\boldsymbol{e}_y) e^{+j2\pi z}$；$\boldsymbol{E}_t(z) = t\boldsymbol{E}_i = \dfrac{2E_0}{3}(\boldsymbol{e}_x + j\boldsymbol{e}_y) e^{-j2\pi z}$

(2) 入射波、反射波和透射波的瞬时值为

入射波：$\boldsymbol{E}_i(t, z) = E_0[\cos(\omega t - 2\pi z)\boldsymbol{e}_x - \sin(\omega t - 2\pi z)\boldsymbol{e}_y]$，为左旋圆极化波。

反射波：$\boldsymbol{E}_r(t, z) = -\dfrac{E_0}{3}[\cos(\omega t - 2\pi z)\boldsymbol{e}_x - \sin(\omega t - 2\pi z)\boldsymbol{e}_y]$，为右旋圆极化波。

透射波：$\boldsymbol{E}_t(t, z) = \dfrac{2E_0}{3}[\cos(\omega t - 2\pi z)\boldsymbol{e}_x - \sin(\omega t - 2\pi z)\boldsymbol{e}_y]$，为左旋圆极化波。

例 1.8-1 再次说明，电磁波垂直投射到两种非导电媒质交界面上时，入射波和反射波的极化方式虽然不变，但是旋转方向与电磁波的传播方向之间的关系会发生变化。

1.8.2　均匀平面波对介质的斜入射

现在利用边界条件来求解均匀平面电磁波对交界面斜入射时，反射波振幅、折射波振幅与入射波振幅之间的关系。要分析这个问题，先来了解几个概念。

入射面是指波矢量 $\boldsymbol{k}$ 与分界面的法线单位矢量 $\boldsymbol{n}$ 构成的平面。

斜入射时，任意方向的电场 $\boldsymbol{E}$ 总可以分解为两个正交分量的叠加；同时，任意的极化电磁波也都可以分解为两个正交线极化波的叠加。在此，我们分别讨论入射波电场垂直于入射面和平行于入射面两种情形。

垂直极化是指电场矢量垂直于入射面，平行极化是指电场矢量平行于入射面。

需要说明的是，为分析电磁波斜入射时任意方向的电场，定义的垂直极化和平行极化与 1.7 节中提到的水平极化电磁波和垂直极化电磁波是有所区别的，它们一个是相对于入射面，一个是相对于地面。如果地面是两种媒质的交界面，则这里提到的垂直极化恰恰是相对于地面的水平极化。

1. 电场矢量垂直于入射面的情形

设入射波矢量 $\boldsymbol{k}_i$ 位于 xz 平面内。由前面的结论可知反射波矢量 $\boldsymbol{k}_r$ 和折射波矢量 $\boldsymbol{k}_t$ 都位于 xz 平面($k_{iy}=k_{ry}=k_{ty}$)。设入射波电场矢量 $\boldsymbol{E}_{i0}$ 沿 y 轴正方向，则反射波电场矢量 $\boldsymbol{E}_{r0}$ 和折射波电场矢量 $\boldsymbol{E}_{t0}$ 也都沿 y 轴正方向，这种情况称为垂直极化波。$\boldsymbol{H}_{i0}$、$\boldsymbol{H}_{r0}$ 和 $\boldsymbol{H}_{t0}$ 的正方向由 $\boldsymbol{E}$、$\boldsymbol{H}$ 和 $\boldsymbol{k}$ 之间的关系确定，如图 1.8-2 所示。

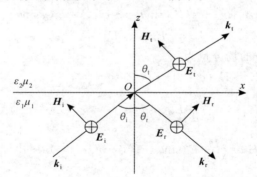

图 1.8-2　垂直极化波的反射和折射

根据边界条件可得

$$E_{i0}+E_{r0}=E_{t0} \tag{1.8-15}$$

$$\frac{1}{\eta_1}(E_{i0}+E_{r0})\cos\theta_i=\frac{1}{\eta_2}E_{t0}\cos\theta_t \tag{1.8-16}$$

联解式(1.8-15)和式(1.8-16)可得

$$\begin{cases} r_\perp=\dfrac{E_{r0}}{E_{i0}}=\dfrac{\eta_2\cos\theta_i-\eta_1\cos\theta_t}{\eta_2\cos\theta_i+\eta_1\cos\theta_t} \\[3mm] t_\perp=\dfrac{E_{t0}}{E_{i0}}=\dfrac{2\eta_2\cos\theta_i}{\eta_2\cos\theta_i-\eta_1\cos\theta_t} \end{cases} \tag{1.8-17}$$

式中，$r_\perp$ 和 $t_\perp$ 分别称为垂直极化时场强的反射系数和透射系数(折射系数)。

由式(1.8-15)可知，它们之间的关系为

$$t_\perp = 1 + r_\perp \tag{1.8-18}$$

图 1.8-3 分别给出了 $n_1 = 1$（真空）、$n_2 = 1.8$ 时，$|r_\perp|$ 随 θ_i 变化的曲线。由曲线可以看出，当 $\theta_i = 0$ 即垂直入射面时，$|r_\perp|$ 最小；随入射角 θ_i 的增加，$|r_\perp|$ 会随之单调增加；并在 $\theta_i = 90°$ 即掠入射时达到最大值 1，这种情况相当于入射波擦着交界面入射，即掠入射。

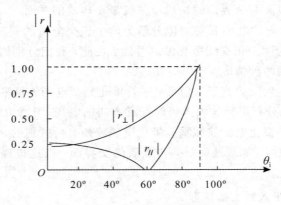

图 1.8-3　$|r|$ 随 θ_i 变化的曲线

介质 1 中合成波的场分量为入射波场分量和反射波场分量的叠加，考虑到以下关系

$$\theta_i = \theta_r, \quad k_{iy} = k_{ry} = 0, \quad k_i = k_r$$

$$\boldsymbol{k}_i \cdot \boldsymbol{r} = k_{ix} x + k_{iz} z = k_i (x\sin\theta_i + z\cos\theta_i)$$

$$\boldsymbol{k}_r \cdot \boldsymbol{r} = k_{rx} x + k_{rz} z = k_r (x\sin\theta_r - z\cos\theta_r) = k_i (x\sin\theta_i - z\cos\theta_i)$$

$$E_{r0} = r_\perp E_{i0}$$

可得介质 1 中合成波的场分量为

$$\begin{cases} E_y = E_{i0}(\mathrm{e}^{-\mathrm{j}k_{iz}z} + r_\perp \mathrm{e}^{+\mathrm{j}k_{iz}z})\mathrm{e}^{-\mathrm{j}k_{ix}x} \\ H_x = -\sqrt{\dfrac{\varepsilon_1}{\mu_0}} E_{i0}\cos\theta_i (\mathrm{e}^{-\mathrm{j}k_{iz}z} - r_\perp \mathrm{e}^{+\mathrm{j}k_{iz}z})\mathrm{e}^{-\mathrm{j}k_{ix}x} \\ H_z = \sqrt{\dfrac{\varepsilon_1}{\mu_0}} E_{i0}\sin\theta_i (\mathrm{e}^{-\mathrm{j}k_{iz}z} - r_\perp \mathrm{e}^{+\mathrm{j}k_{iz}z})\mathrm{e}^{-\mathrm{j}k_{ix}x} \end{cases} \tag{1.8-19}$$

由式（1.8-19）看出：

（1）场的每一分量都具有行波因子 $\mathrm{e}^{-\mathrm{j}k_{ix}x}$，它表示合成波沿 x 方向传播。

（2）合成波除了有与传播方向垂直的分量 $\boldsymbol{E}_y$ 和 $\boldsymbol{H}_z$ 外，还有一个与传播方向平行的分量 $\boldsymbol{H}_x$。因此合成波不再是横电磁波（TEM 波），而是横电波（TE 波），或称磁波（H 波）。

（3）合成波在 z 方向（界面法线方向）的变化由向正 z 方向传播的行波 $\mathrm{e}^{-\mathrm{j}k_{iz}z}$ 和向负 z 方向传播的行波 $r_\perp \mathrm{e}^{+\mathrm{j}k_{iz}z}$ 叠加的结果决定。向 z 方向传播的行波是因界面的反射引起的。当 $|r_\perp| = 1$ 时，沿 z 方向传播的行波变为

$$\mathrm{e}^{-\mathrm{j}k_{iz}z} \pm \mathrm{e}^{+\mathrm{j}k_{iz}z} = \begin{cases} 2\cos k_{iz}z \\ -\mathrm{j}2\sin k_{iz}z \end{cases}$$

其瞬时值分别为 $2\cos k_{iz}z\cos\omega t$ 和 $-2\sin k_{iz}z\sin\omega t$。波的幅度沿 z 作正弦分布，这个正弦分布场的振幅又随时间以 ω 角频率振动。这种在原地振动而不向前传播的波称为驻波。当 $|r_\perp| < 1$ 时，合成波在 z 方向既有行波的成分又有驻波的成分，称为行驻波。

2. 电场矢量平行于入射面的情形

设入射波矢量 $\boldsymbol{k}_i$ 位于 xz 平面，其磁场矢量沿 y 轴负方向，其余各矢量的方向如图 1.8-4所示，这种情况称为平行极化波。注意：这里假设磁场方向始终不变。

根据边界条件可得

$$(E_{i0} - E_{r0})\cos\theta_i = E_{t0}\cos\theta_t \quad (1.8-20)$$

$$\frac{1}{\eta_1}(E_{i0} + E_{r0}) = \frac{1}{\eta_2}E_{t0} \quad (1.8-21)$$

联立解得

$$\begin{cases} r_{/\!/} = \dfrac{E_{r0}}{E_{i0}} = \dfrac{\eta_1\cos\theta_i - \eta_2\cos\theta_t}{\eta_1\cos\theta_i + \eta_2\cos\theta_t} \\[3mm] t_{/\!/} = \dfrac{E_{t0}}{E_{i0}} = \dfrac{2\eta_2\cos\theta_i}{\eta_1\cos\theta_i - \eta_2\cos\theta_t} \end{cases} \quad (1.8-22)$$

式中，$r_{/\!/}$ 和 $t_{/\!/}$ 分别称为平行极化时电场强度的反射系数和透射系数。

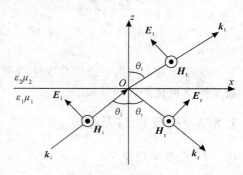

图 1.8-4　平行极化波的反射和折射

由式(1.8-20)可得它们之间的关系为

$$t_{/\!/} = \frac{\cos\theta_i}{\cos\theta_t}(1 - r_{/\!/}) \quad (1.8-23)$$

当 $n_1 = 1$、$n_2 = 1.8$ 时，场强的反射系数的大小 $|r_{/\!/}|$ 随 θ_i 变化的曲线如图 1.8-3 所示。由图 1.8-3 可知，当 θ_i 从 $0°$ 变化到 $60°$ 时，反射系数连续减小。$\theta_i = 60°$ 左右时，$|r_{/\!/}| = 0$（这就是平行极化无反射的布儒斯特角，在后面将对此进行分析）；而在 θ_i 超过 $60°$ 后，反射系数迅速增大，并在 $90°$（掠入射）时达到最大值 1。

介质 1 中合成波场的分量为

$$\begin{cases} H_y = -\sqrt{\dfrac{\varepsilon_1}{\mu_0}}E_{i0}(e^{-jk_z z} + r_{/\!/}e^{+jk_z z})e^{-jk_x x} \\[3mm] E_x = -E_{i0}\cos\theta_i(e^{-jk_z z} - r_{/\!/}e^{+jk_z z})e^{-jk_x x} \\[3mm] E_z = E_{i0}\sin\theta_i(e^{-jk_z z} + r_{/\!/}e^{+jk_z z})e^{-jk_x x} \end{cases} \quad (1.8-24)$$

由此可以得到类似于垂直极化情况下的三点结论，唯一的区别是沿 x 方向传播的是横磁波(TM 波)，又称电波(E 波)。

垂直入射即 $\theta_i = 0$ 时，式(1.8-17)和式(1.8-22)可简化为

$$\begin{cases} r_{\perp} = \dfrac{\eta_2 - \eta_1}{\eta_2 + \eta_1} \quad t_{\perp} = \dfrac{2\eta_2}{\eta_2 + \eta_1} \\[3mm] r_{/\!/} = \dfrac{\eta_1 - \eta_2}{\eta_1 + \eta_2} \quad t_{/\!/} = \dfrac{2\eta_2}{\eta_1 + \eta_2} \end{cases} \quad (1.8-25)$$

在平行极化的情况下，由式(1.8-22)可知，当 $\eta_1\cos\theta_i - \eta_2\cos\theta_t = 0$ 时，$r_{/\!/} = 0$，在这种情况下反射波不存在。$r_{/\!/} = 0$ 所对应的入射角称为布儒斯特角，记为 θ_B。$\mu_1 = \mu_2 = \mu_0$ 时，B 的大小很容易由上述条件和折射定律确定

$$\theta_B = \cot\left(\frac{n_2}{n_1}\right) = \cos\sqrt{\frac{\varepsilon_2}{\varepsilon_1 + \varepsilon_2}} \quad (1.8-26)$$

对于垂直极化波，在 $\mu_1 = \mu_2 = \mu_0$ 时，由式(1.8-17)可知，如果 $\eta_2\cos\theta_i - \eta_1\cos\theta_t = 0$，

即垂直极化无反射时，则可得

$$\begin{cases} \dfrac{\sin\theta_i}{\sin\theta_t}=\dfrac{\sqrt{\varepsilon_2}}{\sqrt{\varepsilon_1}} \\ \eta_2\cos\theta_i-\eta_1\cos\theta_t=0 \end{cases} \Rightarrow \sin\theta_i\cos\theta_i-\sin\theta_t\cos\theta_t=0 \Rightarrow \sin(\theta_i-\theta_t)=0 \Rightarrow \theta_i=\theta_t$$

$\theta_t=\theta_i$ 时，必然有 $\varepsilon_1=\varepsilon_2$，即不存在介质分界面，也就是说垂直极化波不存在无反射角。

综上所述，如果一个任意极化的平面波以布儒斯特角入射到介质分界面上，则其反射波是垂直极化的线极化波。

1.8.3　全反射与表面波

1. 全反射现象

由折射定律可得

$$\sin\theta_t=\frac{n_1}{n_2}\sin\theta_i=\frac{1}{n_{21}}\sin\theta_i$$

入射角 θ_i 的变化范围是 0 到 $\pi/2$，故 $\sin\theta_i$ 的值是 0 到 1。当电磁波由光密媒（介）质射向光疏媒（介）质（即 $n_1>n_2$，$n_{21}=n_2/n_1<1$）时，$\sin\theta_t$ 将大于 $\sin\theta_i$，即折射角 θ_t 将大于入射角 θ_i。当入射角为

$$\theta_i=\theta_c=\cos\frac{n_2}{n_1} \tag{1.8-27}$$

$\sin\theta_t=1$ 时，$\theta_t=90°$，这时折射波沿界面传播；若入射角再增大，即 $\theta_i>\theta_c$ 时，显然会出现 $\sin\theta_t>1$ 的情形，这时折射角 θ_t 为虚角。由于 $\sin\theta_t>1$，故 $\cos\theta_t=\sqrt{1-\sin^2\theta_t}$，为虚数；这种情形下，$|r_\perp|=|r_{//}|=1$，即 $E_{r0}=E_{i0}$。这说明光疏媒质中的折射线将不复存在，电磁波全部反射回光密介质中，这种现象称为全反射，θ_c 就是发生全反射时的临界角。光纤通信用的光导纤维就是通过光在光纤内壁上连续不断地全反射，将光从一端传送到另一端来实现信息传递的。

2. 表面波概念

入射电磁波在全反射时，介质 2 中的电磁场并不为零。因为如果介质 2 中的电磁场完全为零，根据边界条件，介质 2 中的场也将为零。下面我们研究介质 2 中电磁场的情形。

仍设 xy 平面为入射面，在全反射时边界关系仍然成立，即仍有

$$k_{tx}=k_{ix}=k_i\sin\theta_i$$

再由折射定律即

$$k_t=k_i n_{21}$$

$$\cos\theta_t=\pm j\sqrt{\left(\sin\frac{\theta_i}{n_{21}}\right)^2-1}$$

可得

$$k_{tz}=k_t\cos\theta_t=\pm jk_i\sqrt{\sin^2\theta_i-n_{21}^2}=\pm j\alpha \tag{1.8-28}$$

因此折射波电场为

$$E_t=E_{t0}\,e^{-jk_t\cdot r}=E_{t0}\,e^{-j(k_{tx}x+k_{tz}z)}=E_{t0}\,e^{\pm\alpha z}\,e^{-jk_{tx}x}$$

由物理意义可知，$\cos\theta_t$ 的根号前应取负号，即

$$\boldsymbol{E}_t = \boldsymbol{E}_{t0}\,\mathrm{e}^{-az}\,\mathrm{e}^{-\mathrm{j}k_{tx}x} \tag{1.8-29}$$

下面来讨论这种波的特性。

场在 x 方向的变化由因子 $\mathrm{e}^{-\mathrm{j}k_{tx}x}$ 决定。显然这表示沿 x 方向传播的电磁波，其波数为 k_{tx}，相速度为 $v_\mathrm{p} = \dfrac{\omega}{k_{tx}} = \dfrac{\omega}{k_t\sin\theta_t}$，$\dfrac{\omega}{k_t}$ 为介质 2 在无限大情形下均匀平面波的相速。由于全反射时 $\sin\theta_t > 1$，可知这种沿 x 方向传播的电磁波的相速度小于无界介质 2 中的相速度，故这种波称为慢波。

场在 z 方向的变化由因子 e^{-az} 决定。这是一个衰减因子，因此这种电磁波只存在于界面附近的一薄层内。薄层的厚度定义为 α^{-1}，即

$$\alpha^{-1} = \frac{1}{k_i\,\sqrt{\sin^2\theta_i - n_{21}^2}} = \frac{\lambda_i}{2\pi\,\sqrt{\sin^2\theta_i - n_{21}^2}}$$

式中 λ_i 是介质 1 的波长。

一般来说，透入介质 2 中的薄层的厚度与波长同数量级，故这种波又称为表面波。

综上所述，介质 2 中的电磁波是沿界面法线方向衰减而沿界面切线方向传播的一种表面波，这种波又称慢波。

1.9   均匀平面波在导电媒质分界面上的反射和折射

在引入等效复介电常数 $\dot{\varepsilon} = \varepsilon - \mathrm{j}\dfrac{\sigma}{\omega}$ 之后，导电介质和非导电介质所满足的麦克斯韦方程在形式上完全相同，因此导电介质表面的反射和折射公式的形式也必然完全一样。具体地说，反射定律和折射定律以及菲涅尔公式（式（1.8 – 17）和式（1.8 – 22））的形式保持不变，只要把其中的 k_t 用 $\omega\sqrt{\dot{\varepsilon}\mu_0}$ 代替、η_2 用 $\sqrt{\mu_0/\dot{\varepsilon}}$ 代替即可。现在就利用这些公式来研究导体面的反射和折射特性。

1.9.1   均匀平面波在导电媒质上的反射和折射

设电磁波由真空斜入射到导体表面上，在界面上产生反射波和透入导体的折射波。一般情况下，导体都可认为是良导体，其等效介电常数为 $\dot{\varepsilon} \approx -\mathrm{j}\dfrac{\sigma}{\omega}$。根据折射定律有

$$\cos\theta_t = \sqrt{1 - \frac{\varepsilon_0}{\dot{\varepsilon}}\sin^2\theta_i} = \sqrt{1 - \eta_r^2\sin^2\theta_i} \tag{1.9-1}$$

式中

$$Z_r = \frac{\eta}{\eta_0} = \sqrt{\frac{\varepsilon_0}{\dot{\varepsilon}}} = \sqrt{\mathrm{j}\frac{\omega\varepsilon_0}{\sigma}} = (1+\mathrm{j})\sqrt{\frac{\omega\varepsilon_0}{2\sigma}} = R_r + \mathrm{j}X_r \tag{1.9-2}$$

称为金属导体的相对表面阻抗，是个无量纲的量；$\eta_0 = \sqrt{\mu_0/\varepsilon_0}$、$\eta = \sqrt{\mu_0/\dot{\varepsilon}}$ 分别为真空和导体的波阻抗。

对于良导体，$\sigma/\omega\varepsilon_0 \gg 1$，故 $|Z_r| \ll 1$，因此有

$$\cos\theta_t \approx 1, \quad \theta_t \approx 0 \tag{1.9-3}$$

式(1.9-3)说明对于良导体来说，无论入射波为何方向，折射波都近似垂直于界面。

令 $\eta_1 = \eta_0$，$\eta_2 = \eta = \eta Z_r$，代入式(1.8-17)，有

$$\begin{cases} r_\perp = \dfrac{\eta\cos\theta_i - \eta_0\cos\theta_t}{\eta\cos\theta_i + \eta_0\cos\theta_t} = \dfrac{Z_r\cos\theta_i - \sqrt{1 - Z_r^2\sin^2\theta_i}}{Z_r\cos\theta_i + \sqrt{1 + Z_r^2\sin^2\theta_i}} \approx \dfrac{Z_r\cos\theta_i - 1}{Z_r\cos\theta_i + 1} \approx -1 \\[3mm] t_\perp = \dfrac{2\eta\cos\theta_i}{\eta\cos\theta_i + \eta_0\cos\theta_t} = \dfrac{2Z_r\cos\theta_i}{Z_r\cos\theta_i + \sqrt{1 - Z_r^2\sin^2\theta_i}} \approx \dfrac{2Z_r\cos\theta_i}{Z_r\cos\theta_i + 1} \ll 1 \end{cases} \tag{1.9-4}$$

同样，根据式(1.8-22)，有

$$\begin{cases} r_P \approx \dfrac{\cos\theta_i - Z_r}{\cos\theta_i + Z_r} \approx 1 \\[3mm] t_P \approx \dfrac{2Z_r\cos\theta_i}{\cos\theta_i + Z_r} \ll 1 \end{cases} \tag{1.9-5}$$

可见对于良导体来说，无论入射波是垂直极化还是水平极化，折射系数都很小，反射系数模值都近似为 1，二者仅相差一个负号。

1.9.2　合成场和透射场

1. 真空中的合成场

为了简单起见，假设导体为理想导体，则 $\sigma = \infty$，$Z_r = 0$，$r_P = 1$，$r_\perp = -1$。以入射波垂直极化的情形为例，由式(1.8-19)可得

$$\begin{cases} E_y = -2\mathrm{j}E_{i0}\sin k_{iz}z\,\mathrm{e}^{-\mathrm{j}k_{ix}x} \\[2mm] H_x = -2\sqrt{\dfrac{\varepsilon_0}{\mu_0}}\,E_{i0}\cos\theta_i\cos k_{iz}\cos\theta_i z\,\mathrm{e}^{-\mathrm{j}k_{ix}x} \\[2mm] H_z = -2\mathrm{j}E_{i0}\sin\theta_i\sin k_{iz}z\,\mathrm{e}^{-\mathrm{j}k_{ix}x} \end{cases} \tag{1.9-6}$$

由式(1.9-6)可以看出：

(1) 合成场在 x 方向的变化为 $\mathrm{e}^{-\mathrm{j}k_{ix}x}$，说明场是沿 x 方向传播的波，其相速度为

$$v = \frac{\omega}{k_{ix}} = \frac{\omega}{k_i\sin\theta_i} = \frac{c}{\sin\theta_i} \tag{1.9-7}$$

c 为真空中的光速。可见 x 的相速度大于真空中的光速。后面将会看到，这与相对论的理论并不矛盾，因为它并不代表实际能量传播的速度。

(2) 合成场在 z 方向的变化为 $\sin k_{iz}z$ 和 $\cos k_{iz}z$，这表示场在 z 方向是纯驻波分布，根据式(1.9-6)可知 z 方向坡印廷矢量的平均值为零，在 z 方向没有能量传播。以 E_y 为例，E_y 正比于 $\sin k_{iz}$（注意 $k_{iz} = k_i\cos\theta_i$），因此合成波场 E_y 在金属导体反射面和距离反射面 nd（$n = 0$，1，2，…）的平行平面上都为零，其中 $d = \lambda/2\cos\theta_i$；在距离导体 $\lambda/2$ 的奇数倍的平面上，E_y 的振幅为最大值。

2. 导体的透射场

由前面的讨论可知，透射入导体的波近似沿界面法线方向，即导体的复波矢量为

$$\boldsymbol{k}_t = \beta_{tz}\boldsymbol{e}_z - \mathrm{j}\alpha_{tz}\boldsymbol{e}_z$$

由式(1.6-7)和式(1.6-11)可知

$$k_t^2 = \beta_{it}^2 - \alpha_{it}^2 - \mathrm{j}2\alpha_{it}\beta_{it} = -\mathrm{j}\omega\mu_0\sigma$$

令实部和虚部相等，可得

$$\beta_{tz} = \alpha_{tz} = \sqrt{\frac{\omega\mu_0\sigma}{2}}$$

即

$$\boldsymbol{k}_t = (1-j)\sqrt{\frac{\omega\mu_0\sigma}{2}}\,\boldsymbol{e}_z \tag{1.9-8}$$

折射波的场为

$$\begin{cases} \boldsymbol{E}_t = \boldsymbol{E}_{t0}\,e^{-j\boldsymbol{k}t\cdot\boldsymbol{r}} = \boldsymbol{E}_{t0}\,e^{-\alpha_{tz}z}\,e^{-j\beta_{tz}z} \\ \boldsymbol{H}_t = \dfrac{1}{\omega\mu_0}\boldsymbol{k}_t\times\boldsymbol{E}_t = (1-j)\sqrt{\dfrac{\sigma}{2\omega\mu_0}}\,\boldsymbol{e}_z\times\boldsymbol{E}_t \end{cases} \tag{1.9-9}$$

这是一个近似向 z 方向传播且沿 z 方向衰减的波，衰减常数 $\alpha_{tz} = \sqrt{\dfrac{\omega\mu_0\sigma}{2}}$。由于 $\alpha_{tz} = 1/\delta(\delta$ 为导体的趋肤深度)，因此经过趋肤深度后，场衰减为原来的 $1/e$。

通常把金属导体表面内侧即 $z=0$ 处的 $|\boldsymbol{E}_t|$ 和 $|\boldsymbol{H}_t|$ 之比定义为金属导体的表面阻抗 Z_t，即

$$Z_t = \frac{|\boldsymbol{E}_t|}{|\boldsymbol{H}_t|}\bigg|_{z=0} = (1+j)\sqrt{\frac{\omega\mu_0}{2\sigma}} \tag{1.9-10}$$

它具有阻抗的量纲。导体表面阻抗与真空的本征阻抗 Z_0 之比即为式(1.9-2)所称的导体相对表面阻抗。

本 章 小 结

本章介绍了电磁场的基础理论，首先给出了麦克斯韦方程组；然后推导了边界条件和电磁波动方程，给出了描述电磁能量的坡印廷定理；通过求解理想介质和导电媒质中的波动方程，给出了均匀平面电磁波在线性、各向同性且均匀无界空间的复数形式解；在理想介质中引入波矢量、波阻抗，在导电媒质中引入衰减常数 α、相位常数 β 和趋肤深度等参数，以描述均匀平面电磁波在媒质中的传播特性；给出了均匀平面电磁波极化的定义和极化电磁波的分类；均匀平面电磁波总可以分解成为两个正交极化电磁波的叠加，根据这两个正交场幅度和相位的不同，可以把电磁波的极化分为线极化、圆极化和椭圆极化三种不同情况；研究了均匀平面电磁波投射到两种介质分界面上的反射和折射规律以及全反射和无反射现象；最后讨论了电磁波在导电媒质交界面上的反射和折射问题。

习　　题

1.1　已知时变电磁场中矢量位 $\boldsymbol{A} = \boldsymbol{e}_x A_m \sin(\omega t - kz)$，其中 A_m、k 是常数，求电场强度、磁场强度和坡印廷矢量。

1.2　在两导体平板($z=0$ 和 $z=d$)之间的空气中传播的电磁波，其电场强度矢量为

$$\boldsymbol{E} = \boldsymbol{e}_y E_0 \sin\frac{\pi}{d}z \cdot \cos(\omega t - k_x x)$$

其中 k_x 为常数。试求：

(1) 磁场强度矢量 $\boldsymbol{H}$；

(2) 两导体表面上的面电流密度 $\boldsymbol{J}_s$。

1.3 已知电场强度 $\boldsymbol{E}=\boldsymbol{e}_x E_0 \cos k_0(z-ct)+\boldsymbol{e}_y E_0 \sin k_0(z-ct)$，式中 $k_0=\dfrac{2\pi}{\lambda}=\dfrac{\omega}{c}$。

试求：

(1) 磁场强度和坡印廷矢量的瞬时值；

(2) 对于给定的 z（例如 $z=0$），试确定 $\boldsymbol{E}$ 随时间变化的轨迹；

(3) 磁场能量密度、电场能量密度和坡印廷矢量的时间平均值。

1.4 写出矢量场的瞬时值与复数值：

(1) $\boldsymbol{E}(t)=\boldsymbol{e}_y E_{ym}\cos(\omega t-kx+\alpha_0)+\boldsymbol{e}_z E_{zm}\sin(\omega t-kx+\alpha_0)$

(2) $\boldsymbol{H}(t)=\boldsymbol{e}_x H_0 k\left(\dfrac{a}{\pi}\right)\sin\left(\dfrac{\pi x}{a}\right)\sin(kz-\omega t)+\boldsymbol{e}_z H_0\cos\left(\dfrac{\pi x}{a}\right)\cos(kz-\omega t)$

(3) $E_{zm}=E_0\sin(k_x x)\sin(k_y y)\mathrm{e}^{-jk_z z}$

(4) $E_{xm}=2jE_0\sin\theta\cos(k_x\cos\theta)\mathrm{e}^{-jkz\sin\theta}$

1.5 已知无源自由空间中的电场 $\boldsymbol{E}=\boldsymbol{e}_y E_m\sin(\omega t-kz)$，试求：

(1) 由麦克斯韦方程求磁场强度；

(2) 证明 ω/k 等于光速；

(3) 求坡印廷矢量的时间平均值。

1.6 已知真空中电场强度 $\boldsymbol{E}=\boldsymbol{e}_x E_0\cos k_0(z-ct)+\boldsymbol{e}_y E_0\sin k_0(z-ct)$，式中 $k_0=2\pi/\lambda_0$。

试求：

(1) 磁场强度和坡印廷矢量的瞬时值；

(2) 对于给定的 z 值，试确定 $\boldsymbol{E}$ 随时间变化的轨迹；

(3) 磁场能量密度、电场能量密度和坡印廷矢量的时间平均值。

1.7 已知在空气中

$$\boldsymbol{E}=\boldsymbol{e}_y 0.1\sin(10\pi x)\cos(6\pi\times10^9 t-\beta Z)\ (\mathrm{V/m})$$

试求 $\boldsymbol{H}$ 和 β。

1.8 在没有电流、电荷分布的空间，平面电磁波的解为 $\boldsymbol{E}=\boldsymbol{E}_0\mathrm{e}^{-j\boldsymbol{k}\cdot\boldsymbol{r}}$，$\boldsymbol{H}=\boldsymbol{H}_0\mathrm{e}^{-j\boldsymbol{k}\cdot\boldsymbol{r}}$，其中 $\boldsymbol{E}_0$、$\boldsymbol{H}_0$、$\boldsymbol{k}$ 都是常矢量。试求：

(1) 验证 $\boldsymbol{E}$、$\boldsymbol{H}$ 满足被动方程的条件是 $c=\dfrac{w}{k}=\dfrac{1}{\sqrt{\varepsilon\mu}}$；

(2) 验证 $\boldsymbol{E}$、$\boldsymbol{H}$ 满足麦克斯韦方程组的散度方程的条件是 $\boldsymbol{k}\cdot\boldsymbol{E}=0$、$\boldsymbol{k}\cdot\boldsymbol{H}=0$；

(3) 由麦克斯韦方程组的旋度方程证明：$\boldsymbol{E}$、$\boldsymbol{B}$ 应该满足的条件是 $\boldsymbol{E}\cdot\boldsymbol{H}=0$；

(4) 讨论 $\boldsymbol{E}$、$\boldsymbol{H}$、$\boldsymbol{k}$ 之间的关系。

1.9 均匀平面电磁波 $\boldsymbol{E}(x,t)=100\sin(10^8 t+x/\sqrt{3})\boldsymbol{e}_z(\mathrm{mV/m})$，$\mu_r=1$。试求：

(1) 传播介质的相对介电常数 ε；

(2) 电磁波的传播速度；

(3) 波阻抗 η；

(4) 磁场强度 $\boldsymbol{H}(x,t)$；

（5）波长；

（6）平均能流密度。

1.10　已知电磁波电场为

$$\boldsymbol{E}(z,t)=E_0\cos\omega(t-\sqrt{\varepsilon\mu}z)\boldsymbol{e}_x+E_0\sin\omega(t-\sqrt{\varepsilon\mu}z)\boldsymbol{e}_y$$

试求磁场强度 $\boldsymbol{H}(z,t)$ 和平均能流密度。

1.11　按照美国的标准，在微波环境中，当电磁波的功率密度小于 $10\ \mathrm{mW/m^2}$ 时，其对人体是安全的。试分别计算以电场强度和磁场强度表示的相应标准。

1.12　已知在自由空间传播的电磁波电场强度为

$$\boldsymbol{E}=10\sin(6\pi\cdot10^8 t+2\pi z)\boldsymbol{e}_y\quad(\mathrm{mV/m})$$

试问：

（1）该波是不是均匀平面波；

（2）该波的频率 $f=?$ 波长 $\lambda=?$ 相速 $v_\mathrm{p}=?$

（3）磁场强度 $\boldsymbol{H}=?$

（4）指出电磁波的传播方向。

1.13　一个在自由空间传播的均匀平面波，电场强度的复数形式为

$$\boldsymbol{E}(z)=10^{-4}\mathrm{e}^{-\mathrm{j}20\pi z}\boldsymbol{e}_x+10^{-4}\mathrm{e}^{-\mathrm{j}(20\pi z-\pi/2)}\boldsymbol{e}_y\quad(\mathrm{V/m})$$

试求：

（1）电磁波的传播方向；

（2）电磁波的频率；

（3）电磁波的极化方式；

（4）沿传播方向单位面积流过的平均功率是多少？

1.14　设湿土的 $\sigma=0.001\ \mathrm{S/m}$，$\varepsilon_\mathrm{r}=10$，试求出频率分别为 $1\ \mathrm{MHz}$ 和 $10\ \mathrm{MHz}$ 的电磁波进入土壤后的传播速度、波长和振幅衰减 10^{-6} 的距离。

1.15　设海水的 $\sigma=4\ \mathrm{S/m}$，$\varepsilon_\mathrm{r}=80$，$\mu_\mathrm{r}=1$。现在有一单色平面波在其中沿 z 方向传播，已知此波的磁场强度在 $z=0$ 处为

$$H_y=0.1\sin(10^{10}\pi t-60°)\quad(\mathrm{A/m})$$

试求：

（1）衰减常数、相位常数、波阻抗、波长和趋肤深度；

（2）$\boldsymbol{H}$ 振幅为 $0.01\ \mathrm{A/m}$ 时的位置；

（3）写出 $z=0.5\ \mathrm{m}$ 处电场和磁场瞬时值的表达式。

1.16　已知波频率在 $100\ \mathrm{MHz}$ 时，石墨的趋肤深度为 $0.16\ \mathrm{mm}$，试求：

（1）石墨的电导率；

（2）$f=10^9\ \mathrm{Hz}$ 时波在石墨中传播多少距离，其振幅衰减了 $30\ \mathrm{dB}$？

1.17　判断下列各电磁波表达式中电磁波的传播方向和极化方式：

（1）$\boldsymbol{E}=\mathrm{j}E_1\mathrm{e}^{\mathrm{j}kz}\boldsymbol{e}_x+\mathrm{j}E_1\mathrm{e}^{\mathrm{j}kz}\boldsymbol{e}_y$

（2）$\boldsymbol{H}=H_1\mathrm{e}^{-\mathrm{j}kx}\boldsymbol{e}_y+H_2\mathrm{e}^{-\mathrm{j}kx}\boldsymbol{e}_z(H_1\neq H_2\neq0)$

（3）$\boldsymbol{E}=(E_0\boldsymbol{e}_x+AE_0\mathrm{e}^{\mathrm{j}\varphi}\boldsymbol{e}_y)\mathrm{e}^{-\mathrm{j}kz}$（$A$ 为常数，$\varphi\neq0\neq\pm\pi$）

（4）$\boldsymbol{E}=(E_0\boldsymbol{e}_x-\mathrm{j}E_0\boldsymbol{e}_y)\mathrm{e}^{-\mathrm{j}kz}$

（5）$H = \dfrac{E_m}{\eta}e^{-jky}\boldsymbol{e}_x + j\dfrac{E_m}{\eta}e^{-jky}\boldsymbol{e}_z$

1.18　设有圆极化的均匀平面电磁波，电场

$$E = E_0(\boldsymbol{e}_x + j\boldsymbol{e}_y)e^{-j\beta z}$$

垂直入射到 $z=0$ 处的理想导电平面，试求：

（1）反射波电场表达式；

（2）合成波电场表达式；

（3）合成波沿 z 方向传播的平均功率流密度。

1.19　在什么条件下，垂直入射到两种非导电媒质界面上的均匀平面电磁波的反射系数和透射系数大小相等？

1.20　均匀平面电磁波 $f = 10^6\,\mathrm{Hz}$，垂直入射到平静的湖面上，计算透射功率占入射功率的百分比。

1.21　一个右旋圆极化波垂直投射到 $z=0$ 的理想导电板上，其电场可表示为

$$E = E_0(\boldsymbol{e}_x - j\boldsymbol{e}_y)e^{-jkz}$$

试求：（1）反射波的极化方式；

（2）板上的感应电流。

1.22　有一个均匀平面电磁波由空气入射至 $z=0$ 的理想导体平面上，其电场强度表达式为

$$E_i = 10e^{-j(6x+8z)}\boldsymbol{e}_y$$

求：

（1）波的频率和波长；

（2）写出 $E_i(x, z, t)$、$H_i(x, z, t)$ 的时域表达式；

（3）确定入射角；

（4）写出反射波 $E_r(x, z, t)$、$H_r(x, z, t)$ 的时域表达式；

（5）求总的电场和磁场。

1.23　频率为 $f = 0.3\,\mathrm{GHz}$ 的均匀平面电磁波由媒质 $\varepsilon_r = 4$、$\mu_r = 1$ 斜入射到与自由空间的交界面，试求：

（1）临界角 θ_c；

（2）当垂直极化波以 $\theta_i = 60°$ 入射时，在自由空间中的折射波传播方向如何？相速 $v_p = ?$

（3）当圆极化波以 $\theta_i = 60°$ 入射时，反射波的极化形式是什么？

第 2 章　传输线理论

本章提要

· 长线概念
· 传输线方程及其解
· 传输线的特性参量
· 均匀无耗传输线的工作状态
· 传输线的阻抗匹配

2.1　引　言

2.1.1　传输线的概念

　　凡是用来传输电磁能量的导体、介质系统均可称为传输线。通常可根据工作频段，将传输线分为"低频传输线"和"高频传输线"；也可根据波长，将传输线分为米波、分米波、厘米波乃至毫米波等，这种传输线统称为"微波传输线"。微波传输线不仅可以引导电磁波沿一定的方向传输，还可用来构成各种微波元件。

　　研究电磁波沿传输线的传播特性有两种方法，一种是"场"的分析方法，另一种是"路"的分析方法。"场"的分析方法从麦克斯韦方程出发，在特定边界条件下求解电磁场的波动方程，得到场量的时空变换规律，分析电磁波沿线的各种传播特性；"路"的分析方法是将传输线等效为分布参数电路，采用基尔霍夫定律建立传输线方程，得到线上电压、电流的时空变化规律，分析电压、电流的各种传输特性，这就是本章介绍的长线理论，或称为"路"的理论。"场"的理论和"路"的理论密切相关，是对同一电磁现象的两种分析方法，两者相互补充。在微波领域，所有电磁现象都是随时间和空间而变化的物理过程，有的宜用"路"的方法处理，有的宜用"场"的方法处理；有的既可用"路"的方法处理，也可用"场"的方法处理。广义来讲，"场"和"路"是等效的。

　　在低频传输线中只研究一条线，因为另一条线是作为回路出现的；电流几乎均匀地分布在这条导线内，电流和电荷可等效地集中在轴线上，坡印廷矢量集中在导体内部传播，外部极少。所以，对于低频，只需用电压、电流和欧姆定律解决即可，无需用电磁理论，不论导线怎样弯曲，电磁能能流都在导体内部和表面附近（这是因为场的平方反比定律）。而在微波传输线中，由于频率的升高，会出现集肤效应（Skin Effect），导体的电流、电荷和场都集中在导体表面，导体内部几乎不存在电流、电荷，并无能量传输；微波功率（绝大部分)只能在导线(体)之外的空间传输。因此微波传输线与低频传输线有着本质的不同：功率是通过导线(体)之外的空间传输的。在微波传输线中，导线只是起到引导的作用，而实际上传输的是周围空间，但是没有导线又不行。

2.1.2 传输线的种类

　　传输线种类繁多，图 2.1-1 所示是常用的一些传输线。按其传输的电磁波型，大致可分为三种类型，即 TEM 波传输线、TE 波和 TM 波传输线以及混合型传输线。

　　传输 TEM 波时，电场分量和磁场分量均与传播方向垂直，即在传播方向上既没有电场分量，也没有磁场分量。这一类传输线如图 2.1-1 中的平行双线、同轴线、带状线和微带线等，属于双导体传输系统，其应用的频带范围很宽，但是在高频段传输电磁能量损耗较大。

　　传输 TE 波和 TM 波时，在传输方向上有磁场分量或电场分量。这一类传输线如图 2.1-1 中的矩形波导、圆波导、脊波导和椭圆波导传输线等，属于单导体传输系统，损耗小，功率容量大，但体积大，带宽较窄。

　　混合型传输线如图 2.1-1 中介质波导、镜像线、单根线等，这一类传输线在传输方向上既有电场分量，也有磁场分量。电磁波沿线的表面传输，故也称表面波传输线，其结构简单，体积小，功率容量大，目前主要用于毫米波波段，用来制作表面波天线及某些微波元件。

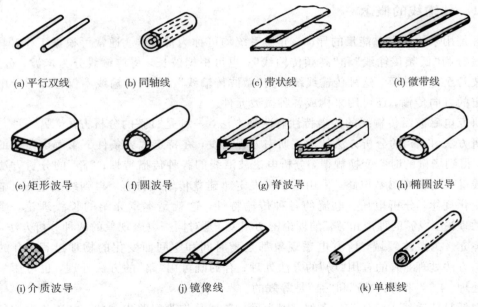

(a) 平行双线　　　(b) 同轴线　　　(c) 带状线　　　(d) 微带线

(e) 矩形波导　　　(f) 圆波导　　　(g) 脊波导　　　(h) 椭圆波导

(i) 介质波导　　　(j) 镜像线　　　(k) 单根线

图 2.1-1　微波传输线的主要类型

　　一般对传输线的基本要求是：能量损耗小，传输效率高，功率容量大，工作频带宽，尺寸小且均匀。微波波段使用最多的是矩形波导、圆波导、同轴线、带状线和微带线，最简单而实用的微波传输线是双导线。本章从双导线入手，研究 TEM 波传输的理论，所得结论可以推广应用到微波传输线。

2.2　长　线　的　概　念

2.2.1　长线的定义

所谓长线，是指几何长度大于或接近于线上传输电磁波的波长的传输线。通常将传输线的几何长度 l 与所传输电磁波的相波长 λ_p 之比称为电长度，记为 $\bar{l}$，即

$$\bar{l} = \frac{l}{\lambda_p} \qquad\qquad (2.2-1)$$

因此，也可以将长线定义为电长度大于或接近于 1 的传输线。工程上常将 $\bar{l} \geqslant 0.1$ 的传输线视为长线，将 $\bar{l} < 0.1$ 的传输线视为短线。可见，长线和短线是一个相对概念，均相对于电磁波波长而言。在微波技术中，传输线这个名称常指双导体传输线，如平行双线和同轴线。

以几何长度为 1 m 的平行双线为例，当传输 50 Hz 的交流电(波长为 6000 km)时，应视其为短线；而当传输 300 MHz 的微波(波长为 1 m)时，应视其为长线，如图 2.2-1 所示。长线上电压的波动现象明显，而短线上的波动现象可忽略，这是长线和短线的重要区别。

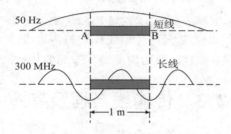

图 2.2-1　长线和短线

2.2.2　分布参数的概念

长线和短线的区别还在于：前者为分布参数电路，而后者为集中参数电路。

在低频电路中，常常忽略元件连接线的分布参数效应，认为电场能量全部集中在电容器中，磁场能量全部集中在电感器中，只有电阻元件消耗电磁能量。由这些集中参数元件组成的电路称为集中参数电路。

随着频率的升高，电路元件的辐射损耗、导体损耗和介质损耗增加，其参数也随之变化。当频率升高到其波长和电路的几何尺寸可相比拟时，电场能量和磁场能量的分布空间很难分开，而且电路元件连接线的分布参数效应不可忽略，这种电路称为分布参数电路。

以平行双线为例，在信号频率很低时，电流由电路始端流到终端的时间远小于电磁波的一个周期。在稳态情况下，可以认为沿线电流是同时建立起来的，其大小和相位与空间位置无关。当频率升到微波频段后，由于趋肤效应，导线的损耗电阻加大，而且沿线各处都存在损耗，这就是分布电阻效应。此外，由于导线周围存在沿线分布的高频磁场，因此将产生分布电感效应；由于两线之间存在沿线分布的高频电场，因此将产生分布电容效

应；由于导线周围介质绝缘不理想而存在漏电，这就是分布电导效应。正是由于分布参数效应，使传输线上的电压电流不仅随时间变化，而且随空间位置变化。

通常用 R、L、G 和 C 分别表示传输线单位长度上的分布电阻、电感、电导和电容，它们的数值与传输线的界面尺寸、导体材料、填充介质和工作频率有关。表 2.2－1 给出了常用微波传输线中平行双线和同轴线的分布参数。

表 2.2－1　平行双线和同轴线分布参数的计算公式

类　　型 分布参数　截面尺寸	平行双线	同　轴　线
$C/(\text{F/m})$	$\dfrac{\pi\varepsilon}{(\text{arccosh})(D/d)}$	$\dfrac{2\pi\varepsilon}{\ln(b/a)}$
$L/(\text{H/m})$	$\dfrac{\mu}{\pi}\text{arccosh}\left(\dfrac{D}{d}\right)$	$\dfrac{\mu}{2\pi}\ln\dfrac{b}{a}$
$R/(\Omega/\text{m})$	$\dfrac{1}{r}\sqrt{\dfrac{\omega\mu}{2\sigma_{\text{e}}}}$	$\sqrt{\dfrac{f\mu}{4\sigma_{\text{e}}}}\left(\dfrac{1}{a}+\dfrac{1}{b}\right)$
$G/(\text{S/m})$	$\dfrac{\pi\sigma_{\text{d}}}{\text{arccosh}(D/d)}$	$\dfrac{2\pi\sigma_{\text{d}}}{\ln(b/a)}$

注：σ_{c} 为导线的电导率，ε、μ 和 σ_{d} 分别为导线周围介质材料的介电常数、磁导率和电导率。

分布参数 R、L、G 和 C 均为常量的传输线称均匀传输线。当 $R＝0$、$G＝0$ 时，均匀传输线也称均匀无耗传输线，本书只讨论均匀无耗传输线的特性。

2.3　传输线方程及其解

传输线方程最初是在研究电报线上电压电流的变化规律时推导出来的，故又称为"电报方程"。解此方程便可求得长线上任一点的电压、电流表示式。

2.3.1　传输线等效电路

以平行双线为例，建立长线坐标系如图 2.3－1 所示，其中 z 轴方向从长线的终端指向始端。终端($z＝0$ 处)接负载 Z_{L}，始端($z＝l$ 处)接微波信号源(工作于角频率 ω)。

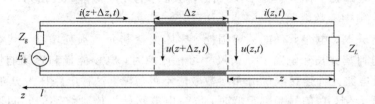

图 2.3－1　长线坐标系

在线上 z 处取线元 $\Delta z(\ll\lambda_{\text{p}})$，由于分布参数效应，该线元右端的电压、电流分别为 $u(z,t)$、$i(z,t)$，左端的电压、电流分别为 $u(z+\Delta z,t)$、$i(z+\Delta z,t)$。线元 Δz 的串联分布电感为 $L_1\Delta z$，并联分布电容为 $C_1\Delta z$，等效电路如图 2.3－2 所示。

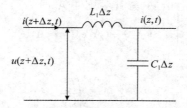

图 2.3-2　微波传输线及其线元 Δz 的等效电路

2.3.2　传输线方程

依据等效电路，利用基尔霍夫(Kirchhoff)定律，有

$$\begin{cases} u(z + \Delta z,\, t) - u(z,\, t) = (L_1 \Delta z)\, \dfrac{\partial i(z, t)}{\partial t} \\[2mm] i(z + \Delta z,\, t) - i(z,\, t) = (C_1 \Delta z)\, \dfrac{\partial u(z, t)}{\partial t} \end{cases} \tag{2.3-1}$$

当 $\Delta z \to 0$ 时，有

$$\begin{cases} \dfrac{\partial u}{\partial z} = L_1\, \dfrac{\partial i}{\partial t} \\[2mm] \dfrac{\partial i}{\partial z} = C_1\, \dfrac{\partial u}{\partial t} \end{cases} \tag{2.3-2}$$

式(2.3-2)就是时域中的均匀无耗传输线方程。

由于电压和电流随时间作简谐变化，因此其瞬时值 u、i 与其复数振幅的关系为

$$\begin{cases} u(z,\, t) = \mathrm{Re}[u(z)\mathrm{e}^{\mathrm{j}\omega t}] \\[2mm] i(z,\, t) = \mathrm{Re}[i(z)\mathrm{e}^{\mathrm{j}\omega t}] \end{cases} \tag{2.3-3}$$

式(2.3-3)中，$u(z)$、$i(z)$ 只与 z 有关，表示在传输线 z 处的电压或电流的有效复值。将式(2.3-3)代入式(2.3-2)中，可得复频域中的均匀无耗传输线方程为

$$\begin{cases} \dfrac{\mathrm{d}u}{\mathrm{d}z} = \mathrm{j}\omega L_1 i \\[2mm] \dfrac{\mathrm{d}i}{\mathrm{d}z} = \mathrm{j}\omega C_1 u \end{cases} \tag{2.3-4}$$

对式(2.3-4)进行二次求导，再将式(2.3-4)代入，得到均匀无耗传输线的波动方程为

$$\begin{cases} \dfrac{\mathrm{d}^2 u}{\mathrm{d}z^2} + \beta^2 u = 0 \\[2mm] \dfrac{\mathrm{d}^2 i}{\mathrm{d}z^2} + \beta^2 i = 0 \end{cases} \tag{2.3-5}$$

式中，$\beta = \omega \sqrt{L_1 C_1}$ ，为相移常数。

2.3.3　均匀无耗传输线方程的解

1. 通解

式(2.3-5)的通解为

$$\begin{cases} u(z) = A_1 \mathrm{e}^{-\mathrm{j}\beta z} + A_2 \mathrm{e}^{\mathrm{j}\beta z} \\ i(z) = \dfrac{1}{Z_0}(A_1 \mathrm{e}^{-\mathrm{j}\beta z} - A_2 \mathrm{e}^{\mathrm{j}\beta z}) \end{cases} \tag{2.3-6}$$

式中

$$Z_0 = \sqrt{\dfrac{L_1}{C_1}} \tag{2.3-7}$$

为传输线的特性阻抗；A_1、A_2 的确定还需要边界条件。

式(2.3-6)称为通解的复数形式。

将式(2.3-6)代入式(2.3-3)，并令 $A_1 = |A_1|\mathrm{e}^{\mathrm{j}\varphi_1}$，$A_2 = |A_2|\mathrm{e}^{\mathrm{j}\varphi_2}$，得通解的瞬时形式为

$$\begin{cases} u(z, t) = |A_1|\cos(\omega t + \beta z + \varphi_1) + |A_2|\cos(\omega t - \beta z + \varphi_2) \\ i(z, t) = \dfrac{|A_1|}{Z_0}\cos(\omega t + \beta z + \varphi_2) - \dfrac{|A_2|}{Z_0}\cos(\omega t - \beta z + \varphi_2) \end{cases} \tag{2.3-8}$$

引入入射波与反射波的概念，可将通解的瞬时形式表示为

$$\begin{cases} u(z, t) = u^+(z, t) + u^-(z, t) \\ i(z, t) = i^+(z, t) + i^-(z, t) \end{cases} \tag{2.3-9}$$

式中

$$\begin{cases} u^+(z, t) = |A_1|\cos(\omega t + \beta z + \varphi_1) \\ i^+(z, t) = \dfrac{|A_1|}{Z_0}\cos(\omega t + \beta z + \varphi_1) \end{cases} \tag{2.3-10}$$

分别表示由信号源向负载传播的电压和电流的入射波；

$$\begin{cases} u^-(z, t) = |A_2|\cos(\omega t - \beta z + \varphi_2) \\ i^-(z, t) = -\dfrac{|A_2|}{Z_0}\cos(\omega t - \beta z + \varphi_2) \end{cases} \tag{2.3-11}$$

分别表示由负载向信号源传播的电压和电流的反射波。

2. 特解

把通解转化为特解，必须应用边界条件。若给出负载处的电压、电流(称为终端边界条件)，可将其写成

$$\begin{cases} u(0) = U_l \\ i(0) = I_l \end{cases}$$

代入式(2.3-6)中，则得

$$\begin{cases} U_l = A_1 + A_2 \\ I_l = \dfrac{1}{Z_0}(A_1 - A_2) \end{cases}$$

联立求解，得

$$A_1 = \dfrac{U_l + Z_0 I_l}{2}$$

$$A_2 = \dfrac{U_l - Z_0 I_l}{2}$$

再代入式(2.3-6)中，得

$$\begin{cases} u(z) = \dfrac{1}{2}(U_l + Z_0 I_l)e^{j\beta z} + \dfrac{1}{2}(U_l - Z_0 I_l)e^{-j\beta z} \\[3mm] i(z) = \dfrac{1}{2Z_0}(U_l + Z_0 I_l)e^{j\beta z} - \dfrac{1}{2Z_0}(U_l - Z_0 I_l)e^{-j\beta z} \end{cases} \quad (2.3-12)$$

利用欧拉公式

$$\begin{cases} e^{j\beta z} = \cos\beta z + j\sin\beta z \\ e^{-j\beta z} = \cos\beta z - j\sin\beta z \end{cases}$$

最后得到

$$\begin{cases} u(z) = U_l\cos\beta z + jZ_0 I_l\sin\beta z \\[3mm] i(z) = j\dfrac{U_l}{Z_0}\sin\beta z + I_l\cos\beta z \end{cases} \quad (2.3-13)$$

将特解表示成入射波与反射波的叠加，式(2.3-9)同样可以写成入射波与反射波的叠加形式，即

$$\begin{cases} u(z) = u^+(z) + u^-(z) \\ i(z) = i^+(z) + i^-(z) \end{cases} \quad (2.3-14)$$

式中

$$\begin{cases} u^+(z) = \dfrac{1}{2}(U_l + Z_0 I_l)e^{j\beta z} = U_l^+ e^{j\beta z} \quad \text{（电压入射波）} \\[3mm] i^+(z) = \dfrac{1}{2Z_0}(U_l + Z_0 I_l)e^{j\beta z} = i_l^+ e^{j\beta z} \quad \text{（电流入射波）} \end{cases} \quad (2.3-15)$$

$$\begin{cases} u^-(z) = \dfrac{1}{2}(U_l - Z_0 I_l)e^{-j\beta z} = U_l^- e^{-j\beta z} \quad \text{（电压反射波）} \\[3mm] i^-(z) = \dfrac{1}{2Z_0}(U_l - Z_0 I_l)e^{-j\beta z} = i_l^- e^{-j\beta z} \quad \text{（电流反射波）} \end{cases} \quad (2.3-16)$$

2.4　传输线的特性参量

传输线特性参量用于描述传输线上波的传输特性，主要包括相波长、相移常数、特性阻抗、相速度、输入阻抗、反射系数、驻波比(行波系数)和传输功率等。

2.4.1　相波长和相移常数

相波长 λ_p 定义为在同一时刻传输线上，单向波的相位相差为 2π 的两点间的距离。

以式(2.3-10)中的电压入射波为例，若某一瞬时，电压入射波中 z_1、z_2 两点间的相位差为 2π，即 $(\omega t + \beta z_1 + \varphi_1) - (\omega t + \beta z_2 + \varphi_1) = 2\pi$，则 $\lambda_p = z_1 - z_2$，得

$$\beta = \frac{2\pi}{\lambda_p} \quad (2.4-1)$$

可见，相移常数是指每单位长度传输线上单向波的相位变化值，单位是弧度/米(rad/m)。

2.4.2　特性阻抗

特性阻抗定义为传输线上入射波电压与入射波电流之比，即

$$Z_0 = \frac{u^+(z)}{i^+(z)} \tag{2.4-2}$$

由式(2.3-14)可知,特性阻抗的定义式还可写成

$$Z_0 = -\frac{u^-(z)}{i^-(z)} \tag{2.4-3}$$

均匀无耗传输线的特性阻抗为实数(纯阻抗),可由式(2.3-7)计算。特性阻抗是传输线的一个重要参量,它完全由传输线的类型、导线截面尺寸、线间距及介质的介电常数和磁导率决定,而与信号源和负载没有关系,与微波频率也无关。

2.4.3　相速度

相速度定义为传输线上单向波的等相位面行进的速度。仍以电压入射波为例,由式(2.3-10)可知,其相位为

$$\varphi^+(z, t) = \omega t + \beta z + \varphi_1$$

其等相位面方程为

$$\omega t + \beta z + \varphi_1 = 常数$$

取微分得

$$\omega \mathrm{d}t + \beta \mathrm{d}z = 0$$

因此

$$v_p = -\frac{\mathrm{d}z}{\mathrm{d}t} = \frac{\omega}{\beta} \tag{2.4-4}$$

将 $\omega = 2\pi f$ 和式(2.4-1)代入式(2.4-4)中,可得

$$v_p = \lambda_p f \tag{2.4-5}$$

将 $\beta = \omega \sqrt{L_1 C_1}$ 代入式(2.4-4)中,有

$$v_p = \frac{1}{\sqrt{L_1 C_1}} \tag{2.4-6}$$

利用表2.2-1中的公式,由式(2.4-6)可得

$$v_p = \frac{1}{\sqrt{\varepsilon \mu}} = \frac{1}{\sqrt{\varepsilon_0 \varepsilon_r \mu_0 \mu_r}} = \frac{c}{\sqrt{\varepsilon_r \mu_r}} \tag{2.4-7}$$

式中, $c = 3 \times 10^8 \, \mathrm{m/s}$,为真空中的光速; $\sqrt{\varepsilon_r \mu_r}$ 称为缩短系数。

由式(2.4-7)可见,相速度只与传输线的填充介质有关。当填充介质为空气时,相速度等于真空中的光速;当填充介质为其他介质时,相速度小于真空中的光速。

2.4.4　输入阻抗

在电路理论中习惯用阻抗来反映电流与电压的关系,所以这里引入输入阻抗的概念来反映传输线上电流和电压的关系。传输线上任意点 z 处的电压与电流之比称为该点的输入阻抗,即

$$Z(z) = \frac{u(z)}{i(z)} \tag{2.4-8}$$

将特解的三角函数形式代入式(2.4-8),整理得

$$Z(z) = Z_0 \frac{Z_l + \mathrm{j}Z_0 \tan\beta z}{Z_0 + \mathrm{j}Z_l \tan\beta z} \qquad (2.4-9)$$

由式(2.4-9)可以得到输入阻抗的性质为：

(1) 负载阻抗 Z_l 通过传输线段 z 变换成 $Z(z)$，因此传输线对于阻抗起到了变换器的作用。

(2) 阻抗有周期特性，$\tan\beta z$ 的周期是 π，即半波的整数倍 $m\lambda_\mathrm{p}/2$，用公式可表示为

$$Z\left(z + \frac{m\lambda_\mathrm{p}}{2}\right) = Z(z) \qquad (2.4-10)$$

(3) 四分之一波长的传输线具有变换阻抗性质的作用，即

$$Z(z) = \frac{Z_0^2}{Z_l}$$

其中

$$z = (2m+1)\frac{\lambda_\mathrm{p}}{4}, \; m = 0, 1, 2, \cdots \qquad (2.4-11)$$

2.4.5　反射系数 Γ

为了反映传输线上入射波和反射波的关系，我们引入反射系统的概念。传输线上任一点处的反射电压与入射电压之比称为该点的反射系数，即

$$\Gamma(z) = \frac{u^-(z)}{u^+(z)} = \frac{u^-(z=0)\mathrm{e}^{-\mathrm{j}\beta z}}{u^+(z=0)\mathrm{e}^{\mathrm{j}\beta z}} \qquad (2.4-12)$$

负载反射系数为

$$\Gamma_l = \Gamma(z=0) = \frac{u^-(z=0)}{u^+(z=0)} \qquad (2.4-13)$$

负载反射系数与传输线上任意点处 z 的反射系数之间关系为

$$\Gamma(z) = \Gamma_l \mathrm{e}^{-\mathrm{j}2\beta z} \qquad (2.4-14)$$

应用反射系数定义后，线上的电压和电流可以表示为

$$\begin{cases} u(z) = u^+(z)[1 + \Gamma(z)] \\ i(z) = i^+(z)[1 - \Gamma(z)] \end{cases} \qquad (2.4-15)$$

从以上的定义可知反射系数具有以下性质：

(1) 反射系数的模是无耗传输线系统的不变量，即

$$|\Gamma(z)| = |\Gamma_l| \qquad (2.4-16)$$

(2) 反射系数的模不大于 1，即

$$|\Gamma(z)| \leqslant 1 \qquad (2.4-17)$$

(3) 反射系数呈周期性，即

$$\Gamma\left(z + \frac{m\lambda_\mathrm{p}}{2}\right) = \Gamma(z) \qquad (2.4-18)$$

这一性质的深层原因是传输线的波动性，也称为二分之一波长的重复性。

由以上传输线反射系数和输入阻抗的定义，可以得到这两个参数之间的相互转化关系为：

(1) 传输线上任意点 z 处：

$$Z(z) = \frac{u(z)}{i(z)} = \frac{u^+(z)[1 + \Gamma(z)]}{i^+(z)[1 - \Gamma(z)]} = Z_0 \frac{1 + \Gamma(z)}{1 - \Gamma(z)} \qquad (2.4-19)$$

$$\Gamma(z) = \frac{Z(z) - Z_0}{Z(z) + Z_0} \qquad (2.4-20)$$

（2）终端 $z=0$ 处：

$$Z_l = Z_0 \frac{1+\Gamma_l}{1-\Gamma_l} \tag{2.4-21}$$

$$\Gamma_l = \frac{Z_l - Z_0}{Z_l + Z_0} \tag{2.4-22}$$

2.4.6 驻波比和行波系数

当终端负载阻抗与传输线的特性阻抗不相等时，线上不仅有入射波，而且还存在反射波，这种情况称为负载与传输线不匹配（失配）。描述失配程度不仅可以用反射系数，还可以用驻波比来衡量。电压（或电流）驻波比 ρ 定义为沿线合成波电压的最大模值与最小模值之比，即

$$\rho = \frac{|u(z)|_{\max}}{|u(z)|_{\min}} = \frac{|i(z)|_{\max}}{|i(z)|_{\min}} \tag{2.4-23}$$

由式(2.3-14)、式(2.3-15)、式(2.3-16)可知

$$u(z) = U_l^+ e^{j\beta z} + U_l^- e^{-j\beta z} = U_l^+ (1 + \Gamma_l e^{-j2\beta z}) e^{j\beta z}$$

$$\begin{cases} |u(z)|_{\max} = |U_l^+|(1+|\Gamma_l|) \\ |u(z)|_{\min} = |U_l^+|(1-|\Gamma_l|) \end{cases} \tag{2.4-24}$$

于是

$$\rho = \frac{1+|\Gamma_l|}{1-|\Gamma_l|} \tag{2.4-25}$$

$$|\Gamma_l| = \frac{\rho-1}{\rho+1} \tag{2.4-26}$$

行波系数 K 定义为沿线合成波电压的最小模值与最大模值之比，即

$$K = \frac{|u(z)|_{\min}}{|u(z)|_{\max}} = \frac{|i(z)|_{\min}}{|i(z)|_{\max}} = \frac{1}{\rho} = \frac{1-|\Gamma_l|}{1+|\Gamma_l|} \tag{2.4-27}$$

驻波系数的变化范围为 $1 \leqslant \rho \leqslant \infty$，行波系数的变化范围为 $0 \leqslant K \leqslant 1$。

按照反射情况区分，传输线上存在三种工作状态，即行波、驻波和行驻波状态，它们与工作参数之间的关系如表 2.4-1 所示。

表 2.4-1　传输线的工作状态与工作参数之间的关系

工作状态	Z_l	$\|\Gamma_l\|$	ρ	K	反射情况
行波状态	$Z_l = Z_0$	0	1	1	无反射
驻波状态	$Z_l = 0$、∞ 或 jX_L	1	∞	0	全反射
行驻波状态	$Z_l \neq Z_0$、0、∞ 或 jX_L	$0<\|\Gamma_l\|<1$	$1<\rho<\infty$	$0<K<1$	部分反射

【例 2.4-1】　传输线电路如图 2.4-1 所示，试求：（1）AA'点的输入阻抗；（2）B、C、D、E 各点的反射系数；（3）AB、BC、CD、BE 各段的驻波比。

解　求解时应遵循先支路后干线、从负载端向信号源端的次序解题。题中，AB、BC、CD、BE 段都是无耗均匀传输线，通常称 AB 段为主线。

（1）AA'点的输入阻抗为

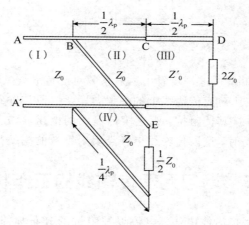

图 2.4 - 1 例 2.4 - 1 题图

$$Z_{CD} = 2Z_0$$

$$Z_{BC} = 2Z_0$$

$$Z_{BE} = \frac{Z_0^2}{Z_0/2} = 2Z_0$$

$$Z_B = \frac{1}{\dfrac{1}{Z_{BC}} + \dfrac{1}{Z_{BE}}} = \frac{Z_{BC}Z_{BE}}{Z_{BC} + Z_{BE}} = Z_0$$

$$Z_A = Z_0$$

(2) B、C、D、E 各点的反射系数为

$$\Gamma_D = \frac{Z_D - Z_0'}{Z_D + Z_0'} = \frac{2Z_0 - Z_0'}{2Z_0 + Z_0'}$$

$$\Gamma_E = \frac{Z_E - Z_0}{Z_E + Z_0} = \frac{\dfrac{Z_0}{2} - Z_0}{\dfrac{Z_0}{2} + Z_0} = -\frac{1}{3}$$

$$\Gamma_C = \frac{Z_C - Z_0}{Z_C + Z_0} = \frac{2Z_0 - Z_0}{2Z_0 + Z_0} = \frac{1}{3}$$

$$\Gamma_B = 0$$

(3) AB、BC、CD、BE 各段的驻波比为

$$\rho_{AB} = \frac{1 + |\Gamma_B|}{1 - |\Gamma_B|} = 1$$

$$\rho_{BC} = \frac{1 + |\Gamma_C|}{1 - |\Gamma_C|} = \frac{1 + \dfrac{1}{3}}{1 - \dfrac{1}{3}} = 2$$

$$\rho_{BE} = \frac{1 + |\Gamma_E|}{1 - |\Gamma_E|} = \frac{1 + \dfrac{1}{3}}{1 - \dfrac{1}{3}} = 2$$

$$\rho_{CD} = \frac{1 + |\Gamma_D|}{1 - |\Gamma_D|} = \frac{1 + \left|\dfrac{2Z_0 - Z_0'}{2Z_0 + Z_0'}\right|}{1 - \left|\dfrac{2Z_0 - Z_0'}{2Z_0 + Z_0'}\right|} = \begin{cases} \dfrac{Z_D}{Z_0'} = \dfrac{2Z_0}{Z_0'} & (2Z_0 > Z_0') \\[3mm] \dfrac{Z_0'}{Z_D} = \dfrac{Z_0'}{2Z_0} & (2Z_0 < Z_0') \end{cases}$$

通过例 2.4-1 的分析，可进一步看出反射系数对应传输线上的点，不同点的反射系数是不一样的。而电压驻波比对应传输线上的一段，只要该段传输线是均匀的，即不发生特性阻抗的突变、串接或并接其他阻抗，则这段传输线的电压驻波比就始终保持不变。也就是说只要没有产生新的反射，这段传输线上各点反射系数的模就是相等的。

2.5　均匀无耗传输线的工作状态

传输线的工作状态是指沿线电压、电流以及阻抗的分布规律。对于均匀无耗传输线，根据终端所接负载阻抗大小和性质的不同，其工作状态分为行波、驻波和行驻波三种。

2.5.1　行波状态(无反射情况)

如果传输线负载 $Z_l = Z_0$ 或为无限长传输线，则传输线上只有入射波，没有反射波，传输线工作在行波状态。行波状态意味着入射波功率全部被负载吸收，即负载与传输线匹配。行波状态下有 $|\Gamma_l| = 0$，$\rho = 1$，$K = 1$。

根据源条件，有

$$\begin{cases} u(z) = \dfrac{1}{2}(U_0 + I_0 Z_0)\mathrm{e}^{-\mathrm{j}\beta z} = U_0^+ \mathrm{e}^{-\mathrm{j}\beta z} \\[3mm] i(z) = \dfrac{1}{2Z_0}(U_0 + I_0 Z_0)\mathrm{e}^{-\mathrm{j}\beta z} = I_0^+ \mathrm{e}^{-\mathrm{j}\beta z} \end{cases} \tag{2.5-1}$$

将式(2.5-1)代入式(2.3-8)，得电压、电流分布的瞬态形式为

$$\begin{cases} u(z,\,t) = |U_0^+|\cos(\omega t - \varphi_0 - \beta z) \\[2mm] i(z,\,t) = |I_0^+|\cos(\omega t - \varphi_0 - \beta z) \end{cases} \tag{2.5-2}$$

式中，φ_0 为初相角；$u(z,\,t)$ 和 $i(z,\,t)$ 初相均为 φ_0，因为 Z_0 是实数。

如图 2.5-1 所示，可知行波状态下的电压、电流和阻抗的分布规律如下：

(1) 线上电压和电流的振幅恒定不变；

(2) 电压行波和电流行波同相，它们的相位是位置 z 和时间的函数，即 $\varphi = \omega t - \varphi_0$；

(3) 线上的阻抗处处相等，且均等于特性阻抗，即 $Z(z) = Z_0$；

(4) 信号源输入的功率全部被负载吸收，即行波状态能最有效地传输功率。

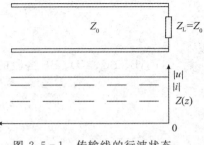

图 2.5-1　传输线的行波状态

2.5.2　驻波状态(全反射情况)

如果传输线负载 $Z_l = 0$、$Z_l = \infty$ 或 $Z_l = \mathrm{j}X_l$，则传输线终端的入射波将被全反射，沿线

入射波与反射波叠加形成驻波分布。传输线工作在驻波状态，意味着入射波功率一点也没有被负载吸收，即负载与传输线完全失配。驻波状态下有 $|\Gamma_l|=1$，$\rho=\infty$，$K=0$。

1. 短路状态($Z_l=0$)

在短路状态，$\Gamma_l=U_l^-/U_l^+=-1$，说明 $U_l^-=-U_l^+$，则有

$$\begin{cases} u(z)=U_l^+ \mathrm{e}^{\mathrm{j}\beta z}+U_l^- \mathrm{e}^{-\mathrm{j}\beta z}=U_l^+ \mathrm{e}^{\mathrm{j}\beta z}-U_l^+ \mathrm{e}^{-\mathrm{j}\beta z}=\mathrm{j}2U_l^+ \sin\beta z \\ i(z)=I_l^+ \mathrm{e}^{\mathrm{j}\beta z}+I_l^- \mathrm{e}^{-\mathrm{j}\beta z}=I_l^+ \mathrm{e}^{\mathrm{j}\beta z}-I_l^+ \mathrm{e}^{-\mathrm{j}\beta z}=2I_l^+ \cos\beta z \end{cases} \tag{2.5-3}$$

将式(2.5-3)代入式(2.3-8)，得电压、电流分布的瞬时表达式为

$$\begin{cases} u(z,t)=\mathrm{Re}[u(z)\mathrm{e}^{\mathrm{j}\omega t}]=-|I_l|Z_0 \sin\beta z \sin(\omega t+\varphi_1) \\ i(z,t)=\mathrm{Re}[i(z)\mathrm{e}^{\mathrm{j}\omega t}]=|I_l|\cos\beta z \cos(\omega t+\varphi_1) \end{cases} \tag{2.5-4}$$

将 $Z_l=0$ 代入式(2.4-9)，得沿线阻抗分布为

$$Z(z)=\mathrm{j}Z_0 \tan\beta z \tag{2.5-5}$$

线上的传输功率为

$$P(z)=\frac{1}{2}\mathrm{Re}[u(z)i^*(z)]=0 \tag{2.5-6}$$

传输线的短路状态如图2.5-2所示。

由此可见，短路时的驻波状态有如下分布规律：

(1) 电压、电流振幅沿线周期变化，周期为 $\lambda_p/2$；电压、电流节点值为0，腹点值为行波值的2倍，其中：

① 电压振幅按正弦函数的模值分布，节点和腹点以 $\lambda_p/4$ 的间距交替出现，$z=0$ 处是电压节点。

② 电流振幅按余弦函数的模值分布，节点和腹点也是以 $\lambda_p/4$ 的间距交替出现，$z=0$ 处是电流腹点。

(2) 传输线阻抗沿线周期变化，周期为$\lambda_p/2$，其中：

① 在 $z=m\lambda_p/2$ ($m=0,1,\cdots$) 处可等效为 LC 串联谐振电路。

② 在 $z=(2m+1)\lambda_p/4$ ($m=0,1,\cdots$) 处可等效为 LC 并联谐振电路。

③ 在 $m\lambda_p/2<z<(2m+1)\lambda_p/4$ ($m=0,1,\cdots$) 范围内，传输线阻抗呈感性，短路线等效为一电感。

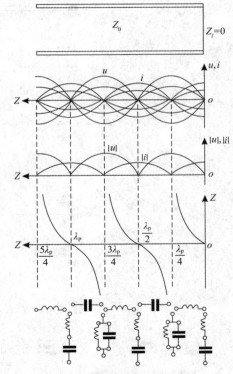

图 2.5-2 传输线的短路状态

④ 在 $(2m-1)\lambda_p/4<z<m\lambda_p/2$($m=1,2,\cdots$) 范围内，传输线阻抗呈容性，短路线等效为一电容。

(3) 驻波状态下，传输线不能传输功率。

2. 开路状态($Z_l=\infty$)

在开路状态，$\Gamma_l = U_l^- / U_l^+ = 1$，说明 $U_l^- = U_l^+$。与短路状态分析相类似，有

$$\begin{cases} U(z) = 2U_l^+ \cos\beta z \\ I(z) = \mathrm{j}2I_l^+ \sin\beta z \end{cases} \tag{2.5-7}$$

将式(2.5-7)代入式(2.3-8)中，可得电压、电流分布的瞬时表达式为

$$\begin{cases} u(z,\,t) = |U_l| \cos\beta z \sin(\omega t + \varphi_1) \\ i(z,\,t) = -\dfrac{|U_l|}{Z_0} \sin\beta z \cos(\omega t + \varphi_1) \end{cases} \tag{2.5-8}$$

将 $Z_l=\infty$ 代入式(2.4-9)，可得沿线阻抗分布为

$$Z(z) = -\mathrm{j}Z_0 \cot\beta z \tag{2.5-9}$$

线上的传输功率为

$$P(z) = \frac{1}{2}\mathrm{Re}[u(z)i^*(z)] = 0$$

传输线的短路状态如图 2.5-3 所示。

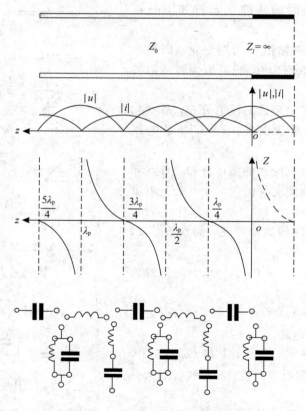

图 2.5-3　传输线的开路状态

经过观察，可以把开路线看成是短路线移动 $\lambda_p/4$ 而成。开路线与短路线的不同点是：

（1）电压振幅按余弦函数的模值分布，电流振幅按正弦函数的模值分布，节点和腹点

以 $\frac{\lambda_{\mathrm{p}}}{4}$ 的间距交替出现，$z = \frac{m\lambda_{\mathrm{p}}}{2}$（$m = 0,1,\cdots$）处是电流的波节点，$z = \frac{(2m+1)\lambda_{\mathrm{p}}}{4}$（$m = 0,1,\cdots$）处是电压的波节点。

（2）传输线阻抗沿线周期变化，周期为 $\frac{\lambda_{\mathrm{p}}}{2}$。在 $z = \frac{m\lambda_{\mathrm{p}}}{2}$（$m = 0,1,\cdots$）处可等效为 LC 并联谐振电路；在 $z = \frac{(2m+1)\lambda_{\mathrm{p}}}{4}$（$m = 0,1,\cdots$）处可等效为 LC 串联谐振电路；在 $\frac{m\lambda_{\mathrm{p}}}{2} < z < \frac{(2m+1)\lambda_{\mathrm{p}}}{4}$（$m = 0,1,\cdots$）范围内，传输线阻抗呈容性；在 $z = \frac{(2m-1)\lambda_{\mathrm{p}}}{4} < z < m\frac{\lambda_{\mathrm{p}}}{2}$（$m = 1,2,\cdots$）范围内，传输线阻抗呈感性。

3. 纯电抗负载（$Z_l = jX_l$）

在终端接纯电抗负载时，有

$$\Gamma(l) = \frac{Z_l - Z_0}{Z_l + Z_0} = \frac{jX_l - Z_0}{jX_l + Z_0} = |\Gamma_l| e^{j\varphi_l} = e^{j\varphi_l} \tag{2.5-10}$$

式中

$$\begin{cases} |\Gamma_l| = 1 \\ \varphi_l = \cot\dfrac{2X_l Z_0}{X_1^2 - Z_0^2} \end{cases} \tag{2.5-11}$$

1）终端接纯感抗负载（$X_l > 0$）

用延长线法将此纯感抗负载等效为一段长度为 l_0（$l_0 < \lambda_{\mathrm{p}}/4$）的终端短路线，如图 2.5-4(a)所示，则由式（2.5-5）可知

$$jX_l = jZ_0 \tan\beta l_0 \tag{2.5-12}$$

由式（2.5-12）即可得 l_0 的值。终端接纯感抗负载时，距离负载最近的是电压波腹点（电流波节点）。

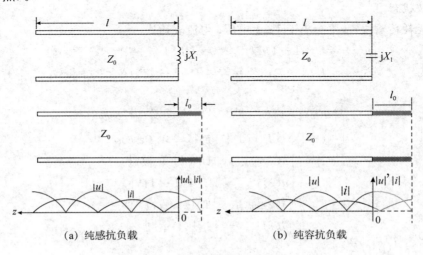

(a) 纯感抗负载　　　　　　　　　(b) 纯容抗负载

图 2.5-4　传输线终端接纯电抗状态

2）终端接纯容抗负载（$X_l<0$）

用延长线法将此纯电抗负载等效为一段长度为 $l_0(\lambda_p/4<l_0<\lambda_p/2)$ 的终端短路线，如图 2.5-4(b)所示，则由式(2.5-5)可知

$$jX_l=-jZ_0\cot\beta l_0 \tag{2.5-13}$$

由式(2.5-13)即可得 l_0 的值。终端接纯容抗负载时，距离负载最近的是电压波节点（电流波腹点）。

均匀无耗传输线终端接纯电抗负载时，因负载不消耗能量，终端仍将产生全反射。入射波与反射波叠加的结果使终端既不是波腹点也不是波节点，但沿线仍呈驻波分布。

2.5.3 行驻波状态

如果传输线负载 $Z_l=R_l+jX_l$ 且 $Z_l\neq Z_0$、0、∞ 和 jX_l，负载反射系数为

$$\Gamma_l=\frac{Z_l-Z_0}{Z_l+Z_0}=-\frac{Z_0-Z_l}{Z_0+Z_l}=-\frac{(Z_0-R_l)-jX_l}{(Z_0+R_l)+jX_l}=|\Gamma_l|e^{j\varphi_l} \tag{2.5-14}$$

反射系数相位为

$$\varphi_l=\pi-\left(\cot\frac{X_l}{Z_0+R_l}+\cot\frac{X_l}{Z_0-R_l}\right) \tag{2.5-15}$$

此时有 $0<|\Gamma(z)|<1$，$1<\rho<\infty$，$0<K<1$，沿传输线上电压、电流为

$$\begin{cases}u(z)=U_l^+(e^{j\beta z}+\Gamma_l e^{-j\beta z})\\ \quad=U_l^+(1+|\Gamma_l|)e^{j\beta z}+j2U_l^+|\Gamma_l|e^{j\frac{1}{2}(\varphi_l-\pi)}\sin\left[\beta\left(z-\frac{1}{2\beta}(\varphi_l-\pi)\right)\right]\\ i(z)=I_l^+(e^{j\beta z}-\Gamma_l e^{-j\beta z})\\ \quad=I_l^+(1-|\Gamma_l|)e^{j\beta z}+2I_l^+|\Gamma_l|e^{j\frac{1}{2}(\varphi_l-\pi)}\cos\left[\beta\left(z-\frac{1}{2\beta}(\varphi_l-\pi)\right)\right]\end{cases} \tag{2.5-16}$$

可见，沿线的合成波可视为两部分的叠加，前一部分是行波，后一部分是驻波，因而称之为行驻波状态。

对于无耗传输线，ρ 不会小于 1。由电压、电流表达式

$$\begin{cases}u(z)=U_l^+(1+\Gamma_l e^{-j2\beta z})e^{j\beta z}=U_l^+[1+|\Gamma_l|e^{-j(2\beta z+\varphi_l)}]e^{j\beta z}\\ i(z)=I_l^+(1-\Gamma_l e^{-j2\beta z})e^{j\beta z}=I_l^+[1+|\Gamma_l|e^{-j(2\beta z+\varphi_l)}]e^{j\beta z}\end{cases} \tag{2.5-17}$$

于是

$$\begin{cases}|u(z)|=|U_l^+|[1+|\Gamma_l|^2+2|\Gamma_l|\cos\varphi_l]^{1/2}\\ |i(z)|=|I_l^+|[1+|\Gamma_l|^2-2|\Gamma_l|\cos\varphi_l]^{1/2}\end{cases} \tag{2.5-18}$$

$$\begin{cases}|u(z)|_{max}=|U_l^+|(1+|\Gamma_l|)\\ |u(z)|_{min}=|U_l^+|(1-|\Gamma_l|)\end{cases} \tag{2.5-19}$$

$$\begin{cases}|i(z)|_{max}=|I_l^+|(1+|\Gamma_l|)\\ |i(z)|_{min}=|I_l^+|(1-|\Gamma_l|)\end{cases} \tag{2.5-20}$$

式中，$|I_l^+|=|U_l^+|/Z_0$。

行驻波状态的电压、电流振幅分布如图 2.5-5 所示，其特点是：

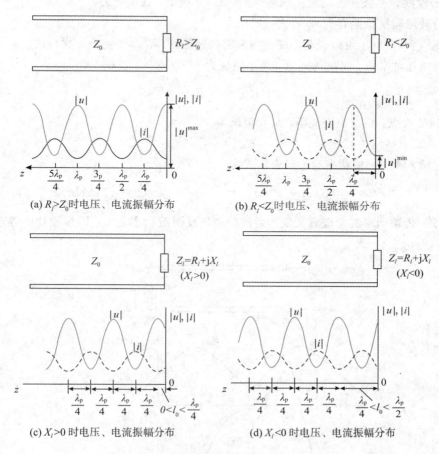

图 2.5 - 5　行驻波状态的电压、电流振幅分布

(1) 电压、电流振幅分布介于行波状态与驻波状态之间，即

$$|U_l^+| < |u(z)|_{\max} < 2|U_l^+| , \ 0 < |u(z)|_{\min} < |U_l^+|$$
$$|I_l^+| < |i(z)|_{\max} < 2|I_l^+| , \ 0 < |i(z)|_{\min} < |I_l^+|$$

(2) 电压腹点(节点)与电流腹点(节点)振幅的相互关系为

$$\begin{cases} |u(z)|_{\max} = Z_0 |I(z)|_{\max} \\ |u(z)|_{\min} = Z_0 |I(z)|_{\min} \end{cases} \tag{2.5-21}$$

(3) 沿线输入阻抗的分布规律。行驻波状态下，输入阻抗一般为复阻抗，有

$$Z(z) = R(z) + jX(z) \tag{2.5-22}$$

$$\begin{cases} R(z) = Z_0 \dfrac{\rho\left[1 + \tan^2\left(\beta z - \frac{1}{2}\varphi_l\right)\right]}{\rho + \tan^2\left(\beta z - \frac{1}{2}\varphi_l\right)} \\[4mm] X(z) = Z_0 \dfrac{\tan\left(\beta z - \frac{1}{2}\varphi_l\right)(\rho^2 - 1)}{\rho^2 + \tan^2\left(\beta z - \frac{1}{2}\varphi_l\right)} \end{cases}$$

画出传输线行驻波状态的阻抗图形如图 2.5－6 所示，其性质为：

（1）行驻波阻抗依然有 $\lambda_p/2$ 的波长周期性。

（2）感性和容性（也可以说是串联谐振和并联谐振）每隔 $\lambda_p/4$ 变换一次性质。

（3）在电压波节点，阻抗为纯阻，最小阻抗为

$$R_{\min} = \frac{1}{\rho} Z_0 \qquad (2.5-23)$$

在电压波腹点，阻抗也是纯阻，最大阻抗为

$$R_{\max} = \rho Z_0 \qquad (2.5-24)$$

（4）传输功率。传输功率的一般表示式为

$$P(z) = P^+(z) - P^-(z) = \frac{1}{2}\frac{\left|U_l^+\right|^2}{Z_0} = (1 - \left|\Gamma(z)\right|^2) \qquad (2.5-25)$$

这表明，传输功率的物理意义是入射波功率与反射波功率之差，即传输功率等于负载的吸收功率。

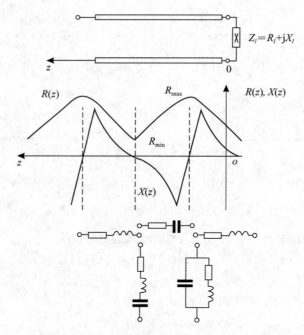

图 2.5－6　传输线行驻波状态的阻抗图形

对于行波传输线，$\Gamma(z)=0$，则有

$$P(z) = \frac{1}{2}\frac{\left|U_l^+\right|^2}{Z_0} = P^+(z) \qquad (2.5-26)$$

对于全驻波传输线，$\left|\Gamma(z)\right|=1$，则有

$$P(z) = 0 \qquad (2.5-27)$$

即全驻波传输线没有传输功率，或者说入射波功率等于反射波功率。

对于行驻波传输线，在电压波腹点或波节点处，传输功率为

$$\begin{cases} P(z) = \dfrac{1}{2}\,|u|_{\max}\,|i|_{\min} = \dfrac{1}{2}\,\dfrac{|u|^2_{\max}}{2\rho Z_0} \\[3mm] P(z) = \dfrac{1}{2}\,|u|_{\min}\,|i|_{\max} = \dfrac{1}{2}\,\dfrac{|i|^2_{\max}Z_0}{\rho} \end{cases} \qquad (2.5-28)$$

可见，传输线 ρ 愈大，传输功率愈小。

2.6 传输线的阻抗匹配

实现阻抗匹配是微波系统设计和维护的基本内容之一。

2.6.1 阻抗匹配的概念

传输线的核心问题之一是功率传输。对一个由信号源、传输线和负载构成的系统，我们希望信号源在输出最大功率的同时负载全部吸收，以实现高效稳定的传输。这就要求信号源内阻与传输输入阻抗实现共轭匹配，同时要求负载与传输线实现无反射匹配。

1. 共轭匹配

传输线的输入阻抗和信号源的内阻互为共轭值时称为共轭匹配。

设信号源的内阻抗为 $Z_g = R_g + jX_g$，传输线的输入阻抗为 $Z_{in} = R_{in} + jX_{in}$，如图2.6-1所示。共轭匹配时有 $Z_g = Z_{in}^*$，即

$$R_g = R_{in},\quad X_g = -X_{in} \qquad (2.6-1)$$

此时，信号源输出的最大功率为

$$P_{\max} = \dfrac{E_g^2}{8\mathrm{Re}(Z_g)} \qquad (2.6-2)$$

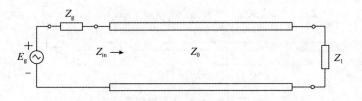

图 2.6-1 共轭匹配

共轭匹配时并不意味着无反射。因为输入阻抗 Z_g 一般为复值，在一般情况下，传输线上电压及电流仍呈行驻波分布，所以并不是微波电路理想的匹配状态。

2. 负载匹配

负载匹配指负载与传输线之间的阻抗匹配（$Z_l = Z_0$），此时传输线能最有效地将微波功率传输到负载。

3. 信号源匹配

信号源匹配指信号源与传输线之间的阻抗匹配（$Z_g = Z_0$），满足条件 $Z_g = Z_0$ 的信号源称为匹配信号源。

为使图 2.6-1 所示的微波电路呈行波状态，必须满足条件

$$Z_g = Z_l = Z_0$$

这一条件在实用中是难于自然满足的，因为一般情况下 Z_g 为复数。工程上，常常通过设计适当的阻抗匹配网络来实现。连接在传输线和负载之间的匹配网络称为负载阻抗匹配网络，其功能是将不等于特性阻抗的负载变换成等于特性阻抗的等效负载；连接在信号源和传输线之间的匹配网络称为信号源阻抗匹配网络，其功能是将不等于特性阻抗的信号源内阻抗变换成等于特性阻抗的等效内阻抗。

2.6.2　阻抗匹配的方法

本节只简单讨论负载与传输线的窄带阻抗匹配方法。所谓窄带，严格来说是指只在一个频率点上匹配，其匹配方法是在负载与传输线之间加入一个匹配装置，使输入阻抗作为等效负载与传输线的特性阻抗相等。匹配器本身不能有功率损耗，应由电抗元件构成。

匹配阻抗的原理是产生一个新的反射波来抵消实际负载的反射波（二者等幅反相）。常用的匹配装置是 $\lambda/4$ 变换器、单枝节匹配器和双枝节匹配器。

1. $\lambda/4$ 变换器

当传输线的特性阻抗为 Z_0、负载阻抗为纯电阻 $Z_l = R_l \neq Z_0$ 时，可采用一段特性阻抗为适当值、长度为 $\lambda/4$ 的传输线进行负载匹配，如图 2.6-2 所示。

$$Z_{in} = \frac{Z_0'^2}{R_l} = Z_0$$

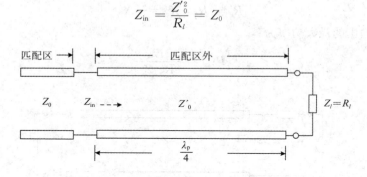

图 2.6-2　$\lambda/4$ 阻抗变换器

利用 $\lambda/4$ 变换特性，容易得到匹配段的特性阻抗为

$$Z_0' = \sqrt{R_l Z_0} \tag{2.6-3}$$

$\lambda/4$ 阻抗变换器只能对纯电阻进行匹配。如果负载不是纯电阻但仍然使用它来匹配，则要将变换器接入离负载一段距离的电压波节或波腹处，因为电压波节或波腹处的输入阻抗是纯电阻。

2. 单枝节匹配器

单枝节匹配原理如图 2.6-3 所示。这类匹配器是在主传输线上并联适当的电纳（或串联适当的电抗），以达到匹配的目的。此电纳（或电抗）元件常由一段终端开路或短路线段构成。

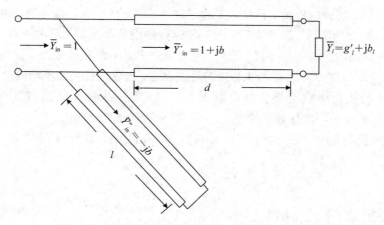

图 2.6 - 3　单枝节匹配器

3. 双枝节匹配器

双枝节匹配器的结构如图 2.6 - 4 所示。图中枝节线的接入点位置是预先选定的，计算或实际调试的任务是确定枝节线的长度 l_1 和 l_2，以保证主线上为行波。两个枝节线间的距离通常选取为 $d_2 = \lambda/8$、$\lambda/4$、$3\lambda/8$，但不能取 $\lambda/2$。

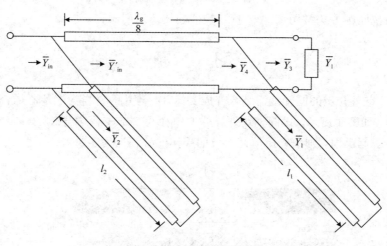

图 2.6 - 4　双枝节匹配器

本章小结

传输线可用来传输电磁信号的能量和构成各种微波元器件。微波传输线是一种分布参数电路，线上的电压和电流是时间和空间位置的二元函数，它们沿线的变化规律可由传输线方程来描述。传输线方程可由传输线的等效电路导出，它是传输线理论中的基本方程。

终端接不同性质的负载时，均匀无耗传输线有三种工作状态：

(1) 当 $Z_l = Z_0$ 时，传输线工作于行波状态，线上只有入射波存在，电压、电流振幅不变，相位沿传播方向滞后；沿线的阻抗均等于特性阻抗；电磁能量全部被负载吸收。

（2）当 $Z_l = 0$、∞ 和 jX_l 时，传输线工作于驻波状态，线上入射波和反射波的振幅相等，驻波的波腹为入射波的两倍，波节为零；电压波腹点的阻抗为无限大，电压波节点的阻抗为零，沿线其余各点的阻抗均为纯阻抗；没有电磁能量的传输，只有电磁能量的交换。

（3）当 $Z_l = R_l + jX_l$ 时，传输线工作于行驻波状态。行驻波的波腹小于两倍入射波，波节不为零；电压波腹点的阻抗为最大纯电阻 $R_{max} = \rho Z_0$，电压波节点的阻抗为最小纯电阻 $R_{min} = Z_0/\rho$；电磁能量一部分被负载吸收，另一部分被负载反射回去。

表征传输线反射波大小的参量有反射系数 Γ、驻波比 ρ 和行波系数 K，它们之间的关系为

$$\rho = \frac{1}{K} = \frac{1+|\Gamma|}{1-|\Gamma|}$$

其数值大小和工作状态的关系如表 1 所示。

表 1　反射系数 Γ、驻波比 ρ 和行波系数 K 的数值大小和工作状态的关系

工作状态	行波	驻波	行驻波
$\lvert\Gamma\rvert$	0	1	$0<\lvert\Gamma\rvert<1$
ρ	1	∞	$0<\rho<\infty$
K	1	0	$0<K<1$

传输线阻抗匹配方法常用 $\lambda_g/4$ 阻抗变换器和枝节匹配器。

习　题

2.1　有一空气介质的同轴线需装入介质支撑片，薄片的材料为聚苯乙烯，其相对介电常数为 $\varepsilon_r = 2.25$，如图 1 所示。设同轴线外导体的内径为 7 cm，而内导体的外径为 2 cm，为使介质的引入不引起反射，则由介质填充部分的导体的外径应为多少？

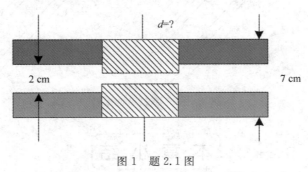

图 1　题 2.1 图

2.2　在充有 $\varepsilon_r = 2.25$ 介质的 5 cm 长同轴线中传播 20 MHz 的电磁波，当终端短路时测得输入阻抗为 4.61 Ω；当终端理想开路时，测得输入阻抗为 1390 Ω。试计算该同轴线的特性阻抗。

2.3　设一特性阻抗为 50 Ω 的均匀传输线终端接负载 $R_l = 100$ Ω，求负载在离负载 $0.2\lambda_p$、$0.25\lambda_p$ 及 $0.5\lambda_p$ 处的输入阻抗及反射系数 Γ_l 分别为多少？

2.4　求内、外导体直径分别为 0.25 cm 和 0.75 cm 的空气同轴线的特性阻抗。若在两导体间填充介电常数 $\varepsilon_r = 2.25$ 的介质，求其特性阻抗及频率为 300 MHz 时的波长 λ_p。

2.5　设特性阻抗为 Z_0 的无耗传输线的驻波比为 ρ，第一个电压波节点离负载的距离为 $l_{\min 1}$，试证明此时的终端负载应为 $Z_l = Z_0 \dfrac{1 - \mathrm{j}\rho \tan\beta l_{\min 1}}{\rho - \mathrm{j}\tan\beta l_{\min 1}}$。

2.6　有一特性阻抗为 $Z_0 = 50\ \Omega$ 的无耗均匀传输线，导体间的媒质参数为 $\varepsilon_r = 2.25$，$\mu_r = 1$，终端接有 $R_l = 1\ \Omega$ 的负载。当 $f = 100\ \mathrm{MHz}$ 时，其线长为 $\lambda_p/4$。试求：

（1）传输线的实际长度；

（2）负载终端的反射系数；

（3）输入端的反射系数；

（4）输入端的阻抗。

2.7　试证明无耗传输线上任意相距 $\lambda_p/4$ 的两点处的阻抗的乘积等于传输线特性阻抗的平方。

2.8　设有一均匀无耗传输线的特性阻抗为 $Z_0 = 50\ \Omega$，终端接有未知负载 Z_l。现在传输线上测得电压的最大值和最小值分别为 $100\ \mathrm{mV}$ 和 $20\ \mathrm{mV}$，第一电压波节点的位置离负载的最小距离 $l_{\min 1} = \lambda_p/3$。试求该负载阻抗 Z_l。

2.9　设某一传输系统如图 2 所示，画出 AB 段及 BC 段沿线各点电压、电流和阻抗的振幅分布图，并求出电压的最大值和最小值。

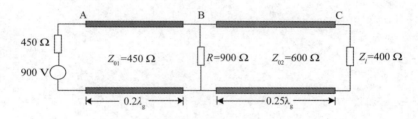

图 2　题 2.9 图

2.10　特性阻抗为 $Z_0 = 100\ \Omega$、长度为 $\lambda_p/8$ 的均匀无耗传输线，终端接有负载 $Z_l = (200 + \mathrm{j}300)\Omega$，始端接有电压为 $500\ \mathrm{V}\angle 0°$、内阻 $R_g = 100\ \Omega$ 的电源。试求：（1）传输线的始端电压；（2）负载吸收的平均功率；（3）终端的电压。

2.11　特性阻抗为 $Z_0 = 150\ \Omega$ 的均匀无耗传输线，终端接有负载 $Z_l = (250 + \mathrm{j}100)\Omega$，用 $\lambda_p/4$ 的阻抗变换器实现阻抗匹配，如图 3 所示。试求 $\lambda_p/4$ 的阻抗变换器的特性阻抗 Z_{01} 及离终端的距离。

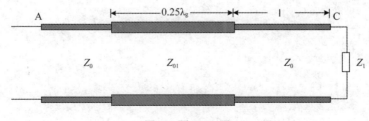

图 3　题 2.11 图

2.12　特性阻抗为 $Z_0 = 50\ \Omega$ 的均匀无耗传输线，终端接有负载 $Z_l = (100 + \mathrm{j}75)\ \Omega$ 的复阻抗时，可用以下方法实现 $\lambda_p/4$ 的阻抗变换器匹配：即在终端或在 $\lambda_p/4$ 的阻抗变换器前并接一段终端短路线，如图 4 所示。试分别求这两种情况下 $\lambda_p/4$ 的阻抗变换器的特性阻抗 Z_{01} 及短路线长度 l。

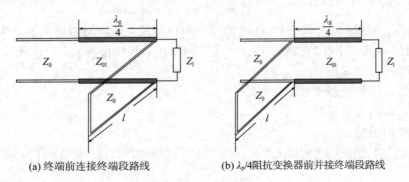

(a) 终端前连接终端段路线　　(b) $\lambda_p/4$阻抗变换器前并接终端段路线

图 4　题 2.12 图

2.13　无耗同轴线的特性阻抗为 50 Ω，负载阻抗为 100 Ω，工作频率为 1000 MHz。今用 $\lambda_p/4$ 的线进行匹配，求此 $\lambda_p/4$ 线的长度和特性阻抗。

第 3 章　微波传输线

本章要点

· 矩形波导
· 圆波导
· 同轴线
· 微带线

3.1　引　　言

在电磁波的低频段，可以用平行双导线来引导电磁波。当频率提高后，平行双导线的热损耗增加，同时因向空间辐射电磁波而产生辐射损耗，这种损耗随着频率的升高而加剧。所以，如果能把传输线设计成封闭形式，显然可以降低辐射损耗，这样平行双导线就演变成同轴线结构。显然，同轴线具有与双导线同样的双导体结构，其引导的电磁波也应是同样类型。

同时在电磁场部分我们也了解到，由于趋肤效应，高频电磁波将不能在导体内部传播。那能不能将导体做成中空形式呢？事实证明，中空导体也是可以导引电磁波的，这就是波导。波导传输线是单导体结构，其引导的电磁波与双导体传输线应有所不同。

早期微波系统依靠波导和同轴线作为媒介，前者有较高的功率容量和极低的损耗，但体积庞大，价格昂贵；后者具有很宽的带宽，但因为是同心导体，制作复杂的微波元件非常困难。平面传输线提供了另一种选择，首先出现的是带状线，它由同轴线发展而来，同属于双导体结构，故引导的电磁波类型是相同的；后来 ITT 实验室开发出了微带线，将封闭形式、结构对称的带状线发展为不对称开放结构，其传播的电磁波应与带状线略有不同。这两种传输线天生具有体积小、易于平面集成的优势，故发展极快，得到了广泛应用。

前一章我们用路的方法分析传输线理论，而本章将用场的方法来研究这几种微波传输线。

3.2　矩形波导

矩形波导（Rectangular Waveguide）是截面形状为矩形的金属波导管，如图 3.2－1 所示，a、b 分别表示波导内壁宽边和窄边尺寸，管壁材料一般用铜、铝等金属制成，有时其壁上镀有金或银，波导内通常充以空气。矩形波导是最早使用的导行系统之一，至今仍是使用最广泛的导行系统，特别是高功率系统、毫米波系统和一些精密测试设备等，主要是采用矩形波导。

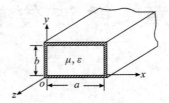

图 3.2－1　矩形波导

3.2.1　矩形波导中的导模及其场分量

如图 3.2－1 所示，采用直角坐标系$(x，y，z)$，沿波导正 z 方向传播的导波场可以写成（略去时间因子 $e^{j\omega t}$）

$$E(x，y，z) = E_T(x，y)e^{-j\beta z} + e_z E_z(x，y)e^{-j\beta z}$$

$$H(x，y，z) = H_T(x，y)e^{-j\beta z} + e_z H_z(x，y)e^{-j\beta z}$$

式中，角标 T 表示横向分量。

直角坐标系中轴向场分量满足导波方程

$$\frac{\partial^2 E_z}{\partial x^2} + \frac{\partial^2 E_z}{\partial y^2} = -k_c^2 E_z \tag{3.2-1}$$

$$\frac{\partial^2 H_z}{\partial x^2} + \frac{\partial^2 H_z}{\partial y^2} = -k_c^2 H_z \tag{3.2-2}$$

应用分离变量法求解，即令

$$H_z(x，y，z) = X(x)Y(y)e^{-j\beta z} \tag{3.2-3}$$

代入式(3.2－2)，得到

$$\frac{X''}{X} + \frac{Y''}{Y} = -k_c^2 \tag{3.2-4}$$

式中，X'' 和 Y'' 分别是 X、Y 对 x、y 的二阶导数。

式(3.2－4)要成立，则左边两项应分别等于常数，令

$$\frac{X''}{X} = -k_x^2 \quad (或者\ X'' + k_x^2 X = 0) \tag{3.2-5}$$

和

$$\frac{Y''}{Y} = -k_y^2 \quad (或者\ Y'' + k_y^2 Y = 0) \tag{3.2-6}$$

则显然有

$$k_x^2 + k_y^2 = k_c^2 \tag{3.2-7}$$

式(3.2－6)和式(3.2－7)的通解分别为

$$X(x) = A_1 \cos(k_x x) + A_2 \sin(k_x x) \tag{3.2-8}$$

$$Y(y) = B_1 \cos(k_y y) + B_2 \sin(k_y y) \tag{3.2-9}$$

因此得到

$$H_z = \{A_1 \cos(k_x x) + A_2 \sin(k_x x)\}\{B_1 \cos(k_y y) + B_2 \sin(k_y y)\}e^{-j\beta z} \tag{3.2-10}$$

同理可以求得

$$E_z = \{A_3\cos(k_x x) + A_4\sin(k_x x)\}\{B_3\cos(k_y y) + B_4\sin(k_y y)\}e^{-j\beta z} \quad (3.2-11)$$

结合边界条件确定积分常数，利用横向场分量与纵向场分量的关系即可求出所有场分量。直角坐标系中横向场分量与纵向场分量之间的关系式为

$$\left.\begin{aligned}
E_x &= -\frac{1}{k_c^2}\left[j\beta\frac{\partial E_z}{\partial x} + j\omega\mu\frac{\partial H_z}{\partial y}\right]\\
E_y &= -\frac{1}{k_c^2}\left[j\beta\frac{\partial E_z}{\partial y} - j\omega\mu\frac{\partial H_z}{\partial x}\right]\\
H_x &= -\frac{1}{k_c^2}\left[j\beta\frac{\partial H_z}{\partial x} - j\omega\varepsilon\frac{\partial E_z}{\partial y}\right]\\
H_y &= -\frac{1}{k_c^2}\left[j\beta\frac{\partial H_z}{\partial y} + j\omega\varepsilon\frac{\partial E_z}{\partial x}\right]
\end{aligned}\right\} \quad (3.2-12)$$

由式(3.2-12)可以看出，横向场分量的解依赖于纵向场分量，求得纵向场分量，即可得到全部场的解。下面分 TE 模和 TM 模两种情况讨论。

1. TE 模(TE Modes)

对于 TE 模，$E_z = 0$，$H_z \neq 0$。边界条件要求在管壁处切向电场为零，由式(3.2-12)可知在 $x=0$ 和 a 处

$$\frac{\partial H_z}{\partial x} = 0$$

在 $y=0$ 和 b 处

$$\frac{\partial H_z}{\partial y} = 0$$

由式(3.2-10)得到

$$\frac{\partial H_z}{\partial x} = \{-A_1 k_x\sin(k_x x) + A_2 k_x\cos(k_x x)\}\{B_1\cos(k_y y) + B_2\sin(k_y y)\}e^{-j\beta z}$$

$$\frac{\partial H_z}{\partial y} = \{A_1\cos(k_x x) + A_2\sin(k_x x)\}\{-B_1 k_y\sin(k_y y) + B_2 k_y\cos(k_y y)\}e^{-j\beta z}$$

代入边界条件，由 $x=0$ 处 $\partial H_z/\partial x = 0$，得到 $A_2 = 0$；又由 $x=a$ 处 $\partial H_z/\partial x = 0$，得到

$$k_x a = m\pi \quad \text{或者} \quad k_x = \frac{m\pi}{a} \ (m = 0, 1, 2, \cdots)$$

由 $y=0$ 处 $\partial H_z/\partial y = 0$，得到 $B_2 = 0$；又由 $y=b$ 处 $\partial H_z/\partial y = 0$，得到

$$k_y b = n\pi \quad \text{或者} \quad k_y = \frac{n\pi}{b} \ (n = 0, 1, 2, \cdots)$$

最后得到 H_z 的基本解为

$$H_z = H_{mn}\cos\left(\frac{m\pi}{a}x\right)\cos\left(\frac{n\pi}{b}y\right)e^{-j\beta z} \quad (3.2-13)$$

式中，$H_{mn} = A_1 B_1$ 为任意振幅常数；m、n 可取任意非负整数，称为波型指数。

任意一对 m、n 值对应一个基本波函数，这些基本波函数的组合也是式(3.2-2)的解。故 H_z 的一般解为

$$H_z = \sum_{m=0}^{\infty} \sum_{n=0}^{\infty} H_{mn} \cos\left(\frac{m\pi}{a}x\right) \cos\left(\frac{n\pi}{b}y\right) e^{-j\beta z} \qquad (3.2-14)$$

将式(3.2-14)代入式(3.2-12)中，最后可得矩形波导中传输型 TE 模的场分量为

$$\begin{cases} E_x = \sum_{m=0}^{\infty} \sum_{n=0}^{\infty} \frac{j\omega\mu}{k_c^2} \frac{n\pi}{b} H_{mn} \cos\left(\frac{m\pi}{a}x\right) \sin\left(\frac{n\pi}{b}y\right) e^{j(\omega t - \beta z)} \\[2mm] E_y = \sum_{m=0}^{\infty} \sum_{n=0}^{\infty} \frac{-j\omega\mu}{k_c^2} \frac{m\pi}{a} H_{mn} \sin\left(\frac{m\pi}{a}x\right) \cos\left(\frac{n\pi}{b}y\right) e^{j(\omega t - \beta z)} \\[2mm] E_z = 0 \\[2mm] H_x = \sum_{m=0}^{\infty} \sum_{n=0}^{\infty} \frac{j\beta}{k_c^2} \frac{m\pi}{a} H_{mn} \sin\left(\frac{m\pi}{a}x\right) \cos\left(\frac{n\pi}{b}y\right) e^{j(\omega t - \beta z)} \\[2mm] H_y = \sum_{m=0}^{\infty} \sum_{n=0}^{\infty} \frac{j\beta}{k_c^2} \frac{n\pi}{b} H_{mn} \cos\left(\frac{m\pi}{a}x\right) \sin\left(\frac{n\pi}{b}y\right) e^{j(\omega t - \beta z)} \\[2mm] H_z = \sum_{m=0}^{\infty} \sum_{n=0}^{\infty} H_{mn} \cos\left(\frac{m\pi}{a}x\right) \cos\left(\frac{n\pi}{b}y\right) e^{j(\omega t - \beta z)} \end{cases} \qquad (3.2-15)$$

式中

$$k_c^2 = k_x^2 + k_y^2 = \left(\frac{m\pi}{a}\right)^2 + \left(\frac{n\pi}{b}\right)^2 \qquad (3.2-16)$$

可见，矩形波导中的 TE 模有无穷多个，用 TE$_{mn}$ 表示。最低次的 TE 模是 TE$_{10}$ 模 ($a > b$)。需要指出的是，m 和 n 不能同时为零。因为，当 $m=0$、$n=0$ 时，由式(3.2-15)可知只有一恒定磁场 H_z，而其余场分量均不存在。所以，m 和 n 同时为零时的解无意义。

2. TM 模(TM Modes)

对于 TM 模，$H_z = 0$，$E_z \neq 0$，边界条件要求在管壁处切向电场为零，可知

在 $x=0$ 和 a 处

$$E_z = 0$$

在 $y=0$ 和 b 处

$$E_z = 0$$

将其代入式(3.2-11)，得到

$$A_3 = 0, \quad k_x = \frac{m\pi}{a} \quad (m=1, 2, \cdots)$$

$$B_3 = 0, \quad k_y = \frac{n\pi}{b} \quad (n=1, 2, \cdots)$$

于是得到 E_z 的基本解为

$$E_z = E_{mn} \sin\left(\frac{m\pi}{a}x\right) \sin\left(\frac{n\pi}{b}y\right) e^{-j\beta z} \qquad (3.2-17)$$

式中，$E_{mn} = A_4 B_4$ 为任意振幅常数，m、n 可取任意正整数。

E_z 的一般解为

$$E_z = \sum_{m=1}^{\infty} \sum_{n=1}^{\infty} E_{mn} \sin\left(\frac{m\pi}{a}x\right) \sin\left(\frac{n\pi}{b}y\right) e^{-j\beta z} \qquad (3.2-18)$$

将式(3.2-18)带入式(3.2-12)，最后可以得到矩形波导中传输型 TM 模的场分量为

$$\begin{cases} E_x = \sum_{m=1}^{\infty} \sum_{n=1}^{\infty} \frac{-j\beta}{k_c^2} \frac{m\pi}{a} E_{mn} \cos\left(\frac{m\pi}{a}x\right) \sin\left(\frac{n\pi}{b}y\right) e^{j(\omega t-\beta z)} \\[2mm] E_y = \sum_{m=1}^{\infty} \sum_{n=1}^{\infty} \frac{-j\beta}{k_c^2} \frac{n\pi}{b} E_{mn} \sin\left(\frac{m\pi}{a}x\right) \cos\left(\frac{n\pi}{b}y\right) e^{j(\omega t-\beta z)} \\[2mm] E_y = \sum_{m=1}^{\infty} \sum_{n=1}^{\infty} E_{mn} \sin\left(\frac{m\pi}{a}x\right) \sin\left(\frac{n\pi}{b}y\right) e^{j(\omega t-\beta z)} \\[2mm] H_x = \sum_{m=1}^{\infty} \sum_{n=1}^{\infty} \frac{j\omega\varepsilon}{k_c^2} \frac{n\pi}{b} E_{mn} \sin\left(\frac{m\pi}{a}x\right) \cos\left(\frac{n\pi}{b}y\right) e^{j(\omega t-\beta z)} \\[2mm] H_y = \sum_{m=1}^{\infty} \sum_{n=1}^{\infty} \frac{-j\omega\varepsilon}{k_c^2} \frac{m\pi}{a} E_{mn} \cos\left(\frac{m\pi}{a}x\right) \sin\left(\frac{n\pi}{b}y\right) e^{j(\omega t-\beta z)} \\[2mm] H_z = 0 \end{cases} \qquad (3.2-19)$$

式中

$$k_c^2 = \left(\frac{m\pi}{a}\right)^2 + \left(\frac{n\pi}{b}\right)^2$$

可见，矩形波导中的 TM 模也有无穷多个，用 TM_{mn} 表示，最低次模为 TM_{11} 模。

3.2.2　矩形波导中模的场结构

　　熟悉波导中各种模的场结构有着重要的实际意义，因为模的场结构是分析和研究波导问题及设计波导元件的基础和出发点。我们采用电力线和磁力线的疏与密来表示波导中电场和磁场强度的弱与强。某种模式的场结构就是指在固定时刻，波导中电力线和磁力线的形状及其分布情况。

　　如上所述，矩形波导中可能存在无穷多个 TE_{mn} 和 TM_{mn} 模，但其场结构却有规律可循。最基本的场结构模型是 TE_{10}、TE_{01}、TE_{11} 和 TM_{11} 四个模。只要掌握这四个模的场结构，矩形波导中所有 TE 模和模 TM 模的场结构便可以全部明了。其中最低次模 TE_{10} 模是我们最为关注的。

　　由式(3.2-15)和(3.2-19)可知，模在矩形波导横截面上的场呈驻波分布，而且在每个横截面上的场分布是完全确定的，它与频率、该横截面在导行系统上的位置均没有关系。整个模以完整的场结构(场型)沿轴向(z 向)传播。

1. TE_{10} 模与 TE_{m0} 模的场结构

　　将 $m=1$、$n=0$ 带入式(3.2-15)，得到 TE_{10} 模的场分量为

$$\begin{cases} E_y = -j \frac{\omega\mu a}{\pi} H_{10} \sin\left(\frac{\pi}{a}x\right) e^{-j\beta z} \\[2mm] H_x = j \frac{\beta a}{\pi} H_{10} \sin\left(\frac{\pi}{a}x\right) e^{-j\beta z} \\[2mm] H_z = H_{10} \cos\left(\frac{\pi}{a}x\right) e^{-j\beta z} \\[2mm] E_x = E_z = H_y = 0 \end{cases} \qquad (3.2-20)$$

　　可见 TE_{10} 模只有 E_y、H_x 和 H_z 三个分量，且均与 y 无关。这表明电磁场沿 y 方向无变化，为均匀分布。各场分量沿 x 轴和 z 轴(波导宽壁中心)的变化规律分别为

$$E_y \propto \sin\left(\frac{\pi x}{a}\right), \quad H_x \propto \sin\left(\frac{\pi x}{a}\right), \quad H_z \propto \cos\left(\frac{\pi x}{a}\right)$$

$$E_y \propto \sin(\omega t - \beta z), \quad H_x \propto \sin(\omega t - \beta z), \quad H_z \propto \cos(\omega t - \beta z)$$

电场只有 E_y 分量，它沿 x 方向呈正弦变化，在 a 边上有半个驻波分布，即在 $x=0$ 和 $x=a$ 处为零，在 $x=a/2$ 处最大，如图 3.2 - 2(a)、(b)所示，E_y 沿 z 方向按正弦变化，如图 3.2 - 2(c)所示。

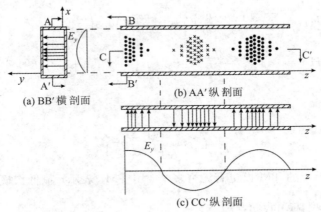

图 3.2 - 2　TE₁₀模的电场结构

磁场有 H_x 和 H_z 两个分量。H_x 沿 a 边呈正弦分布，有半个驻波分布，即在 $x=0$ 和 $x=a$ 处为零，在 $x=a/2$ 处最大；H_z 沿 a 边呈余弦分布，即在 $x=0$ 和 $x=a$ 处最大，在 $x=a/2$ 处为零，如图 3.2 - 3(a)所示。H_x 沿 z 方向按正弦变化，H_z 沿 z 方向按余弦变化。H_x 和 H_z 在 xy 平面内合成闭合曲线，类似椭圆形状，如图 3.2 - 3(b)所示。可见，E_y 和 H_x 沿 z 方向同相(两者振幅同时达到最大或最小，但差一负号)，它们与 H_z 沿 z 方向则有 90°相位差(即横向电磁场最大时纵向场为零，而横向电磁场为零时纵向场最大)，这是传输模的特点。

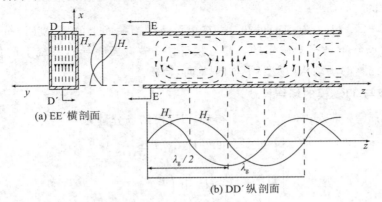

图 3.2 - 3　TE₁₀模的磁场结构

图 3.2 - 4 表示某一时刻 TE₁₀ 模完整的场结构图。

由式(3.2 - 20)和 TE₁₀模的场结构可以看出，m 和 n 分别是场沿 a 边和 b 边分布的半驻波数。TE₁₀模的场沿 a 边有 1 个半驻波分布，沿 b 边无变化，如图 3.2 - 5(a)所示。

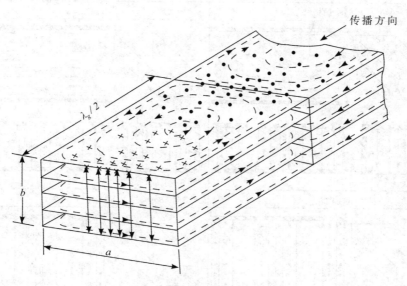

图 3.2 - 4　TE$_{10}$ 模电磁场结构

　　和 TE$_{10}$ 模类似，TE$_{m0}$ 模也只有 E_y、H_x 和 H_z 三个分量，且均与 y 无关。电场 E_y 分量沿 x 轴的变化规律为 $E_y \propto \sin(m\pi x/a)$，即 TE$_{01}$、TE$_{10}$、…、TE$_{m0}$ 等模的场沿 a 边有 2 个、3 个、…、m 个半驻波分布，沿 b 边无变化。或者，若以 TE$_{10}$ 模的场分布作为一个基本单元（小巢），则可以说沿 a 边分布有 2 个、3 个、…、m 个 TE$_{10}$ 模场结构的"小巢"，沿 b 边无变化。图3.2 - 5(b)表示 TE$_{20}$ 模的场结构。

2. TE$_{01}$ 模与 TE$_{0n}$ 模的场结构

　　TE$_{01}$ 模只有 E_x、H_y 和 H_z 三个分量，TE$_{01}$ 模的场结构与 TE$_{10}$ 模的差异只是波的极化面（即通过电场矢量与波导轴的平面）旋转了 90°，即场沿 a 边无变化，沿 b 边有半个驻波分布，如图 3.2 - 5(c)所示。

　　仿照 TE$_{01}$ 模的场结构，TE$_{02}$、TE$_{03}$、…、TE$_{0n}$ 模的场结构便是场沿 a 边无变化，沿 b 边有 2 个、3 个、…、n 个半驻波分布；或者说是沿 a 边无变化，沿 b 边分布有 2 个、3 个、…、n 个 TE$_{01}$ 模的场结构"小巢"。TE$_{02}$ 模的场结构如图 3.2 - 5(d)所示。

3. TE$_{11}$ 模与 TE$_{mn}$ $(m、n > 1)$ 模的场结构

　　m 和 n 都不为零的 TE 模有五个场分量，其中最简单的 TE 模是 TE$_{11}$ 模，其场沿 a 边和 b 边都有半个驻波分布，如图 3.2 - 5(e)所示。

　　仿照 TE$_{11}$ 模，m 和 n 都大于 1 的 TE$_{mn}$ 模的场结构便是沿 a 边分布有 m 个 TE$_{11}$ 模的场结构"小巢"，沿 b 边分布有 n 个 TE$_{11}$ 模的场结构"小巢"。TE$_{21}$ 模的场结构如图 3.2 - 5(f)所示。

4. TM$_{11}$ 模与 TM$_{mn}$ 模的场结构

　　TM 模有五个场分量，其中最简单的 TM 模是 TM$_{11}$ 模，其磁力线完全分布在横截面内，且为闭合曲线；电力线则是空间曲线。其场沿 a 边和 b 边均有半个驻波分布，如图 3.2 - 5(g)所示。

　　仿照 TM$_{11}$ 模，m 和 n 都大于 1 的 TM$_{mn}$ 模的场结构便是沿 a 边和 b 边分别有 m 个和 n 个TM$_{11}$模的场结构"小巢"。TM$_{21}$ 模的场结构如图 3.2 - 5(h)所示。

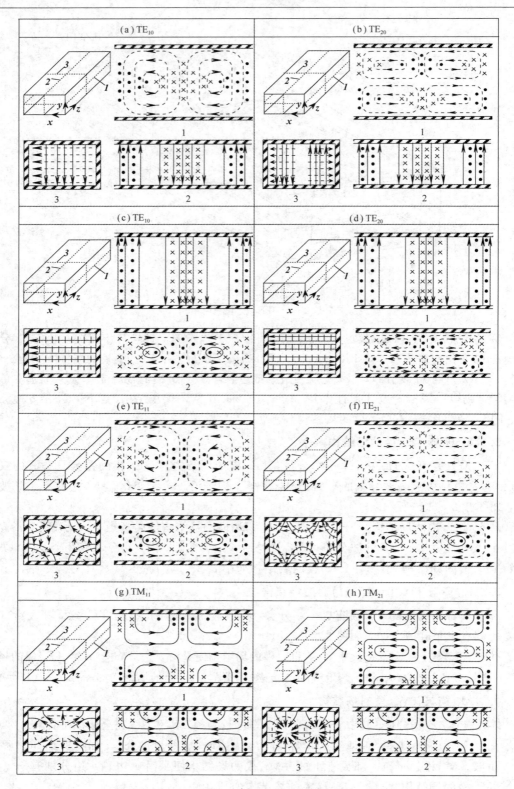

图 3.2－5　矩形波导中 TE 模和 TM 模场结构截面图

需要指出的是，并非所有的 TE_{mn} 模和 TM_{mn} 模都会在波导中同时传播。波导中存在什么模，由信号频率、波导尺寸与激励方式来决定。

3.2.3　矩形波导的管壁电流

当波导中传输电磁波时，在金属波导内壁表面上将感应产生电流，称之为管壁电流。在微波频率时，由于趋肤效应，这种管壁电流集中在波导内壁表面流动，其趋肤深度 δ 的典型数量级是 10^{-4} cm（例如铜波导，$f = 30$ GHz 时，$\delta = 3.8 \times 10^{-4}$ cm $< 0.5\ \mu$m）。所以这种管壁电流可看成面电流，通常用电流线来描述电流分布。

管壁电流由管壁附近的切向磁场决定，满足关系

$$\boldsymbol{J}_S = \boldsymbol{e}_n \times \boldsymbol{H}_t \tag{3.2-21}$$

式中，$\boldsymbol{e}_n$ 是波导内壁的单位法线矢量；$\boldsymbol{H}_t$ 为内壁附近的切向磁场，如图 3.2-6 所示。

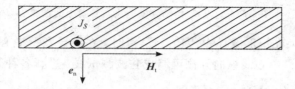

图 3.2-6　管壁内的表面电流

矩形波导几乎都是工作在 TE_{10} 模。由式（3.2-20）和式（3.2-21）可求得其管壁电流的密度分布如下：

在波导下底面（$y=0$）和上顶面（$y=b$）处，$\boldsymbol{e}_n = \pm \boldsymbol{e}_y$，则有

$$\boldsymbol{J}_S|_{y=0} = \boldsymbol{e}_y \times [\boldsymbol{e}_x H_x + \boldsymbol{e}_z H_z] = \boldsymbol{e}_x H_x - \boldsymbol{e}_z H_z$$
$$= \left[\boldsymbol{e}_x H_{10} \cos\left(\frac{\pi}{a}x\right) - \boldsymbol{e}_z \mathrm{j}\frac{\beta a}{\pi} H_{10} \sin\left(\frac{\pi}{a}x\right) \right] \mathrm{e}^{\mathrm{j}(\omega t - \beta z)}$$

和

$$\boldsymbol{J}_S|_{y=b} = -\boldsymbol{e}_y \times [\boldsymbol{e}_x H_x + \boldsymbol{e}_z H_z] = -\boldsymbol{e}_x H_x + \boldsymbol{e}_z H_z$$
$$= \left[-\boldsymbol{e}_x H_{10} \cos\left(\frac{\pi}{a}x\right) - \boldsymbol{e}_z \mathrm{j}\frac{\beta a}{\pi} H_{10} \sin\left(\frac{\pi}{a}x\right) \right] \mathrm{e}^{\mathrm{j}(\omega t - \beta z)}$$

在左侧壁（$x=0$）上，$\boldsymbol{e}_n = \boldsymbol{e}_x$，则有

$$\boldsymbol{J}_S|_{x=0} = \boldsymbol{e}_x \times \boldsymbol{e}_z H_z = -\boldsymbol{e}_y H_z|_{x=0} = -\boldsymbol{e}_y H_{10} \mathrm{e}^{\mathrm{j}(\omega t - \beta z)}$$

在右侧壁（$x=a$）上，$\boldsymbol{e}_n = -\boldsymbol{e}_x$，则有

$$\boldsymbol{J}_S|_{x=a} = -\boldsymbol{e}_x \times \boldsymbol{e}_z H_z = \boldsymbol{e}_y H_z|_{x=a} = -\boldsymbol{e}_y H_{10} \mathrm{e}^{\mathrm{j}(\omega t - \beta z)}$$

结果表明，当矩形波导中传输 TE_{10} 模时，在左右侧壁内只有 J_y 分量电流，且大小相等方向相同；在上下宽壁内的电流由 J_x 和 J_z 合成，在同一 x 位置的上下宽壁内的电流大小相等方向相反，如图 3.2-7 所示。

研究波导管壁电流结构有着重要的实际意义。除了计算波导损耗需要知道管壁电流外，在实际应用中，有时需要在波导壁上开槽或孔以做成特定用途的元件，且波导元件也需要相互连接。那么就要注意接头与槽孔所在的位置不应该破坏管壁电流的通路，否则将严重破坏原波导内的场结构，引起辐射和反射，影响功率的有效传输。相反，如果需要在波导壁上开槽做成辐射器，则应当切断电流。图 3.2-7 中，槽 1 和槽 2 是无辐射性槽；槽 3、

槽 4 和槽 5 是有辐射性槽。

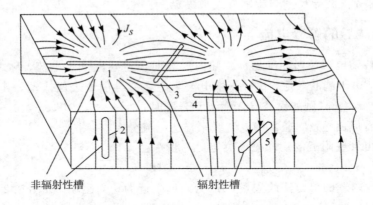

非辐射性槽　　　　　　　　辐射性槽

图 3.2 – 7　TE$_{10}$模的管壁电流与管壁上的槽缝

由上面分析知道，在矩形波导中传输 TE$_{10}$模时，在波导宽壁中心线（$x=a/2$ 处）上只有纵向电流 J_z，因此沿中心线纵向开槽可制成驻波测量线，进行各种微波测量。

3.2.4　矩形波导的传输特性

1. 模的传输与截止条件

由导波方程可以得到矩形波导中每个模的传播常数为相位常数，即

$$\beta = \sqrt{k^2 - k_c^2} = \sqrt{\omega^2 \mu\varepsilon - \left(\frac{m\pi}{a}\right)^2 - \left(\frac{n\pi}{b}\right)^2} \tag{3.2-22}$$

对于传输模，β 应为实数，即要求 $k^2 > k_c^2$；β 为虚数时，波不能传输；$\beta=0$ 是波导中波能否传输的临界状态。而对于尺寸一定的波导和一定的模式，k_c^2 为一常数。如果介质一定，k^2 的值就取决于频率的高低。导模的截止频率和截止波长为

$$f_{cTE_{mn}} = f_{cTM_{mn}} = \frac{k_{cmn}}{2\pi\sqrt{\mu\varepsilon}} = \frac{1}{2\pi\sqrt{\mu\varepsilon}}\sqrt{\left(\frac{m\pi}{a}\right)^2 + \left(\frac{n\pi}{b}\right)^2} \tag{3.2-23}$$

$$\lambda_{cTE_{mn}} = \lambda_{cTM_{mn}} = \frac{2\pi}{k_c} = \frac{2}{\sqrt{\left(\frac{m}{a}\right)^2 + \left(\frac{n}{b}\right)^2}} \tag{3.2-24}$$

由上述分析可以得到如下重要结论：

1）模的传输条件

模在波导中能够传输的条件是该模的截止波长 λ_c 大于工作波长 λ，或截止频率 f_c 小于工作频率 f，即 $\lambda<\lambda_c$ 或 $f>f_c$，所以金属波导具有"高通滤波器"的性质。

2）模的截止条件

由式（3.2 – 22）可知，$\lambda_c<\lambda$ 或 $f_c<f$ 时，β 为虚数，相应的模称为消失模（Evanescent Mode）或截止模（Cut-off Mode），其所有场分量的振幅均按指数规律衰减。该衰减是由于截止模的电抗反射造成的。工作在截止模式的波导称为截止波导（Cut-off Waveguide），其传播常数为衰减常数，即

$$\gamma = \alpha = \frac{2\pi}{\lambda_c}\sqrt{1-\left(\frac{\lambda_c}{\lambda}\right)^2} \approx \frac{2\pi}{\lambda_c}$$

根据该性质,利用一段截止波导可做成截止衰减器。

3) 模的简并现象

波导中不同的模具有相同截止波长(或截止频率)的现象,称为波导模式的"简并"现象。在矩形波导中,TE_{mn} 模和 TM_{mn} 模(m、n 均不为零)互为简并模,它们具有不同的场分布,但是纵向传输特性完全相同。矩形波导中 TE_{m0} 模和 TE_{0n} 模非简并模式(并不绝对)。

4) 主模 TE_{10} 模

波导中截止波长 λ_c 最长(或截止频率 f_c 最低)的模称为该导行系统的主模(Dominant Mode),或称基模、最低型模;其他的模则称为高次模(High-order Modes)。

将不同的 m 和 n 值代入式(3.2-24),便可得到不同模截止波长的计算公式,见表 3.2-1。表 3.2-1 中同时列出了以 BJ-100 型矩形波导($a=2.286$ cm,$b=1.016$cm)为例计算的部分模的截止波长。将表 3.2-1 中 λ_c 值按大小顺序排在一横坐标轴上,如图 3.2-8 所示。

表 3.2-1 BJ-100 型矩形波导不同波型的截止波长

波型	TE_{10}	TE_{20}	TE_{01}	TE_{11},TM_{11}	TE_{30}	TE_{21},TM_{21}	TE_{31},TM_{31}	TE_{40}	TE_{02}
λ_c	$2a$	a	$2b$	$\dfrac{2}{\sqrt{\left(\dfrac{1}{a}\right)^2+\left(\dfrac{1}{b}\right)^2}}$	$\dfrac{2}{3}a$	$\dfrac{2}{\sqrt{\left(\dfrac{2}{a}\right)^2+\left(\dfrac{1}{b}\right)^2}}$	$\dfrac{2}{\sqrt{\left(\dfrac{3}{a}\right)^2+\left(\dfrac{1}{b}\right)^2}}$	$\dfrac{1}{2}a$	b
λ_c 值 /cm	4.572	2.286	2.030	1.800	1.524	1.510	1.200	1.142	1.016

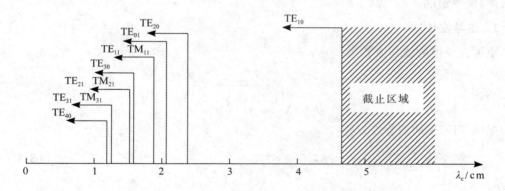

图 3.2-8 矩形波导不同波型截止波长的分布图(BJ-100 型波导)

由图 3.2-8 可见,矩形波导中的主模是 TE_{10} 模(如果 $a>b$),其截止波长最长,等于 $2a$。图 3.2-8 右边标有斜线的区域是截止区。在本例中,当工作波长 $\lambda=5$ cm 时,波导对所有模都截止,工作在这种情况下的波导称为"截止波导";当 $\lambda=4$ cm 时,波导只能传输 TE_{10} 模,工作在这种情况下的波导称为"单模波导";当 $\lambda=1.5$ cm 时,波导同时允许 TE_{10}、TE_{20}、TE_{01}、TE_{11}、TM_{11}、TE_{30}、TE_{21} 及 TM_{21} 等模传输,工作在这种情况下的波导称为"多模波导"。

2. 相速度和群速度

矩形波导模的相速度为

$$v_\mathrm{p} = \frac{v}{\sqrt{1 - \left(\dfrac{\lambda}{\lambda_\mathrm{c}}\right)^2}} = \frac{v}{G} > v \qquad (3.2-25)$$

式中，v 和 λ 分别表示同一媒质中平面波的速度（$v = c/\sqrt{\varepsilon_\mathrm{r}}$，$c$ 为真空中的光速）和波长（$\lambda = \lambda_0/\sqrt{\varepsilon_\mathrm{r}}$，$\lambda_0$ 为自由空间波长）；G 为波型因子。

由此可见，波导中传输模的相速度大于同一媒质中的光速。主模 TE_{10} 模的相速度为

$$v_\mathrm{pTE_{10}} = \frac{v}{\sqrt{1 - \left(\dfrac{\lambda}{2a}\right)^2}} \qquad (3.2-26)$$

矩形波导模的群速度为

$$v_\mathrm{g} = v \sqrt{1 - \left(\frac{\lambda}{\lambda_\mathrm{c}}\right)^2} = vG < v \qquad (3.2-27)$$

由此可见，波导中传输模的群速度小于同一媒质中的光速。主模 TE_{10} 模的群速度为

$$v_\mathrm{gTE_{10}} = v \sqrt{1 - \left(\frac{\lambda}{2a}\right)^2} \qquad (3.2-28)$$

显然有

$$v_\mathrm{p} \cdot v_\mathrm{g} = v^2 \qquad (3.2-29)$$

由式（3.2-25）和式（3.2-27）可知，矩形波导中波的传播速度是频率的函数，存在严重的色散现象。这种色散特性是由于波导的截止特性引起的，即是由波导本身的特性（边界条件）所决定的。

3. 波导波长

矩形波导模的波导波长为

$$\lambda_\mathrm{g} = \frac{\lambda}{\sqrt{1 - \left(\dfrac{\lambda}{\lambda_\mathrm{c}}\right)^2}} = \frac{\lambda}{G} \qquad (3.2-30)$$

主模 TE_{10} 模的波导波长为

$$\lambda_\mathrm{gTE_{10}} = \frac{\lambda}{\sqrt{1 - \left(\dfrac{\lambda}{2a}\right)^2}} \qquad (3.2-31)$$

4. 波阻抗

矩形波导中 TE 模的波阻抗为

$$Z_\mathrm{TE} = \sqrt{\frac{\mu}{\varepsilon}} \cdot \frac{k}{\beta} = \frac{\eta}{\sqrt{1 - \left(\dfrac{\lambda}{\lambda_\mathrm{c}}\right)^2}} = \frac{\eta}{G} \qquad (3.2-32)$$

主模 TE_{10} 模的波阻抗为

$$Z_{\mathrm{TE}_{10}} = \frac{\eta}{\sqrt{1 - \left(\frac{\lambda}{2a}\right)^2}} \tag{3.2-33}$$

可见 TE$_{10}$ 模的波阻抗与波导窄边尺寸 b 无关。矩形波导通常都以 TE$_{10}$ 模式工作，由式 (3.2-33)可知，宽边尺寸 a 相同而窄边尺寸 b 不同的两段矩形波导的波阻抗相等。但是，将这两段波导连接时，在连接处必将产生波的反射而得不到匹配。为了处理波导的匹配问题，就需要引入波导的等效特性阻抗。

矩形波导中 TM 模的波阻抗为

$$Z_{\mathrm{TM}} = \sqrt{\frac{\mu}{\varepsilon}} \cdot \frac{\beta}{k} = \eta \sqrt{1 - \left(\frac{\lambda}{\lambda_c}\right)^2} = \eta G \tag{3.2-34}$$

5. 传输功率

矩形波导引导电磁波沿正 z 轴传播(行波工作状态)，传输的平均功率可由波导横截面上的坡印廷矢量的积分求得

$$P = \frac{1}{2} \mathrm{Re} \iint_S (E_T \times H_T^*) \cdot e_z \mathrm{d}S = \frac{1}{2Z} \iint_S |E_T|^2 \mathrm{d}S = \frac{1}{2Z} \int_0^a \int_0^b (|E_x|^2 + |E_y|^2) \mathrm{d}x\mathrm{d}y \tag{3.2-35}$$

矩形波导工作在 TE$_{10}$ 模式的传输功率为

$$\begin{aligned} P &= \frac{1}{2Z_{\mathrm{TE}_{10}}} \int_0^a \int_0^b |E_y|^2 \mathrm{d}x\mathrm{d}y = \frac{1}{2Z_{\mathrm{TE}_{10}}} \int_0^a \int_0^b \left| \frac{-\mathrm{j}\omega\mu a}{\pi} H_{10} \sin\frac{\pi x}{a} e^{-\mathrm{j}\beta z} \right|^2 \mathrm{d}x\mathrm{d}y \\ &= \frac{\omega^2 \mu^2 a^3 b |H_{10}|^2}{4\pi^2 Z_{\mathrm{TE}_{10}}} = \frac{ab E_{10}^2}{4 Z_{\mathrm{TE}_{10}}} \end{aligned} \tag{3.2-36}$$

式中 E_{10} 是 TE$_{10}$ 模电场分量的振幅常数，对于空心矩形波导有

$$Z_{\mathrm{TE}_{10}} = \frac{120\pi}{\sqrt{1 - \left(\frac{\lambda}{2a}\right)^2}}$$

则由式(3.2-36)可以得到矩形波导传输 TE$_{10}$ 波的传输功率为

$$P = \frac{ab E_{10}^2}{480\pi} \sqrt{1 - \left(\frac{\lambda}{2a}\right)^2} \tag{3.2-37}$$

矩形波导能够承受的极限传输功率称为矩形波导的功率容量，一般用 P_c 表示。如果矩形波导内媒质的击穿场强为 E_c，由式(3.2-37)可得矩形波导的功率容量为

$$P_c = \frac{ab E_c^2}{480\pi} \sqrt{1 - \left(\frac{\lambda}{2a}\right)^2} \tag{3.2-38}$$

对于空心波导，已知空气的 $E_c = 30$ kV/cm，对于截面尺寸为 $a \times b = 7.124 \times 3.404$ cm^2(BJ-32)的波导，当传输电磁波的波长为 $\lambda = 9.1$ cm 时，波导传输的功率容量为

$$P_c = \frac{7.214 \times 10^{-2} \times 3.404 \times 10^{-2} \times (3 \times 10^6)^2}{480\pi} \times \sqrt{1 - \left(\frac{9.1}{14.4}\right)^2} = 11\ 300\ (\mathrm{kW})$$

式(3.2-38)表明，矩形波导尺寸越大，频率越高，矩形波导的功率容量越大。当 $\lambda/\lambda_c > 0.9$ 时，功率容量急剧下降；当 $\lambda/\lambda_c = 1$ 时，$P_c = 0$；当 $\lambda/\lambda_c < 0.5$ 时，有可能出现高次模。也就是说，既要兼顾功率容量，又要使矩形波导能单模传输电磁波，一般情况下我们选取

$$0.5 < \frac{\lambda}{\lambda_c} < 0.9$$

对于传输 TE_{10} 模时，其 $\lambda_c = 2a$，则要求

$$a < \lambda < 1.8a$$

功率容量与波长的关系如图 3.2 - 9 所示。

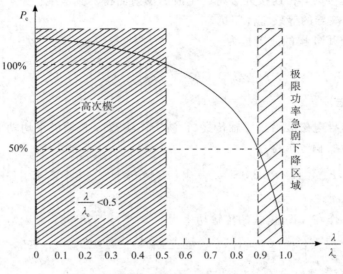

图 3.2 - 9　功率容量与波长的关系

　　矩形波导的功率容量较大，适合大功率微波传输，其中一个主要原因是矩形波导横截面的尺寸比一般微波传输线的截面尺寸大。需要说明的是，微波导行系统的功率容量除了与传输线的尺寸结构有关外，还与导行系统所连接的负载有关。我们这里讨论的是导行系统工作在行波工作状态，即导行系统末端所接的负载把传输线传输的功率全部吸收，传输线上只有入射波，没有反射波。这时，在导行系统的尺寸和介质填充情况不变的情况下，其功率容量最大。但在实际应用中，导行系统上总有反射波，也就是工作在行驻波工作状态，这时矩形波导传输 TE_{10} 模的功率容量为

$$P'_c = \frac{P_c}{\rho} \tag{3.2 - 39}$$

式中 ρ 是表征导行系统驻波成分大小的驻波比，它的取值范围是 $1 \leqslant \rho \leqslant \infty$。

　　为留有余地，波导实际允许的传输功率一般取行波工作状态下功率容量理论值的 25%～30%。

6. 矩形波导的截面尺寸设计

　　波导的尺寸设计是指根据给定的工作频率来确定波导横截面的尺寸，其原则是：工作频带内单模传输，损耗尽可能小，功率容量尽可能大，尺寸尽可能小，制造尽可能简单。

　　单模传输的条件为

$$\frac{\lambda}{2} < a < \lambda, \ 0 < b < \frac{\lambda}{2} \tag{3.2 - 40}$$

再综合考虑功率容量和损耗两方面的要求，一般取

$$a = 0.7\lambda , \quad b = (0.4 \sim 0.5)a \qquad (3.2 - 41)$$

实际应用时通常按照工作频率和用途，选用标准波导。国产波导尺寸见附录 B。

波导尺寸确定后，便可确定其工作频率范围。由式(3.2-41)可知一般情况下 $a > 2b$，为保证单模传输 $\lambda > a$，保守计算 $\lambda \geqslant 1.05a$；矩形波导的工作波长接近截止波长 λ_c 时传输功率急剧下降，衰减也急剧上升，所以通常选择 $\lambda \leqslant 0.8\lambda_c$，故矩形波导的工作波长范围为

$$1.05a \leqslant \lambda \leqslant 1.6a \qquad (3.2 - 42)$$

例如对于 BJ - 32 波导(72.14×34.04 mm^2)，由式(3.2-42)算得其工作波长范围为

$$75.75 \text{ mm} < \lambda < 115.42 \text{ mm}$$

相应的频率范围为

$$2.599 \text{ GHz} \sim 3.96 \text{ GHz}$$

可见矩形波导的频带不够宽，不到倍频程，这是矩形波导的主要缺点之一。为展宽频带，可采用脊形波导(Ridded Waveguide)。脊形波导与相同截面尺寸的矩形波导相比，其主模 TE$_{10}$ 模的截止波长变长；次低模 TE$_{20}$ 模的截止波长虽然变化不大，但是单模工作的频带仍然得到了有效的展宽，可达数倍频程，因此脊形波导适于用作宽带馈线和元件。另外，脊形波导的等效阻抗低，因此脊高度渐变的脊形波导还适于用作高低阻抗传输线之间的过渡段，比如由波导变至同轴线或微带。但是由于脊形波导内存在突缘，因此功率容量较小，损耗较大，不宜大功率传输；另外，相比而言，加工上的难度也比较大。

【例 3.2 - 1】 空气填充的铜制 BJ - 100 型波导($a = 2.286$ cm，$b = 1.016$ cm)，问：

(1) 工作波长为 1.5 cm 时，波导里能传输什么模？

(2) 工作波长为 3 cm 时，求波导里传输电磁波的 v_p、v_g、Z_{TE}。

解 (1) 矩形波导模式的截止波长计算公式为

$$\lambda_c = \frac{2}{\sqrt{(m/a)^2 + (n/b)^2}}$$

模能够传输的条件是 $\lambda_c > 1.5$ cm，按照由长至短的顺序计算各模的截止频率如下：

$$\lambda_c(\text{TE}_{10}) = 2a = 4.572 \text{ cm} , \quad \lambda_c(\text{TE}_{20}) = a = 2.286 \text{ cm}$$

$$\lambda_c(\text{TE}_{30}) = \frac{2a}{3} = 1.524 \text{ cm}, \quad \lambda_c(\text{TE}_{40}) = \frac{a}{2} = 1.143 \text{ cm}$$

$$\lambda_c(\text{TE}_{01}) = 2b = 2.032 \text{ cm}, \quad \lambda_c(\text{TE}_{02}) = b = 1.016 \text{ cm}$$

$$\lambda_c(\text{TE}_{11} 、 \text{TM}_{11}) = 1.857 \text{ cm}$$

$$\lambda_c(\text{TE}_{21} 、 \text{TM}_{21}) = 1.519 \text{ cm}$$

$$\lambda_c(\text{TE}_{31} 、 \text{TM}_{31}) = 1.219 \text{ cm}$$

可见，该波导能够传输 TE$_{10}$、TE$_{20}$、TE$_{30}$、TE$_{01}$、TE$_{11}$、TM$_{11}$、TE$_{21}$ 和 TM$_{21}$ 共 8 种模。

(2) $\lambda = 3$ cm 时，只能传 TE$_{10}$ 模，则有

$$v_p = \frac{c}{G} = \frac{3 \times 10^8}{\sqrt{1 - \left(\dfrac{3}{4.572}\right)^2}} = 3.976 \times 10^8 \,(\text{m/s})$$

$$v_g = c \cdot G = 3 \times 10^8 \times \sqrt{1 - \left(\dfrac{3}{4.572}\right)^2} = 2.264 \,(\text{m/s})$$

$$Z_{\mathrm{TE}_{10}} = \frac{\eta}{G} = \frac{120\pi}{\sqrt{1-\left(\frac{3}{4.572}\right)^2}} = 499.58\ \Omega$$

3.3　圆　波　导

　　圆形波导(Circular Waveguide)简称圆波导，是截面形状为圆形的空心金属波导管，如图 3.3-1 所示，其内壁半径为 R。与矩形波导一样，圆波导也只能传输 TE 和 TM 模。圆波导具有加工方便、损耗较小与双极化特性，常用在天线馈线中，广泛用作微波谐振腔、波长计。本节将讨论圆波导中的模及其传输特性，着重分析常用的三个主要模（TE_{11}、TE_{01} 和 TM_{01} 模）的特点及其应用。

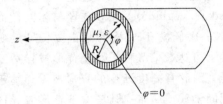

图 3.3-1　圆波导及其坐标系

3.3.1　圆波导中的模

　　如图 3.3-1 所示，采用圆柱坐标系(r、φ、z)，其度量系数 $h_1=1$，$h_2=r$，$h_3=1$。沿波导正 z 方向传播的导波场可以写成（略去时间因子 $\mathrm{e}^{\mathrm{j}\beta z}$）

$$\boldsymbol{E}(r,\varphi,z) = \boldsymbol{E}_T(r,\varphi)\mathrm{e}^{-\mathrm{j}\beta z} + \boldsymbol{e}_z E_z(r,\varphi)\mathrm{e}^{-\mathrm{j}\beta z}$$
$$\boldsymbol{H}(r,\varphi,z) = \boldsymbol{H}_T(r,\varphi)\mathrm{e}^{-\mathrm{j}Bz} + \boldsymbol{e}_z H_z(r,\varphi)\mathrm{e}^{-\mathrm{j}\beta z}$$

圆柱坐标系中轴向场分量满足导波方程

$$\frac{\partial^2 E_z}{\partial r^2} + \frac{1}{r}\frac{\partial E_z}{\partial r} + \frac{1}{r^2}\frac{\partial^2 E_z}{\partial \varphi^2} = -k_c^2 E_z \tag{3.3-1}$$

$$\frac{\partial^2 H_z}{\partial r^2} + \frac{1}{r}\frac{\partial H_z}{\partial r} + \frac{1}{r^2}\frac{\partial^2 H_z}{\partial \varphi^2} = -k_c^2 H_z \tag{3.3-2}$$

　　与矩形波导一样，圆波导也采用分离变量法求解 E_z 和 H_z，用边界条件确定积分常数，然后再利用横向场分量与纵向场分量的关系求出所有场分量。圆柱坐标系中横向场分量与纵向场分量之间的关系式为

$$\begin{cases} E_r = -\dfrac{1}{k_c^2}\left[\mathrm{j}\beta\dfrac{\partial E_z}{\partial r} + \dfrac{\mathrm{j}\omega\mu}{r}\dfrac{\partial H_z}{\partial \varphi}\right] \\[2mm] E_\varphi = -\dfrac{1}{k_c^2}\left[\dfrac{\mathrm{j}\beta}{r}\dfrac{\partial E_z}{\partial \varphi} - \mathrm{j}\omega\mu\dfrac{\partial H_z}{\partial r}\right] \\[2mm] H_r = -\dfrac{1}{k_c^2}\left[\mathrm{j}\beta\dfrac{\partial H_z}{\partial r} - \dfrac{\mathrm{j}\omega\varepsilon}{r}\dfrac{\partial E_z}{\partial \varphi}\right] \\[2mm] H_\varphi = -\dfrac{1}{k_c^2}\left[\dfrac{\mathrm{j}\beta}{r}\dfrac{\partial H_z}{\partial \varphi} + \mathrm{j}\omega\varepsilon\dfrac{\partial E_z}{\partial r}\right] \end{cases} \tag{3.3-3}$$

下面分 TE 模和 TM 模两种情况讨论。

1. TE 模(TE Modes)

对于 TE 模，$E_z = 0$，只需求 H_z 即可。应用分离变量法求解式(3.3 - 2)，可得 H_z 的一般解为

$$H_z = \sum_{m=0}^{\infty} \sum_{n=1}^{\infty} H_{mn} J_m \left(\frac{u'_{mn}}{R} r \right) \frac{\cos m\varphi}{\sin m\varphi} \mathrm{e}^{-\mathrm{j}\beta z} \qquad (3.3 - 4)$$

将式(3.3 - 4)代入式(3.3 - 3)，最后可得圆波导中传输型 TE 模的场分量为

$$
\begin{cases}
E_r = \pm \sum_{m=0}^{\infty} \sum_{n=1}^{\infty} \dfrac{\mathrm{j}\omega\mu m R^2}{(u'_{mn})^2 r} H_{mn} J_m \left(\dfrac{u'_{mn}}{R} r \right) \dfrac{\sin m\varphi}{\cos m\varphi} \mathrm{e}^{\mathrm{j}(\omega t - \beta z)} \\[3mm]
E_\varphi = \sum_{m=0}^{\infty} \sum_{n=1}^{\infty} \dfrac{\mathrm{j}\omega\mu m R}{u'_{mn}} H_{mn} J'_m \left(\dfrac{u'_{mn}}{R} r \right) \dfrac{\cos m\varphi}{\sin m\varphi} \mathrm{e}^{\mathrm{j}(\omega t - \beta z)} \\[3mm]
E_z = 0 \\[3mm]
H_r = \sum_{m=0}^{\infty} \sum_{n=1}^{\infty} \dfrac{-\mathrm{j}\beta R}{u'_{mn}} H_{mn} J'_m \left(\dfrac{u'_{mn}}{R} r \right) \dfrac{\cos m\varphi}{\sin m\varphi} \mathrm{e}^{\mathrm{j}(\omega t - \beta z)} \\[3mm]
H_\varphi = \pm \sum_{m=0}^{\infty} \sum_{n=1}^{\infty} \dfrac{\mathrm{j}\beta m R^2}{(u'_{mn})^2 r} H_{mn} J_m \left(\dfrac{u'_{mn}}{R} r \right) \dfrac{\sin m\varphi}{\cos m\varphi} \mathrm{e}^{\mathrm{j}(\omega t - \beta z)} \\[3mm]
H_z = \sum_{m=0}^{\infty} \sum_{n=1}^{\infty} H_{mn} J_m \left(\dfrac{u'_{mn}}{R} r \right) \dfrac{\cos m\varphi}{\sin m\varphi} \mathrm{e}^{\mathrm{j}(\omega t - \beta z)}
\end{cases}
\qquad (3.3 - 5)
$$

式(3.3 - 5)中，$J_m(k_c r)$ 是第一类 m 阶贝塞尔函数；$J'_m(k_c r)$ 是第一类 m 阶贝塞尔函数的导数。

可见，圆波导中的 TE 模有无穷多个，以 TE$_{mn}$ 表示。场沿半径按贝塞尔函数或其导数的规律变化时，波型指数 n 表示场沿半径分布的半驻波数或场的最大值个数；场沿圆周按正弦或余弦函数形式变化时，波型指数 m 表示场沿圆周分布的整波数。

2. TM 模(TM Modes)

对于 TM 模，$H_z = 0$，$E_z \neq 0$。用同样的方法可以求得圆波导中传输型 TM 模的场分量为

$$
\begin{cases}
E_r = \sum_{m=0}^{\infty} \sum_{n=1}^{\infty} \dfrac{-\mathrm{j}\beta R}{u_{mn}} E_{mn} J'_m \left(\dfrac{u_{mn}}{R} r \right) \dfrac{\cos m\varphi}{\sin m\varphi} \mathrm{e}^{\mathrm{j}(\omega t - \beta z)} \\[3mm]
E_\varphi = \pm \sum_{m=0}^{\infty} \sum_{n=1}^{\infty} \dfrac{\mathrm{j}\beta R^2 m}{u_{mn}^2} E_{mn} J_m \left(\dfrac{u_{mn}}{R} r \right) \dfrac{\sin m\varphi}{\cos m\varphi} \mathrm{e}^{\mathrm{j}(\omega t - \beta z)} \\[3mm]
E_z = \sum_{m=0}^{\infty} \sum_{n=1}^{\infty} E_{mn} J_m \left(\dfrac{u_{mn}}{R} r \right) \dfrac{\cos m\varphi}{\sin m\varphi} \mathrm{e}^{\mathrm{j}(\omega t - \beta z)} \\[3mm]
H_r = \mp \sum_{m=0}^{\infty} \sum_{n=1}^{\infty} \dfrac{\mathrm{j}\omega\varepsilon R^2 m}{u_{mn}^2 r} E_{mn} J_m \left(\dfrac{u_{mn}}{R} r \right) \dfrac{\sin m\varphi}{\cos m\varphi} \mathrm{e}^{\mathrm{j}(\omega t - \beta z)} \\[3mm]
H_\varphi = \sum_{m=0}^{\infty} \sum_{n=1}^{\infty} \dfrac{-\mathrm{j}\omega\varepsilon R}{u_{mn}} E_{mn} J'_m \left(\dfrac{u_{mn}}{R} r \right) \dfrac{\cos m\varphi}{\sin m\varphi} \mathrm{e}^{\mathrm{j}(\omega t - \beta z)} \\[3mm]
H_z = 0
\end{cases}
\qquad (3.3 - 6)
$$

可见，圆波导中的 TM 模也有无穷多，以 TM$_{mn}$ 表示。

3.3.2　圆波导中模的传输特性

圆波导和矩形波导一样，也具有高通特性，传输模的相位因数也需满足关系 $\beta^2 = \omega^2\mu\varepsilon - k_c^2$。因此圆波导中也只能传输 $\lambda < \lambda_c$ 的模，且因 λ_c 与圆波导的半径 R 成正比，故尺寸越小，λ_c 越小。

圆波导有两种简并现象：一种是 TE_{0n} 模和 TM_{1n} 模简并，这两种模的 λ_c 相同；另一种是特殊的简并现象，即所谓"极化简并"，这是因为场分量沿 φ 方向的分布存在 $\cos m\varphi$ 和 $\sin m\varphi$ 两种可能性。这两种分布模的 m、n 和场结构完全一样，只是极化面相互旋转了 $90°$，故称为极化简并。除 TE_{0n} 模和 TM_{0n} 模外，每种 TE_{mn} 和 TM_{mn} 模（$m \neq 0$）本身都存在这种简并现象。这种极化简并现象实际上也是存在的。因为圆波导加工总不可能保证完全是个正圆，如稍微出现有椭圆度，则其中传输的模就会分裂成沿椭圆长轴极化和沿短轴极化的两个模，从而形成极化简并现象，如图 3.3 - 2 所示。另外，波导中总难免出现不均匀性，或在波导壁上开孔或槽等，这也会导致模的极化简并。故圆波导通常不宜用来作传输系统，但有时我们又需要利用圆波导的这种极化简并现象来做成一些特殊的微波元件。

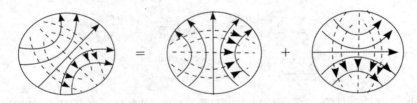

图 3.3 - 2　TE_{11} 模的极化简并

圆波导中的主模是 TE_{11} 模，其截止波长最长，$\lambda_{cTE_{11}} = 3.41R$。圆波导模的截止波长分布图如图 3.3 - 3 所示。由图 3.3 - 3 可见，当 $2.62R < \lambda < 3.41R$ 或者 $\lambda/3.41 < R < \lambda/2.62$ 时，圆波导中只能传输 TE_{11} 模，可以做到单模工作。若同时考虑传输功率大和损耗小的要求，一般选取 $R = \lambda/3$。

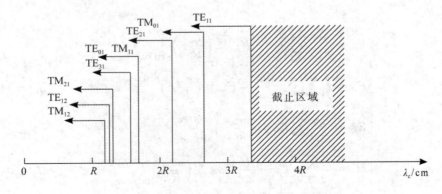

图 3.3 - 3　圆波导中模的截止波长分布图

3.3.3　圆波导中三个主要模及其应用

圆波导中实际应用较多的模是 TE_{11}、TM_{01} 和 TE_{01} 三个模。利用这三个模场结构和管壁电流分布的特点可以做成一些特殊用途的波导元件，用于微波天线馈线系统中。下面分别加以讨论。

1. 主模 TE_{11} 模($\lambda_c = 3.41R$)

将 $m=1$、$n=1$ 代入式(3.3－5)可以得到 TE_{11} 模的场分量为(取 $\sin\varphi$)

$$\begin{cases} E_r = -\frac{j\omega\mu R^2}{(1.841)^2 r}H_{11}J_1\left(\frac{1.841r}{R}\right)\cos\varphi e^{j(\omega t-\beta z)} \\[2mm] E_\varphi = \frac{j\omega\mu R}{1.841}H_{11}J_1'\left(\frac{1.841r}{R}\right)\sin\varphi e^{j(\omega t-\beta z)} \\[2mm] E_z = 0 \\[2mm] H_r = \frac{-j\beta R}{1.841}H_{11}J_1'\left(\frac{1.841r}{R}\right)\sin\varphi e^{j(\omega t-\beta z)} \\[2mm] H_\varphi = -\frac{j\beta R^2}{(1.841)^2 r}H_{11}J_1\left(\frac{1.841r}{R}\right)\cos\varphi e^{j(\omega t-\beta z)} \\[2mm] H_z = H_{11}J_1\left(\frac{1.841r}{R}\right)\sin\varphi e^{j(\omega t-\beta z)} \end{cases} \qquad (3.3-7)$$

TE_{11} 模有五个场分量，其场结构及壁电流的分布图如图 3.3－4 所示。由图 3.3－4 可见，其场结构与矩形波导主模 TE_{10} 模的场结构相似。在实际应用中，圆波导的 TE_{11} 模可由矩形波导的 TE_{10} 模激励，将矩形波导的截面逐渐过渡成圆形，则 TE_{10} 模便会自然过渡到 TE_{11} 模，如图 3.3－5 所示。

虽然 TE_{11} 模是圆波导的主模，但是如前所述，它存在极化简并现象，如图 3.3－2 所示，所以不宜采用 TE_{11} 模来传输微波能量，这也就是实际应用中不用圆波导而采用矩形波导作传输系统的基本原因。然而，利用 TE_{11} 模的极化简并却可以做成一些特殊的波导元器件，如极化衰减器、极化分离器等。

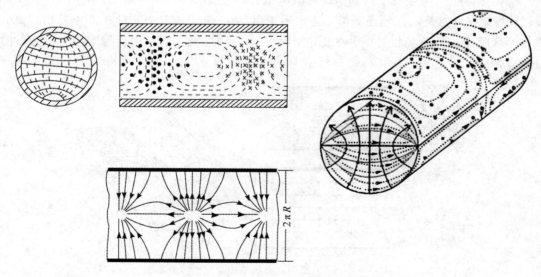

图 3.3－4　TE_{11} 模的电磁场结构及壁电流分布图

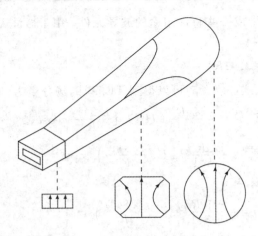

图 3.3 - 5   由矩形波导的 TE$_{10}$ 模过渡到圆波导的 TE$_{11}$ 模

2. 轴对称 TM$_{01}$ 模($\lambda_c = 2.62R$)

TM$_{01}$ 模是圆波导中的最低型横磁模，并且不存在简并。将 $m = 0$、$n = 1$ 代入式(3.3 - 6)，得到 TM$_{01}$ 模场分量为

$$
\begin{cases}
E_r = \dfrac{\mathrm{j}\beta R}{2.405} E_{01} J_1\left(\dfrac{2.405r}{R}\right) \mathrm{e}^{\mathrm{j}(\omega t - \beta z)} \\[2mm]
E_z = E_{01} J_1\left(\dfrac{2.405r}{R}\right) \mathrm{e}^{\mathrm{j}(\omega t - \beta z)} \\[2mm]
H_\varphi = \dfrac{\mathrm{j}\omega\varepsilon R}{2.405} E_{01} J_1\left(\dfrac{2.405r}{R}\right) \mathrm{e}^{\mathrm{j}(\omega t - \beta z)} \\[2mm]
E_\varphi = H_r = H_z = 0
\end{cases}
\tag{3.3 - 8}
$$

TM$_{01}$ 模有三个场分量，其场结构及壁电流分布图如图 3.3 - 6 所示。由图 3.3 - 6 可见，其场结构特点是：① 电磁场沿 φ 方向不变化，场分布具有轴对称性；② 电场相对集中在中心线附近；③ 磁场相对集中在波导壁附近，且只有 H_φ 分量，因而管壁电流只有纵向分量 J_z。

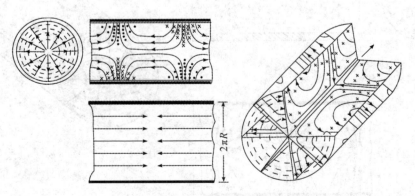

图 3.3 - 6   TM$_{01}$ 模的电磁场结构及壁电流分布图

由于 TM$_{01}$ 模的场结构具有轴对称性，且只有纵向电流，因此特别适于微波天线扫描装置的旋转铰链工作模式。

3. 低损耗 TE_{01} 模($\lambda_c = 1.64R$)

TE_{01} 模是圆波导的高次模。将 $m=0$、$n=1$ 代入式(3.3-5)可以得其场分量为

$$\begin{cases} E_\varphi = -\dfrac{j\omega\mu R}{3.832} H_{01} J_1\left(\dfrac{3.832r}{R}\right) e^{j(\omega t - \beta z)} \\[2mm] H_r = \dfrac{j\beta R}{3.832} H_{01} J_1\left(\dfrac{3.832r}{R}\right) e^{j(\omega t - \beta z)} \\[2mm] H_z = H_{01} J_0\left(\dfrac{3.832r}{R}\right) e^{j(\omega t - \beta z)} \\[2mm] E_r = E_z = H_\varphi = 0 \end{cases} \qquad (3.3-9)$$

TE_{01} 模有三个场分量，其场结构及壁电流分布图如图 3.3-7 所示。由图 3.3-7 可见，其场结构有如下特点：① 电磁场沿 φ 方向不变化，场分布具有轴对称性；② 电场只有 E_φ 分量，电力线都是横截面内的同心圆，且在波导中心和波导壁附近为零；③ 在管壁附近只有 H_z 分量，因此管壁电流只有 J_φ 分量。因此，当传输功率一定时，随着频率的升高，其功率损耗反而单调下降。这一特点使 TE_{01} 模适用于高 Q 圆柱谐振腔的工作模式和毫米波远距离低耗传输。在毫米波段，TE_{01} 模圆波导的理论衰减约为矩形波导衰减的 $1/4 \sim 1/8$。但 TE_{01} 模不是主模，因此在使用时需要设法抑制其他模。以上三种导模的导体衰减频率特性如图 3.3-8 所示。

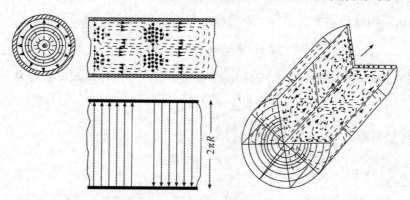

图 3.3-7　TE_{01} 模的电磁场结构及壁电流分布图

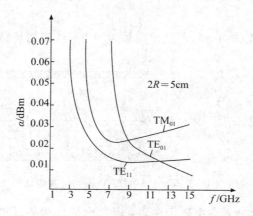

图 3.3-8　圆波导三种主要模的导体衰减频率特性

3.4　同　轴　线

如图 3.4−1 所示，同轴线（Coaxial Line）是由两根共轴的圆柱导体构成的导行系统，a、b 分别为内导体的外半径和外导体的内半径，两导体之间可填充空气（硬同轴），也可填充相对介电常数为 ε_r 的高频介质（软同轴）。同轴线是一种双导体导行系统，其主模是 TEM 模，TE 模和 TM 模为其高次模。通常同轴线都以 TEM 模工作，广泛用作宽频带馈线和宽带元件。本节主要研究同轴线以 TEM 模工作时的传输特性，并简单分析其高次模，以便确定同轴线的尺寸。

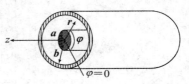

图 3.4−1　同轴线及其坐标系

3.4.1　同轴线的主模——TEM 模

如图 3.4−1 所示，采用圆柱坐标系（r、φ、z），对于 TEM 模，$E_z = H_z = 0$。TEM 导波场满足二维 Laplace 方程，在柱坐标系下，该方程变为

$$\nabla_T^2 \boldsymbol{E}_T(r, \varphi) = 0 \tag{3.4−1}$$

即 TEM 模在同轴线横截面上的场分布与静电场的分布相同，求解得到

$$\boldsymbol{E}_T(r, \varphi) = \boldsymbol{e}_r \frac{V_0}{r\ln(b/a)} \tag{3.4−2}$$

说明同轴线在传输 TEM 模时，电场只有 E_r 分量。由此可得传输型的电场为

$$\boldsymbol{E} = \boldsymbol{e}_r \frac{V_0}{r\ln(b/a)} \mathrm{e}^{\mathrm{j}(\omega t - \beta z)} \tag{3.4−3}$$

式中，β 为传播常数，用公式表示为

$$\beta = k = \omega\sqrt{\mu\varepsilon} \tag{3.4−4}$$

磁场为

$$\boldsymbol{H} = \frac{1}{\eta}\boldsymbol{e}_z \times \boldsymbol{E} = \boldsymbol{e}_\varphi \frac{V_0}{\eta r\ln(b/a)} \mathrm{e}^{\mathrm{j}(\omega t - \beta z)} \tag{3.4−5}$$

式中 $\eta = \sqrt{\mu/\varepsilon}$。

根据式（3.4−3）和式（3.4−5）可画出同轴线中 TEM 模的场结构，如图 3.4−2 所示。

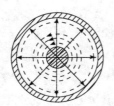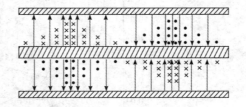

图 3.4−2　同轴线中 TEM 模的电磁场结构

可见，愈靠近内导体表面，电磁场愈强，因此内导体的表面电流密度比外导体内表面的表面电流密度大得多。所以同轴线的热损耗主要发生在截面尺寸较小的内导体上。

3.4.2 主模 TEM 模的传输特性

1. 衰减常数

传输 TEM 模时，空气同轴线的导体衰减常数为

$$\alpha_c = \frac{R_s}{2\eta \ln(b/a)}\left(\frac{1}{a} + \frac{1}{b}\right) \quad (\text{Np/m}) \tag{3.4-6}$$

式中，$R_s = \frac{1}{\sigma\delta}$ 为金属导体的表面电阻。

介质衰减常数为

$$\alpha_d = \frac{k\tan\delta}{2} \tag{3.4-7}$$

2. 传输功率

同轴线传输 TEM 模时的功率容量为

$$P_c = \sqrt{\varepsilon_r}\,\frac{a^2}{120}E_c^2 \ln\frac{b}{a} \tag{3.4-8}$$

式中 E_c 为媒质的击穿场强。

我们已经知道空气的击穿场强约为 30 kV/cm，则内外导体半径分别为 3.5 mm 和 8 mm 的 50 - 16 空气同轴线，其功率容量为 700 kW。

分析式(3.4 - 8)可知，b/a 一定时，似乎选用实际尺寸较大的同轴线可增大功率容量。但是，在增大到一定尺寸时，会出现高次模，从而限制了其最高工作频率。因此，对于给定的最高工作频率 $f_{\max}$，存在一个功率容量上限 $P_{\max}$ 的问题，计算公式如下

$$P_{\max} = \frac{0.025}{\eta_0}\left(\frac{cE_c}{f_{\max}}\right)^2 = 5.8\times10^{12}\left(\frac{E_c}{f_{\max}}\right)^2 \tag{3.4-9}$$

实际应用时，考虑到驻波的影响以及安全系数，通常选取功率容量或功率容量上限理论值的四分之一作为实用功率容量。

3. 同轴线的尺寸选择

尺寸选择的原则是：① 保证在给定工作频带内只传输 TEM 模；② 满足功率容量要求，即传输功率尽量大；③ 损耗尽量小。

下面分别加以讨论。

（1）为保证只传输 TEM 模，必须满足条件

$$\lambda_{\min} \geqslant \lambda_{c\text{TE}_{11}} \approx \pi(b+a)$$

因此得到

$$(b+a) \leqslant \frac{\lambda_{\min}}{\pi} \tag{3.4-10}$$

式(3.4 - 10)可以决定 $(b+a)$ 的取值范围。为最后确定 a、b 的实际尺寸，还必须确定两者的比例关系。此比例关系可根据功率容量或损耗的要求来确定。

（2）功率容量最大的条件是

$$\frac{\mathrm{d}P_c}{\mathrm{d}a} = 0$$

假定 b 不变，只对 a 求导（反之也一样），可以求得功率容量最大的尺寸条件是

$$\frac{b}{a} = 1.649 \qquad\qquad (3.4-11)$$

与该尺寸相应的空气同轴线特性阻抗为 30 Ω。

（3）损耗最小的条件是

$$\frac{\mathrm{d}\alpha_c}{\mathrm{d}a} = 0$$

假定 b 不变，只对 a 求导（反之也一样），可以求得损耗最小的尺寸条件是

$$\frac{b}{a} = 3.591 \qquad\qquad (3.4-12)$$

与该尺寸相应的空气同轴线特性阻抗为 76.71 Ω。若采用这种尺寸的同轴线作振荡回路，其回路品质因数 Q 最高。

（4）如果对功率最大和损耗最小都有要求，则一般取

$$\frac{b}{a} = 2.303 \qquad\qquad (3.4-13)$$

与该尺寸相应的空气同轴线特性阻抗为 50 Ω。

在微波波段，同轴线的特性阻抗通常选用 50 Ω 和 75 Ω 两种标准值。与金属波导一样，同轴线的尺寸也已标准化，见附录 C。

3.5　微　带　线

同轴线和波导是使用较早的微波传输线。随着微波集成电路的发展，对微波设备的小型化、可靠性等提出了新的要求，这就出现了微带传输线。微带传输线具有小型、轻量、频带宽、可靠性高、可集成化等优点，在微波集成电路中得到了广泛应用；其缺点是损耗较大，功率容量低，只适用于中、小功率。

微带线有带状线和微带线两种基本结构型式。

3.5.1　带状线

带状线或称对称微带线，是一种双接地板空气或固体介质的传输线。它可以看成是由同轴线演变而成的，如图 3.5-1 所示。同轴线中传输的主模是 TEM 模，若将同轴线的内外导体变成矩形，侧壁无限延伸，便变成带状线。

(a) 同轴线　　　　　　(b) 扁同轴线　　　　　　(c) 带状线

图 3.5-1　带状线的演变

带状线的结构如图 3.5-2(a)所示，其主模为 TEM 模，其电磁场结构截面图如图 3.5-2(b)所示。

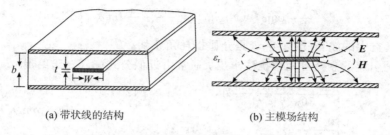

(a) 带状线的结构　　　　　　　　　　(b) 主模场结构

图 3.5-2　带状线的结构及其主模场结构

带状线两面有接地板，辐射损耗较小，因此适用于高性能(高 Q 值或高隔离度)的微波电路。

带状线中传输的主模是 TEM 模，可用传输线理论求其特性参量，而特性阻抗是带状线研究的主要问题。当工作频率满足条件 $R \ll \omega L$、$G \ll \omega C$ 时，其传输参量为

传输常数为

$$\gamma = \alpha + \mathrm{j}\beta = \sqrt{ZY} = \sqrt{(R+\mathrm{j}\omega L)(G+\mathrm{j}\omega C)}$$

相移常数为

$$\beta = \omega\sqrt{LC}$$

相速为

$$v_\mathrm{g} = \frac{1}{\sqrt{LC}} = \frac{c}{\sqrt{\varepsilon_\mathrm{r}\mu_\mathrm{r}}} = \frac{c}{\sqrt{\varepsilon_\mathrm{r}}} \quad (\text{对于非铁磁介质 } \mu_\mathrm{r}=1)$$

相波长为

$$\lambda_\mathrm{g} = \frac{2\pi}{\beta} = \frac{\lambda}{\sqrt{\varepsilon_\mathrm{r}}}$$

特性阻抗为

$$Z_0 = \sqrt{\frac{L}{C}} = \frac{1}{v_\mathrm{g}C} \qquad (3.5-1)$$

式中 L、C 分别为带状线单位长度的电感和电容。

由式(3.5-1)可见，只要求出 C，即可求出 Z_0。求解带状线分布电容的常用方法有两种：一种是保角变换法，另一种是部分电容法。这里只给出用保角变换法所得结果。

(1) 中心导带厚度 $t \rightarrow 0$(导带无限薄)时，有

$$Z_0 = \frac{1}{v_\mathrm{p}C_0} = \frac{\pi\sqrt{\mu\varepsilon_0\varepsilon_\mathrm{r}}}{8\varepsilon_0\varepsilon_\mathrm{r}\,\mathrm{arccoshe}^{\frac{\pi W}{2b}}} \qquad (3.5-2)$$

(2) 中心导带厚度 $t \neq 0$ 时，有

$$Z_0 = \frac{\pi\,\sqrt{\mu\varepsilon_0\varepsilon_\mathrm{r}}\left(1-\dfrac{t}{b}\right)}{8\varepsilon_0\varepsilon_\mathrm{r}\,\mathrm{arccoshe}^{\frac{\pi W}{2b}}} \qquad (3.5-3)$$

由式(3.5-2)和式(3.5-3)计算 Z_0 相当麻烦，为方便起见，已将带状线的 Z_0 与其尺寸的关系绘制成曲线供工程计算用。

带状线的衰减包括介质衰减和导体衰减两部分。带状线的介质损耗与其他 TEM 传输线的形式相同，即

$$\alpha_d = \frac{\pi \sqrt{\varepsilon_r}}{\lambda_0} \tan\delta \quad (\text{Np/m}) = \frac{27.3 \sqrt{\varepsilon_r}}{\lambda_0} \tan\delta \quad (\text{dB/m}) \qquad (3.5-4)$$

式中，λ_0 为真空中的波长（m）；$\tan\delta$ 是介质损耗角正切。

导体损耗引起的衰减可用微扰法求出，通常由近似公式（3.5-5）给出

$$\alpha_c = \begin{cases} \dfrac{2.7 \times 10^{-3} R_s \varepsilon_r Z_0}{30\pi(b-t)} A, & \sqrt{\varepsilon_r} Z_0 < 120 \\[3mm] \dfrac{0.16 R_s}{Z_0 b} B, & \sqrt{\varepsilon_r} Z_0 > 120 \end{cases} \quad (\text{Np/m}) \qquad (3.5-5)$$

式中

$$\begin{cases} R_s = \sqrt{\dfrac{\omega\mu}{2\sigma}} \\[3mm] A = 1 + \dfrac{2W}{b-t} + \dfrac{1}{\pi} \dfrac{b+t}{b-t} \ln\left(\dfrac{2b-t}{t}\right) \\[3mm] B = 1 + \dfrac{b}{(0.5W+0.7t)}\left(0.5 + \dfrac{0.414t}{W} + \dfrac{1}{2\pi}\ln\dfrac{4\pi W}{t}\right) \end{cases} \qquad (3.5-6)$$

带状线传输的主模是 TEM 模。但若尺寸选择不当，可能出现高次 TE 模和 TM 模。为了抑制高次模的出现，确定带状线尺寸时应考虑以下因素：

（1）中心导带宽度 W。带状线 TE 模中的最低次模为 TE_{10}，它沿中心导带宽度有半个驻波分布，其截止波长为

$$(\lambda_c)_{TE_{10}} = 2W \sqrt{\varepsilon_r} \qquad (3.5-7)$$

为了抑制 TE_{10} 模，最短的工作波长为

$$\lambda_{\min} > (\lambda_c)_{TE_{10}}$$

即

$$W < \frac{\lambda_{\min}}{2\sqrt{\varepsilon_r}} \qquad (3.5-8)$$

（2）接地板间距 b。增大接地板间距 b，可降低导体损耗和增加功率容量，但 b 增大后，除了加大横向辐射损耗之外，还可能出现径向 TM 高次模，其中 TM_{01} 模为最低次模，它的截止波长为

$$(\lambda_c)_{TM_{01}} = 2b \sqrt{\varepsilon_r} \qquad (3.5-9)$$

为了抑制 TM_{01} 模的出现，最短的工作波长为

$$\lambda_{\min} > (\lambda_c)_{TM_{01}}$$

即

$$b < \frac{\lambda_{\min}}{2\sqrt{\varepsilon_r}} \qquad (3.5-10)$$

此外，为了减少辐射损耗，接地板宽度应不小于 $(3\sim6)W$，$b \ll \lambda/2$。

3.5.2　微带

微带又称标准微带，是一种单接地板固体介质的传输线。它可以看成是由双导线演变

而成的，如图 3.5-3 所示。双导线传输的主模是 TEM 模，若将无限薄的导电金属板垂直地插入双导线中间，则根据镜像原理，去掉一根导体后，其场型不变。将留下的导体变成带状，并在它与金属板之间加入介质材料，便变成微带。

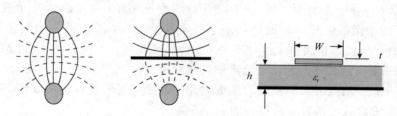

图 3.5-3　微带的演变示意图

微带是微波集成电路(Microwave Integrated Circuit，MIC)中使用最多的一种传输线。这种结构便于外接固体微波器件，构成各种微波有源固体电路，而且可以在一块介质基片上制作完整的电路图形，有利于微波组件和系统的集成化、固态化，提高整机的可靠性和小型化程度。

微带的特点是：

(1) 微带的第一个特点是非机械加工。它采用金属薄膜工艺，而不是像带线一样要进行机械加工，其加工工艺如图 3.5-4 所示。

图 3.5-4　微带工艺

(2) 一般微带均有介质填充，在结构上微带属于不均匀结构。为了便于分析，我们将微带等效为均匀微带，提出有效介电常数 ε_e（它是全空间填充的），注意是相对的，如图 3.5-5 所示。等效条件是 λ_g、Z_0 也相同，即 $\lambda_g = \frac{\lambda_0}{\sqrt{\varepsilon_e}}$，$Z_0 = \frac{Z_{01}}{\sqrt{\varepsilon_e}}$。其中，$Z_0$ 是介质微带线的特性阻抗，Z_{01} 是空气微带线的特性阻抗。

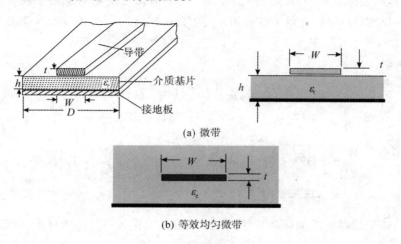

(a) 微带

(b) 等效均匀微带

图 3.5-5　微带的等效

（3）微带是一种双导体传输系统。如图 3.5-3 所示，它可以看成是由双导线演变而成的。容易理解，假如微带的中心导体带（简称导体带）与接地板之间没有介质，或者整个微带由一种均匀介质所包围，则可以传输 TEM 模。但是，微带中有两种介质，如图 3.5-5(a)所示，导体带上面为空气，导体带下面为介质基片，存在着空气-介质分界面。这种混合介质系统给微带的分析和设计带来了一定的复杂性，不能像带状线那样简单地按 TEM 模来处理。所以严格说来，微带不是 TEM 波传输线，可称之为准 TEM 模传输线。然而作为工程分析，这种概念和精度已足够满足要求。

（4）容易集成。用微带来制作微波集成电路，微带和有源器件构成放大、混频和振荡电路。工程上，常常认为微带中近似传输 TEM 模，即

$$Z_0 = \sqrt{\frac{L}{C}} = \frac{1}{v_g C} \tag{3.5-11}$$

其中，v_g 是微带中的相速。

根据等效条件，有

$$v_g = \frac{1}{\sqrt{LC}} = \frac{c}{\sqrt{\varepsilon_e}} \tag{3.5-12}$$

式中，L 和 C 分别为微带的分布电感和分布电容；c 为真空中光速；ε_e 为介质的有效介电常数。

若介质为空气时，其分布电容为 C_0，则有

$$\varepsilon_e = \frac{C}{C_0} \tag{3.5-13}$$

式(3.5-13)说明，介质的有效介电常数等于填充介质时的电容与充空气时的电容之比。

将式(3.5-13)代入式(3.5-12)和式(3.5-11)中，则微带的特性阻抗可表示为

$$Z_0 = Z_{01} \left(\frac{C_0}{C}\right)^{1/2} = \frac{Z_{01}}{\sqrt{\varepsilon_e}} \tag{3.5-14}$$

由此可知，求微带的特性阻抗 Z_0 和相速 v_g 的问题，可归结为求空气微带（无介质微带）的分布电容和实际微带（介质微带）的分布电容。应用复变函数保角变换及平行板电容器计算电容的公式，即可算出微带的分布电容，再根据公式求出 Z_0 和 ε_e，其近似结果为

$$\begin{cases} Z_0 = \dfrac{60}{\sqrt{\varepsilon_e}} \ln\left(8\dfrac{h}{W} + \dfrac{W}{4h}\right) \\ \varepsilon_e = \dfrac{\varepsilon_r+1}{2} + \dfrac{\varepsilon_r-1}{2}\left[\left(1+12\dfrac{h}{W}\right)^{-1} + 0.04\left(1-\dfrac{W}{h}\right)^2\right] \end{cases} \quad \dfrac{W}{h} \leqslant 1,\text{窄带} \tag{3.5-15}$$

$$\begin{cases} Z_0 = \dfrac{\dfrac{120\pi}{\sqrt{\varepsilon_r}}}{\dfrac{W}{h} + 1.393 + 0.667\ln\left(\dfrac{W}{h} + 1.444\right)} \\ \varepsilon_e = \dfrac{\varepsilon_r+1}{2} + \dfrac{\varepsilon_r-1}{2}\left(1+12\dfrac{h}{W}\right)^{-1/2} \end{cases} \quad \dfrac{W}{h} > 1,\text{宽带} \tag{3.5-16}$$

微带损耗还是包括介质损耗和导体损耗。微带的工作频率范围同样受到限制，具体为

$$\begin{cases} f_0 < \dfrac{75}{h\sqrt{\varepsilon_r-1}} & \text{宽微带} \\[3mm] f_0 < \dfrac{106}{h\sqrt{\varepsilon_r-1}} & \text{窄微带} \end{cases} \qquad (3.5-17)$$

式中 h 的单位为 mm；f 的单位为 GHz。

　　微波技术的发展，一方面要求不断拓宽频谱范围，向毫米波和亚毫米波直至光波发展；另一方面要求设备小型化、轻量化，即发展微波集成电路。为此，需要不断开发高频端的、性能良好的、便于集成或用于特殊要求场合的微波传输线，如脊波导、鳍线、介质波导和光波导等，这里就不做介绍了，详细内容请查阅有关资料。

本 章 小 结

　　本章研究了矩形波导、圆波导、同轴线和微带线的理论和纵向传输特性，前者指的是导波场的分析和求解方法、模的场结构和管壁电流分布的规律和特点、模的激励等，后者指的是各种模沿波导的轴向传输特性，这些都是很重要的内容。

　　(1) 金属波导里的模式包含 TE 模和 TM 模，并且有无穷多个模式，用 TE_{mn} 和 TM_{mn} 来表示，它们构成规则金属波导的正交完备模系。矩形波导和圆波导的基本传输特性完全一样。

　　(2) 矩形波导是厘米波段和毫米波段使用最多的导行系统，几乎都以主模 TE_{10} 模工作。

　　(3) 圆波导常用的导模有 TE_{11} 模、TE_{01} 模和 TM_{01} 模，主模是 TE_{11} 模。利用这三种模场结构各自的特点可以构成一些特殊用途的元件。

　　(4) 同轴线的主模是 TEM 模，截止波长为无穷大，工作频带宽，广泛用作宽带馈线和宽带元件，但是要注意抑制高次模。同轴线的最高工作频率 $f_{\max} \leqslant 0.95 f_{c\text{TE}_{11}}$。

　　(5) 微带线有带状线和微带线两种基本结构形式。带状线中传输的主模是 TEM 模；微带不是 TEM 波传输线，可称之为准 TEM 模。

习　　题

　　3.1　矩形波导中的 v_p、v_g、λ_g 和 λ_0 有何区别？它们与哪些因素有关？

　　3.2　用 BJ - 32 作传输线时，若：

　　(1) 工作波长为 6 cm 时，波导中能够传输哪些模？

　　(2) 测得波导中传输 TE_{10} 模时，两个波节点的距离为 10.9 cm，求波导的波导波长 λ_g 和工作波长 λ_0。

　　(3) 波导中工作波长 $\lambda_0 = 10$ cm，求 v_p、v_g 和 λ_g。

　　3.3　矩形波导截面尺寸为 $a \times b = 23 \times 10$ cm，传输 10^4 MHz 的 TE_{10} 模，求截止波长 λ_c、波导波长 λ_g、相速度 v_p 和波阻抗 $Z_{\text{TE}_{10}}$。如果波导的尺寸 a 或 b 发生变化，上述参数会不会发生变化？

　　3.4　矩形波导截面尺寸为 $a \times b = 23 \times 10$ cm，将波长为 2 cm、3 cm、5 cm 的微波信号

接入这个波导，问这三种信号是否能传输？可能出现哪些波型？

3.5　BJ-32 波导工作波长为 10 cm 时，求矩形波导传输 TE_{10} 模的最大传输功率。

3.6　在 BJ-100 波导中传输 TE_{10} 模，其工作频率为 10 GHz，若：

(1) 求 λ_g、β 和 Z_{TE10}。

(2) 宽边尺寸增加一倍，上述各参量将如何变化？

(3) 窄边尺寸增加一倍，上述各参量将如何变化？

(4) 波导尺寸不变，只是频率变为 15 GHz，上述各参量将如何变化？

3.7　用 BJ-100 波导作为馈线，问：

(1) 当工作波长为 1.5 cm、3 cm、4 cm 时，波导中能出现哪些波型？

(2) 为保证只传输 TE_{10} 模，其波长范围应该为多少？

3.8　圆波导中波型指数 m、n 的意义为何？为什么不存在 $n=0$ 的波型？

3.9　圆波导中 TE_{10}、TM_{01} 和 TE_{01} 模的特点是什么？有何应用？

3.10　什么是波导的简并？矩形波导和圆波导中的简并有何异同？

3.11　同轴线的主模是什么？其电磁场结构有何特点？

3.12　空气同轴线的尺寸为 $a=1$ cm，$b=4$ cm，试求：

(1) 计算最低次波模的截止波长；为保证只传输 TEM 模，工作波长至少应该是多少？

(2) 若工作波长为 10 cm，求 TE_{11} 模和 TEM 模的相速度。

第 4 章　天线理论基础

4.1　概　　述

用来辐射和接收无线电波的装置称为天线。在雷达、通信、广播、电视等无线电系统中，天线是至关重要的基本部件。"无线"社会只有通过天线才有可能进行通信，收音机需要天线，电视机需要天线，手机需要天线，汽车、飞机、船舶、卫星和航天器等也都需要天线，天线无处不在。

4.1.1　天线的主要功能

天线具有如下主要功能和特性：

1. 能量转换

能量转换是指导行波与自由空间波之间的转换。发射时，天线可将馈电传输线上的导行波（高频电流）有效地转换为向空间辐射的电磁波传向远方；接收时，天线可将空间的电磁波转换为馈线引导的高频电流送给接收机。如图 4.1-1 所示，发射机产生的电磁能量通过馈线送到天线，由天线向空间辐射出去，因此发射天线是从馈线到自由空间波的能量转换器，接收天线是其逆过程，是从空间波到传输线导行波的能量转换器，因此天线是一种导行波与自由空间波之间的换能器。

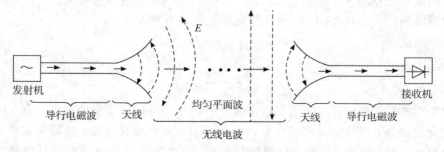

图 4.1-1　无线电通信线路的发射天线和接收天线

2. 定向辐射或接收

天线辐射和接收电磁波具有一定的方向性。对于发射天线，辐射的电磁波能量应尽可能集中在指定的方向上，而在其他方向不辐射或辐射很弱；对于接收天线，只接收来自指定方向上的电磁波，在其他方向接收能力很弱或不接收。例如雷达，它的任务是搜索和跟踪特定的目标。如果雷达天线不具有尖锐的方向性，就无法辨别和测定目标的位置。如果天线没有方向性或方向性弱，则对发射天线来说，它所辐射的能量中只有一少部分能到达指定方向，大部分能量浪费在不需要的方向上；对接收天线来说，在接收到所需要信号的同时，还将接收到来自其他方向的干扰信号或噪声信号，致使所需信号完全淹没在干扰和噪声中。因此，一副好的天线应该具有完成某种任务而要求的方向性。

3. 发射或接收规定极化的电磁波

天线发射或接收的是规定极化的电磁波。例如一个垂直极化的天线，不能接收水平极化的来波，反之亦然；一个左旋圆极化的天线不能接收右旋圆极化的电磁波，反之亦然；一个圆极化的天线对线极化的来波将有一半能量损失。

4. 良好的频率特性

天线的所有电参数都和工作频率有关。任何天线都有一定的工作频带范围要求，当工作频率偏离中心工作频率时，天线的电参数将会变差，其变差的容许程度取决于天线设备系统的工作特性要求。

5. 互易性

发射天线和接收天线之间的关系类似于发电机与电动机之间的关系，前者是在导行波与自由空间波之间往返变换，后者则是在机械能和电能之间往返变换。这种相似性表明一副天线的收和发是具有互易性的。根据电磁学中的互易原理可以证明，只要天线和馈电网络中不含非线性器件（如铁氧体器件），则同一副天线用作发射和接收时，其基本特性保持不变。因此，在各种类型天线的讨论中不特别注明是发射天线或是接收天线（除特殊应用场合），统一采用发射天线的分析方法来进行处理。

4.1.2　天线的辐射机理

1. 天线的辐射机理

天线的基础理论基于麦克斯韦方程组。天线的基本功能是辐射电磁波，那么天线是如何辐射电磁波的？关于这个问题，首先要从麦克斯韦方程谈起

$$\nabla \times \boldsymbol{H} = \varepsilon \frac{\partial \boldsymbol{E}}{\partial t} + \boldsymbol{J} \tag{4.1-1a}$$

$$\nabla \times \boldsymbol{E} = -\mu \frac{\partial \boldsymbol{H}}{\partial t} \tag{4.1-1b}$$

麦克斯韦方程表明：在空间某一给定区域中（空间和时间）变化的电场，会在临近的区域产生变化的磁场；变化的磁场又在较远的区域引起新的变化电场，接着又在更远的区域引起变化磁场，如此循环。这种由近而远、交替引起电场和磁场的过程就是电磁波的辐射过程，如图 4.1-2 所示。

电磁波的辐射也是一种扰动，就像一颗石子投入平静的湖水中所激起的瞬态波动，如

图 4.1-3 所示。在石子消失后很长时间，从石子投入点出发的湖表面的波动仍在不停地沿径向传播。如果引起波动的源是有规律的存在，就会建立起有规律的波动，而辐射也会持续下去。天线就是提供电磁波波动的源。

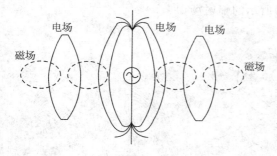

图 4.1-2　电磁波的辐射　　　　　　　　　　图 4.1-3　湖水中的波动

下面我们从如图 4.1-4 所示的振荡偶极子为例，说明电磁辐射的产生过程。

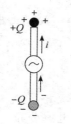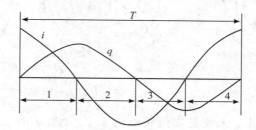

图 4.1-4　电流元上的交流电

在一小段电流元上加交变电压（设为正弦交流电），设电荷为正弦变化，即

$$q = Q\sin\omega t \tag{4.1-2}$$

其中，Q 是电荷最大值。

由电荷可求得电流为

$$i = \frac{\mathrm{d}q}{\mathrm{d}t} = Q\omega\cos\omega t = I\cos\omega t \tag{4.1-3}$$

式中，I 为电流振幅。

在第一个 $T/4$，电流元两端电荷逐渐增加，电流逐渐减小，电场逐渐增强并随时间推移向外运动。运动的电场会产生磁场，磁场的方向由 $\boldsymbol{E} \times \boldsymbol{H} \to \boldsymbol{v}$ 右手螺旋法则确定，如图 4.1-5(a) 中 P 点所示方向，可见该磁场方向与正在减小的电流所产生的磁场方向相同。在 $t = T/4$ 时刻，电流等于零，磁场却依然存在，它是脱离了电流的磁场，如图 4.1-5(b) 中的 P 点。在第二个 $T/4$，电荷逐渐减小，与之相联系的电场也逐渐减小和消失，但是电流却在反方向逐渐增强，由此产生的磁场增强。这个增强的磁场在向外的运动中产生了电场，这个电场与原来的电场方向相反但不在同一位置。因为原来的电场随时间的变化已经向外推进了一定距离，如图 4.1-5(c) 中的 P 点。在 $t = T/2$ 时刻，反向电流最大，磁场也最强，它在向外运动中产生的电场不会随电荷的消失而消失，反而与原来已经向外移动了的电场力线连起来形成闭合的电力线环，如图 4.1-5(c) 中的 P、Q 点所示，于是形成了脱离电荷的电场。随着时间的推移，在第三和第四个 $T/4$ 内，电场、磁场的辐射

将重复上述过程，只是力线所显示的电、磁场方向和上半周期相反。在一个周期内脱离电流元而辐射的电磁场是两层闭合的电力线壳和磁力线环，如图 4.1-5(d)所示。在 $t=T$ 时刻，以电流元为中心，从内层电力线壳的内壁至外层电力线壳的外壁，恰好经历一个波长。电磁场以此为周期循环形成如图 4.1-5(e)所示的辐射场。

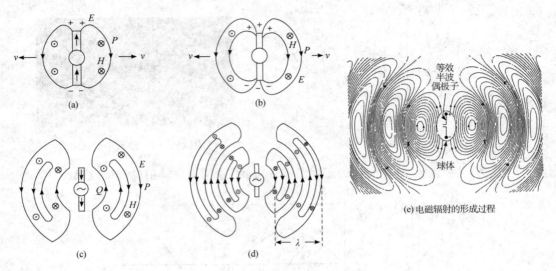

图 4.1-5　电磁辐射形成过程

　　在实际工作中，天线是如何获得图 4.1-4 所示的正弦电流分布，从而产生电磁辐射的呢？

　　从开路线入手，根据传输线知识，可知终端为开路，双导线上电压、电流呈驻波分布，导线终端电流为零，距离终端每半个波长为电流节点，两导线电流方向相反，如图 4.1-6（a）所示。所有的场在导线之间加强，在其他地方减弱，电磁场能量沿双导线传播。注意前提条件是导线之间的距离远小于波长，没有电磁辐射产生。如果导线向外弯曲，弯曲段长度为四分之一波长，如图 4.1-6(b)所示，导线上电流分布近似为正弦分布，因此产生如图 4.1-5 所示的电磁辐射。

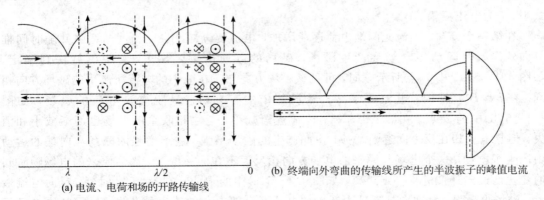

注：电场用实线表示，磁场用箭头表示，实线表示由顶端导线产生，虚线表示由底端导线产生。

图 4.1-6　从开路传输线向振子天线的演化

综上所述，影响电磁辐射产生和提高辐射强度的主要因素有：

（1）波源的频率。波源的频率也就是被辐射电磁波的频率。电磁波的辐射依靠变化的电场与变化的磁场相互转化，因此变化的快慢决定场强的强弱，同时决定辐射能量的多少。静电场和恒定电流的磁场不随时间变化，即频率为零，根本没有辐射。低频的电磁场变化缓慢，辐射也很小，所以不能将音频或视频信号直接馈送给天线，而必须采用高频"携带"能量的办法（调制），这样才能解决辐射问题。

（2）天线的几何结构。不同几何结构的天线，辐射能力是不同的。例如平行双导线（或平行板），即使波源频率再高，也无法产生辐射，因为它的电磁场被束缚在导线（或平板）间。只有将双导线（或平行板）张开，形成开放性结构，将电磁场暴露在空间，才能产生电磁辐射。而且随着结构的张开程度，辐射能力也将增强。

（3）天线上的电流分布。天线的定向辐射能力随电流分布不同而不同。例如，对称振子两臂上的高频电流会产生辐射场。由于对称振子的长度与波长可比拟，因此不同对称振子上电流分布不同，这就导致对称振子天线方向图出现副瓣甚至出现多瓣。

2. 对天线的要求

（1）较高的辐射效率。天线的作用是辐射和接收电磁波，但是能辐射和接收电磁波的设备不见得就可以作天线。如高频电路，只要不是完全屏蔽，都可或多或少向空间辐射或从空间接收电磁波。但是它不能作天线，因为它辐射或接收电磁波的效率很低。

（2）良好的匹配。应保证天线从馈电设备得到最大功率，或尽可能将接收到的能量送给馈电设备。

（3）一定的方向性。要求天线能控制电磁波向预定的方向辐射，或接收预定方向传来的电磁波。

（4）良好的频率特性。应根据天线的不同用途选用满足频率特性要求的天线，任意更换天线工作频率将导致天线效率降低。

（5）体积小，重量轻，造价低，架设方便，结构可靠等。

实际上对不同场合和不同用途的天线还有不同的要求。如对移动电台，对天线结构小巧、架设方便等方面的要求要比固定电台高很多。对快速飞行体，则要求天线与飞行体表面共形，不破坏飞行器的空气动力飞行结构。对短波接收天线，效率和功率容量等问题可以不予考虑；但对发射天线，这两者都是重要指标。

4.1.3　天线的分类

天线的形式很多，可根据不同情况进行分类。

1）按工作性质分类

按工作性质，天线可分为发射天线、接收天线和收发共用天线。

2）按用途分类

按用途，天线可分为通信天线、广播天线、电视天线、雷达天线、导航天线、电视天线、测向天线等。

3）按天线特性分类

（1）根据方向性划分，天线有强方向性天线、弱方向性天线、定向天线、全向天线、针状波束天线、扇形波束天线等；

（2）根据极化特性划分，天线有线极化（垂直极化和水平极化）天线、圆极化天线和椭圆极化天线；

（3）根据频带特性划分，天线有窄频带天线、宽频带天线和超宽频带天线。

4）按使用波段分类

按使用波段分类，天线有长波天线、超长波天线、中波天线、短波天线、超短波天线和微波天线。

5）按载体分

按载体分，天线有车载天线、机载天线、星载天线、弹载天线等。

6）按天线外形分类

按天线外形分类，天线有鞭状天线、T形天线、Γ形天线、V形天线、菱形天线、环天线、八木天线、对数周期天线、螺旋天线、波导缝隙天线、喇叭天线、反射面天线、阵列天线以及附在某些载体表面的共形天线等。此外还有随着通信技术的发展而兴起的智能天线、自适应天线等。

以上各种分类方法都有交叠和不完善之处，比如水平半波天线既可用于短波，又可用于超短波；抛物面天线既可用于超短波，又可用于微波。从天线的性能出发，比较合理的分类方法是将天线按辐射源类型分为线天线和面天线。图 4.1-7 给出了一些比较常用的线天线和面天线示意图。图 4.1-7(a)为水平对称振子，是线天线的典型例子，它的辐射元是沿导线分布的电流元，其辐射性能取决于导线的几何形状、长度以及沿线电流元的振幅和相位分布。图 4.1-7(f)的抛物面天线则是典型的面天线，它的辐射元是喇叭口面上的惠更斯元。喇叭天线的辐射性能取决于喇叭口面惠更斯元（电磁场）的分布和口径的几何尺寸，而不必考虑激励导线以及波导内壁的电流。也就是说，仅根据开口面上电磁场分布即可准确计算，而无需考虑内部的电流分布。图 4.1-7 中，(b)是垂直对称振子，(c)是八木天线，(d)是介质波导天线，(e)是喇叭天线，(g)是波导缝隙天线，(h)是对称振子天线。

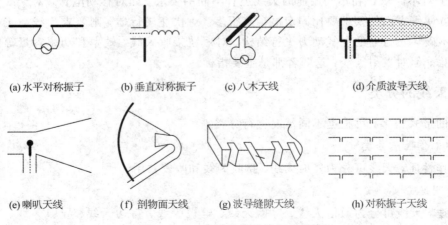

(a) 水平对称振子　(b) 垂直对称振子　(c) 八木天线　(d) 介质波导天线

(e) 喇叭天线　(f) 剖物面天线　(g) 波导缝隙天线　(h) 对称振子天线

图 4.1-7　常见的线天线和面天线

4.2　天线的基本辐射单元

4.2.1　电基本振子

电基本振子又称电流元或电偶极子，是构成线天线的基本辐射单元。电基本振子定义为载有均匀电流 $Ie^{j\omega t}$ 且长度 $\Delta z \ll \lambda$（波长）的无穷小细直导线。由于全书讨论均针对简谐电磁场，因而时间因子 $e^{j\omega t}$ 全部省略。建立如图 4.2-1 所示的坐标系，取中心在原点、沿 z 轴长 Δz 的电流元，其电流 I 均匀分布。

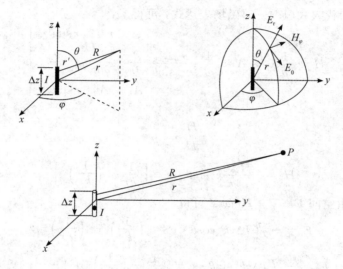

图 4.2-1　电基本振子

对空间任意点 $P(r, \theta, \varphi)$，根据式（1.4-13a），矢量位为

$$A(r, t) = \int_V \frac{\mu J(r')e^{-jkR}}{4\pi R}dV$$

其中，$R = |r - r'|$。

由于导线无限细，矢量位的体积分可转化为一维线积分，即

$$A(r, t) = \int_{-\Delta z/2}^{\Delta z/2} \frac{\mu I e^{-jkR}}{4\pi R}dz' = \frac{\mu I}{4\pi}\int_{-\Delta z/2}^{\Delta z/2} \frac{e^{-jkR}}{R}dz' \qquad (4.2-1)$$

由于 $\Delta z \ll R$，$R = |r - r'| \approx r$，因此以 r 代替 R，$\frac{1}{R} \approx \frac{1}{r}$。$e^{-jkR}$ 中的 kR 在一般情况下，不能采用 R 近似代替，因为 $e^{-jkR} = \cos kR - j\sin kR$。$R$ 虽然只是较小地改变，但扩大 k 倍以后，kR 的变化不容忽视。但是对偶极子单元来说，由于长度 $\Delta z \ll \lambda$，可以近似认为点源，因此式（4.2-1）成为

$$A(r, t) = \int_{-\Delta z/2}^{\Delta z/2} \frac{\mu I e^{-jkR}}{4\pi R}dz' = \frac{\mu I e^{-jkr}}{4\pi r}\Delta z e_z \qquad (4.2-2)$$

利用直角坐标和球坐标之间的关系，有

$$\begin{bmatrix} A_r \\ A_\theta \\ A_\varphi \end{bmatrix} = \begin{bmatrix} \sin\theta\cos\varphi & \sin\theta\sin\varphi & \cos\theta \\ \cos\theta\cos\varphi & \cos\theta\sin\varphi & -\sin\theta \\ -\sin\varphi & \cos\varphi & 0 \end{bmatrix} \begin{bmatrix} A_x \\ A_y \\ A_z \end{bmatrix} \qquad (4.2-3)$$

因为 $A_x = A_y = 0$，$A_z = \dfrac{\mu I e^{-jkr}}{4\pi r}\Delta z$，所以

$$A_r = A_z\cos\theta = \frac{\mu I \Delta z}{4\pi r}\cos\theta\, e^{-jkr} \qquad (4.2-4a)$$

$$A_\theta = -A_z\sin\theta = \frac{\mu I \Delta z}{4\pi r}\sin\theta\, e^{-jkr} \qquad (4.2-4b)$$

$$A_\varphi = 0 \qquad (4.2-4c)$$

将式(4.2-4)代入式(1.4-5)磁场表达式，可得

$$H = \frac{1}{\mu}\nabla\times A = \frac{1}{\mu_0}\cdot\frac{1}{r^2\sin\theta} \begin{vmatrix} e_r & re_\theta & r\sin\theta e_\varphi \\ \dfrac{\partial}{\partial r} & \dfrac{\partial}{\partial \theta} & \dfrac{\partial}{\partial \varphi} \\ A_r & rA_\theta & r\sin\theta A_\varphi \end{vmatrix}$$

得

$$H_r = 0 \qquad (4.2-5a)$$

$$H_\theta = 0 \qquad (4.2-5b)$$

$$H_\varphi = -\frac{I\Delta z}{4\pi}k^2\sin\theta\cdot e^{-jkr}\left[\frac{1}{jkr} + \left(\frac{1}{jkr}\right)^2\right] \qquad (4.2-5c)$$

根据无源自由空间 $\boldsymbol{E} = \nabla\times\boldsymbol{H}/j\omega\varepsilon$，可得

$$E_r = -\frac{\eta}{2\pi}I\Delta zk^2\cos\theta\cdot e^{-jkr}\left[\left(\frac{1}{jkr}\right)^2 + \left(\frac{1}{jkr}\right)^3\right] \qquad (4.2-5d)$$

$$E_\theta = -\frac{\eta}{4\pi}I\Delta zk^2\sin\theta\cdot e^{-jkr}\left[\frac{1}{jkr} + \left(\frac{1}{jkr}\right)^2 + \left(\frac{1}{jkr}\right)^3\right] \qquad (4.2-5e)$$

$$E_\varphi = 0 \qquad (4.2-5f)$$

式中，E 为电场强度；H 为磁场强度；下标 r、θ、φ 表示球坐标系中的各分量。若偶极子周围的媒质空间是空气或自由空间，$k = \omega\sqrt{\varepsilon\mu} = 2\pi/\lambda$ 为自由空间传播常数；$\varepsilon = \varepsilon_0 = 8.854\times10^{-12}$ F/m $= \dfrac{10^{-9}}{36\pi}$ F/m 为自由空间介电常数；$\mu = \mu_0 = 4\pi\times10^{-7}$ H/m 为磁导率；λ 为自由空间波长；η 为媒质波阻抗，在自由空间，$\eta = \eta_0 = \sqrt{\dfrac{\mu_0}{\varepsilon_0}} = 120\pi$。

1. 场区划分

从式(4.2-5)可看出，电偶极子的电场只有沿 r 和 θ 方向的两个分量，而磁场只有沿 φ 方向的一个分量，且电场矢量与磁场矢量互相垂直。E_r、E_θ、H_φ 三个分量都各由几项组成，每一项都随距离 r 的增加而减小，但各项随 r 减小的速度不同。根据观察点 P 距离电偶极子的距离不同，可将空间划分为近区 $kr\ll1$、远区 $kr\gg1$ 和中间区三个区域。

1) 近区场（$kr\ll1$，即 $r\ll\lambda/2\pi$ 区域的场）

在近区，由于 $kr\ll1$，此时电磁场各分量中 $1/r$ 的项相对 $1/r^2$ 的项可以忽略，$1/r^2$ 的项相对 $1/r^3$ 的项可以忽略，并且由于 $e^{-jkr}\approx1$（近似同相），因此式(4.2-5)的电磁场分量只需取后一项近似，即

$$H_\varphi \approx \frac{I\Delta z}{4\pi r^2} \cdot \sin\theta \qquad\qquad (4.2-6a)$$

$$E_r \approx -j\frac{\eta}{2\pi kr^3}I\Delta z \cdot \cos\theta \qquad\qquad (4.2-6b)$$

$$E_\theta \approx -j\frac{\eta}{4\pi kr^3}I\Delta z \cdot \sin\theta \qquad\qquad (4.2-6c)$$

$$H_r = H_\theta = E_\varphi = 0 \qquad\qquad (4.2-6d)$$

分析式(4.2-6)可以得到以下结论：

(1) 近区场的 E_r、E_θ 表达式与静电场中的电偶极子相似，而磁场表达式 H_φ 则与恒定电流场问题中的电流元 $I\Delta z$ 的磁场相同。这毫不奇怪，因为静态场(静电场和恒定电流的场)的物理实质就是相位变化为零的场，而电基本振子近区场的极限($\mathrm{e}^{-jkr} \approx 1$)恰恰就是这种情况。所以，近区场又称似稳场，电基本振子又称电偶极子或电流元。

(2) 场强与 I/r 的高次方成正比，即近区场随距离的增大而迅速减小。也就是说离天线较远时，可认为近区场近似为零。

(3) 电场与磁场相位相差 90°，说明坡印廷矢量为虚数，即电磁能量在场源和场之间来回振荡，没有能量向外辐射，坡印廷矢量 $\boldsymbol{S}_{av} = \frac{1}{2}\mathrm{Re}[\boldsymbol{E}\times\boldsymbol{H}^*] = \frac{1}{2}\mathrm{Re}[\boldsymbol{e}_r E_\theta H_\varphi^* - \boldsymbol{e}_\theta E_r H_\varphi^*] = 0$。因此，近区场又称为感应场。

2) 中间区

随着 kr 值的逐渐增大，当其大于 1 时，各场量中 $kr \ll 1$ 时占优势的项逐渐减小，最后消失。如果要计算该区中的电磁场，则可取式(4.2-5)中各场量的前两项。为分析方便，可取各场量的第一项即可，即

$$H_\varphi \approx j\frac{kI\Delta z}{4\pi r}\sin\theta\,\mathrm{e}^{-jkr} \qquad\qquad (4.2-7a)$$

$$E_r \approx \eta\frac{I\Delta z}{2\pi r^2}\cos\theta\,\mathrm{e}^{-jkr} \qquad\qquad (4.2-7b)$$

$$E_\theta \approx j\eta\frac{kI\Delta z}{4\pi r}\sin\theta\,\mathrm{e}^{-jkr} \qquad\qquad (4.2-7c)$$

$$H_r = H_\theta = E_\varphi = 0 \qquad\qquad (4.2-7d)$$

此时电场的两个分量 E_θ 和 E_r 在时间上不再同相，相位相差几乎 90°，合成场是一个随时间变化的旋转矢量，矢量末端的轨迹为椭圆，为椭圆极化波。但合成场矢量是在平行于传播方向的平面内旋转，此时的 E_r 分量为交叉极化场。另一方面，电场分量 E_θ 和磁场分量 H_φ 在时间上趋于同相，它们的时间功率流不为零，即

$$\boldsymbol{S}_{av} = \frac{1}{2}\mathrm{Re}[\boldsymbol{E}\times\boldsymbol{H}^*] = \frac{1}{2}\mathrm{Re}[\boldsymbol{e}_r E_\theta H_\varphi^* - \boldsymbol{e}_\theta E_r H_\varphi^*] = \frac{1}{2}\mathrm{Re}[E_\theta H_\varphi^*]\boldsymbol{e}_r \quad (4.2-8)$$

表明该区域既有电磁振荡，又有少量的电磁能量沿径向向外辐射。

3) 远区场($kr \gg 1$，即 $r \gg \lambda/2\pi$ 区域的场)

在 $kr \gg 1$ 的区域，电基本振子的电磁场主要由 $1/r$ 决定，此时含 $1/r^2$ 和 $1/r^3$ 的高次项可以忽略不计，式(4.2-5)可简化为

$$H_\varphi \approx j\frac{I\Delta z}{2\lambda r}\sin\theta\,\mathrm{e}^{-jkr} \qquad\qquad (4.2-9a)$$

$$E_\theta \approx j \frac{I\Delta z \eta}{2\lambda r} \sin\theta \cdot e^{-jkr} \qquad (4.2-9b)$$

$$H_r = H_\theta = 0 \qquad (4.2-9c)$$

$$E_r = E_\varphi = 0 \qquad (4.2-9d)$$

分析式(4.2-9)，可以得到该区域电磁场辐射的性质为：

（1）电基本振子的远区场只有 E_θ 和 H_φ 两个分量，它们在空间上相互垂直，在时间上同相位，其坡印廷矢量 $\boldsymbol{S}_{av} = \boldsymbol{E} \times \boldsymbol{H}^* = \boldsymbol{e}_r E_\theta H_\varphi$ 是实数，且指向 $\boldsymbol{e}_r$ 方向。这说明电基本振子的远区场是一个沿着径向向外传播的横电磁波，因此远区场又称辐射场。

（2）$E_\theta / H_\varphi = \eta = \sqrt{\mu_0 \varepsilon_0} = 120\pi (\Omega)$ 是一个常数，即等于媒质的本征阻抗，远区场具有与平面波相同的特性。

（3）E_θ、H_φ 表达式中都含有 $\dfrac{e^{-jkr}}{r}$ 因子，表明基本振子的远区场是由原点发出的球面波，且是横电磁波。电场 E_θ、磁场 H_φ 彼此垂直且垂直于能量传播方向，三者满足右手螺旋法则 $\boldsymbol{e}_\theta E_\theta \times \boldsymbol{e}_\varphi H_\varphi \Rightarrow \boldsymbol{e}_r$，所以远区场通常称为辐射场。

（4）在不同的 θ 方向上，辐射强度是不相等的，这说明电基本振子的辐射是有方向性的。

2. 研究电基本振子的意义

孤立的电流元实际上是不存在的，但任何线天线都可以看成是由许多电流元组合而成的。如果已知电流元的电磁场，则任何具有确定电流分布的线天线的电磁场均可计算。因此，研究电流元是研究线天线的基础。

3. 电基本振子辐射场

1）方向函数和方向图

重写式(4.2-9b)天线远区辐射电场

$$E_\theta = j \frac{I\Delta z \eta}{2\lambda r} \sin\theta \cdot e^{-jkr} \qquad (4.2-10)$$

令 $f(\theta) = \sin\theta$，定义方向性函数为

$$F(\theta, \varphi) = \frac{f(\theta)}{f(\theta)_{max}} = \sin\theta \qquad (4.2-11)$$

式(4.2-11)为元天线的方向图函数或归一化方向图函数，其含义是：在半径为 r 的远区球面上，基本振子的远区辐射场随空间角 θ 作正弦变化。由此可画出其空间立体方向图和两个主面（E 面和 H 面）的方向图，如图4.2-2所示。

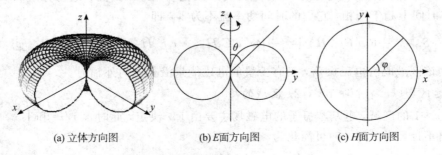

(a) 立体方向图　　　　　(b) E面方向图　　　　　(c) H面方向图

图 4.2-2　电基本振子辐射方向图

从图 4.2-2 可以看出：

(1) 在振子轴的两端 $(\theta=0,\pi)$ 方向，辐射场为零；在侧射方向 $(\theta=\pi/2)$ 辐射最强。

(2) 基本振子的方向图函数与 φ 无关，在垂直于天线轴的平面内辐射，方向图为一个圆。

(3) 根据 E 面和 H 面方向图的定义，yz 平面内的方向图为 E 面方向图（E 面方向图有无穷多个），xy 平面内的方向图为 H 面方向图。

(4) 与理想点源天线不同，基本振子（元天线）是有方向性的。

2）辐射功率与辐射电阻

由电基本振子的远区辐射场表示式(4.2-9)，可得电基本振子的坡印廷矢量平均值为

$$\boldsymbol{S}_{av} = \frac{1}{2}\mathrm{Re}[\boldsymbol{E}\times\boldsymbol{H}^*] = \frac{1}{2}\mathrm{Re}[E_\theta H_\varphi]\boldsymbol{e}_r = \frac{15\pi\,|\,I\Delta z\,|^2}{\lambda^2 r^2}\sin^2\theta\boldsymbol{e}_r \qquad (4.2-12)$$

参考图 4.2-3 可得电基本振子辐射功率为

$$P_r = \oiint_S \boldsymbol{S}_{av}\mathrm{d}\boldsymbol{S} = \int_0^{2\pi}\int_0^\pi \left(\frac{15\pi\,|\,I\Delta z\,|^2}{\lambda^2 r^2}\sin^2\theta\right)r^2\sin\theta\mathrm{d}\theta = 40\pi^2\left(\frac{|\,I\,|\,\Delta z}{\lambda}\right)^2 \quad (4.2-13)$$

所以，电基本振子的辐射功率取决于振子上的电流和它的长度与波长的比值。由式 (4.2-13) 可得以下结论：

(1) 电流 I 越大，辐射功率越大，因为场是电源激发的。

(2) 长度不变，频率越高或波长越短，辐射功率越大。

(3) 辐射功率与距离 r 无关，这一点表明它脱离波源就不再返回，因为假定空间媒质不消耗功率。

根据功率的定义 $P = \frac{1}{2}|\,I\,|^2R$，可得辐射电阻为

$$R_r = \frac{2P_r}{|\,I\,|^2} = 80\pi^2\left(\frac{\Delta z}{\lambda}\right)^2 \qquad (4.2-14)$$

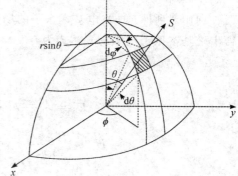

图 4.2-3 辐射功率计算示意图

由式(4.2-14)可知，辐射电阻的大小由频率、天线结构和尺寸决定。

4.2.2 磁基本振子

1. 电与磁的对偶性(Duality)

电、磁对偶性又称二重性原理。写出时域麦克斯韦方程组，并引入上标"e"表示电流源及其场，以区别下面将要引入的磁流源及其场。

$$\nabla\times\boldsymbol{H}^e = \varepsilon\frac{\partial\boldsymbol{E}^e}{\partial t} + \boldsymbol{J}^e \qquad (4.2-15\mathrm{a})$$

$$\nabla\times\boldsymbol{E}^e = -\mu\frac{\partial\boldsymbol{H}^e}{\partial t} \qquad (4.2-15\mathrm{b})$$

$$\nabla\cdot\boldsymbol{B}^e = 0 \qquad (4.2-15\mathrm{c})$$

$$\nabla\cdot\boldsymbol{D}^e = \rho^e \qquad (4.2-15\mathrm{d})$$

式中，$\boldsymbol{J}^{e}$、ρ^{e} 分别表示电流密度和电荷密度。

将方程组 4.2-15(a)、4.2-15(b)进行对比，4.2-15(c)、4.2-15(d)进行对比，可以发现麦克斯韦方程不具有对称性。如果引入假想的磁荷 ρ^{m} 和磁流 $\boldsymbol{J}^{m}$，就会使场与源之间形成电和磁的对应关系，麦氏方程就具有完全对称的形式，而相应的场也有了类似的电磁对应关系。这种电磁场之间的特殊对应关系称为二重性原理。对偶量之间的关系如表 4.2-1所示。

表 4.2-1　电流源和磁流源的对偶关系

电流源	E^{e}	H^{e}	A^{e}	ϕ^{e}	J^{e}	ρ^{e}	ε	μ	η	$1/\eta$
磁流源	H^{m}	$-E^{m}$	A^{m}	ϕ^{m}	J^{m}	ρ^{m}	μ	ε	$1/\eta$	η

这个对偶关系说明：只要已知电流 $\boldsymbol{J}^{e}$、电荷 ρ^{e} 产生的电磁场 $\boldsymbol{E}^{e}$、$\boldsymbol{H}^{e}$、矢量磁位 $\boldsymbol{A}^{e}$ 和标量电位 ϕ^{e}，就可根据对偶原理迅速求得有相同分布的磁流 $\boldsymbol{J}^{m}$ 和磁荷 ρ^{m} 产生的电磁场 $\boldsymbol{E}^{m}$、$\boldsymbol{H}^{m}$ 和矢量位 $\boldsymbol{A}^{m}$ 和标量磁位 ϕ^{m}。

2. 磁基本振子

1）辐射场

利用对偶原理，将电基本振子的场强表达式按表 4.2-1对偶量的关系进行代换，即可得出磁基本振子电磁场表达式为

$$E_r = 0 \tag{4.2-16a}$$

$$E_\theta = 0 \tag{4.2-16b}$$

$$E_\varphi = \frac{I^m \Delta z}{4\pi} k^2 \cdot \sin\theta \cdot e^{-jkr} \left[\frac{1}{jkr} + \left(\frac{1}{jkr} \right)^2 \right] \tag{4.2-16c}$$

$$H_r = \frac{I^m \Delta z}{2\pi\eta} \cdot k^2 \cdot \cos\theta \cdot e^{-jkr} \left[\left(\frac{1}{jkr} \right)^2 + \left(\frac{1}{jkr} \right)^3 \right] \tag{4.2-16d}$$

$$H_\theta = \frac{I^m \Delta z}{4\pi\eta} \cdot k^2 \cdot \sin\theta \cdot e^{-jkr} \left[\frac{1}{jkr} + \left(\frac{1}{jkr} \right)^2 + \left(\frac{1}{jkr} \right)^3 \right] \tag{4.2-16e}$$

$$H_\varphi = 0 \tag{4.2-16f}$$

远区辐射场为

$$E_r = 0 \tag{4.2-17a}$$

$$E_\theta = 0 \tag{4.2-17b}$$

$$E_\varphi = -j \frac{I^m l}{2\lambda r} \sin\theta \cdot e^{-jkr} \tag{4.2-17c}$$

$$H_r = 0 \tag{4.2-17d}$$

$$H_\theta = j \frac{I^m l}{2\lambda r} \cdot \frac{1}{\eta} \sin\theta \cdot e^{-jkr} \tag{4.2-17e}$$

$$H_\varphi = 0 \tag{4.2-17f}$$

2）小电流环的辐射场

实际中磁基本振子是不存在的，但有一些天线可以等效为磁基本振子，例如小电流环。

小电流环也是天线的一种基本辐射单元，但由于它的发射能力比电流元差，因此很少

用它作发射天线，它常常用于接收，如测量、导航和无线电定向等。小电流环定义为周长 $2\pi a \ll \lambda$ 的平面电流环，其上载有高频电流 $i = I\mathrm{e}^{j\omega t}$。由于环的半径和周长远小于波长，因此近似认为小环上的电流均匀分布，即环上电流的振幅和相位处处相同。

　　如图 4.2-4(a) 所示为小电流环，假设环的面积为 S，为分析方便，将环所在的平面定位 xOy 平面，环的中心与坐标原点重合。由电磁场理论课程可知，小电流环可等效为长度为 l、磁流为 I^{m} 的磁基本振子，如图 4.2-4(b) 所示。

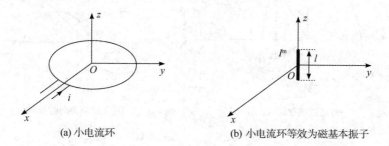

(a) 小电流环　　　　　　　　　(b) 小电流环等效为磁基本振子

图 4.2-4　小电流环及其等效磁基本振子

　　此时小电流的环磁矩 $\boldsymbol{P}_{\mathrm{m}} = \mu i S \boldsymbol{z}$ 应与等效磁基本振子磁矩 $\boldsymbol{P}_{\mathrm{m}} = q^{\mathrm{m}} l \boldsymbol{z}$ 相等，即

$$\mu i S = q^{\mathrm{m}} l \tag{4.2-18}$$

由式 (4.2-18) 可求得等效磁荷为

$$q^{\mathrm{m}} = \frac{\mu i S}{l} \tag{4.2-19}$$

等效磁流为

$$I^{\mathrm{m}} = \frac{\mathrm{d}q^{\mathrm{m}}}{\mathrm{d}t} = \frac{\mathrm{j}\omega\mu I S}{l} \tag{4.2-20}$$

将式 (4.2-20) 等效磁流 I^{m} 代入远区辐射场表达式 (4.2-17)，得小电流环的辐射场为

$$E_r = E_\theta = 0 \tag{4.2-21a}$$

$$E_\varphi = \frac{\omega\mu I S}{2\lambda r}\sin\theta\,\mathrm{e}^{-\mathrm{j}kr} \tag{4.2-21b}$$

$$H_r = H_\varphi = 0 \tag{4.2-21c}$$

$$H_\theta = -\frac{\omega\mu I S}{2\lambda r}\cdot\frac{1}{\eta}\sin\theta\,\mathrm{e}^{-\mathrm{j}kr} \tag{4.2-21d}$$

式中 H_θ 的负号说明与规定的 θ 正方向相反。

　　已知

$$\omega\mu = 2\pi f\mu = \frac{2\pi}{\lambda/\sqrt{\varepsilon\mu}}\mu = \frac{2\pi}{\lambda}\sqrt{\frac{\mu}{\varepsilon}} = \frac{2\pi}{\lambda}\eta \tag{4.2-22}$$

将式 (4.2-22) 代入式 (4.2-21)，得远区辐射场为

$$E_\varphi = \frac{I\left(\dfrac{2\pi}{\lambda}S\right)}{2\lambda r}\eta\sin\theta\,\mathrm{e}^{-\mathrm{j}kr} \tag{4.2-23a}$$

$$H_\theta = -\frac{I\left(\dfrac{2\pi}{\lambda}S\right)}{2\lambda r}\sin\theta\,\mathrm{e}^{-\mathrm{j}kr} \tag{4.2-23b}$$

$$E_r = E_\theta = H_r = H_\varphi = 0 \qquad\qquad (4.2-23c)$$

远区辐射电磁场的方向如图 4.2-5 所示。

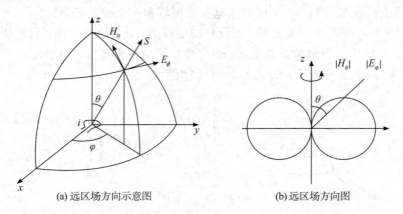

(a) 远区场方向示意图　　　　　　　　(b) 远区场方向图

图 4.2-5　方向图函数

由上述推导可以知道：

（1）小环辐射场表达式与小环的形状无关，只与电流环面积有关。即在面积相同的情况下，无论方环、圆环还是三角环，其辐射场是相同的；

（2）小环辐射场的 **E** 面是水平面，**H** 面是垂直面，因此磁基本振子是水平极化（E_φ），而电基本振子是垂直极化（E_θ）。

由方向图可以看出：**E** 面方向图是单位圆（无方向性）；而垂直方向的 **H** 面方向图呈八字分布，有方向性，方向性函数 $F(\theta, \varphi) = \sin\theta$，在 $\theta = 0$，π 时辐射最弱，$\theta = \pi/2$ 时辐射最强。因此，如果用小环作接收天线，应该将环面平行于发射方向才能使收到的信号最强。收音机中的磁性环天线就具有这样的方向性。

3）辐射功率

坡印廷矢量平均值为

$$\boldsymbol{S}_{av} = \frac{1}{2}\mathrm{Re}[\boldsymbol{E} \times \boldsymbol{H}^*] = \frac{|E_\varphi|^2}{2\eta}\boldsymbol{e}_r \qquad\qquad (4.2-24)$$

辐射功率为

$$P = \oiint\limits_{S} \boldsymbol{S}_{av} \cdot \mathrm{d}S = \oiint\limits_{S} \boldsymbol{S}_{av} r^2 \sin\theta\mathrm{d}\theta\mathrm{d}\varphi = \frac{\pi^2 I^2 \boldsymbol{S}_{av}^2 \eta}{2\lambda^4} \int_0^\pi\!\!\int_0^{2\pi} \sin^3\theta\mathrm{d}\theta\mathrm{d}\varphi = \frac{4\pi^3 I^2 \boldsymbol{S}_{av}^2 \eta}{3\lambda^4}$$

$$(4.2-25)$$

为了比较基本电振子和基本磁流元的辐射功率，取相同长度 l 的电流元和磁流元，则长度 l 的磁流环半径 $a = \dfrac{l}{2\pi}$，对应磁流环面积 $S = \pi a^2 = \dfrac{l^2}{4\pi}$，代入式（4.2-25），得长度 l 的磁流环辐射功率为

$$P_r^m = \frac{\pi}{12}\eta\left(\frac{l}{\lambda}\right)^4 I^2 \qquad\qquad (4.2-26)$$

加上上标"m"，是为了和电流元区别开。

与式（4.2-13）电流元辐射功率 $P_r^e = 40\pi^2\left(\dfrac{|I|l}{\lambda}\right)^2$ 对比，可知相同长度的电流元与电

流环辐射功率之比为

$$\frac{P_r^{\mathrm{m}}}{P_r^{\mathrm{e}}} = \frac{1}{4}\left(\frac{l}{\lambda}\right)^2 \tag{4.2-27}$$

由于 $l \ll \lambda$，因此相同长度的磁流环辐射功率比电流元辐射功率小得多。这就是为什么通常环天线只作接收天线，不作发射天线的原因。

4) 辐射电阻

根据辐射功率表达式 $P = \frac{1}{2}I^2R$，可得小电流环的辐射电阻为

$$R_r^{\mathrm{m}} = \frac{320\pi^4 S^2}{\lambda^4} \tag{4.2-28}$$

由式(4.2-28)可知，环的辐射电阻与 λ^4 成反比，而电基本振子的辐射电阻反比于 λ^2。因此，当尺寸不变而波长 λ 增加时，环的辐射电阻下降极快，再次证明环的辐射能力比电基本振子弱。

4.2.3　缝隙基本振子

1. 缝隙基本振子的概念

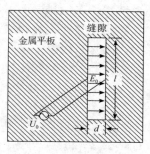

图 4.2-6　缝隙基本振子

缝隙基本振子开在薄金属板上，若金属板较大，则可看作是无限大的导体板。在此板上开一细长缝隙，其长度为 l，宽度为 d，且 $d \ll l$，如图 4.2-6 所示。这种结构就像从无限大的导电屏上割取一条电基本振子而留下一条缝隙，如图 4.2-7(a)、(b)所示。所以电基本振子与缝隙基本振子互为互补结构。

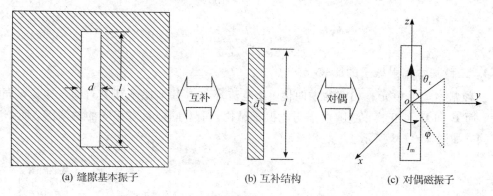

(a) 缝隙基本振子　　　　(b) 互补结构　　　　(c) 对偶磁振子

图 4.2-7　缝隙基本振子及其互补结构

若在缝隙中心处加上电压源 U_0，则在缝隙口面形成垂直于长边的电场分布 E_0。由于缝隙狭小，若忽略缝隙两端的边缘效应，则可认为缝隙内电场 E_0 均匀分布，即缝隙内各点场的振幅和相位相同。

严格计算缝隙基本振子的场分布是很困难的，但是采用巴俾涅原理可以使问题大大简化。

2. 巴俾涅原理

巴俾涅原理是光学中的一个原理，后来被引进电磁场理论中，用于论述互补屏（理想导电屏和理想导磁屏）的矢量电磁场问题。巴俾涅原理指出，满足互补条件的问题是一对

偶问题，其场分布满足对偶原理。

3. 缝隙基本振子辐射场

根据巴俾涅原理和对偶原理可知，缝隙基本振子等同于磁基本振子，因此其辐射场可以表示为

$$E_\varphi = -\mathrm{j}\,\frac{I^{\mathrm{m}}l}{2\lambda r}\sin\theta \cdot \mathrm{e}^{-\mathrm{j}kr} \tag{4.2-29a}$$

$$H_\theta = \mathrm{j}\,\frac{I^{\mathrm{m}}l}{2\lambda r} \cdot \frac{1}{\eta}\sin\theta \cdot \mathrm{e}^{-\mathrm{j}kr} \tag{4.2-29b}$$

问题的关键是求缝隙内的磁流 I^{m}。

已知缝隙宽度为 d，电场分布为 E_0，按照与全电流定理对偶的全磁流定理，其电流应满足

$$I^{\mathrm{m}} = \oint_l E_0\,\mathrm{d}l = 2E_0 d \tag{4.2-30}$$

将磁流代入式(4.2-30)，得

$$E_\varphi = -\mathrm{j}\,\frac{E_0\,\mathrm{d}l}{\lambda r}\sin\theta \cdot \mathrm{e}^{-\mathrm{j}kr} \tag{4.2-31a}$$

$$H_\theta = \mathrm{j}\,\frac{E_0\,\mathrm{d}l}{\lambda r}\,\frac{1}{\eta} \cdot \sin\theta \cdot \mathrm{e}^{-\mathrm{j}kr} \tag{4.2-31b}$$

在某些情况下，用缝隙间的电压表示缝隙振子的辐射更方便。已知缝隙间电压 $U_0 = E_0 d$，得

$$E_\varphi = -\mathrm{j}\,\frac{U_0 l}{\lambda r}\sin\theta\,\mathrm{e}^{-\mathrm{j}kr} \tag{4.2-32a}$$

$$H_\theta = \mathrm{j}\,\frac{U_0 l}{\lambda r}\,\frac{1}{\eta}\sin\theta\,\mathrm{e}^{-\mathrm{j}kr} \tag{4.2-32b}$$

4. 三种基本辐射振子的比较

三种基本辐射单元有相同的定向性。小电流环与电基本振子互为对偶，具有相同的波瓣图，而 E 和 H 可互换；缝隙振子与电振子结构互补，同样具有相同的波瓣图，而 E 和 H 可互换，如图 4.2-8 所示。

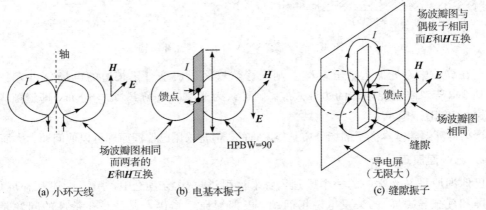

(a) 小环天线　　　(b) 电基本振子　　　(c) 缝隙振子

图 4.2-8　三种基本辐射单元

4.3　天线的基本电参数

　　要了解天线、从事天线理论研究或工程设计方面的工作，就应当了解天线的基本电参数。天线基本参数的术语和含义是探讨天线问题的基础，也是设计和衡量天线性能的指标。例如，要设计一副雷达天线，往往需要给出这样一些电气指标：方向图形状、主瓣宽度、副瓣电平、增益、极化、输入阻抗、工作频率和频带宽度等，由这些指标指导设计者进行天线的设计。因此，要说明天线的性能，必须定义天线的各特性参数。

4.3.1　方向图函数及方向图

1. 方向性函数

通常，天线的远区辐射电磁场可表示为

$$E_\theta = E_0 \frac{\mathrm{e}^{-jkr}}{r} f(\theta, \varphi) \tag{4.3-1a}$$

$$H_\varphi = \frac{E_\theta}{\eta_0} \tag{4.3-1b}$$

式中 E_θ 是电场强度的 θ 分量，单位为 V/m；H_φ 是磁场强度的 φ 分量，单位为 A/m；E_0 为与激励有关但与坐标无关的系数；$f(\theta, \varphi)$ 称为天线的方向性函数；$\eta_0 = \sqrt{\mu_0/\varepsilon_0} = 120\pi$，是自由空间波阻抗；$k = 2\pi/\lambda$ 是传播常数。

　　因此在距离天线 r 的球面上，天线辐射场强 E 可用方向性函数 $f(\theta, \varphi)$ 表示，其最大值 $f_{\max}$ 归一化后称为归一化方向性函数，记为 $F(\theta, \varphi)$。方向性函数分幅度方向性函数、相位方向性函数和功率密度方向性函数。一般我们很少关心相位分布情况，所以如无特殊说明，归一化方向函数均指归一化幅度方向函数。

　　归一化幅度方向性函数为

$$F(\theta, \varphi) = \frac{|E(\theta, \varphi)|}{|E(\theta, \varphi)|_{\max}} = \frac{f(\theta, \varphi)}{f_{\max}} \tag{4.3-2}$$

归一化功率方向性函数为

$$S(\theta, \varphi) = F^2(\theta, \varphi) = \frac{|E(\theta, \varphi)|^2}{|E(\theta, \varphi)|^2_{\max}} = \frac{f^2(\theta, \varphi)}{f^2_{\max}} \tag{4.3-3}$$

显然，总有 $F(\theta_{\mathrm{m}}, \varphi_{\mathrm{m}}) = 1$，其中 $(\theta_{\mathrm{m}}, \varphi_{\mathrm{m}})$ 称为最大辐射方向。

习惯上，方向性函数用 dB 作为单位，即

$$F(\mathrm{dB}) = 20\lg[F(\theta, \varphi)] \tag{4.3-4}$$

2. 方向图

　　方向图是方向性函数的图形表示，它可以形象地描述天线辐射场在空间的分布情况。天线方向图是在远场区确定的，所以又叫做远场方向图。方向性函数绘制出的方向图称为归一化方向图，采用无量纲的相对值或分贝表示。方向图有二维和三维方向图两种。

　　某天线方向图如图 4.3-1 所示，它包含若干个瓣。主瓣(或主波束)是包含最大辐射方向的瓣，主瓣以外的任何瓣称为副瓣。副瓣由旁瓣和后瓣组成，后瓣与主瓣指向相反。

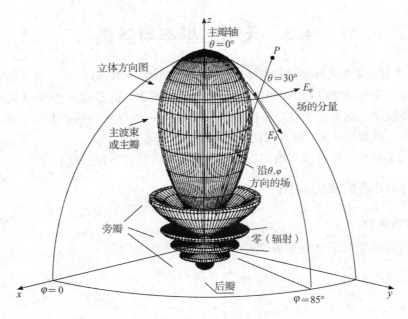

图 4.3 - 1　天线方向图

1) 三维方向图

三维方向图是指以天线上某点为中心、远区某一距离为半径作球面，根据球面上各点的电场强度模值与该点所在的方向角(θ, φ)而绘出的图形。三维方向图有球坐标三维方向图和直角坐标三维方向图两种，如图 4.3 - 2 所示。三维场方向图直观、形象地描述了天线辐射场在空间各个方向上的幅度分布及波瓣情况，但是在描述方向图的某些重要特性细节如主瓣宽度、副瓣电平等方面则显得不方便。因此，工程上大多采用二维方向图来描述天线的辐射特性。

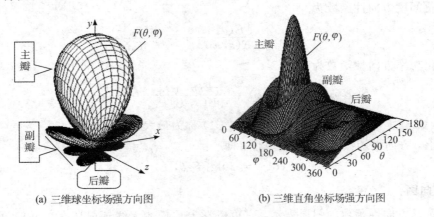

(a) 三维球坐标场强方向图　　　　　(b) 三维直角坐标场强方向图

图 4.3 - 2　球坐标和直角坐标三维场强方向图

2) 二维方向图

天线的二维方向图是由其三维方向图取某个剖面而得到的。同样以图 4.3 - 2 所示天线方向图为例，其 xy 平面($\theta = 90°$)内的辐射电场幅度表示的极坐标和直角坐标二维方向图如图 4.3 - 3(a)、4.3 - 3(b)所示，其辐射电场分贝表示的极坐标和直角坐标二维方向图如图 4.3 - 3(c)、4.3 - 3(d)所示。

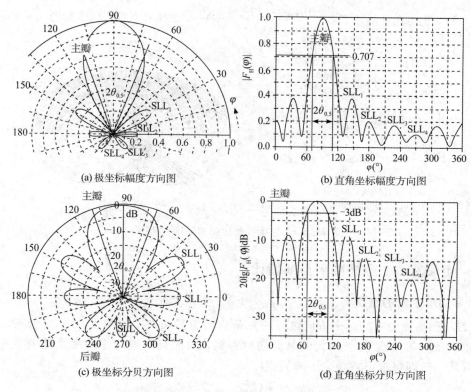

(a) 极坐标幅度方向图　　　　　　　　　　(b) 直角坐标幅度方向图

(c) 极坐标分贝方向图　　　　　　　　　　(d) 直角坐标分贝方向图

图 4.3 - 3　二维场强幅度和分贝表示的归一化方向图(SLL 表示副瓣电平)

　　极坐标图形象直观，最大辐射方向、最小辐射方向一目了然，在弱方向性(中低增益即波瓣较胖)天线描述中常用。

　　直角坐标方向图可以方便地看出主副瓣之间的差异，特别是主、副瓣差别较大时。直角坐标分贝表示的方向图放大了副瓣，更易于分析天线的辐射特性，所以工程上多采用这种形式的方向图分析强方向性天线，如面天线、阵列天线等。

　　功率方向图表示天线的辐射功率在空间的分布情况，往往采用分贝刻度表示。如果采用分贝表示，则功率方向图与场强方向图是一样的。

　　3) E 面和 H 面方向图

　　天线方向图通常是一个三维空间的曲面图形。但工程上为了方便，常采用通过最大辐射方向的两个正交平面上的剖面图来描述天线的方向图，类似于机械制图中的三视图，通常取为 E 面和 H 面。

　　E 面是指通过天线最大辐射方向并平行于电场矢量的平面，H 面是指通过天线最大辐射方向并平行于磁场矢量的平面。空间中电场矢量和磁场矢量是相互正交的，所以 E 面和 H 面也是相互正交的，如图 4.3 - 4 所示。根据定义，线天线的 E 面为 xz 平面，H 面为 yz 平面。

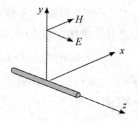

图 4.3 - 4　天线 E 面和 H 面的确定示意

【例 4.3 - 1】 已知某天线的方向函数为 $f = 1 + |\sin\theta|$，求归一化方向性函数 F，并画出二维和三维方向图。

解 归一化方向性函数 $F = \dfrac{f(\theta, \varphi)}{f_{\max}} = \dfrac{1 + |\sin\theta|}{2}$，二维和三维方向图如图 4.3 - 5 所示。

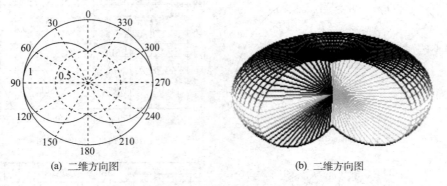

(a) 二维方向图　　　　　　　　　　　　　(b) 二维方向图

图 4.3 - 5 　二维极坐标图和三维立体图

4.3.2 主瓣宽度、副瓣电平与前后比

1. 零功率主瓣的宽度

主瓣两侧场强为 0 的两个方向之间的夹角称之为零功率主瓣宽度，用 $2\theta_0$ 表示。许多天线方向图的主瓣都是关于最大辐射方向对称的，因此只要确定零功率主瓣宽度的一半 θ_0，再取其二倍即可求得零功率主瓣的宽度

$$2\theta_0 = 2\,\big|\,\theta\,|_{F=1} - \theta\,|_{F=0}\,\big| \tag{4.3 - 5}$$

2. 半功率主瓣的宽度

方向图主瓣两侧两个半功率点（即场强下降到最大值的 $1/\sqrt{2} = 0.707$ 处或分贝值从最大值下降到 3 dB 处对应的两点）之间的夹角称之为半功率主瓣宽度，又称为 3 dB 波束宽度或主瓣宽度，记为 $2\theta_{0.5}$。对方向图对称天线来说，半功率主瓣的宽度为

$$2\theta_{0.5} = 2\,\big|\,\theta\,|_{F=0} - \theta\,|_{F=-3\text{dB}}\,\big| \tag{4.3 - 6}$$

一般情况下，天线的 E 面和 H 面方向图主瓣的宽度不同，分别记为 $2\theta_{0.5E}$、$2\theta_{0.5H}$。如不特别说明，通常主瓣宽度是指半功率主瓣宽度。

主瓣宽度可以描述天线波束在空间的覆盖范围。在工程上，往往根据主瓣宽度来设计口径天线和阵列天线的结构尺寸。通常主瓣宽度愈窄，方向图愈尖锐，天线辐射能量就愈集中（或接收能力愈强），其定向作用或方向性就愈强。

3. 副瓣电平（SLL）

副瓣最大值模值与主瓣最大值模值之比称之为副瓣电平，通常用分贝表示，则第 i 个副瓣电平为

$$\text{SLL}_i = 20\log\left|\frac{E_{i\max}}{E_{\max}}\right| \ \text{(dB)} \tag{4.3 - 7}$$

式中，$E_{i\max}$ 为第 i 个副瓣的场强最大值；$E_{\max}$ 为主瓣最大值。

这样，对于各个副瓣均可求得其副瓣电平值。如图 4.3 - 3 中的 SLL_1、SLL_2、SLL_3、

SLL_4。在工程中，通常第一副瓣电平最大，记为 SLL。如图 4.3 - 3(d)所示，第一副瓣电平 $\mathrm{SLL}=\mathrm{SLL}_1=-8.5\ \mathrm{dB}$。

4. 前后比

主瓣最大值模值与后瓣最大值模值之比称之为前后比，用公式可表示为

$$\frac{F}{B}=20\lg\frac{前区最大场值}{后区最大场值}\ (\mathrm{dB}) \tag{4.3-8}$$

副瓣（包括旁瓣和后瓣）对通信、雷达都是一种危害，它不但分散了功率，而且对接收天线来说还引入了噪声。要尽量抑制副瓣，副瓣电平越小，天线的性能越好。

【例 4.3 - 2】 已知图 4.3 - 6(a)所示喇叭天线的方向性函数为

$$F_H=\frac{\sin\left(\dfrac{kD_1}{2}\sin\theta\right)}{\dfrac{kD_1}{2}\sin\theta}\quad (D_1\ \text{和}\ D_2\gg\lambda,\ k=\frac{2\pi}{\lambda})$$

求：$2\theta_{0H}$、$2\theta_{0.5H}$ 和 SLL。

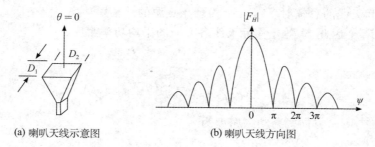

(a) 喇叭天线示意图　　　　　　　　(b) 喇叭天线方向图

图 4.3 - 6　例 4.3 - 2 图

解　设 $\psi=\dfrac{kD_1}{2}\sin\theta$，则 $F_H=\dfrac{\sin(\psi)}{\psi}$。

根据方向性函数，绘出方向图如图 4.3 - 6(b)所示。由方向性函数可知，当 $\theta=0,\pi$，$2\pi,\cdots,m\pi$ 时，m 取整数，$\psi=0$，分子、分母同时为零；当 $\theta=0$ 时，方向性函数取极大值。

H 面最大辐射方向 $F_{H\max}=\lim\limits_{\psi\to0}\dfrac{\sin(\psi)}{\psi}=1$，$\theta|_{F_H=1}=0$；

半功率点为 $F_H=\dfrac{\sin(\psi)}{\psi}=0.707$，对应 $\psi\approx1.39$，$\theta_{0.5H}=\dfrac{1.39\times2}{2\pi}\approx0.44\dfrac{\lambda}{D_1}$；

辐射零点 $F_H=0$，最大辐射方向两侧第一零点 $\psi=\pi$，$\theta|_{F_H=0}=\dfrac{\lambda}{D_1}$；

所以半功率波束宽度为 $2\theta_{0.5H}=2\left|\theta|_{F_H=1}-\theta|_{F_H=0.707}\right|=0.88\dfrac{\lambda}{D_1}$；

零功率波束宽度为 $2\theta_{0H}=2\left|\theta|_{F_H=1}-\theta|_{F_H=0}\right|=2\dfrac{\lambda}{D_1}$；

第一副瓣对应 $\psi=\dfrac{3\pi}{2}$，$\mathrm{SLL}_1=20\lg\left|\dfrac{\sin(3\pi/2)}{3\pi/2}\right|=-13.5\ \mathrm{dB}$。

4.3.3　方向性系数、效率和增益

方向性函数和方向图形象表示了天线在空间各个方向辐射场的相对大小，但波瓣宽度

只在一定程度上描述了天线能量的集中程度。为了定量描述不同天线辐射能量的集中程度，我们引入方向性系数这一重要参量。

1. 理想点源

理想点源是无方向性天线，其方向性函数 $F(\theta, \varphi) = 1$，方向图是球面。作为参考天线，理想点源在天线分析中起着重要作用。

2. 方向性系数 $D(\theta, \varphi)$

方向性系数有两种定义形式，一种从发射天线的角度定义，另一种从接收天线的角度定义。

定义 1：在相同的辐射功率、相同的距离情况下，天线在某一方向 (θ, φ) 的辐射功率密度 $S(\theta, \varphi)$ 与无方向性天线（理想点源）在该方向的辐射功率密度之比值，称为方向性系数，用公式可表示为

$$D(\theta, \varphi) = \frac{S(\theta, \varphi)}{S_0} \bigg|_{P_r = P_{r0}} \tag{4.3-9}$$

式中，P_r 为实际天线的总辐射功率；P_{r0} 为理想点源的总辐射功率。

由于 $P_r = P_{r0}$，因此 S_0 等于实际天线各方向的平均功率密度

$$S_0 = S_{av} = \frac{P_{r0}}{4\pi r^2} = \frac{P_r}{4\pi r^2} \tag{4.3-10}$$

则有

$$D(\theta, \varphi) = \frac{4\pi r^2 S(\theta, \varphi)}{P_r} \tag{4.3-11}$$

因为天线在 (θ, φ) 方向辐射功率密度为

$$S(\theta, \varphi) = \frac{|E(\theta, \varphi)|^2}{2\eta_0} \tag{4.3-12}$$

所以天线的总辐射功率等于 $S(\theta, \varphi)$ 在辐射球面上的积分，即

$$P_r = \oiint_S S(\theta, \varphi) \mathrm{d}S = \int_0^{2\pi} \int_0^{\pi} \frac{|E(\theta, \varphi)|^2}{2\eta_0} r^2 \sin\theta \mathrm{d}\theta \mathrm{d}\varphi \tag{4.3-13}$$

将式(4.3-12)、式(4.3-13)代入式(4.3-11)，得

$$D(\theta, \varphi) = \frac{4\pi r^2 S(\theta, \varphi)}{P_r} = \frac{4\pi f^2(\theta, \varphi)}{\int_0^{2\pi} \int_0^{\pi} f^2(\theta, \varphi) \sin\theta \mathrm{d}\theta \mathrm{d}\varphi} \tag{4.3-14}$$

此即为计算方向性系数的一般表达式。如不特别说明，工程中方向性系数一般是指最大辐射方向上的值，记为 D，即

$$D = D(\theta, \varphi)|_{max} = \frac{4\pi f_{max}^2(\theta, \varphi)}{\int_0^{2\pi} \int_0^{\pi} f^2(\theta, \varphi) \sin\theta \mathrm{d}\theta \mathrm{d}\varphi} = \frac{4\pi}{\int_0^{2\pi} \int_0^{\pi} F^2(\theta, \varphi) \sin\theta \mathrm{d}\theta \mathrm{d}\varphi} \tag{4.3-15}$$

定义 2：在同一接收点、产生相同的电场强度条件下，无方向性天线的辐射功率与方向性天线的辐射功率的比值，称为方向性系数，用公式可表示为

$$D(\theta, \varphi) = \frac{P_{r0}(\theta, \varphi)}{P_r} \bigg|_{E_r = E_{r0}} \tag{4.3-16}$$

由于点源天线无方向性，在球面 S 上场为常数

$$P_{r0} = \oiint_S S_0(\theta, \varphi) \mathrm{d}S = \int_0^{2\pi} \int_0^{\pi} \frac{|E_0(\theta, \varphi)|^2}{2\eta_0} r^2 \sin\theta \mathrm{d}\theta \mathrm{d}\varphi = \frac{E_0^2}{2\eta_0} 4\pi r^2 \tag{4.3-17}$$

$$P_r = \oiint_S S(\theta,\varphi)dS = \int_0^{2\pi}\int_0^{\pi}\frac{|E_0(\theta,\varphi)|^2}{2\eta_0}r^2\sin\theta d\theta d\varphi$$

$$= \frac{E_0^2}{2\eta_0}r^2\int_0^{2\pi}\int_0^{\pi}F(\theta,\varphi)^2\sin\theta d\theta d\varphi \tag{4.3-18}$$

将式(4.3-17)、式(4.3-18)代入式(4.3-16)，得到的方向系数表达式与式(4.3-15)相同。

因此无论用作发射还是用作接收，天线的方向性系数计算公式均相同，从一个侧面印证了天线具有互易性。

方向性系数是无量纲的量，工程中一般采用分贝表示，即

$$D_{dB} = 10\lg D\ (dB) \tag{4.3-19}$$

方向性系数的物理含义为：天线的方向性系数是表征天线辐射能量集中程度的参量，方向性系数 D 越大，天线的辐射能量就越集中，定向性能越强。比较两种不同定义方法物理含义，定义 1 是在相同辐射功率条件下(见图 4.3-7(a))，无方向性点源天线将整个辐射功率均匀分布在一个球面上，球面上场强相等，均为 E_0。而有一定方向性的天线则将这个功率集中在某个方向辐射出去，这个方向场强为 E_m，显然 $E_m > E_0$，E_m 越大，天线辐射越集中，方向性系数 D 就越大。而定义 2 则是在相同场强条件下(见图 4.3-7(b))，$E_m = E_0$。显然，E_0 均匀分布在一个球面上所需辐射功率 P_{r0} 大于定向天线的辐射功率 P_r。

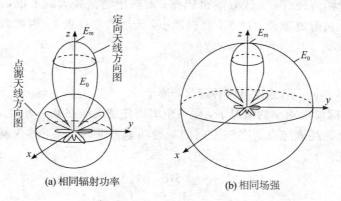

(a) 相同辐射功率　　　　　(b) 相同场强

图 4.3-7　方向性系数图解

【例 4.3-3】 已知某天线的方向图函数为 $F(\theta)=\sin\theta$，求其最大辐射方向上的方向性系数。

解　由方向图函数可知，该天线的方向图是关于 $\theta=0$ 的轴旋转对称的，最大辐射方向为 $\theta=\frac{\pi}{2}$，归一化方向图函数 $F(\theta)\big|_{\theta=\frac{\pi}{2}}=1$。由式(4.3-15)可得其分母为

$$\int_0^{\pi}F^2(\theta)\sin\theta d\theta = \int_0^{\pi}\sin^3\theta d\theta = \frac{4}{3}$$

最大辐射方向上的方向系数为

$$D = 1.5 \quad 或 \quad D = 10\lg D = 1.76\ dB$$

3. 效率

与任何实际问题相同，天线系统总存在一些损耗，所以实际辐射到空间的功率要比发

射机输送到天线的功率小一些。定义天线的效率为

$$\eta_{\mathrm{a}} = \frac{P_{\mathrm{r}}}{P_{\mathrm{in}}} = \frac{P_{\mathrm{r}}}{P_{\mathrm{d}} + P_{\mathrm{r}}} \qquad (4.3-20)$$

式中，P_{in}、P_{r}、P_{d} 分别为天线的输入功率、辐射功率和损耗功率。

将天线用电路表示，如图 4.3 - 8 所示，则

$$\eta_{\mathrm{a}} = \frac{P_{\mathrm{r}}}{P_{\mathrm{in}}} = \frac{P_{\mathrm{r}}}{P_{\mathrm{d}} + P_{\mathrm{r}}} = \frac{R_{\mathrm{r}}}{R_{\mathrm{d}} + R_{\mathrm{r}}} = \frac{1}{1 + R_{\mathrm{d}}/R_{\mathrm{r}}} \qquad (4.3-21)$$

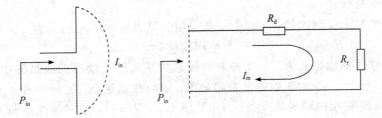

图 4.3 - 8　天线及等效电路

可以看出，要提高天线的效率，必须尽可能提高天线的辐射电阻，降低天线的损耗电阻。对于长波和中波天线来说，由于波长较长，而天线的长度不能太长，因而长度与波长的比值较小，辐射能力较低，天线效率也较低；而对于超高频天线来说，由于天线几何尺寸与波长可比拟，辐射效能大大提高，且损耗小，天线效率接近 1，因此微波天线通常认为 $\eta_{\mathrm{a}} \approx 1$。

4. 增益

与方向性系数相同，增益也有两种定义方法：

定义 1：在相同输入功率的情况下，同一距离处任意天线在某一方向 (θ, φ) 的辐射功率密度 $S(\theta, \varphi)$ 与无损耗理想点源在该方向的辐射功率密度的比值，称为增益，用公式可表示为

$$G(\theta, \varphi) = \frac{S(\theta, \varphi)}{S_0} \bigg|_{P_{\mathrm{in}} = P_{\mathrm{in0}}} \qquad (4.3-22)$$

式中，P_{in} 为任意天线输入功率；P_{in0} 为无方向性天线的输入功率。

【注】

（1）增益与方向性系数的表达式完全相同，但二者的基点和条件不同。方向性系数的定义以辐射功率 P_{r} 为基点，以相同辐射功率为条件，没有考虑天线的能量转换效率；而增益的定义以输入功率 P_{in} 为基点，以相同输入功率为条件。

（2）参考天线可以不同。增益要求参考天线必须是无耗理想馈源，而方向性系数不考虑参考天线是否无耗。

定义 2：在同一接收点、相同的电场强度条件下，无方向性天线的输入功率与方向性天线的输入功率的比值，称为增益，用公式可表示为

$$G(\theta, \varphi) = \frac{P_{\mathrm{in0}}}{P_{\mathrm{in}}} \bigg|_{E_{\mathrm{r}} = E_{\mathrm{r0}}} \qquad (4.3-23)$$

假设理想点源是无耗的，$P_{\mathrm{in0}} = P_{\mathrm{r0}}$，则对于任意天线来说，由式（4.3 - 20）可知 $P_{\mathrm{in}} =$

η_a/P_r，所以

$$G(\theta, \varphi) = \frac{P_{in0}}{P_{in}} = \frac{P_{r0}}{P_r/\eta_a} = \eta_a \cdot D(\theta, \varphi) \qquad (4.3-24)$$

式(4.3-24)表明了 G、D、η_a 三者之间的关系。

同方向性系数一样，增益可以是角度的函数，也可以指最大值。今后凡不加说明均指最大值。

同方向性系数相同，增益也是无量纲的量，工程中常用 dB 表示，即

$$G_{dB} = 10\lg G \quad (dB) \qquad (4.3-25)$$

当频率在 1 GHz 以下时，通常说的增益是相对于半波振子来说的。半波振子的方向性是 4.64(2.15 dB)，相对于半波振子的增益用分贝单位 dBd 表示。也可以用单位 dBi 代替 dB，以强调用无方向性点源天线作参考。有时也用绝对增益来表示，它是增益的同义语。如增益为 6.1 dB 的天线，用不同单位表示时，如下所示：

$$G = 6.1 \,(dB) = 6.1 \,(dBi) = 6.1(dBi) - 2.15 \,(dBd) = 3.95 \,(dBd) \qquad (4.3-26)$$

4.3.4　天线的输入阻抗

天线的输入阻抗定义为输入电压与输入电流之比，即

$$Z_{in} = \frac{V_{in}}{I_{in}} = R_{in} + jX_{in} \qquad (4.3-27)$$

一般情况下，输入阻抗包含电阻 R_{in} 和电抗 X_{in} 两部分，而电阻又包含辐射电阻 R_r 和损耗电阻 R_d 两部分

$$R_{in} = R_r + R_d \qquad (4.3-28)$$

从电路的观点出发，将天线辐射的功率看成一个等效电阻"吸收"的功率时，这个电阻就是辐射电阻，用公式可表示为

$$R_r = \frac{P_{in}}{I^2} \qquad (4.3-29)$$

式中，I 是天线某参考点的电流。

当功率已知时，一般取天线波腹电流或输入电流，由此得到的电阻称为"归于波腹电流的辐射电阻"和"归于输入点电流的辐射电阻"。辐射电阻的大小反映了天线辐射或接收能力的强弱，是一个非常重要的指标。

损耗电阻是指导体中的热损耗、绝缘介质中的介质损耗、地电流损耗等。

4.3.5　天线的极化

1. 天线的极化类型

天线的极化是描述天线辐射电磁波空间指向的参数。与图 4.3-9 所示电磁波的极化相同，天线的极化通常也以电场矢量的空间指向作为天线辐射电磁波的极化方向。在空间某位置上，沿电磁波的传播方向看去，其电场在空间的指向随时间变化所描绘出的轨迹，如果是一条直线，则为线极化；如果是一个圆，则称为圆极化；如果是一个椭圆，则称为椭圆极化。圆极化是椭圆极化的特例。

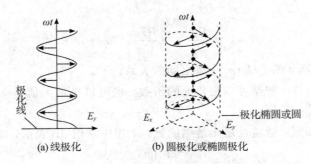

图 4.3 - 9　波的三种极化

线极化分垂直极化和水平极化两种，如图 4.3 - 10 所示。工程中，以地面为参考，电场矢量与地面垂直的称为垂直极化，与地面平行的称为水平极化。

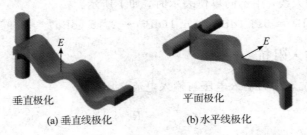

图 4.3 - 10　线极化示意图

椭圆极化和圆极化波都有左、右旋向特性。通常沿电磁波传播方向看去，电场矢量随时间向右（即顺时针）方向旋转的称为右旋圆极化波，向左（即反时针）方向旋转的称为左旋圆极化波。

无论圆极化还是椭圆极化，都是由两个相互垂直的线极化波合成的。当两个正交线极化波振幅相等、相位相差 90°时，则合成圆极化波；当振幅不等或相位差不是 90°时，就合成椭圆极化波。图 4.3 - 11 是椭圆极化波电场强度矢量的端点轨迹。图中 τ 为极化倾角，它的值与正交极化波的幅度和相位差有关。椭圆的长短轴之比称为天线的轴比，用 AR 表示为

$$AR = \frac{a}{b}, 1 \leqslant AR \leqslant \infty \qquad (4.3 - 30)$$

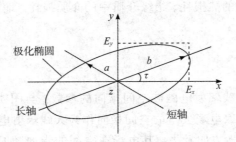

图 4.3 - 11　椭圆极化示意图

圆极化和线极化都是椭圆极化的特例，线极化轴比 AR=∞，而圆极化轴比 AR=1。

2. 天线的极化损失

天线极化方式与来波极化方式一致时，将接收到最大功率；否则将存在极化失配现象，称为极化损失。极化损失导致接收效果下降，甚至不能接收到信号。如线极化天线接收圆极化波时，功率会损失一半；圆极化天线不能接收旋向与它相反的圆极化电磁波。表 4.3-1 给出了几种典型情况。

表 4.3-1　发射-接收天线在不同极化状态下的接收功率

发射天线	接收天线	接收功率 P/P_{max}
垂直极化/水平极化	垂直极化/水平极化	1
垂直极化/水平极化	水平极化/垂直极化	0
垂直或水平极化	圆极化	1/2
左/右旋圆极化	左/右旋圆极化	1
左/右旋圆极化	右/左旋圆极化	0

3. 交叉极化

由于结构等方面的原因，天线可能会辐射或接收不需要的极化分量，这种不需要辐射或接收的极化波称为**交叉极化**。例如，辐射或接收水平极化波的天线，也可能辐射和接收不需要的垂直极化波。对线天线来讲，交叉极化与预定的极化方向垂直；对圆极化天线来讲，交叉极化与预定圆极化旋向相反；对椭圆极化天线来讲，交叉极化与预定椭圆极化的轴比相同，长短轴相互正交，旋向相反。所以，交叉极化也称为正交极化。

4.3.6　天线的带宽

天线的带宽是指保证电参数指标容许的频率变化范围。天线的带宽与天线的电参数密切相关，输入阻抗、效率、波瓣指向、波瓣宽度、副瓣电平、增益、极化等天线参数不同时，天线往往有不同的带宽。通常，取其中较窄的一个作为整个天线的带宽。

天线带宽的表示方法有以下几种：

（1）绝对带宽：$f_{max} - f_{min}$；

（2）相对带宽：$(f_{max} - f_{min})/f_0$；

（3）比值带宽：f_{max}/f_{min}。

绝对带宽不具保密性，一般不用；通常采用后两种表示方法。宽带或超宽带天线采用比值带宽，窄带或中等带宽以下天线可采用相对带宽。

【例 4.3-4】　如图 4.3-12(a) 所示为天线半功率波瓣宽度随频率的变化曲线，图 4.3-12(b) 所示为增益和驻波随频率的变化曲线，天线设计要求 $2\theta_{0.5} \leqslant 10°$，$G > 12$ dB，$\rho < 2$，试确定天线的工作频带。

解　由图 4.3-12(a) 可知，满足半功率波瓣宽度 $2\theta_{0.5} \leqslant 10°$ 要求的频率范围为 50 MHz～100 MHz。

由图 4.3-12(b) 可知，满足增益 $G > 12$ dB 要求的频率范围为 61 MHz～92 MHz，满

足驻波 $\rho < 2$ 要求的频率范围为 68 MHz～82 MHz。

所以，满足指标要求的天线工作频带为 68 MHz～82 MHz。

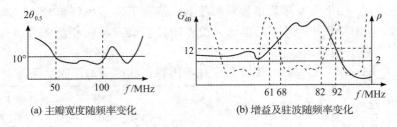

(a) 主瓣宽度随频率变化　　　　　　(b) 增益及驻波随频率变化

图 4.3 - 12　例 4.3 - 4 图

4.3.7　天线的有效长度

天线的有效长度对线天线而言是一个重要参数，表明线天线辐射和接收电磁波能力的大小，用 L_e 表示。

天线的有效长度 L_e 是一个等效的天线长度。如图 4.3 - 13(a)所示，对于沿 z 轴放置，且原点在天线中心位置的线天线，如果以波腹点电流 I_{max} 为归算电流，其等效长度为

$$L_{em} = \frac{1}{I_{max}} \int_{-l}^{l} I(z) dz \tag{4.3 - 31a}$$

如图 4.3 - 13(b)所示，如果以馈电点输入电流 I_{in} 为归算电流，则其等效长度为

$$L_{e0} = \frac{1}{I_{in}} \int_{-l}^{l} I(z) dz \tag{4.3 - 31b}$$

式中，$2l$ 为天线的物理长度；$I(z)$ 为沿线电流的分布函数。

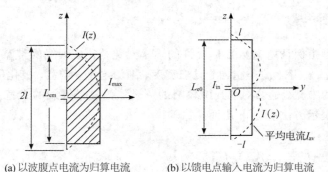

(a) 以波腹点电流为归算电流　　　　(b) 以馈电点输入电流为归算电流

图 4.3 - 13　天线有效长度概念示意图

但是不论哪种归算形式，总有

$$l_{em} \times I_{max} = l_{e0} \times I_{in} = \int_{-l}^{l} I(z) dz \tag{4.3 - 32}$$

【注】

(1) 以输入电流作归算的有效长度计算公式不适用于计算长度为波长整数倍的对称振子的有效长度，因为此时的输入端电流 $I_{in} = 0$。

(2) 天线作接收使用时，其有效长度定义为天线输出到接收机输入端的电压与所接收

的电场强度之比，它在数值上与天线作发射使用时的有效长度相等。通常当振子天线长度为 $2l \leqslant \dfrac{\lambda}{2}$ 时，有效长度都比物理长度短。

4.4　互易定理与接收天线的电参数

我们在概述中介绍了收、发天线具有互易性，因此 4.3 节天线电参数的定义对收、发天线都适用。但是接收天线作为发射天线的逆过程，其能量转换的物理过程不同于发射天线，除了上面的参数，它还有独特的电参数。

4.4.1　互易定理

天线接收电磁波的物理过程是：天线在外场作用下激励起感应电动势，并在导体表面产生电流。该电流流进天线负载 Z_L（接收机），使接收机回路中产生电流。所以，接收天线是一个把空间电磁波能量转换为高频电流能量的能量转换装置，其工作过程恰好是发射天线的逆过程。

如图 4.4 - 1 所示，将一接收天线置于发射天线的远区。由于远离发射天线，可以认为接收天线处的辐射场是平面波。

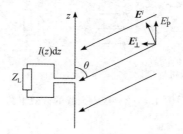

图 4.4 - 1　接收天线示意图

设来波方向与振子轴夹角为 θ，来波电场 $\boldsymbol{E}^i$ 可分解为 E_P^i 和 $E_\perp^i$ 两个分量，其中垂直于振子轴的 $E_\perp^i$ 不起作用，只有平行于振子方向的电场 $E_P^i = E_z^i = E^i \sin\theta$ 才能在振子表面激励起感应电流。在振子上取线源 $\mathrm{d}z'$，在 E_z^i 的作用下线元 $\mathrm{d}z'$ 的表面将感应一反向电场 $-E_z^i$，以满足理想导体边界条件。因此，线元 $\mathrm{d}z'$ 上的感应电动势为

$$\mathrm{d}e = -E_z^i \mathrm{d}z' \tag{4.4 - 1}$$

该电动势在负载 Z_L 上产生的电流为 $\mathrm{d}I$，则流过负载的总电流应是每段线元上感应电动势所引起的电流之和。由于电磁波到达天线各处有相位差，因此沿天线各处 E_z^i 的相位不同，且是来波方向 θ 的函数。因此，流过负载的总电流必是 θ 的函数，接收天线因而也具有方向性。

天线无论作为发射还是作为接收，应该满足的边界条件都是一样的。这就意味着所有类型的天线用作接收天线时，它的增益、极化、效率等电参数都与作发射时相同。这种同一天线收发参数相同的特性称为收发天线的互易性。由于收发天线的互易性，同一天线既可作发射天线，也可作接收天线，因而在多数雷达和通讯设备上只用一个天线便可完成发

射和接收任务。

　　根据互易原理，一副天线用作发射和接收，仅是物理过程不同，而天线的工作原理、形成辐射场的方向性原理以及天线表现出的电特性都是完全相同的。但是由于接收天线工作于弱信号状态，因此接收天线具有有别于发射天线的特殊参数，如有效接收面积、接收功率以及噪声温度等。

4.4.2　接收天线的等效电路和最大接收功率

1. 接收天线的等效电路

　　接收天线的等效电路如图 4.4 - 2 所示。图 4.4 - 2 中，$Z_{in} = R_{in} + jX_{in}$ 为天线用于接收时源的内阻抗，根据互易原理，其数值上等于该天线用作发射时的输入阻抗；$Z_L = R_L + jX_L$ 是接入天线端口的负载阻抗；e_r 为天线接收电动势，用公式可表示为

$$e_r = l_e E' F(\theta, \varphi) \tag{4.4-2}$$

其中，E' 为入射电场在该天线发射时的极化方向上的分量；$F(\theta, \varphi)$ 和 l_e 分别为该天线作发射时的归一化方向图函数和有效长度。

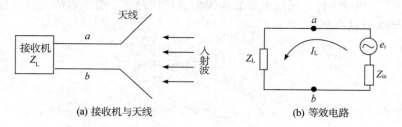

(a) 接收机与天线　　　　　　　(b) 等效电路

图 4.4 - 2　接收天线的等效电路

2. 天线的最大接收功率

　　由等效电路可知，要使接收机的接收功率最大，就得等效负载 Z_L 的吸收功率最大，或电源输出功率最大。

　　由电路理论可知，当电源内阻与负载共轭匹配时，电源输出功率最大。当 Z_L 与 Z_{in} 共轭匹配时，电源内阻和负载阻抗满足

$$Z_L = Z_{in}^*$$
$$\begin{cases} R_L = R_{in} \\ X_L = -X_{in} \end{cases} \tag{4.4-3}$$

此时为最佳工作状态，接收电流为

$$I_L = \frac{l_e E' F(\theta, \varphi)}{Z_{in} + Z_L} = \frac{l_e E' F(\theta, \varphi)}{2R_{in}} \tag{4.4-4}$$

接收功率为

$$P_{re}(\theta, \varphi) = \frac{1}{2} |I|^2 R_L = \frac{1}{2} \frac{(l_e E')^2}{4R_m} F^2(\theta, \varphi) \tag{4.4-5}$$
$$R_L = R_{in}$$

在共轭匹配情况下，若接收天线的主最大方向与来波方向一致（即 $F(\theta,\varphi)=1$）且极化也一致（即 $E'=E^i$），接收机可获得最大接收功率

$$P_{\text{remax}}=\frac{1}{2}\frac{(l_e E^i)^2}{4R_{\text{in}}} \tag{4.4-6}$$

4.4.3 有效面积 $A_e(\theta,\varphi)$

有效面积可以根据天线作接收和发射时两种情况进行定义，但是从接收天线的观点引入最方便。

作发射天线时，其有效面积定义为在保持该天线辐射场强不变的条件下，天线孔径场为均匀分布时的孔径等效面积。

作接收天线时，其有效面积表示接收天线吸收外来电磁波的能力，是接收天线的一个重要参数，在面天线中应用较广。

接收天线的有效面积定义为：在天线的极化与来波极化完全匹配以及负载与天线阻抗共轭匹配的最佳状态下，天线在该方向上所接收的功率 $P_{\text{re}}(\theta,\varphi)$ 与入射电磁波能流密度 S_i 之比，即接收天线所截获的电磁波总功率与电磁波通量密度之比

$$A_e(\theta,\varphi)=\frac{P_{\text{re}}(\theta,\varphi)}{S_i}=\frac{P_{\text{remax}}}{\dfrac{|E^i|^2}{2\eta_0}}$$

$$A_e=\frac{P_{\text{remax}}}{\dfrac{|E^i|^2}{2\eta_0}} \tag{4.4-7}$$

式中，$S_i=\dfrac{1}{2}\text{Re}(\boldsymbol{E}^i\times\boldsymbol{H}^{i*})=\dfrac{1}{2\eta_0}|E^i|^2$。

1）有效面积的物理含义

由 $P_{\text{re}}(\theta,\varphi)=S_i\cdot A_e(\theta,\varphi)$ 可见，有效面积代表接收天线吸收同极化外来电磁波的能力。如图 4.4-3 所示，假设有一块与平面波方向垂直的口面，该口面将电磁波能量全部接收，并转换成接收天线的输出功率送给接收机，此口面的面积就定义为天线的有效面积。

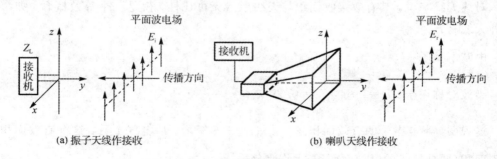

图 4.4-3　计算天线有效面积示意图

2）$A_e(\theta,\varphi)$ 与增益 G 的关系

由于接收天线的 G、D、R_{in}、l_e 与它用作发射天线时的参数一致，因由发射天线的增益定义有

$$G(\theta, \varphi) = \frac{P_0}{P_{in}} = \frac{4\pi r^2 \frac{1}{2\eta} |E(\theta, \varphi)|^2}{P_{in}}$$

$$= \frac{4\pi r^2}{\frac{1}{2}|I_{in}|^2 R_{in}} \frac{1}{2\eta} \left[\frac{60\pi l_e I_{in}}{\lambda r} F(\theta, \varphi)\right]^2 = \frac{\eta\pi}{R_{in}}\left(\frac{l_e}{\lambda}\right)^2 F^2(\theta, \varphi) \quad (4.4-8)$$

由式(4.4-5)和式(4.4-8)得

$$P_{re}(\theta, \varphi) = \frac{1}{2}\frac{(L_e E')^2}{4R_{in}}F^2(\theta, \varphi) = \frac{E'^2}{8}\frac{L_e^2}{R_{in}}F^2(\theta, \varphi) = \frac{E'^2}{2\eta} \cdot \frac{\lambda^2}{4\pi}G(\theta, \varphi) \quad (4.4-9)$$

当来波电场极化方向与接收天线极化方向一致时($E'=E^i$)，将式(4.4-9)代入式(4.4-7)得

$$A_e(\theta, \varphi) = \frac{\lambda^2}{4\pi}G(\theta, \varphi) \quad (4.4-10)$$

一般情况下，有效面积是指主最大方向上的有效面积 A_e，即

$$A_e = \frac{\lambda^2}{4\pi}G \quad 或 \quad G = \frac{4\pi}{\lambda^2}S_e \quad (4.4-11)$$

这和面天线中发射天线的有效面积一致。

当 $G=1$ 时，$A_e = \frac{\lambda^2}{4\pi}$，即理想点源天线的有效面积为 $\frac{\lambda^2}{4\pi}$。

3) A_e 与 L_e 的关系

由式(4.4-9)可得

$$A_e = \frac{\eta}{4R_{in}}l_e^2 \quad (4.4-12)$$

若天线无耗，$R_{in}=R_r$，$\eta_a=1$，$G=\eta_a D=D$，则

$$\begin{cases} A_e = \frac{\lambda^2}{4\pi}D \\ A_e = \frac{\eta}{4R_r}l_e^2 \end{cases} \quad (4.4-13)$$

对线天线来说，其有效接收面积与天线形状无可比性，仅是一个等效概念，如常用的几种天线有：

电基本振子：$D=1.5$，$A_e=\frac{3}{8\pi}\lambda^2$；

半波对称振子：$D=1.64$，$A_e=0.131\lambda^2 \approx \frac{\lambda^2}{8} = \frac{\lambda}{2} \cdot \frac{\lambda}{4}$。

这说明，半波振子的有效面积是一个 $\frac{\lambda}{2} \times \frac{\lambda}{4}$ 的矩形。从电气上看，这个有效面积比其物理面积(圆柱振子的纵剖面面积)大许多倍。

4.4.4　等效噪声温度

对于一般雷达及通信系统中的小天线，由于作用距离较近，接收的信号功率与噪声功率相比较大，因此在一般场合不考虑噪声功率。但是对于发射功率有限的远距离通信、雷

达、射电天文设备等，接收信号很弱，这时噪声突出为主要问题，因为噪声有可能将信号淹没，使我们无法检测到有用信号。因此不能仅用天线增益来判断天线的优劣，还需要用接收机的功率信噪比 P_S/P_N 来衡量天线的接收质量。其中，P_S 为接收机输入端的信号功率，P_N 为各种干扰源产生的噪声功率。通常天线向接收机输送噪声功率 P_N 的大小用天线的噪声温度来表示。

接收天线把从周围空间接收的噪声功率送往接收机的过程与噪声电阻把噪声功率输送给与之相接的电路网络的过程类似。将接收天线等效为一个温度为 T_a 的电阻，天线向匹配接收机输送的噪声功率就等于该电阻输送的最大噪声功率，即

$$P_N = \frac{e_n^2}{4R} = kT\Delta f \quad (\text{W}) \tag{4.4-14}$$

$$T_a = \frac{P_N}{k\Delta f} \tag{4.4-15}$$

式中，$k=4.280\,54\times10^{-23}$（焦耳/度），称为波尔兹曼常数；$\Delta f$ 为接入二端网络设备的频带宽度（Hz）；T_a 相当于一个电阻所处的环境温度。

由此可见，T_a 可以表征天线接收噪声功率的能力。T_a 越小，接收到的噪声功率就越小，故称 T_a 为天线的等效噪声温度。

天线等效噪声温度 T_a 不是天线本身的物理温度，而是表示外部源噪声功率所对应的等效噪声温度，它取决于外部噪声源的强度。如果将外部噪声源在空间的强度分布用 $T(\theta, \varphi)$ 表示，可以得到天线等效噪声温度的计算公式为

$$T_a = \frac{D}{4\pi}\int_0^{2\pi}\mathrm{d}\varphi\int_0^{\pi}T(\theta, \varphi)F^2(\theta, \varphi)\sin\theta\mathrm{d}\theta \tag{4.4-16}$$

式中，D 为天线最大指向方向上的方向性系数；$F(\theta, \varphi)$ 为天线方向图函数；$T(\theta, \varphi)$ 称为亮度温度分布，简称亮度温度。

式(4.4-16)表明：

(1) 等效噪声温度 T_a 不仅与接收天线周围空间干扰信号源的强度，即噪声源的强度有关，还与接收天线的方向性有关。

(2) 为了减小进入接收机的干扰信号功率或噪声，应使接收天线最大辐射方向指向信号源，并远离噪声源，同时还要尽量降低接收天线的旁瓣和后瓣电平。

对于长波、中波和短波波段，噪声源主要由工业上的电火花放射、雷电放电和其他干扰电台的辐射构成。其他电台的干扰分为绝对干扰和相对干扰，如敌台人为播放的杂音干扰，就属于绝对干扰；除接收频率以外其他频率的干扰就属于相对干扰。

对于超短波和微波波段，噪声主要来自于银河系、银河星系、地球周围的大气层和地面的热辐射。这几种噪声源虽比一般接收机的内部热噪声小得多，但对微波波段来说，由于采用强方向性低架天线和高灵敏、低噪声输入放大器，如卫星通信中使用的参量放大器、量子放大器等，因而不能忽略这种噪声源的影响。

本 章 小 结

本章全面介绍了天线的功能、分类，天线辐射电磁波的机理以及三种常见辐射单元，首先从麦克斯韦方程出发，推导了求解天线问题的基本公式，并以此为基础详细推导了电

基本振子产生的场，结合电基本振子场的分布介绍了天线场区的划分（近区、感应区和远区）以及不同场区电场、磁场、能量的分布特点；介绍了对偶原理和巴俾涅原理两个原理，并以此为基础，由电基本振子辐射场，通过对偶原理和巴俾涅原理，直接求得磁基本振子和缝隙基本振子的辐射场解；比较了电基本振子、磁基本振子和缝隙基本振子三种基本辐射单元的电流分布以及场的辐射特性；接着介绍了天线电参数的定义以及计算方法。根据收发天线的互易性，发射天线和接收天线的基本特性相同，一个天线设计好以后，性能就不会改变。但是当天线作接收使用时有一些特殊要求，因此本章最后介绍了接收天线特有的一些物理概念、分析方法以及等效温度、有效面积等描述天线接收性能的参数。

习　　题

4.1　设电基本振子沿 x 轴放置，推导它在球坐标系下的辐射场表达式。

4.2　已知一电基本振子长为 1 m，其上电流为 1 A，电源频率 3 MHz，试求：

（1）若基本振子位于纸面上，求如图 1 所示的 A、B、C、D、E 五点处电场的大小，并在图上绘出各点电场的方向（$r=10$ km 处）；

（2）若基本振子垂直纸面放置，其他条件不变，再求各点电场的大小和方向图。

4.3　图 2 所示为某天线在 yz 平面的方向图，已知 $2\theta_{0.5}=78°$，试求处于远区的 $M_1(r_0, 51°, 90°)$、$M_2(2r_0, 90°, 90°)$ 两点的场强比值。

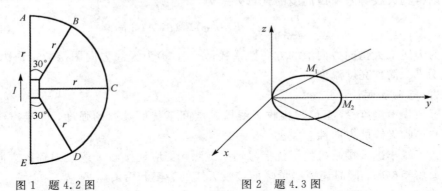

图 1　题 4.2 图　　　　　　　　图 2　题 4.3 图

4.4　在表 1 中进行场强比、功率密度比和分贝数之间的换算。

表 1　题 4.4 表

场强比		20	
功率密度比	2500		0.15
分贝数		25	−24.6

4.5　已知某天线的辐射功率为 5 W，方向系数为 3，试求：

（1）$r=10$ km 处的场强大小；

（2）若效率为 0.6 时，求增益系数的分贝数；

（3）$r=20$ km 处电场为多少？若保持与 $r=10$ km 处的电场相等，方向系数应增加多少？

4.6　有甲、乙两天线，它们的方向系数相同，但增益系数不同。它们都以最大辐射方向对准 r 远处的点 M，比较两天线在点 M 处产生的场强的大小。

(1) 两天线辐射功率相同时；

(2) 两天线输入功率相同时。

4.7　已知某天线 E 平面归一化方向函数为

$$F(\theta) = \cos\left(\frac{\pi}{4}\cos\theta - \frac{\pi}{4}\right)$$

画出其 E 面方向图，并计算其半功率波瓣宽度 $2\theta_{0.5}$。

4.8　已知某天线在某主平面上的方向函数为

$$F(\alpha) = \sin 2\alpha + 0.414$$

计算该天线在该平面上的半功率波瓣宽度 $2\theta_{0.5}$。

4.9　继 4.8 题，若天线辐射功率为 $P_r = 1\ \text{mW}$，计算 $\alpha = 30°$ 方向上、$r = 2\ \text{km}$ 远处的场强值。

4.10　已知对称振子 $2l = 2\ \text{m}$，求此天线工作波长为 10 m 和 4 m 时的有效长度。

4.11　图 3 所示的三个电流元系统 $(4l \ll \lambda)$ 有无辐射？为什么？图 3(b) 所示的 2λ 长的对称振子有无辐射，为什么？

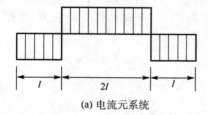
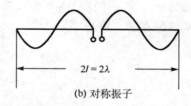

(a) 电流元系统　　　　　　　　　　　　(b) 对称振子

图 3　题 4.11 图

4.12　比较图 4 所示各种情况下接收电流的大小。

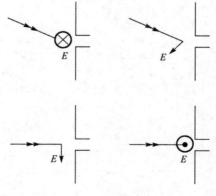

图 4　题 4.12 图

4.13　设外来均匀平面电磁波振幅为 E，电场矢量与电基本振子共面，当长为 L 的电基本振子其轴线与来波方向夹角为 0°、30°、60°、90°、120°时，求接收电动势的振幅值。

4.14　两半波振子共面但轴线不平行，如图 5 所示，均处于调谐匹配状态，一发一收。

若发射机输出功率为 2 W，两天线相距 2 km，波长为 4.4 m，并忽略损耗，则

　　（1）求接收天线的接收功率级负载上的电流。

　　（2）若将 Z_l 与 e 交换，接收功率与负载上的电流是否会变化？

　　（3）若"1"绕 z 轴转 90°，情况如何？

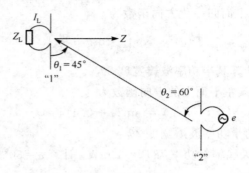

图 5　题 4.14 图

　　4.15　某天线和一半波振子辐射功率相同时，其最大辐射方向距离为 r 处的场强是半波振子最大辐射方向等距离处场强的两倍，试求该天线的有效面积（工作波长为 λ）。

　　4.16　两等辐馈电的电基本振子垂直于纸面平行排列，间距为 $d = 0.3\lambda$。它们的辐射功率相同都为 0.1 W，计算如图 6 所示四种情况下，$r = 1$ km 远处的场强值（两振子上电流的相位关系已标在图 6 中）。

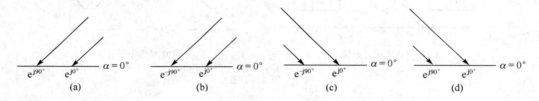

图 6　题 4.16 图

第 5 章　对称振子与阵列天线

5.1　对称振子天线

　　对称振子结构如图 5.1-1 所示，它由两段长度对称的直导线构成，在中间两端点馈电。中间两端点间距离 s 很小（$s \ll \lambda$），可忽略不计；每段导线长度为 l，称为振子臂长，d 为导线半径。

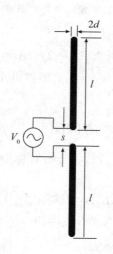

图 5.1-1　对称振子

　　由于结构简单，对称振子被广泛应用于雷达、通信、电视和广播等无线电技术设备。对称振子的工作频率为短波到微波波段，既可以作为独立的天线使用，也可以作为天线阵基本单元组成线阵或平面阵，还可以作为反射面天线的馈源。

　　馈电时，在对称振子两臂产生高频电流，此电流将产生辐射场。由于对称振子的长度与波长可比拟，振子上的电流幅度和相位已不能看成处处相等，因此对称振子的辐射场显然不同于电基本振子。但是可以将对称振子分成无数小段，每一小段都可以看成电基本振子，则对称振子的辐射场就是这些无数小段电基本振子辐射场的总和。

5.1.1　对称振子上的电流分布

对于中心点馈电的对称振子天线，其结构可看作是一段开路传输线张开而成。根据微波传输线的知识，终端开路的平行传输线，其上电流呈驻波分布，如图 5.1－2(a)所示。在两根相互平行的导线上，电流方向相反，由于两线间距 s 远远小于波长，它们所激发的电磁场在两线外的周围空间相互抵消，辐射很弱。如果两线末端逐渐张开，如图 5.1－2(b)所示，辐射将逐渐增强。当两线完全展开时，如图 5.1－2(c)所示，张开两臂上的电流方向相同，辐射明显增强。对称振子后面未张开的部分就作为天线的馈电传输线。

理论和实验已经证明，当振子半径 $d \ll \lambda/100$ 时，对称振子的电流分布近似为正弦分布，如图 5.1－2(c)所示。单臂长为 l 的对称振子的电流分布可近似写为

$$I(z) = I_m \sin[\beta(l - |z|)] = \begin{cases} I_m \sin[\beta(l+z)], & -l \leqslant z \leqslant 0 \\ I_m \sin[\beta(l-z)], & 0 \leqslant z \leqslant l \end{cases} \quad (5.1-1)$$

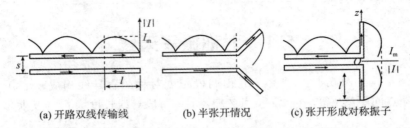

(a) 开路双线传输线　　　(b) 半张开情况　　　(c) 张开形成对称振子

图 5.1－2　开路双线传输线张开而形成对称振子的示意图

由此电流分布可知：

当 $z=\pm l$ 时，天线两端的电流为零，$I(\pm l)=0$；

当 $z=0$、$l=\lambda/4$ 时，$kl=\pi/2$，$I(0)=I_m$，即馈电点电流为最大值。此时天线上的电流为半波，称为半波对称振子。

5.1.2　对称振子的远区辐射场和方向图

对称振子的结构如图 5.1－3(a)所示。已知对称振子的长度为 $2l$，其上电流为正弦分布，求远区辐射场的分析步骤如下：

(1) 建立坐标系。如图 5.1－3 所示，由式(5.1－1)可知其上电流分布为

$$I(z) = I_m \sin[\beta(l - |z|)], \quad -l \leqslant z \leqslant l \quad (5.1-2)$$

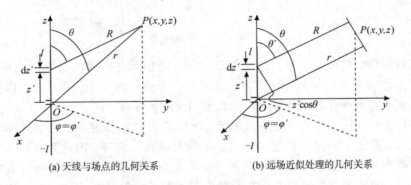

(a) 天线与场点的几何关系　　　(b) 远场近似处理的几何关系

图 5.1－3　对称振子辐射场的求解示意图

（2）写出天线元 dz 的辐射场。将对称振子分为长度为 dz 的许多小段，每个小段可看作是一个元天线。距坐标原点 z' 处的元天线的辐射电场可由式（4.3-10）给出，并写作

$$dE = j\eta_0 \frac{I(z)dz}{2\lambda R}\sin\theta\, e^{-j\beta R} \tag{5.1-3}$$

（3）作远场近似。

对相位项来说，有

$$R = r - z'\cos\theta$$

对幅度项来说，有

$$R \approx r，且\ e^{-j\beta R} = e^{-j\beta r} e^{j\beta z'\cos\theta}$$

（4）求总场。

总场是这些元天线的辐射场在空间某点的叠加，用积分表示为

$$E_\theta = \int_{-l}^{l} dE_\theta = j\eta_0 \frac{e^{-j\beta r}}{2\lambda r}\sin\theta\int_{-l}^{l} I(z)e^{j\beta z'\cos\theta}dz \tag{5.1-4}$$

把电流分布式（5.1-2）代入式（5.1-4），并分成对两个臂的积分，则式（5.1-4）可写作

$$\begin{aligned}
E_\theta &= j\eta_0 \frac{e^{-j\beta r}}{2\lambda r}\sin\theta I_m \left\{\int_{-l}^{0}\sin[\beta(l+z)]e^{j\beta z'\cos\theta}dz + \int_{0}^{l}\sin[\beta(l-z)]e^{j\beta z'\cos\theta}dz\right\} \\
&= j\eta_0 \frac{e^{-j\beta r}}{2\lambda r}\sin\theta I_m 2\int_{0}^{l}\sin[\beta(l-z)]\cos(\beta z\cos\theta)dz \\
&= j\frac{60 I_m}{r}e^{-j\beta r}\frac{\cos(\beta z\cos\theta)-\cos(\beta l)}{\sin\theta} = j\frac{60 I_m}{r}e^{-j\beta r}f(\theta)
\end{aligned} \tag{5.1-5}$$

可以看出，对称振子的辐射场也是球面波$\left(球面波因子\frac{e^{-j\beta r}}{r}\right)$，辐射中心就是对称振子的中点。

（5）求总场模值及方向图函数。

模值为

$$|E_\theta| = \frac{60 I_m}{r}|f(\theta)| \tag{5.1-6}$$

方向图函数为

$$f(\theta) = \frac{\cos(\beta z\cos\theta)-\cos(\beta l)}{\sin\theta} \tag{5.1-7}$$

当 $2l/\lambda \leqslant 1.44$ 时，最大辐射方向为侧向（$\theta_m = \pi/2$），最大值为

$$f_{\max} = f(\theta_m) = 1 - \cos(\beta l) \tag{5.1-8}$$

则归一化方向图函数为

$$F(\theta) = \frac{\cos(\beta l\cos\theta)-\cos(\beta l)}{f_{\max}\sin\theta} \tag{5.1-9}$$

方向图函数仅是 θ 的函数，说明对称振子的辐射场与 φ 无关，即在垂直对称振子的 H 面内是无方向性的，这与电基本振子相同。对于包含振子的 E 面，其方向性函数不仅与角度 θ 有关，还与振子长度 l 有关。

电流为正弦分布的对称振子的方向图函数不仅与空间方向角 θ 有关，还与其电长度 l/λ 有关。天线的几何长度与工作波长的比值称为电长度。显然式（5.1-9）表示的方向图函数

与空间角 φ 无关，说明天线的方向图是关于 z 轴旋转对称的。根据方向图函数绘出对称振子的典型长度为 $2l = \lambda/2$ 和 $2l = 1.25\lambda$ 时的三维幅度方向图，如图 5.1 - 4 所示。由图 5.1 - 4 可见，长度为 $2l = \lambda/2$ 时，方向图没有副瓣，E 面的方向图较"胖"；当 $2l = 1.25\lambda$ 时，方向图出现副瓣，E 面的方向图变得较尖锐。在 H 面上，两者的方向图均为一个圆。两个图形的最大值均在对称振子的侧向（$\theta_m = \pi/2$），而在振子轴线方向辐射场为零。

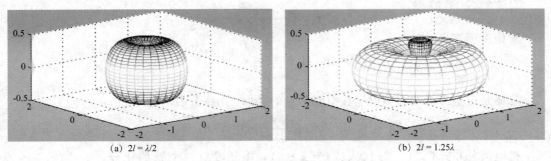

(a) $2l = \lambda/2$　　　　　　　　　　　(b) $2l = 1.25\lambda$

图 5.1 - 4　两种典型长度的对称振子三维方向图

对不同长度的对称振子也可绘出其二维极坐标方向图，$2l$ 分别为 $\lambda/4$、$\lambda/2$、$3\lambda/4$ 和 λ 时的归一化 E 面方向图如图 5.1 - 5(a) 所示。作为比较，该图中也画出了 $2l \ll \lambda$ 的短天线（或元天线）的方向图。从图 5.1 - 5(a) 可以看出，长度不大于一个波长的对称振子的方向图，随着其长度增加，波瓣变窄，方向性增强。它们的 H 面方向图均为一个圆。

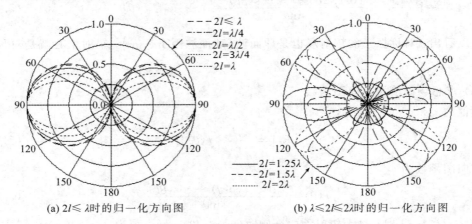

(a) $2l \leqslant \lambda$ 时的归一化方向图　　　　　(b) $\lambda \leqslant 2l \leqslant 2\lambda$ 时的归一化方向图

图 5.1 - 5　不同长度的对称振子二维极坐标归一化 E 面方向图

$2l$ 分别为 1.25λ、1.5λ 和 2λ 时的归一化方向图如图 5.1 - 5(b) 所示。长度超过一个波长时，E 面方向图就开始出现副瓣（$2l = 1.25\lambda$），H 面方向图仍为一个圆。随着长度的增加，副瓣变大，原来在侧射方向的主瓣变小（$2l = 1.5\lambda$），甚至减小到零（$2l = 2\lambda$），此时在垂直于振子轴的 H 面内均为零辐射（H 面已无意义）。

不同长度的对称振子之所以具有不同的方向性，一是由于各基本振子单元辐射波的干涉作用，即波程差引起的，而波程差是角度 θ 的函数；二是由于不同长度对称振子上电流分布不同造成的。

由式(5.1 - 2)绘出的不同长度对称振子上的电流分布如图 5.1 - 6 所示。显然振子长度不同,其上电流分布也不同。当 $2l \leqslant \lambda$ 时,振子天线上的电流分布均为正;当 $2l > \lambda$ 时,电流分布将有负值出现,甚至达到负的最大值,这就导致对称振子天线方向图出现副瓣甚至出现多瓣。

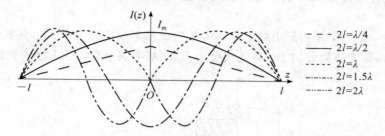

图 5.1 - 6　不同长度对称振子上的电流分布

　　对称振子天线全长大于一个波长时,由于方向图出现多瓣,其方向性降低,一般不用;全长等于一个波长的对称振子天线方向性最强,但是其馈电点处的电流为零,其输入阻抗为无穷大,难以匹配。因此,实际中一般多采用半波对称振子天线。

5.1.3　对称振子的主要特性参量及辐射场的统一表达式

　　根据天线的方向性函数可以确定主瓣宽度、方向性系数、辐射电阻等特性参量。

1. 半功率波瓣宽度 $2\theta_{0.5}$

　　在二维方向图中,功率为最大值一半(场强为主瓣最大值的 0.707 倍)时对应的两个角度之间的夹角称为半功率波瓣宽度。

　　【例 5.1 - 1】　求半波振子天线的主瓣宽度。

　　解　由式(5.1 - 9)可得半波振子的方向图函数为

$$F(\theta) = \frac{\cos(\pi \cos \theta / 2)}{\sin \theta}$$

其方向图如图 5.1 - 7 所示。

　　令 $F(\theta') = 0.707$,可得 $\theta' = 51°$。最大值方向为 $\theta_m = 90°$,$\theta_{0.5} = \theta_m - \theta' = 39°$,所以 $2\theta_{0.5} = 78°$。

　　已知电基本振子的方向图函数 $F(\theta) = \sin \theta$,所以主瓣宽度 $2\theta_{0.5} = 90°$。表 5.1 - 1 给出了图 5.1 - 5(a)所示的五个长度的对称振子方向图的主瓣宽度。

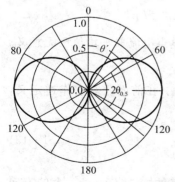

图 5.1 - 7　半波振子的方向图

表 5.1 - 1　五个典型长度对称振子方向图的最大值和主瓣宽度

长度 $2l$	最大值 f_{max}	$2\theta_{0.5}$
$\ll \lambda$	$\pi^2 (l/\lambda)^2 / 2$	$90°$
$\lambda/4$	0.293	$87°$
$\lambda/2$	1	$78°$
$3\lambda/4$	1.707	$64°$
λ	2	$47.8°$

2. 有效长度 L_e

有效长度有两种定义方法，这里以归于输入电流最大值为参考，求对称振子的有效长度。

如图 5.1-8 所示，将实际天线上电流分布的面积等效成宽度为 I_{in}、有效长度为 L_e 的矩形面积，则在最大辐射方向上，有效长度为 L_e 的基本振子与实际天线的场强相等。

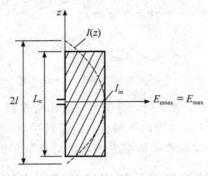

图 5.1-8 有效长度

由式(4.3-31b)可得有效长度为 L_e、等幅电流分布为 $I=I_{in}$ 的基本振子在最大方向上的电场强度为

$$|E_{em}| = |E_\theta|_{\theta=\pi/2} = \frac{I_{in}L_e}{2\lambda r}\eta_0 \tag{5.1-10}$$

对于长度为 $2l \leqslant 1.44\lambda$ 的对称振子，其最大辐射方向为侧向 $(\theta=\pi/2)$。由式(5.1-5)可得其最大场强值为

$$|E_m| = |E_\theta|_{\theta=\pi/2} = \frac{60I_m}{r}[1-\cos(\beta l)] \tag{5.1-11}$$

令 $|E_{em}| = |E_m|$，并代入 $|I_{in} = I_m\sin(\beta l)|$ 和 $\eta_0 = 120\pi$，得对称振子的有效长度为

$$L_e = \frac{\lambda}{\pi}\frac{1-\cos(\beta l)}{\sin(\beta l)} = \frac{\lambda}{\pi}\tan\left(\frac{\beta l}{2}\right), \quad l \leqslant 1.44 \text{ 且 } l \neq \lambda \tag{5.1-12}$$

有效长度要分为三种情况，分别如下所述：

(1) 半波振子 $2l=\lambda/2$：$\frac{\beta l}{2}=\frac{2\pi}{\lambda}\frac{\lambda}{2\times4}=\frac{\pi}{4}$，则 $L_e=\frac{\lambda}{\pi}$。

(2) 短波振子：$kl \ll 1$，则 $L_e=\frac{\lambda}{\pi}\frac{\beta l}{2}=l$，有效长度为天线长度 $2l$ 的一半。

(3) 全波振子，$2l=\lambda/2$，天线馈电点电流为零，此时对馈电点电流取平均值已无意义。

3. 方向性系数 D

方向性系数是用来表征天线辐射能量集中程度的一个参数。在前面已对它作过定义，并导出线极化天线方向性系数的计算公式为

$$D(\theta_0, \varphi_0) = \frac{4\pi f^2(\theta_0, \varphi_0)}{\int_0^{2\pi}d\varphi\int_0^{\pi}f^2(\theta, \varphi)\sin\theta d\theta} \tag{5.1-13}$$

式(5.1-14)表示某个方向 (θ_0, φ_0) 上的方向性系数。最大辐射方向 (θ_m, φ_m) 上的方向性系数为

$$D = \frac{4\pi f^2(\theta_m,\ \varphi_m)}{\int_0^{2\pi}\mathrm{d}\varphi\int_0^{\pi} f^2(\theta,\ \varphi)\sin\theta\mathrm{d}\theta} \qquad (5.1-14)$$

对称振子的方向图函数为旋转对称，即与 φ 角无关，$f(\theta,\ \varphi)=f(\theta)$，所以

$$D = \frac{2f^2(\theta_m)}{\int_0^{\pi} f^2(\theta)\sin\theta\mathrm{d}\theta} \qquad (5.1-15)$$

对于长度为 $2l$ 的对称振子，方向图函数 $f(\theta)$ 由式(5.1-7)表示，即

$$Q=\int_0^{\pi} f^2(\theta)\sin\theta\mathrm{d}\theta = \int_0^{\pi}\left[\frac{\cos(\beta l\cos\theta)-\cos(\beta l)}{\sin\theta}\right]^2\sin\theta\mathrm{d}\theta$$

$$= E + \ln(2\beta l) - C_i(2\beta l) + \frac{1}{2}\sin(2\beta l)[S_i(4\beta l) - 2S_i(2\beta l)] + \qquad (5.1-16)$$

$$\frac{1}{2}\cos(2\beta l)[E + \ln(\beta l) + C_i(4\beta l) - 2C_i(2\beta l)]$$

式中，$E=0.5772$ 为欧拉常数；$C_i(x)$ 和 $S_i(x)$ 分别为余弦积分和正弦积分

$$\begin{cases} C_i(x) = \int_x^{\infty}\frac{\cos t}{t}\mathrm{d}t \\ S_i(x) = \int_0^x\frac{\sin t}{t}\mathrm{d}t \end{cases} \qquad (5.1-17)$$

根据式(5.1-16)、式(5.1-17)可计算不同长度对称振子的方向性系数，图5.1-9(a)给出了对称振子长度为 $0<2l\leqslant2\lambda$ 时的方向性系数值。

对半波振子($2l=\lambda/2$)，其方向图函数为 $f(\theta)=\cos(\pi\cos\theta/2)/\sin\theta$，则

$$Q=\int_0^{\pi} f^2(\theta)\sin\theta\mathrm{d}\theta = \int_0^{\pi}\frac{\cos^2(\pi\cos\theta/2)}{\sin\theta}\mathrm{d}\theta = \frac{1}{2}\int_0^{2\pi}\frac{1-\cos t}{t}\mathrm{d}t$$

$$= \frac{E + \ln(2\pi) - C_i(2\pi)}{2} = 1.2175 \qquad (5.1-18)$$

将式(5.1-18)代入式(5.1-15)，可得方向性系数为 $D=1.64$ dB 或 $D=2.15$ dB。

4. 辐射功率和辐射电阻 R_r

已知坡印亭矢量为

$$\boldsymbol{S} = \frac{1}{2}\boldsymbol{E}\times\boldsymbol{H}^* = \boldsymbol{e}_r\frac{|E_\theta|^2}{2\eta_0} = \boldsymbol{e}_r\frac{60^2 I_m^2}{2\eta_0 r^2}f^2(\theta) \qquad (5.1-19)$$

则辐射功率为

$$P_r = \frac{1}{2}\oiint_S\boldsymbol{E}\times\boldsymbol{H}^*\,\mathrm{d}\boldsymbol{S} = \frac{60^2}{2\eta_0}I_m^2\int_0^{2\pi}\mathrm{d}\varphi\int_0^{\pi} f^2(\theta)\sin\theta\mathrm{d}\theta$$

$$= \frac{60^2\pi}{\eta_0}I_m^2\int_0^{\pi}\left[\frac{\cos(\beta l\cos\theta)-\cos(\beta l/2)}{\sin\theta}\right]^2\sin\theta\mathrm{d}\theta$$

$$= \frac{60^2\pi}{\eta_0}I_m^2 Q \qquad (5.1-20)$$

式中，Q 见式(5.1-16)。

归于波腹电流的辐射电阻为

$$R_r = \frac{2P_r}{I_m^2} = \frac{2\times60^2\pi}{\eta_0}Q = 60Q \qquad (5.1-21)$$

由式(5.1-22)可计算不同长度的对称振子天线的辐射电阻。

图 5.1-9(b)给出了 $0 < l \leqslant 2\lambda$ 时对称振子的辐射电阻曲线。对半波对称振子，式(5.1-19)已给出 $Q = 1.2175$，代入式(5.1-22)，可得出半波对称振子的辐射电阻为 $R_r = 73.1\ \Omega$。

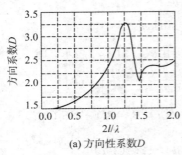

(a) 方向性系数 D

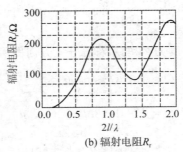

(b) 辐射电阻 R_r

图 5.1-9　电流为正弦分布的对称振子的方向性系数和辐射电阻随长度的变化

如果天线的损耗为零，则辐射电阻等于半波偶极天线的输入电阻(半波偶极天线的输入电流为波腹电流)。对于长度小于半波长的对称偶极天线，馈电点电流为波腹电流，若不考虑天线自身的导体损耗，输入电阻等于辐射电阻；当天线长度大于半波长时，馈电点电流不是波腹电流，二者并不相等。

5. 输入电阻 R_{in}

对称振子输入阻抗的精确分析需要借助计算机数值计算。由于对称振子由传输线演变而来，因此可以采用传输线近似的方法，将对称振子输入阻抗看成高损耗有耗开路线的输入阻抗，即

$$Z_{in} = Z_0 \coth(\alpha + j\beta)l = R_{in} + jX_{in} \qquad (5.1-22)$$

式中，$Z_0 = 120\left(\ln\dfrac{4l}{d} - 1\right)$ 为特性阻抗；R_{in} 为输入电阻，即

$$R_{in} = Z_0 \frac{\mathrm{sh}(2\alpha l) - \dfrac{\alpha}{\beta}\sin(2\beta l)}{\mathrm{ch}(2\alpha l) - \cos(2\beta l)} \qquad (5.1-23a)$$

X_{in} 为输入电导，即

$$X_{in} = -Z_0 \frac{\dfrac{\alpha}{\beta}\mathrm{sh}(2\alpha l) + \sin(2\beta l)}{\mathrm{ch}(2\alpha l) - \cos(2\beta l)} \qquad (5.1-23b)$$

当对称振子长度很短时($l < 0.35\lambda$)，式(5.1-23)可化简为

$$Z_{in} = \frac{R_r}{\sin^2\beta l} - jZ_0\cot\beta l \qquad (5.1-24)$$

图 5.1-10 给出了不同特性阻抗下输入电阻 R_{in} 和输入电抗 X_{in} 随 l/λ 变化的曲线。

由图 5.1-10 可知：

(1) 对称振子的特性阻抗 Z_0 越小(振子半径 d 越大，天线越粗)，输入阻抗越小，而且输入阻抗随振子长度的变化越小，曲线越平坦，这有利于宽带工作。因此，在实际工作中，为了加宽对称振子的工作带宽，常采用加粗振子直径的方法来降低它的特性阻抗。

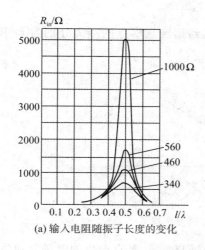
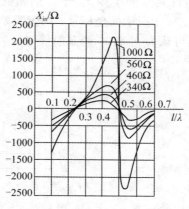

(a) 输入电阻随振子长度的变化　　　(b) 输入电抗随振子长度的变化

图 5.1 - 10　对称振子输入阻抗随振子长度变化

（2）当 $l/\lambda = 0.25$ 时，$x_{in} \to 0$，而且在此附近曲线较平坦，易于实现宽带匹配，这是半波对称振子得到普遍应用的又一原因；当 $l/\lambda = 0.5$ 时，$x_{in} \to 0$，但是此处曲线变化较陡，频带较窄，因此实际中常采用半波振子而不用全波振子。

（3）与 $x_{in} = 0$ 对应的长度是对称振子的谐振长度。由图 5.1 - 10 可见，$x_{in} = 0$ 对应的长度总是略小于 $\lambda/4$ 的整数倍。这是因为电磁波在导线中传播的速度比在自由空间中传播速度小，相应波长比自由空间短，因此谐振长度也短。此现象称为波长缩短效应。波长缩短效应与振子的粗细有关，振子越粗，缩短越多，因此实际半波振子的谐振长度在 $0.45\lambda \sim 0.49\lambda$ 之间。

5.2　天　线　阵

为了增强天线的方向性，提高天线的增益和方向性系数，或者为了得到所需要的辐射特性，可采用天线阵形成阵列天线。天线阵是由多个相同的单元天线按一定方式排列在一起而构成的。组成阵列天线的独立单元称为天线单元或阵元。阵元可以是任意形式的单个天线，如对称振子、折合振子、螺旋天线、波导缝隙等。由于离散阵列天线各单元的间距、激励幅度和相位比较容易控制，如形成所需的方向图、实现扫描或其他的特殊性能，因此得到了广泛的应用。

常用的天线阵按其维数可分为线阵和面阵。若天线单元排列在一条直线上，则称为直线阵。线阵是天线阵的基础。在面阵中，各单元又可排列成圆形阵、矩形阵等。实际中，还有的天线单元配置在飞机、导弹、卫星等实体的表面上，形成共形阵。

5.2.1　二元天线阵

二元阵是最简单的阵列天线。为分析方便起见，以点来表示这两个天线单元。如图 5.2 - 1所示，单元间距为 d，两单元激励电流分别为 I_0 和 I_1，且 $I_1 = mI_0 e^{-j\alpha}$，其中 m 为两单元电流的幅度比，α 为两单元电流之间的相位差。若 $\alpha > 0$，则 I_1 滞后于 I_0；若 $\alpha < 0$，

则 I_1 超前于 I_0；若 $\alpha=0$，则 I_1 与 I_0 同相位。

　　根据图 5.2-1 所示的坐标系，两天线单元到远区观察点的距离分别为 r_0 和 r_1。由于观察点很远，可认为 r_0 和 r_1 两条射线平行。

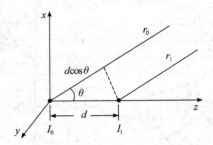

图 5.2-1　二元阵及坐标系

　　为不失一般性，设天线单元为对称振子，它们在远区某点产生的电场分别为

$$\begin{cases} E_0 = \mathrm{j}\dfrac{60 I_0}{r_0}\mathrm{e}^{-\mathrm{j}\beta r_0} f_0(\theta,\varphi) \\[2mm] E_1 = \mathrm{j}\dfrac{60 I_1}{r_1}\mathrm{e}^{-\mathrm{j}\beta r_1} f_1(\theta,\varphi) \end{cases} \tag{5.2-1}$$

　　设这两个对称振子等长，并且是平行或共轴放置，$f_1(\theta,\varphi)=f_0(\theta,\varphi)$，则二元阵总场为

$$E_T = E_0 + E_1 = \mathrm{j}60 I_0 f_0(\theta,\varphi)\left[\frac{\mathrm{e}^{-\mathrm{j}\beta r_0}}{r_0} + \frac{I_1}{I_0}\frac{\mathrm{e}^{-\mathrm{j}\beta r_1}}{r_1}\right] \tag{5.2-2}$$

　　作远场近似时，对幅度 $1/r_1 \approx 1/r_0$，对相位 $r_1 = r_0 - r_0 \cdot zd = r_0 - d\cos\theta$。所以式 (5.2-2) 可写为

$$\begin{aligned} E_T &= \mathrm{j}\frac{60 I_0}{r_0}\mathrm{e}^{-\mathrm{j}\beta r_0} f_0(\theta,\varphi)\left[1 + m\mathrm{e}^{\mathrm{j}(\beta d\cos\theta - \alpha)}\right] \\[2mm] &= \mathrm{j}\frac{60 I_0}{r_0}\mathrm{e}^{-\mathrm{j}\beta r_0} f_0(\theta,\varphi)\left[1 + m\mathrm{e}^{\mathrm{j}\psi}\right] = \mathrm{j}\frac{60 I_0}{r_0}\mathrm{e}^{-\mathrm{j}\beta r_0}\mathrm{e}^{\mathrm{j}\psi/2} f_T(\theta,\varphi) \end{aligned} \tag{5.2-3}$$

其模值为

$$|E_T| = \frac{60\,|I_0|}{r_0}|f_T(\theta,\varphi)| \tag{5.2-4}$$

式中

$$f_T(\theta,\varphi) = f_0(\theta,\varphi) f_\mathrm{a}(\theta,\varphi) \tag{5.2-5}$$

　　对于对称振子来说，有

$$f_0(\theta,\varphi) = \frac{\cos(\beta l\cos\theta) - \cos(\beta l)}{\sin\theta}$$

$$f_\mathrm{a}(\theta,\varphi) = (\mathrm{e}^{-\mathrm{j}\psi/2} + m\mathrm{e}^{\mathrm{j}\psi/2}) \tag{5.2-6}$$

$$\psi = \beta d\cos\theta - \alpha \tag{5.2-7}$$

式中，ψ 为两个单元辐射场之间的相位差，它等于波程差和馈电相位差之和。

　　由式 (5.2-5) 可知，二元阵总场的方向图由两部分相乘而得，第一部分 $f_0(\theta,\varphi)$ 为单元天线的方向图函数；第二部分 $f_\mathrm{a}(\theta,\varphi)$ 称为阵因子，它与单元间距 d、电流幅度比值 m、相位差 α 和空间方向角 θ 有关，与单元天线无关。因此可以得到方向图相乘的原理：由相同单元天线组成的天线阵的方向图函数等于单元天线方向图函数与阵因子的乘积。方向图乘积定理只适用于取向一致的相似元组成的天线阵，因为如果两个天线不是相似元，在二元阵的总方向图中就提不出一个共同的单元方向图因子。这里从对称振子二元阵推出方向图乘积定理，对于由任意相似元组成的天线阵同样普遍成立。

由于构成天线阵的阵元一般都具有很宽的方向图，阵的方向性主要由阵因子控制，因此在研究天线阵时通常只研究阵因子的作用。

当两天线振幅相等，即 $m=1$ 时，式(5.2-6)的阵因子为

$$f_a(\theta, \varphi) = 2\cos\left(\frac{\psi}{2}\right) = 2\cos\left(\frac{\beta d}{2}\cos\theta - \frac{\alpha}{2}\right), \quad \beta = 2\pi/\lambda \qquad (5.2-8)$$

(1) 当 $m=1$、$\alpha=0$（即 $I_1=I_0$，等幅同相）时，有

$$f_a(\theta, \varphi) = 2\cos\left(\frac{\pi d}{\lambda}\cos\theta\right) \qquad (5.2-9)$$

图 5.2-2 给出了 $d=\lambda/2$ 和 $d=\lambda$ 时阵因子的方向图（等幅同相，但间距不同）。由图 5.2-2 可以看到，$d=\lambda/2$ 时阵因子有两个波瓣，而 $d=\lambda$ 时阵因子有四个波瓣，两者的差别就是由于不同的波程差造成的。如在 $\theta=0°$ 和 $180°$ 方向，$d=\lambda/2$ 时两天线元的波程差为 $180°$，它的场反相抵消；而 $d=\lambda$ 时两天线元的波程差增加到 $360°$，它们的场变成同相叠加，所以又形成了两个最大值，变成四个瓣。这说明天线阵的间距过大是不好的。以后还会讲到天线阵间距过大会产生栅瓣，栅瓣的出现是人们不希望的，它不但会使辐射能量分散，增益下降，而且会产生测角多值性，对目标定位、测向造成错误判断等，应当给予抑制。所以通常天线阵间距取 $\lambda/2$ 左右。

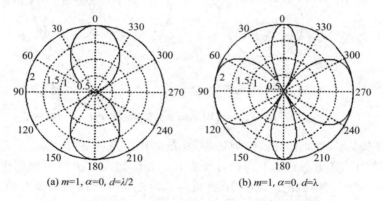

(a) $m=1, \alpha=0, d=\lambda/2$　　　　(b) $m=1, \alpha=0, d=\lambda$

图 5.2-2　$m=1$、$\alpha=0$ 时不同单元间距的极坐标方向图

(2) 当 $m=1$、$\alpha=\pi$（即 $I_1=-I_0$，等幅反相）时，有

$$f_a(\theta, \varphi) = 2\sin\left(\frac{\pi d}{\lambda}\cos\theta\right) \qquad (5.2-10)$$

图 5.2-3 给出了 $d=\lambda/2$ 和 $d=\lambda$ 时的阵因子方向图（等幅反相，但间距不同）。当间距 $d=\lambda/2$ 时，两单元的远区辐射场在 $\theta=0$ 和 $\theta=\pi$ 方向上增强，而在 $\theta=\pi/2$ 和 $\theta=3\pi/2$ 方向上则相互抵消。阵因子呈"∞"字形，但波瓣很胖。当 $d=\lambda$ 时最大辐射方向为 $60°$、$120°$、$240°$ 和 $300°$，而零辐射方向为 $0°$、$90°$、$180°$ 和 $270°$。和等幅同相相比，最大辐射方向和零辐射方向正好互换，这是由于两天线元 $180°$ 的相位差造成的，它使原来由波程差应加强的场变为反相相消，而使原来由于波程差为 $180°$ 而互相抵消的场变成同相叠加。

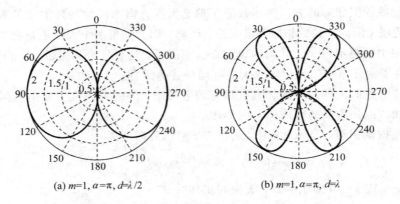

(a) $m=1, \alpha=\pi, d=\lambda/2$ 　　　　　　(b) $m=1, \alpha=\pi, d=\lambda$

图 5.2-3　$m=1$、$\alpha=\pi$ 时不同单元间距的极坐标方向图

（3）当 $m=1$、$\alpha=\pm\pi/2(I_1=I_0 e^{-j\pi/2})$，且 $d=\lambda/4$ 时，有

$$f_a(\theta, \varphi) = 2\cos\left[\frac{\pi}{4}(\cos\theta\mp1)\right] \tag{5.2-11}$$

图 5.2-4 给出了 $d=\lambda/2$ 和 $d=\lambda/4$ 时的阵因子方向图。

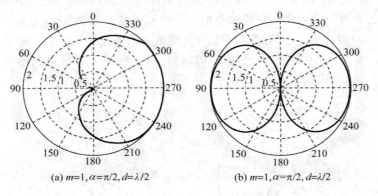

(a) $m=1, \alpha=\pi/2, d=\lambda/2$ 　　　　　　(b) $m=1, \alpha=\pi/2, d=\lambda/2$

图 5.2-4　$m=1$、$\alpha=\pi$ 时不同单元间距的极坐标方向图

图 5.2-4（a）形状如心脏，称为心脏形方向图。当间距 $d=\lambda/4$、馈电相位差为 $\alpha=\pm\pi/2$ 时，阵因子就为心脏形方向图，其最大值方向指向电流滞后的那个单元的方向。该图是在 $I_1=I_0 e^{-j\pi/2}$ 时得到的，说明 I_1 的相位滞后于 I_0，所以最大值在单元 I_1 的方向。若 $I_1=I_0 e^{j\pi/2}$，说明 I_0 的相位滞后于 I_1，此时方向图的最大方向将指向 I_0 的方向。相位超前的天线似乎起了一个反射器的作用，但是当 $d=\lambda/2$ 时反射作用不完全，其结果形成了一个单向辐射的心脏形方向图，这一特点在实际中很有用，以后还会讲到。

图 5.2-4 的结果可由式（5.2-6）编程计算所得。对于简单阵因子的方向图函数，可以采用手工作图。手工作图方法如下：

（1）找最大值。例如图 5.2-2（b），在 $\theta=0\sim2\pi$ 内，最大值出现在 $\theta_m=0°$、$90°$、$180°$、$270°$处。

（2）找零点。对图 5.2-2（b），方向图零点出现在 $\theta_0=30°$、$150°$、$210°$、$330°$处。

这种方法可画出大致的方向图图形。由这几个典型的二元阵方向图可以看出：改变单元间距和馈电相位差，可得到不同形状的二元阵方向图。对应图 5.2-4（a）和 5.2-2（b）可绘出其三维方向图，如图 5.2-5 所示。

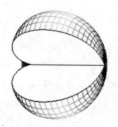 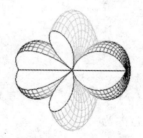

(a) 心脏形方向图　　　　　　　(b) $d=\lambda$ 等幅同相二元阵方向图

图 5.2-5　典型的二元阵三维方向图

由以上分析可以看出，二元阵的方向图由于天线电流振幅比和相位差以及单元间距的不同有很大变化。虽然影响二元阵的因素很多，但主要是波程差。在垂直两天线元连线的平面上，由于天线元的辐射场在所有方向上彼此都没有波程差，所以不论两天线元间距如何，也不论两天线元的电流振幅和相位如何，二元阵在该平面的方向图为一个圆。简而言之，阵因子方向图是以阵直线为轴旋转对称的方向图。

5.2.2　N 元均匀直线式天线阵

N 元均匀直线式天线阵指 n 个单元天线等间距排列在一条直线上，各单元的馈电幅度相等，相位均匀递变（递增或递减）。

如图 5.2-6 所示，假设有一个 N 单元均匀直线阵，单元间距为 d，第 n 个单元到远区某点的距离为 r_n，则激励电流为

$$I_n = I_0 e^{-jn\alpha}, \quad n = 0, 1, 2, \cdots, N-1 \tag{5.2-12}$$

式中，I_0 为第一个单元的激励电流；α 为相邻两单元的激励相位差（$\alpha > 0$ 时为递减）。

图 5.2-6 中坐标原点到第 n 个单元的位置矢量为 $\boldsymbol{\rho}_n = \boldsymbol{e}_z nd$。

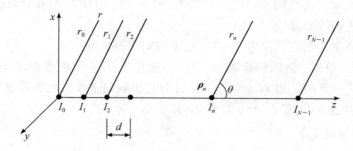

图 5.2-6　N 元直线阵

对于远区，可认为各单元到某点的射线是平行的，第 n 个单元相对于第一个单元的波程差为 $r - r_n = \boldsymbol{r} \cdot \boldsymbol{\rho}_n = nd\cos\theta$。

第 n 个单元天线（不论何种形式）的远区辐射场可写作

$$E_n = \frac{C}{r_n} I_n e^{-j\beta r_n}, \quad n = 0, 1, 2, \cdots, N-1 \tag{5.2-13}$$

总场为

$$E_T = \sum_{n=0}^{N-1} E_n = \frac{C}{r_0} I_0 \, \mathrm{e}^{-\mathrm{j}\beta r_0} \sum_{n=0}^{N-1} \frac{I_n}{I_0} \mathrm{e}^{-\mathrm{j}\beta(r_n-r)} = E_0 \sum_{n=0}^{N-1} \mathrm{e}^{\mathrm{j}n(\beta d\cos\theta-\alpha)}$$

$$= E_0 \sum_{n=0}^{N-1} \mathrm{e}^{\mathrm{j}n\psi} = E_0 f_\mathrm{a}(\psi) \tag{5.2-14}$$

式中，阵因子为

$$f_\mathrm{a}(\psi) = \sum_{n=0}^{N-1} \mathrm{e}^{\mathrm{j}n\psi} = 1 + \mathrm{e}^{\mathrm{j}\psi} + \mathrm{e}^{\mathrm{j}2\psi} + \cdots + \mathrm{e}^{\mathrm{j}n\psi} + \cdots + \mathrm{e}^{\mathrm{j}(N-1)\psi} \tag{5.2-15}$$

相邻单元辐射场的相位差为

$$\psi = \beta d\cos\theta - \alpha \tag{5.2-16}$$

利用等比级数求和公式，式(5.2-15)可简化为

$$f_\mathrm{a}(\psi) = \frac{1-\mathrm{e}^{\mathrm{j}N\psi}}{1-\mathrm{e}^{\mathrm{j}\psi}} = \mathrm{e}^{\mathrm{j}(N-1)\psi/2} \frac{\sin(N\psi/2)}{\sin(\psi/2)} \tag{5.2-17}$$

辐射场一般是取模值，因此式(5.2-17)略去相位因子得

$$f_\mathrm{a}(\psi) = \frac{\sin(N\psi/2)}{\sin(\psi/2)} \tag{5.2-18}$$

阵因子的最大值出现在 $\psi = 0$ 处，有

$$f_\mathrm{amax} = \lim_{\psi\to 0} \frac{\sin(N\psi/2)}{\sin(\psi/2)} = N \tag{5.2-19}$$

因此归一化阵因子为

$$F(\psi) = \frac{\sin(N\psi/2)}{N\sin(\psi/2)} \tag{5.2-20}$$

观察可知，$F(\psi)$ 是周期函数，周期为 2π。作出不同 N 值阵因子的方向图如图 5.2-7 所示，可以看出以下一些趋势：

(1) 当 N 增加时，主瓣变窄。

(2) 最大值出现在 0 和 $\pm 2\pi$ 之间。

(3) N 元阵在 $0\sim 2\pi$ 之间有 $N-1$ 个零点，将 $0\sim 2\pi$ 均分为 N 等分，相邻两零点之间有一个瓣，靠近主瓣的副瓣较大。

(4) 以 ψ 为变量的副瓣宽度为 $2\pi/N$，而主瓣宽度要加倍。

(5) 随着 N 的增加，旁瓣峰值减小。$N=5$ 时，阵因子的旁瓣电平 SLL $=-12$ dB；$N=20$ 时，SLL $=-13$ dB。当 N 继续增加，SLL 趋于均匀直线元的副瓣电平 -13.3 dB。

(6) $F(\psi)$ 周期为 2π，关于 $\psi=0$ 对称。

1. 可见区与非可见区

从数学上看，阵因子 $F(\psi)$ 是在 $-\infty < \psi < \infty$ 范围内变化的周期函数，实际上 θ 的变化范围为 $0\leqslant\theta\leqslant\pi$，这就是所谓的可见区。它相应于 $-1\leqslant\cos\theta\leqslant 1$，对应 ψ 的实际范围为

$$-(\beta d + \alpha) \leqslant \psi \leqslant \beta d - \alpha \tag{5.2-21}$$

只有此范围为可见区，范围之外为非可见区。

由式(5.2-21)可知，可见区 ψ 的长度 $2\beta d$，可以证明阵因子是以 ψ 为变量的周期函数，周期是 2π。假如正好一个周期出现在可见区，则 $2\pi = 2\beta d = 2(2\pi/\lambda)d$，$d/\lambda = 1/2$。因此，当间距等于半波长时，恰好出现阵因子的一个周期；如果间距小于半波长，可见区小

于一个周期；如果间距大于半波长，可见区将超出一个周期；对于一个波长间距，有两周期出现在可见区，即有两个主瓣，其中一个就是栅瓣。栅瓣有害，必须选择合适的间距 d，使 $-(\beta d+\alpha)\leqslant\psi\leqslant\beta d-\alpha$ 范围内不出现栅瓣。关于栅瓣问题，在相控阵天线中会有详细介绍。

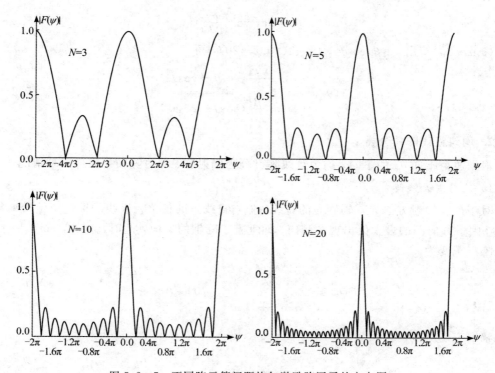

图 5.2-7　不同阵元等间距均匀激励阵因子的方向图

图 5.2-8 给出了单元数为 $N=5$、单元间距为 $d=\lambda/2$、均匀递变相位为 $\alpha=\pi/6$ 时的归一化阵因子 $F(\psi)$ 随 ψ 变化的图形。

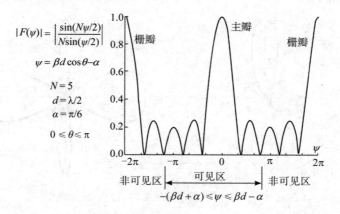

图 5.2-8　均匀直线阵可见区和非可见区归一化方向图

由阵因子表达式可知，当 $f(\psi)$ 出现最大值时，有

$$\phi = 2n\pi, \quad n = 0, \pm 1, \pm 2, \cdots \qquad (5.2-22)$$

其中，只有 $n=0$ 对应主瓣，其他为栅瓣。

取 $n=0$，由 $\phi = \beta d\cos\theta - \alpha = 0$ 可导出主瓣方向为

$$\theta_m = \arccos\left(\frac{\alpha}{\beta d}\right) \qquad (5.2-23)$$

由式(5.2-23)解出 $\alpha = \beta d\cos\theta_m$，代入式(5.2-20)，可得

$$F(\theta) = \frac{\sin\left[\dfrac{N\beta d}{2}(\cos\theta - \cos\theta_m)\right]}{N\sin\left[\dfrac{\beta d}{2}(\cos\theta - \cos\theta_m)\right]} \qquad (5.2-24)$$

2. 均匀直线阵的分类

根据波束指向 θ_m 的不同，均匀直线阵可分为侧射阵、端射阵和相控阵三种情况。

1) 侧射式天线阵

对于最大辐射方向为阵轴侧向的直线阵，当直线阵的各单元天线的馈电电流等幅同相时，阵因子方向图的最大值出现在侧向，即垂直于阵轴的方向，此时，$\alpha = 0$，$\cos\theta_m = 0$，归一化阵因子变为

$$F(\theta) = \frac{\sin\left[\dfrac{N\beta d}{2}\cos\theta\right]}{N\sin\left[\dfrac{\beta d}{2}\cos\theta\right]}, \quad 0 \leqslant \theta \leqslant \pi \qquad (5.2-25)$$

最大辐射方向对应的角度为

$$\theta_m = (2m+1)\frac{\pi}{2}, \quad m = 0, 1, 2, \cdots \qquad (5.2-26)$$

当 $\theta_m = \pi/2$ 和 $3\pi/2$ 时，天线阵有最大辐射。因为这种天线阵的最大辐射方向正好在天线阵轴的两侧，所以称为侧射式天线阵。

图 5.2-9 给出了间距为 $d = \lambda/2$ 和 $d = \lambda$ 时四元侧射阵($N=4$)阵因子方向图。

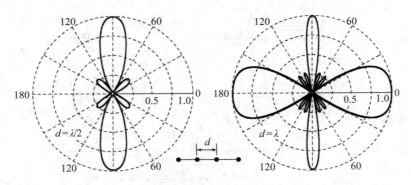

图 5.2-9　不同间距四元侧射阵的归一化方向图

由图 5.2-9 可知，当 $d = \lambda/2$ 时，最大辐射方向为 $\theta = \pi/2$，即在阵轴的侧向出现最大值，而在阵轴方向辐射场为零。若单元数增加，方向图主瓣将变窄，副瓣数将增加。阵因子方向图是关于阵轴旋转对称的。当单元间距增加到 $d = \lambda$ 时，阵轴侧向和阵轴方向均会出

现最大值，即出现栅瓣。

2）端射式天线阵

对于最大辐射方向为阵轴方向的直线阵，当 $\alpha = -\beta d$ 时，$\cos\theta_m = 1$，得阵列最大辐射方向为 $\theta_m = 0$。此时归一化阵因子变为

$$F(\theta) = \frac{\sin\left[\dfrac{N\beta d}{2}(\cos\theta - 1)\right]}{N\sin\left[\dfrac{\beta d}{2}(\cos\theta - 1)\right]} \qquad (5.2-27)$$

图 5.2 - 10 给出了间距为 $d = \lambda/4$ 的八元端射阵和间距为 $d = \lambda/2$ 时的四元端射阵的方向图。

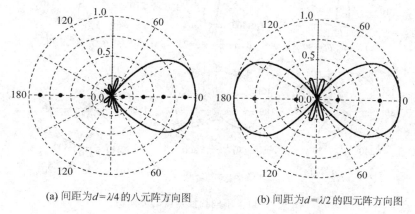

(a) 间距为 $d = \lambda/4$ 的八元阵方向图　　　　　(b) 间距为 $d = \lambda/2$ 的四元阵方向图

图 5.2 - 10　两种间距和单元数的端射阵归一化方向图

当间距为 $d = \lambda/4$ 时，端射阵的方向图只有一个指向阵轴方向（$\theta = 0$）的主瓣；当间距为 $d = \lambda/2$ 时，其最大辐射方向虽然还是在阵轴，但出现了栅瓣。为了抑制栅瓣的出现，端射阵的间距应满足 $d < \lambda/2$。与侧射阵方向图一样，端射阵方向图也是关于阵轴旋转对称的，且当单元数增加时，方向图主瓣将变窄，副瓣数将增加。

3）相控阵天线的工作原理

在搜索雷达、快速跟踪雷达、预警探测雷达、着陆雷达以及测向等应用场合，要求天线辐射波束能在空间有规律地移动，这种波束的移动称为波束扫描。

由式（5.2 - 23）和式（5.2 - 24）可知，直线阵的阵因子最大辐射方向 θ_m 与单元间距 d、相邻单元之间的馈电相位差 α 和工作频率（或波长）有关。若 βd 不变，改变激励电流相位 α，则阵列方向图主波束的指向 θ_m 随之发生改变。若控制阵元间馈电相位差连续改变，就可以使方向图主波束的方向连续改变，实现波束在空间的扫描，这就是**相控阵波束扫描的基本原理**。因波束扫描是通过改变馈电相位差实现的，故称为电扫描，以区别于通过机械运动来实现的机械扫描。

图 5.2 - 11(a) 给出了等幅四元阵，阵元间距 $\lambda/2$，单元间相位差 α。图 5.2 - 11(b) 给出了不同 α 角度的波束最大辐射方向。可以看出，随着阵元间激励电流相位差的改变，天线扫描最大辐射方向改变。即通过改变馈电相位，达到改变波束最大扫描方向的目的。

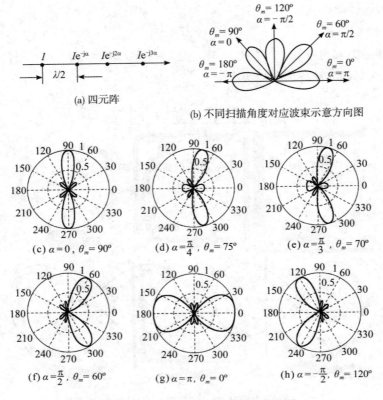

(a) 四元阵

(b) 不同扫描角度对应波束示意方向图

(c) $\alpha = 0$, $\theta_m = 90°$　　　(d) $\alpha = \dfrac{\pi}{4}$, $\theta_m = 75°$　　　(e) $\alpha = \dfrac{\pi}{3}$, $\theta_m = 70°$

(f) $\alpha = \dfrac{\pi}{2}$, $\theta_m = 60°$　　　(g) $\alpha = \pi$, $\theta_m = 0°$　　　(h) $\alpha = -\dfrac{\pi}{2}$, $\theta_m = 120°$

图 5.2-11　不同扫描角度的方向图

　　比较图 5.2-11 不同扫描角的方向图可以发现，在主波束指向 θ_m 的变化过程中，方向图主瓣宽度要发生变化。同时当间距 $d = \lambda/2$ 时，均匀递变相位 $\alpha > 3\pi/2$ 将出现栅瓣。要继续增大扫描角，则必须减少单元间距。

　　图 5.2-12 给出了相控阵天线基本构成的原理示意图，其核心部分为电控移相器，用以控制各阵元的馈电相位，从而实现对主波束方向 θ_m 控制的目的。

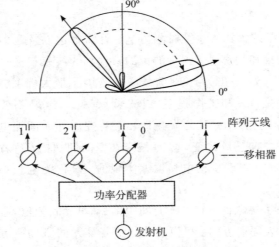

图 5.2-12　相控阵天线的基本构成

3. 三种阵列参数的比较

1) 栅瓣及其抑制

栅瓣的出现不但会造成测角多值性，导致目标定位、测向判断错误，而且还会使辐射能量分散，增益下降，因此应当给予抑制。已知阵因子为

$$F(\psi) = \frac{\sin(N\psi/2)}{N\sin(\psi/2)}$$

当 $\psi=2n\pi(n=0,\pm1,\pm2,\cdots)$ 时，$F(\psi)$ 出现最大值，其中 $n=0$ 时对应阵因子的最大值方向。除 $n=0$ 外，其余的最大值为不希望的栅瓣。

因为 $F(\psi)$ 的第二个最大值出现在 $\psi=\beta d(\cos\theta-\cos\theta_m)\pm2\pi$ 处，所以抑制栅瓣条件为

$$|\psi|_{\max}<2\pi,\quad \text{即}\quad d<\frac{\lambda}{|\cos\theta-\cos\theta_m|_{\max}} \qquad (5.2-28)$$

因 $\theta=0\sim\pi$，$|\cos\theta-\cos\theta_m|_{\max}=1+|\cos\theta_m|$，所以

$$d<\frac{\lambda}{1+|\cos\theta_m|} \qquad (5.2-29)$$

式(5.2-29)即为均匀直线阵抑制栅瓣的条件，对于不同的直线阵，要分为以下三种情况进行分析：

(1) 对于侧射阵，$\theta_m=\pi/2$，抑制栅瓣的条件为 $d<\lambda$；

(2) 对于端射阵，$\theta_m=0$，抑制栅瓣的条件为 $d<\lambda/2$；

(3) 对于相控阵，θ_m 应为最大扫描角。例如，在正侧向两边 $\pm30°$ 内扫描，$\theta_m=90°-30°=60°$，取得抑制栅瓣条件为 $d<2\lambda/3$。

2) 零辐射方向

零辐射方向意味着 $f(\psi)=\dfrac{\sin(N\psi/2)}{\sin(\psi/2)}=0$，即分子为零，分母不为零。除 $\psi=0$ 外，方向图零点可由 $\sin(N\psi/2)=0$ 确定，因此有

$$\frac{N\psi}{2}=n\pi,\quad n=0,\pm1,\pm2,\cdots \qquad (5.2-30)$$

即 $\theta_m=\dfrac{\pi}{2}$，$\cos\theta_{0n}=\dfrac{n\lambda}{Nd}$。

故零辐射方向为

$$\cos\theta_0=\cos\theta_m+\frac{n\lambda}{Nd} \qquad (5.2-31)$$

(1) 侧射阵。对于侧射阵，$\theta_m=\dfrac{\pi}{2}$，有

$$\cos\theta_{0n}=\frac{n\lambda}{Nd} \qquad (5.2-32)$$

(2) 端射阵。对于端射阵，$\theta_m=0$，有

$$\cos\theta_{0n}=1+\frac{n\lambda}{Nd} \qquad (5.2-33)$$

(3) 对于相控阵，不同的扫描角对应不同的零点方向，零点由式(5.2-31)确定。

3) 主瓣零点宽度 $2\theta_0$

零功率波瓣宽度指最大辐射方向两侧第一零点之间的夹角，$2\theta_0$ 表示，如图5.2-13所示。

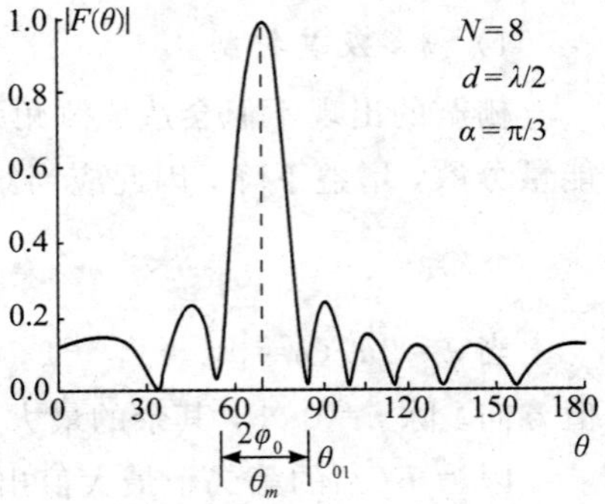

$$\varphi_0 = |\theta_{01} - \theta_m| \qquad (5.2-34)$$

$$\sin\varphi_0 = \sin|\theta_{01} - \theta_m|$$

（1）侧射阵。对于侧射阵，$\theta_{01} = \pi/2$，有

$$\sin\theta_0 = \sin\left|\theta_{01} - \frac{\pi}{2}\right| = \cos\theta_{01} = \frac{\lambda}{Nd} \qquad (5.2-35)$$

得

$$2\theta_0 = 2\arcsin\left(\frac{\lambda}{Nd}\right) \qquad (5.2-36)$$

设直线阵总长 $L = Nd$，若 $L \gg \lambda$，则

$$2\theta_0 = \frac{2\lambda}{Nd} \qquad (5.2-37)$$

（2）端射阵。对端射阵（$\theta_m = 0$），取 $n = -1$，则

$$2\theta_0 = 2\theta_{01} = 2\arccos\left(1 - \frac{\lambda}{Nd}\right) \qquad (5.2-38)$$

若阵长 $L = Nd \gg \lambda$，则 $\cos\theta_{01} \approx 1 - \dfrac{\theta_{01}^2}{2} = 1 - \dfrac{\lambda}{Nd}$，即

$$\begin{cases} \theta_{01} = \sqrt{\dfrac{2\lambda}{Nd}} \\ 2\theta_0 = 2\sqrt{\dfrac{2\lambda}{Nd}} \end{cases} \qquad (5.2-39)$$

由式（5.2-37）和式（5.2-39）可见：

① 侧射阵主瓣零点宽度反比于天线阵长度，阵长越长，$2\theta_0$ 就越小。

② 端射阵主瓣零点宽度与阵长的平方根成反比。

③ 对相同的阵列长度，侧射阵的 $2\theta_0$ 比端射阵的窄。

4) 主瓣的半功率波瓣宽度 $2\theta_{0.5}$

均匀直线阵的归一化方向图函数为

$$F(\psi) = \frac{\sin(N\psi/2)}{N\sin(\psi/2)}$$

如果 N 很大，则方向图主瓣窄，$\sin(N\psi/2) \approx \psi/2$，归一化方向图函数可写作

$$F(\psi) = \frac{\sin(N\psi/2)}{N\sin(\psi/2)} = \frac{\sin u}{u}$$

$$u = \frac{N\psi}{2} = \frac{N\beta d(\cos\theta - \cos\theta_m)}{2}$$

如图 5.2-14(a)所示，令 $F(\psi) = 1/\sqrt{2} = 0.707$，可得 $u = S\psi/2 = \pm 1.392$，则有

$$\frac{N\beta d(\cos\theta_1 - \cos\theta_m)}{2} = \pm 1.392 \qquad (5.2-40)$$

如图 5.2-14(b)所示，半功率波瓣宽度为

$$2\theta_{0.5} = 2|\theta_1 - \theta_m| \qquad (5.2-41)$$

图 5.2-13　方向图主瓣零点宽度示意图

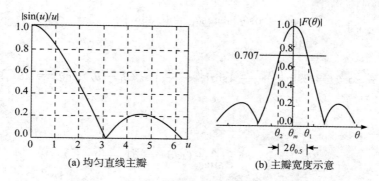

(a) 均匀直线主瓣　　　　　　　　(b) 主瓣宽度示意

图 5.2-14　均匀直线阵主瓣及主瓣宽度示意图

（1）侧射阵（$\theta_m = \pi/2$）。

对式（5.2-40）取正可得

$$\cos\theta_1 = 1.392\frac{2}{N\beta d} = 1.392\frac{\lambda}{N\pi d} = 0.443\frac{\lambda}{Nd}$$

代入式（5.2-41）可得

$$\sin\theta_{0.5} = \sin|\theta_{01} - \theta_m| = \cos\theta_1 = 0.443\frac{\lambda}{Nd}$$

若方向图主瓣窄 $\sin\theta_{0.5} \approx \theta_{0.5}$，并取 $L = Nd$，则得

$$2\theta_{0.5} = 0.886\frac{\lambda}{L}(\text{rad}) = 50.764\frac{\lambda}{L}(°) \approx 51\frac{\lambda}{L}(°) \tag{5.2-41}$$

（2）端射阵（$\theta_m = 0$）。

对式（5.2-40）取负值，可得

$$\cos\theta_1 = 1 - 0.443\frac{\lambda}{L} \approx 1 - \frac{\theta_1^2}{2} \tag{5.2-43a}$$

则有

$$\theta_1 = \sqrt{0.886\frac{\lambda}{L}} = 0.94\sqrt{\frac{\lambda}{L}} \tag{5.2-43b}$$

将式（5.2-43b）代入式（5.2-41）得

$$2\theta_{0.5} = 2\theta_1 = 1.88\sqrt{\frac{\lambda}{L}}(\text{rad}) = 107.72\sqrt{\frac{\lambda}{L}}(°) \approx 108\sqrt{\frac{\lambda}{L}}(°) \tag{5.2-44}$$

（3）相控阵（$0 < \theta_m < \pi/2$）。

由式（5.2-40）得

$$\cos\theta_1 - \cos\theta_m = -0.443\frac{\lambda}{L} \tag{5.2-45}$$

$$\cos\theta_2 - \cos\theta_m = 0.443\frac{\lambda}{L} \tag{5.2-46}$$

主瓣宽度为

$$2\theta_{0.5} = \theta_1 - \theta_2 = \arccos\left(\cos\theta_m - 0.443\frac{\lambda}{L}\right) - \arccos\left(\cos\theta_m + 0.443\frac{\lambda}{L}\right)$$

$$\tag{5.2-47}$$

当扫描波束很窄时，式（5.2-46）和式（5.2-45）相减，得

$$\cos\theta_2 - \cos\theta_1 = 0.886\frac{\lambda}{L} \tag{5.2-48}$$

因为

$$\cos\theta_2 - \cos\theta_1 = 2\sin\left(\frac{\theta_1+\theta_2}{2}\right)\sin\left(\frac{\theta_1-\theta_2}{2}\right) \approx (\theta_1-\theta_2)\sin\theta_m = 2\theta_{0.5}\sin\theta_m$$

$$\tag{5.2-49}$$

所以波束宽度为

$$2\theta_{0.5} = 0.886\frac{\lambda}{L\sin\theta_m}(\text{rad}) = 51\frac{\lambda}{L\sin\theta_m}(°) \tag{5.2-50}$$

当 $\theta_m = \dfrac{\pi}{2}$ 时，式(5.2-50)与侧射阵的主瓣宽度公式相同。

若在正侧向两边 $\pm\phi_m$ 内扫描，取 $\theta_m = 90° \pm \phi_m$，可得

$$2\theta_{0.5} = 51\frac{\lambda}{L\cos\phi_m}(°) \tag{5.2-51}$$

式(5.2-51)说明，波束最大值发生偏移时，半功率波瓣宽度将变宽。

4. 副瓣位置和副瓣电平

1) 副瓣位置

副瓣最大值对应的角度可由 $\mathrm{d}F(\psi)/\mathrm{d}\psi = 0$ 解得，但这种做法很繁琐，通常采用近似方法计算。

已知阵因子 $F(\psi) = \dfrac{\sin(N\psi/2)}{N\sin(\psi/2)}$，其分子变化比分母快得多，因此副瓣最大值发生在分子最大值 $\sin(N\psi_s/2) = 1$ 处，即

$$\psi_{sq} = \pm\frac{\pi(2q+1)}{N}, \quad q = 1, 2, \cdots \tag{5.2-52}$$

或

$$\beta d(\cos\theta_{sq} - \cos\theta_m) = \pm\frac{(2q+1)\pi}{N}, \quad q = 1, 2, \cdots \tag{5.2-53}$$

式(5.2-53)可确定副瓣位置。

通常第一副瓣是所有副瓣中最大的，而无线电通信中干扰和雷达的虚假信号都是由第一副瓣造成的，所以要特别注意第一副瓣。当 $q=1$ 时，得第一副瓣方向为

$$\psi_{s1} = \pm\frac{3\pi}{N} \tag{5.2-54}$$

2) 副瓣电平 SLL

以第一副瓣电平为例，把式(5.2-53)代入归一化阵因子中得

$$|F(\psi_{s1})| = \left|\frac{\sin\left(\dfrac{N}{2}\cdot\dfrac{3\pi}{N}\right)}{N\sin\left(\dfrac{3\pi}{2N}\right)} = \frac{1}{N\sin(1.5\pi/N)}\right|_{N\gg1} \approx \frac{1}{1.5\pi} = 0.212$$

所以第一副瓣电平为

$$\text{SLL} = 20\lg|F(\psi_{s1})| = -13.5\,(\text{dB}) \tag{5.2-55}$$

5. 方向性系数 D

方向性系数 D 的计算公式为

$$D = \frac{4\pi}{\int_0^{2\pi} \mathrm{d}\varphi \int_0^{\pi} F^2(\theta)\sin\theta \mathrm{d}\theta} = \frac{2}{\int_0^{\pi} F^2(\theta)\sin\theta \mathrm{d}\theta} \qquad (5.2-56)$$

1）侧射阵

侧射阵的方向图函数为

$$F(\theta) = \frac{\sin\left(N\beta d\cos\frac{\theta}{2}\right)}{N\sin\left(\beta d\cos\frac{\theta}{2}\right)}\Bigg|_{N\gg1} \approx \frac{\sin\left(N\beta d\cos\frac{\theta}{2}\right)}{N\beta d\cos\frac{\theta}{2}} \qquad (5.2-57)$$

将式(5.2-57)代入式(5.2-56)便可求得其方向性系数 D。若天线阵元数较多，即 $L=Nd\gg\lambda$，则方向性系数可用近似公式计算

$$D = 2\frac{Nd}{\lambda} = 2\frac{L}{\lambda} \qquad (5.2-58)$$

2）端射阵

端射阵的方向图函数为

$$F(\theta) = \frac{\sin\left[N\beta d\,\frac{1-\cos\theta}{2}\right]}{N\sin\left[\beta d\,\frac{1-\cos\theta}{2}\right]}\Bigg|_{N\gg1} \qquad (5.2-59)$$

将式(5.2-59)代入式(5.2-56)得端射阵的方向性系数。同样，若 $L=Nd\gg\lambda$，则方向性系数可用近似公式计算

$$D = 4\frac{Nd}{\lambda} = 4\frac{L}{\lambda} \qquad (5.2-60)$$

比较式(5.2-58)和式(5.2-60)可发现，在阵长 L 相同的情况下，端射阵的方向性系数是侧射阵的两倍。

5.2.3　方向图的乘积定理及其应用

前面已经证明了方向图乘积定理适用于由任意个相似单元天线组成的等幅等间距直线阵。事实上，方向图乘积定理还可以推广到由任意个相似元组成的不等幅、不等间距的天线阵，且天线阵中各单元天线电流的相位关系也可以是任意的，即不论各电流元电流的振幅、相位关系以及它们之间的间距是否均匀，方向图乘积定理都适用。**掌握方向图的乘积定理，对工程设计人员是十分重要的。在工程上，利用方向图相乘原理，可迅速估算一个阵列的方向图形状。**

如图 5.2-15 所示为间距为 d 的四元均匀等间距直线阵，总场强可以表示为

$$E_T = E_0(1 + \mathrm{e}^{\mathrm{j}\psi} + \mathrm{e}^{\mathrm{j}2\psi} + \mathrm{e}^{\mathrm{j}3\psi}) = E_0 f_a(\psi) = E_0 f_0(\theta)\cdot f_a(\psi) \qquad (5.2-61)$$

式中，$f_0(\theta)$ 为单元天线归一化方向图；$\psi=\beta d\cos\theta-\alpha$；

$$f_a(\psi) = 1 + \mathrm{e}^{\mathrm{j}\psi} + \mathrm{e}^{\mathrm{j}2\psi} + \mathrm{e}^{\mathrm{j}3\psi} = (1+\mathrm{e}^{\mathrm{j}\psi})(1+\mathrm{e}^{\mathrm{j}2\psi}) = f_{a1}(\psi)f_{a2}(\psi) \qquad (5.2-62)$$

式(5.2-61)还可以表示成

$$E_T = E_0 f_0(\theta)(1 + e^{j\psi})(1 + e^{j2\psi}) \qquad (5.2-63)$$

即可以将四元阵等效为一个二元阵。如图 5.2 - 15(a)所示，天线元 1 和天线元 2 组成二元阵中的等效元 I，天线元 3 和天线元 4 组成二元阵中的等效元 II，二元阵的阵因子为 $f_{a2}(\psi) = (1 + e^{j2\psi})$，而组成此二元阵的每一个天线元本身也是一个间距为 d 的二元阵，$E_0 f_0(\theta)(1 + e^{j\psi})$ 就是等效元 I（II）的远区场强。显然，由等效元 I 和等效元 II 组成的二元阵也符合相似元条件。此外，还有其他的组合方式，如将相距为 $2d$ 的元 1 和元 3 组合为元 I′，2 和 4 组合为元 II′，显然这种组合方式也符合相似元条件，此时等效天线元 I′在远区的场强为 $E_0 f_0(\theta)(1 + e^{j2\psi})$，阵因子为 $(1 + e^{j\psi})$。不同的组合方式，最后求出的总方向图是相同的。

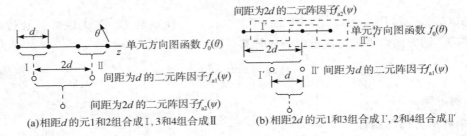

(a)相距d的元1和2组合成I，3和4组合成II　　　(b)相距$2d$的元1和3组合成I′，2和4组合成II′

图 5.2 - 15　　不同组合的四元阵

由此可见，在求复杂天线阵的总方向图时，可以将天线阵分成几组，组与组应该是相似的，先求出每个天线组的方向图；再将每个组作为单元因子，求出组与组之间的阵因子；然后利用方向图乘积定理求出天线阵的总方向图。对于更复杂的天线阵，求每个组的方向图时还可以将它再分成几个相似的小组来求这个组的方向图。这样，如果熟知单元天线的方向图和典型的不同间距的二元阵阵因子的方向图，利用方向图相乘原理，就可迅速画出整个阵列的总场方向图。

1. 常见直线阵列天线的排列形式

实际中，线天线作天线单元时一般采用半波振子，直线阵的排列形式通常有平行和共轴两种，如图 5.2 - 16 所示。

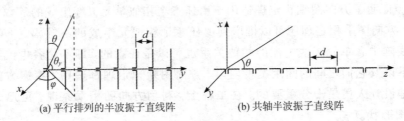

(a) 平行排列的半波振子直线阵　　　　　　(b) 共轴半波振子直线阵

图 5.2 - 16　　平行和共轴排列的对称振子直线阵

此时阵列总场归一化方向图函数为

$$F_T(\theta, \varphi) = F_0(\theta) F_a(\theta, \varphi)$$

式中，$F_0(\theta) = \dfrac{\cos(\pi\cos\theta/2)}{\sin\theta}$ 为单元方向图函数；$F_a(\theta, \varphi)$ 为阵因子。

平行排列的直线阵阵因子为

$$F_a(\theta, \varphi) = \frac{\sin[N\beta d(\sin\theta\sin\varphi - \alpha)/2]}{N\sin[\beta d(\sin\theta\sin\varphi - \alpha)/2]} \tag{5.2-64}$$

共轴排列直线阵阵因子为

$$F_a(\theta, \varphi) = \frac{\sin[N\beta d(\cos\theta - \cos\theta_m)/2]}{N\sin[\beta d(\cos\theta - \cos\theta_m)/2]} \tag{5.2-65}$$

【例 5.2 - 1】　一个平行排列的四元半波振子侧射阵如图 5.2 - 17 所示，单元间距 $d = \lambda/2$。求：

（1）求出总场方向图函数；

（2）画出 E 面和 H 面方向图。

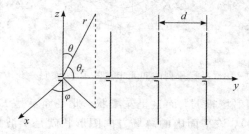

图 5.2 - 17　平行排列的四元半波阵子

解　（1）阵列等效示意图如图 5.2 - 15(a)所示，由此可知，四元阵的总场方向图函数为

$$f_{T4}(\theta, \varphi) = f_0(\theta) f_{a1}(\psi) f_{a2}(\psi) \tag{5.2-66}$$

式中，$f_0(\theta) = \dfrac{\cos(\pi\cos\theta/2)}{\sin\theta}$；$f_{a1}(\psi) = 2\cos\left(\dfrac{\psi}{2}\right)$；$f_{a2}(\psi) = 2\cos\psi$。

对侧射阵来说，$\alpha = 0$，$\psi = \beta d\cos\theta_y$。$\theta_y$ 是阵轴与射线之间的夹角，$\cos\theta_y = \sin\theta\sin\varphi$，$\beta d = \pi$（注：如果沿 x 轴排列，则 $\cos\theta_x = \sin\theta\sin\varphi$），则

$$f_{a1}(\theta, \varphi) = 2\cos\left(\frac{\pi}{2}\sin\theta\sin\varphi\right)$$

$$f_{a2}(\theta, \varphi) = 2\cos(\pi\sin\theta\sin\varphi)$$

（2）E 面和 H 面内的方向图。

在 E 面（xz 平面，$\varphi = 0$）内

$$f_0(\theta) = \frac{\cos\left(\pi\sin\dfrac{\theta}{2}\right)}{\sin\theta}$$

$$f_{a1}(\theta, \varphi) = 2$$

$$f_{a2}(\theta, \varphi) = 2$$

则在 E 面内的方向图为"8"字形的半波振子单元方向图。

在 H 面（xy 平面，$\theta = \pi/2$）内

$$f_0(\theta) = 1$$

$$f_{a1}(\varphi) = 2\cos\left(\pi\sin\frac{\varphi}{2}\right)$$

$$f_{a2}(\varphi) = 2\cos(\pi\sin\varphi)$$

单元方向图为一个圆，$f_{a1}(\varphi)$ 的图形为"8"字形，$f_{a2}(\varphi)$ 的图形为两个正交的"8"字形成的花瓣图形。根据方向图相乘原理可画出总场的 H 面方向图如图 5.2-18 所示。单元方向图为一个圆，图 5.2-18 中未画出。

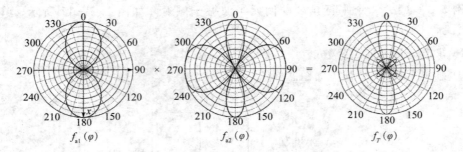

图 5.2-18　平行排列的四元半波阵子 H 面归一化方向图

注意：yz 平面内的辐射场很弱，而且呈花瓣状，此平面不是 E 面。过最大辐射方向的 E 面应该是 xz 平面（$\varphi=0$），该平面内的总场方向图形状就是半波振子单元的方向图形状，即 $f_T(\theta)=4f_0(\theta)$。

【例 5.2-2】　有一平行排列的八元半波振子侧射阵如图 5.2-19 所示，单元间距为 $d=\lambda/2$。求：

(1) 给出总场方向图函数；

(2) 画出方向图。

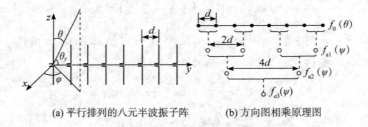

(a) 平行排列的八元半波振子阵　　　(b) 方向图相乘原理图

图 5.2-19　八元直线阵等效过程示意图

解　(1) 八元阵的总场方向图函数为

$$f_{T8}(\theta,\varphi) = f_0(\theta)f_{a1}(\psi)f_{a2}(\psi)f_{a3}(\psi) = f_{T4}(\theta,\varphi)f_{a3}(\psi) \qquad (5.2-67)$$

式中，$f_{T4}(\theta,\varphi)=f_0(\theta)f_{a1}(\psi)f_{a2}(\psi)$（见式(5.2-66)）为四元阵阵因子；$f_0(\theta)$ 是半波振子单元方向图函数；$f_{a1}(\psi)$ 是间距为 d 的二元阵阵因子；$f_{a2}(\psi)$ 是间距为 $2d$ 的二元阵阵因子，它们在例 5.2-1 中已给出；$f_{a3}(\psi)$ 是间距为 $4d$ 的二元阵阵因子（即两个四元阵构成的二元阵），可表示为

$$f_{a3}(\varphi) = 2\cos(2\psi) = 2\cos(2\pi\sin\theta\sin\varphi)$$

(2) 在 H 面（xy 平面，$\theta=\dfrac{\pi}{2}$）内，有

$$f_H(\varphi) = f_{T8}(\theta, \varphi)\bigg|_{\theta=\pi/2} = 1 \times 2\cos\left(\frac{\pi}{2}\sin\varphi\right) \times 2\cos(\pi\sin\varphi) \times 2\cos(2\pi\sin\varphi)$$

$$= f_{T4}(\varphi) \times 2\cos(2\pi\sin\varphi) \tag{5.2-68}$$

式中，$f_{T4}(\varphi)$ 方向图在例 5.2-1 已画出，它与阵因子 $f_{a3}(\psi)$ 相乘可得出 H 面内的总场方向图，如图 5.2-20 所示。E 面为 xz 平面 ($\varphi=0$)，总场方向图形状也为半波振子单元的方向图形状，即 $f_T(\theta) = f_0(\theta)$。

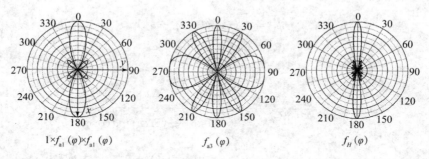

$$1 \times f_{a1}(\varphi) \times f_{a1}(\varphi) \qquad\qquad f_{a3}(\varphi) \qquad\qquad f_H(\varphi)$$

图 5.2-20　平行排列的八元半波振子的 H 面归一化方向图

注意：比较四元阵和八元阵的 H 面总场方向图可知，八元阵主瓣变窄，方向性增强，但副瓣增多；四元阵一个象限只有一个副瓣，八元阵一个象限有三个副瓣。

2. 平面阵列天线

若天线单元按行、列等间距排列在一个平面内，则为平面阵列天线；若平面阵列天线的边界是一个圆，则为圆形平面阵；若边界是一个矩形，则为矩形平面阵。此外根据单元排列规律不同，还有三角形、椭圆环等很多不同的排列形式，这里主要讨论矩形平面阵。

如图 5.2-21 所示，阵列中各天线单元类型相同，尺寸相同，馈电幅度相等，馈电相位按行和列均匀递变，α_x、α_y 分别为沿 x 和 y 方向的递变相位差，天线单元间距分别为 Δx 和 Δy，单元数分别为 M 和 N。

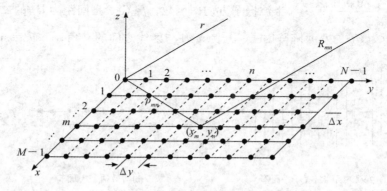

图 5.2-21　矩形网格均匀平面阵

根据方向图相乘原理，远区总场为

$$E_T = E_m f_0(\theta, \varphi) f_T(\theta, \varphi) \tag{5.2-69}$$

式中，$f_0(\theta, \varphi)$ 为单元天线的方向图函数；$f_T(\theta, \varphi)$ 为平面阵的阵因子。

由前面均匀直线阵的知识可知，矩形网格均匀平面阵的总场方向图函数可以分解为沿

x 和 y 方向排列的均匀直线阵阵因子的乘积，因此

$$f_T(\theta,\,\varphi)=f_x(\theta,\,\varphi)f_y(\theta,\,\varphi) \tag{5.2-70}$$

$$f_x(\theta,\,\varphi)=\frac{\sin(M\psi_x/2)}{M\sin(\psi_x/2)} \tag{5.2-71a}$$

$$f_y(\theta,\,\varphi)=\frac{\sin(N\psi_y/2)}{N\sin(\psi_y/2)} \tag{5.2-71b}$$

式中

$$\psi_x=\beta\Delta x\sin\theta\cos\varphi-\alpha_x$$
$$\psi_y=\beta\Delta y\sin\theta\sin\varphi-\alpha_y \tag{5.2-72}$$

所以

$$f_x(\theta,\,\varphi)=\frac{\sin(M\psi_x/2)}{M\sin(\psi_x/2)}=\frac{\sin\left[\dfrac{M}{2}(\beta\Delta x\sin\theta\cos\varphi-\alpha_x)\right]}{M\sin\left[\dfrac{1}{2}(\beta\Delta x\sin\theta\cos\varphi-\alpha_x)\right]} \tag{5.2-73a}$$

$$f_y(\theta,\,\varphi)=\frac{\sin(N\psi_y/2)}{N\sin(\psi_y/2)}=\frac{\sin\left[\dfrac{N}{2}(\beta\Delta y\sin\theta\sin\varphi-\alpha_y)\right]}{N\sin\left[\dfrac{1}{2}(\beta\Delta y\sin\theta\sin\varphi-\alpha_y)\right]} \tag{5.2-73b}$$

【例 5.2-3】 设有一 $M\times N=2\times8$ 单元半波振子平面阵，单元间距 $d_x=\lambda/4$，$d_x=\lambda/2$，前排馈电相位滞后于后排 90°，如图 5.2-22 所示。求：

(1) 给出总场方向图函数；

(2) 画出 H 面方向图。

解 (1) 根据方向图乘积定理可知总场方向图函数为

$$f_T(\theta,\,\varphi)=f_0(\theta)f_{ax}(\psi_x)f_{ay}(\psi_y) \tag{5.2-74}$$

$$\psi_x=\beta d_x\cos\theta_x-\alpha_x \tag{5.2-75}$$

$$\psi_y=\beta d_y\cos\theta_y \tag{5.2-76}$$

式中，$f_0(\theta)=\dfrac{\cos(\pi\cos\theta/2)}{\sin\theta}$ 为半波振子方向图函数；$f_{ax}(\psi_x)$ 是间距为 d_x 的二元阵阵因子；$f_{ay}(\psi_y)$ 是间距为 d_y 的八元阵阵因子；θ_x 为 x 轴与射线之间的夹角；$\cos\theta_x=\sin\theta\cos\varphi$。

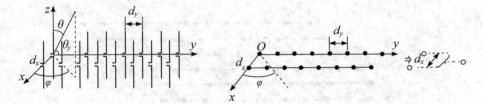

(a) 2×8单元半波振子平面阵　　　　　　　　(b) 等效两个八元阵

图 5.2-22　2×8 单元半波振子平面阵及其求解示意图

已知 $d_x=\lambda/4$，$\alpha_x=\pi/2$，由式 (5.2-73a) 可得

$$f_{ax}(\theta,\,\varphi)=\frac{\sin(2\psi_x/2)}{2\sin(\psi_x/2)}=\cos(\psi_x/2)=2\cos\left[\frac{\pi}{4}(\sin\theta\cos\varphi-1)\right]$$

(2) 在 H 面（xy 平面，$\theta=\pi/2$）内，有

$$f_H(\varphi) = f_T(\theta,\varphi)\Big|_{\theta=\pi/2} = f_{T8}(\varphi) f_{ax}(\psi_x)$$

$$= 1 \times 2\cos\left(\frac{\pi}{2}\sin\varphi\right) \times 2\cos(\pi\sin\varphi) \times 2\cos(2\pi\sin\varphi) \times 2\cos\left[\frac{\pi}{4}(\cos\varphi-1)\right]$$

$$(5.2-77)$$

式中，前四项因子的乘积已由式(5.2-68)给出，并已画出方向图如图 5.2-20 所示。把它与阵因子 $f_{ax}(\psi_x)$ 相乘，得总场在 H 面内的方向图如图 5.2-23 所示。

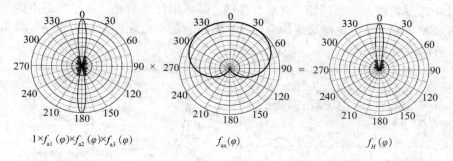

$$1 \times f_{a1}(\varphi) \times f_{a2}(\varphi) \times f_{a3}(\varphi) \qquad\qquad f_{ax}(\varphi) \qquad\qquad f_H(\varphi)$$

图 5.2-23　两排八元半波振子的总场 H 面方向图

此例的 E 面也为 xz 平面($\varphi=0$)，E 面内的总场方向图形状是半波振子单元的方向图函数与心脏形方向图函数乘积的形状，即

$$f_T(\theta) = \frac{\cos\left(\dfrac{\pi}{2}\cos\theta\right)}{\sin\theta}\cos\left[\frac{\pi}{4}(\sin\theta-1)\right] \qquad\qquad (5.2-78)$$

总场方向图如图 5.2-24 所示。

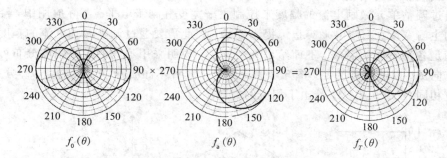

$$f_0(\theta) \qquad\qquad\qquad f_a(\theta) \qquad\qquad\qquad f_T(\theta)$$

图 5.2-24　$d_x=\lambda/4$、$\alpha_x=\pi/2$ 时平行排列的等幅激励半波振子的 E 面方向图

3. 阵列天线单元间的互耦及其影响

在天线阵中，由于单元彼此靠近，它们将以复杂的方式相互作用，这种相互作用称为互耦。互耦将改变单元上的电流，使之不同于单元在自由空间孤立存在时的电流，通常电流相位的变化最明显，因此单元的方向图、阻抗和极化都将与它们在自由空间孤立存在时不同，从而造成天线单元阻抗失配，天线效益下降，甚至会导致相控阵天线扫描出现盲区、雷达探测不到目标等问题。因此在阵列天线设计中，要尽量减小互耦。

天线阵中各单元所处的环境不同。例如线阵两端与中心的单元，它们的性能与在阵中的位置和扫描角有关。若天线阵较大，边缘效应很小，各单元似乎处于相同的环境，可用阵元方向图代替各单元的方向图。阵元方向图包含单元形式和互耦的影响，可通过激励阵中某一典型单元，而其余单元接匹配负载时得到。

一般计算互耦的影响是很困难的，常用的方法有两种：一种广泛采用的分析互耦方法是以通过实验测量单元间耦合系数为基础的散射矩阵法，它对任何形式的单元均适用；另一种是以单元间互阻抗计算为基础的阻抗法，它主要适用于细振子和波导缝隙阵。

图 5.2-25 给出了两单元水平和垂直半波天线在不同间距时的互阻抗。可以看出，随着距离的增大，单元间的互阻抗减小，即随着距离的增大，单元间互耦减弱。因此在阵列天线设计中应尽量增大单元间距，以减小互耦。但必须注意的是，单元间距不能无限制增大，它的增大必须以不出现栅瓣条件为前提。即在满足不出现栅瓣的前提下，根据设计指标要求，可以尽量增大阵元间距，以减小阵元间的互耦。

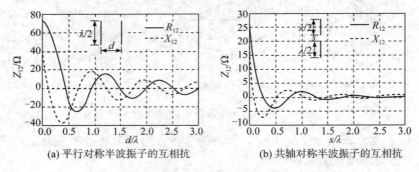

(a) 平行对称半波振子的互相抗　　　(b) 共轴对称半波振子的互相抗

图 5.2-25　平行和共轴排列的二元阵互阻抗随间距的变化而变化

4. 几种实用的阵列天线

前面我们已经看到增加端射阵的步进相位 α，可以使阵列天线的主瓣宽度变窄，其实还可以通过调整单元激励电流的幅度来控制主瓣宽度和副瓣电平。实际应用中，经常对阵列天线的主瓣宽度、副瓣电平等指标提出要求，因此需要通过调整激励电流的幅度和相位分布来满足各种不同的需求。下面给出几个例子，说明采用不同的电流幅度分布可以得到不同的方向图。以五元阵为例，图 5.2-26 给出了几种不同激励电流的幅度（I_n）分布（激励电流相位相同），图 5.2-27 给出了相应的方向图。

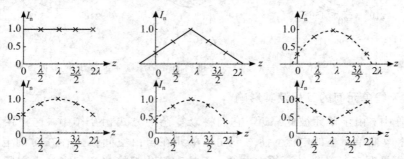

图 5.2-26　$d=\lambda/2$ 等间距五元边射阵的电流分布

除了上面提到的幅度分布，泰勒分布也是阵列天线中比较常用的一种分布形式。图 5.2-28 给出了间距 $d=0.55\lambda$、$N=42$ 单元的阵列电流及其方向图分布，可以看出其副瓣 SLL＝－35 dB。采用泰勒分布可以实现低副瓣，这种电流分布形式在相控阵天线中已得到了广泛应用。

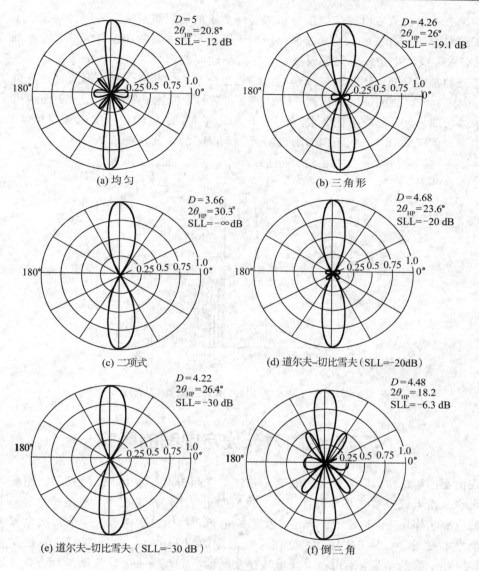

(a) 均匀

$D=5$
$2\theta_{HP}=20.8°$
SLL$=-12$ dB

(b) 三角形

$D=4.26$
$2\theta_{HP}=26°$
SLL$=-19.1$ dB

(c) 二项式

$D=3.66$
$2\theta_{HP}=30.3°$
SLL$=-\infty$ dB

(d) 道尔夫-切比雪夫（SLL=-20dB）

$D=4.68$
$2\theta_{HP}=23.6°$
SLL$=-20$ dB

(e) 道尔夫-切比雪夫（SLL=-30 dB）

$D=4.22$
$2\theta_{HP}=26.4°$
SLL$=-30$ dB

(f) 倒三角

$D=4.48$
$2\theta_{HP}=18.2$
SLL$=-6.3$ dB

图 5.2-27　$d=\lambda/2$ 等间距五元边射阵不同幅度分布的方向图

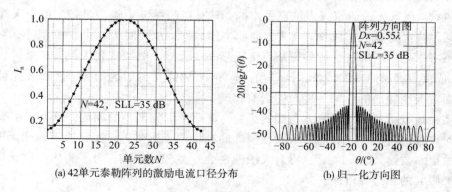

(a) 42单元泰勒阵列的激励电流口径分布

(b) 归一化方向图

图 5.2-28　42 单元泰勒阵列的口径分布

　　泰勒分布通过改变电流的幅度分布来实现要求的低副瓣窄波束阵列方向图。还有一些阵列天线对方向图有特殊的要求，如机场用于引导飞机着陆的相控阵天线，考虑到地面的影响，要求天线波束在地面附近锐截止，以减小地面的影响。在这种情况下，不仅要调整激励电流的幅度分布，还要调整激励电流的相位分布，二者结合起来再通过计算机辅助设计，以优化激励电流的幅度和相位，最后获得满意的方向图。如图 5.2 - 29 虚线所示为指标要求方向图。为了实现指标要求，采用 26 单元阵列，通过优化激励电流的幅度和相位，实现了副瓣低于 20 dB、地面(90°)附近不低于 5 dB/°的锐截止要求。

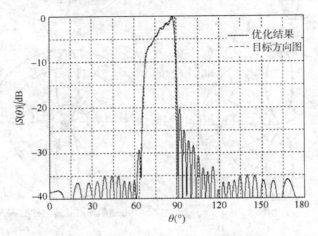

图 5.2 - 29　特殊要求(低副瓣、锐截止)的阵列天线方向图

5.3　地面对天线方向图的影响

　　在前面的讨论中，均假设天线处于无界自由空间中。实际上，任何实际使用的天线都是架设在地面上或安装在某种载体上的。我们知道，在许多情况下，地是一种良导体。在天线的电磁场作用下，地面或载体将产生感应电流，称作二次电流。这个二次电流也要在空间激发电磁场，称作二次场。因此在天线周围的空间中，总的电磁场是天线直达场与二次场互相干涉的结果，不再是天线单独存在时的空间场分布。这说明地面、载体等天线邻近物体将对天线的辐射特性产生影响。天线靠近地面或周围物体愈近，不仅对其辐射场的影响越大，而且天线的输入阻抗也受影响。只有在超短波至微波波段，由于天线口径尺寸以及架设高度都远大于波长，天线方向图主瓣较窄，地面对天线的影响很小，在这种情况下可不考虑地面对天线性能的影响。此外有一些天线，例如阵列天线，有意设置了金属反射面(或反射栅网)，以消除反射面后的场，同时加强反射面前的场。这种人为设置的金属反射面对天线性能的影响和地面的影响相同。

　　要严格地分析地面对天线方向图的影响，是一个十分复杂的问题，因为除了天线与地面的相对位置(垂直或水平放置)及天线离地的高度因素影响外，实际地面的几何形状、地面的等效电参数(海面或干土)也将对天线的性能产生较大影响。为了简化问题，我们将地面看成无限大的理想导电面。

　　研究地面对天线的影响，通常采用几何光学法和镜像法。几何光学法利用平面波的反射理论来分析计算，而镜像法则将地面的影响等效为天线在理想导电平面下的镜像的影响。本节采用镜像法进行分析。

5.3.1　镜像法

平时我们照镜子，看到的镜子中的自己就是自己的像。那么天线的像是怎样的呢？架设在地面上的天线，在距离天线较远的某观察点 P 处所产生的场，将由天线直射波和地面反射波叠加而成。而天线的地面反射波可以看成由位于地面下的天线的像所产生的，如图 5.3-1 所示。根据理想导体边界条件，在理想导体平面上的电场强度的切向分量为零，所以镜像天线的电荷和实际天线的电荷量值相等而符号相反（等量异性）。例如，在电磁场与电磁波中介绍过，在理想电平面上高度为 h 的电荷在上半空间的电场和两个相距 $2h$ 的等量异性电荷在上半空间的电场完全相同，如图 5.3-2 所示。

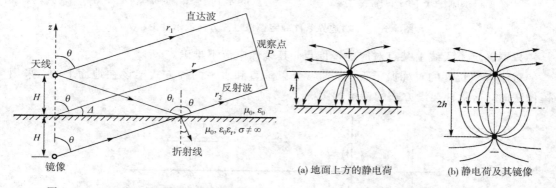

图 5.3-1　天线及其镜像场求解示意图　　　　(a) 地面上方的静电荷　(b) 静电荷及其镜像

图 5.3-2　静电荷及其镜像场

在实际中，天线上的电荷或电流是交变的，可以根据天线上高频电流的某一瞬间来判断镜像的正负。对于电流分布不均匀的天线，可将天线分割成许多基本单元，每一小段都有它的镜像，叠加后就是整个天线的镜像。以基本电振子为例，无限大导电平面上的基本振子电流源主要有垂直、水平和倾斜三种放置方式，它们的镜像如图 5.3-3 所示。

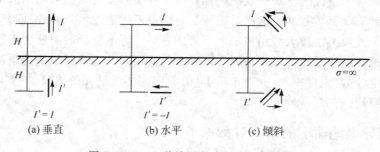

(a) 垂直　　　　　(b) 水平　　　　　(c) 倾斜

图 5.3-3　三种放置方式基本振子镜像

总结镜像电流可以得到如下结论：

（1）垂直对称振子的镜像点电流与原电流等幅同相。

（2）水平对称振子的镜像点电流与原电流等幅反相。

（3）倾斜放置时，可将天线分解为水平和垂直两个分量，然后再确定这两个分量的方向。

这个结论也可以直接由边界条件得到，如图 5.3-4(a)中，$E_{\theta 1}$ 代表实际天线产生的电场，$E_{\theta 2}$ 代表镜像天线产生的电场。只要满足边界条件，$E_{\theta 1}$ 和 $E_{\theta 2}$ 的合成场应当垂直于地面。由图 5.3-4(a)可以看出产生 $E_{\theta 2}$ 的镜像电流 I' 应当和实际电流 I 等幅同相。同样的道理，图 5.3-4(b)中，位于理想导电面上的水平基本振子的镜像电流应该和实际电流等幅反相。

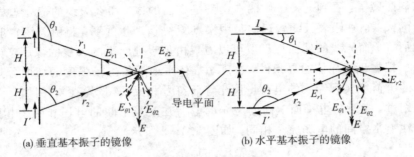

(a) 垂直基本振子的镜像　　　　　(b) 水平基本振子的镜像

图 5.3-4　由边界条件确定镜像电流方向的示意图

只要确定了天线上某点对应的镜像点，其镜像电流不难确定。

对于有限长度的对称振子天线，通常是以垂直和水平两种方式架设在地面上的。采用镜像法时，这两种架设方式的镜像如图 5.3-5 所示。

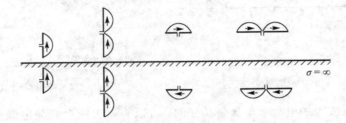

图 5.3-5　对称振子的镜像

如果地面就是无限大导电平面，那么确定了理想导电平面上天线的镜像后，就可以取消地面而只用天线和镜像来求观察点的场强；在计算辐射阻抗时也可以用天线和其镜像之间的互阻抗来计算地面的影响，这就是镜像法。采用镜像法就可以将地面对天线方向图的影响归结为求天线及其镜像天线组成的二元阵问题，使原本复杂的问题变得简单。

当考虑到地面的非理想导电性质时，镜像法仍适用，但此时天线镜像电流的振幅和相位将和土壤的电参数(电导率 σ、介电常数 ε，磁导率 μ)、激励元的电尺寸(实际尺寸与波长之比)以及场的极化有关。

5.3.2　理想导电地面上的垂直对称振子

离理想导电地面高度为 H 的垂直对称振子如图 5.3-6(a)所示。考虑镜像之后，地面就可去掉，此时地面的影响可以看作是一个等幅同相馈电的对称振子共轴二元阵的问题，但要注意的是只有上半空间的辐射场解。

如图 5.3-6(a)所示，假设地面与射线间的夹角为 Δ，图中 θ 与 Δ 的关系为 $\theta = \pi/2 - \Delta$。根据阵列天线方向图乘积原理，垂直对称振子及其镜像的总方向图等于单个振子的方向图和阵因子的乘积，即

$$f_T(\theta) = f_0(\theta)f_a(\theta), \quad 0 \leqslant \theta \leqslant \pi/2 \tag{5.3-1}$$

式中，$f_0(\theta) = \dfrac{\cos(\beta l\cos\theta) - \cos\beta l}{\sin\theta}$ 是单元方向图函数；而 $f_a(\theta)$ 是等幅同相馈电的二元阵阵因子，为

$$f_a(\theta) = 2\cos(\beta H\cos\theta) \tag{5.3-2}$$

若用 Δ 角表示，考虑 $\theta = \pi/2 - \Delta$，则

$$f_T(\Delta) = f_0(\Delta)f_a(\Delta), \quad 0 \leqslant \Delta \leqslant \pi/2$$

$$f_0(\Delta) = \frac{\cos(\beta l\sin\Delta) - \cos\beta l}{\cos\Delta} \tag{5.3-3a}$$

$$f_a(\Delta) = 2\cos(\beta H\sin\Delta) \tag{5.3-3b}$$

图 5.3-6(b)给出了不同高度理想导电地面上垂直半波振子在 $E(xz$ 平面)面的方向图。由图 5.3-6(b)可见，不论 H/λ 为何值，近地垂直半波振子的最大辐射总在 $\Delta = 0°$ 方向。随着离地高度的增加(二元阵间距增大)，其副瓣出现并增多增大。$H(xy)$ 面方向图显然是一个圆，其图略。

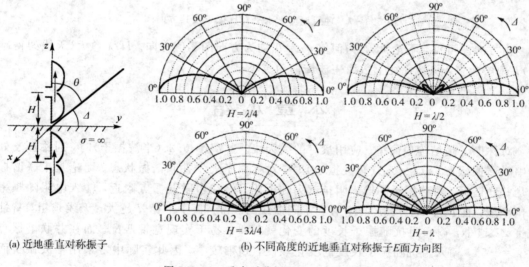

(a) 近地垂直对称振子　　　　(b) 不同高度的近地垂直对称振子 E 面方向图

图 5.3-6　垂直对称振子及 E 面方向图

5.3.3　理想导电地面上的水平对称振子

离地面高度为 H 的水平对称振子如图 5.3-7(a)所示。根据镜像原理，去掉地面，问题就化为平行排列的等幅反相二元阵问题。

根据阵列天线理论，此二元阵在与地面垂直的平面内的方向图函数等于自由空间水平对称振子的方向图函数与阵因子的乘积，但此时阵因子为

$$f_a(\varphi) = 2\sin(\beta H\cos\varphi) \tag{5.3-4}$$

因 $\Delta = \pi/2 - \varphi$，所以

$$f_a(\varphi) = 2\sin(\beta H\sin\Delta) \tag{5.3-5}$$

则 H 面总场方向图函数

$$f_T(\Delta) = 2\sin(\beta H \sin\Delta) \qquad\qquad (5.3-6)$$

由此可画出不同高度时的近地水平半波振子的 H 面(xy 平面)方向图如图 5.3-7(b)
所示。

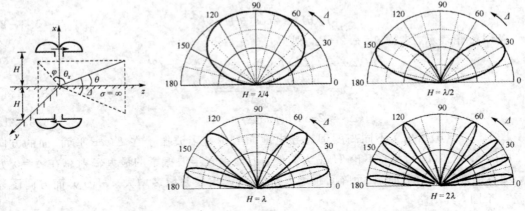

(a) 近地水平对称振子　　　　　　(b) 不同高度的近地水平对称振子H面方向图

图 5.3-7　理想地面上水平对称振子及其方向图

由方向图可见，不论 H/λ 为何值，$\Delta=0°$ 均为方向图零值方向。H/λ 愈大(天线架得越
高)，副瓣愈多，从地面往上数第一波瓣仰角越小。

本 章 小 结

对称振子是结构最简单、应用最广的线天线。当 $l/\lambda \approx 0.25$(半波振子)时，对称振子处
于串联谐振状态；$l/\lambda \approx 0.5$(全波振子)时，对称振子处于并联谐振状态。无论是串联谐振
还是并联谐振，对称振子的输入阻抗都为纯电阻。但在串联谐振点附近，输入电阻随频率
变化平缓，且 $R_{in} = R_r = 73.1\ \Omega$，有利于同馈线的匹配。振子半径 d 越大，天线越粗，特性
阻抗 Z_0 越小，输入阻抗随振子长度的变化就越小，易于实现宽带匹配。而在并联谐振点
($l/\lambda = 0.5$)，输入阻抗随振子长度的变化较陡，频带较窄，因此实际中常采用半波振子而
不用全波振子。

构造阵列天线是调控天线方向性的基本手段，其最重要的结论就是方向函数乘积定理。
二元阵列是最基本和最简单的天线阵列，它几乎涉及阵列天线理论的所有方面。N 元均匀
直线阵、面阵和体阵则是阵列思想的进一步扩展。边射阵和端射阵是直线阵列天线中最重
要的应用形式。从对阵列天线方向性的分析研究中可以看出阵的结构参数(M, α_i, d, N)
对阵列天线方向性的影响，其中单元天线馈电相位差 α_i 对阵列天线方向性的影响是构造相
控阵天线和多波束天线阵列的思想基础。

地面对天线工作特性的影响是一个实际问题。对于近地架设天线，地面的影响可最终
转化为二元阵列问题。把地面设想为无限大的理想导体平面，是一个大胆也多少有些无奈
的办法，但对于解决近地架设天线问题仍不失为一种有效的方法。

习　　题

5.1　有四个无方向性的点源，其辐射功率相同都为 0.15 W，排列如图 1 所示，求 $\alpha=45°$ 方向上、$r=1$ km 处的场强值（各振子的激励相位见图）。

5.2　如图 2 所示，两个半波振子同相等幅馈电，求下列两种排列情况下的 E 面和 H 面的方向函数，并概画二面上的方向图。

5.3　两个半波振子反相等幅激励，排列如图 3 所示，求 E 面和 H 面的方向函数并概画方向图。如将两振子的电流幅度改为 2∶1，再画出 E 面和 H 面的方向图。

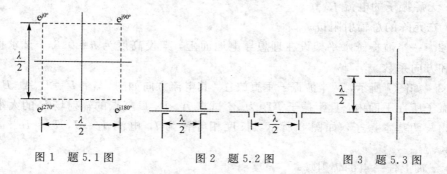

图 1　题 5.1 图　　　　　　图 2　题 5.2 图　　　　　　图 3　题 5.3 图

5.4　如图 4 所示，两相同等幅的半波振子平行排列于 xy 平面上，间距为 d，写出 xz 平面上的场强表达式，并画出 xz 平面上的方向图。

5.5　四个等幅馈电的半波振子并行排列成一直线阵，如图 5 所示，间距为 $d=\lambda/8$，相邻振子间的电流相位差为 $\beta=-45°$，试求 E 面和 H 面的方向函数并概画方向图。

5.6　半波振子水平架设在理想导电地面上，架设高度为 h，画出下列三种情况下 E 面和 H 面的方向图，并比较所得结果：

（1）$h=0.2\lambda$；

（2）$h=0.25\lambda$；

（3）$h=0.4\lambda$。

5.7　试求图 6 所示的三个半波振子直立于理想导电地面上时，铅垂面和水平面的方向函数和方向图。

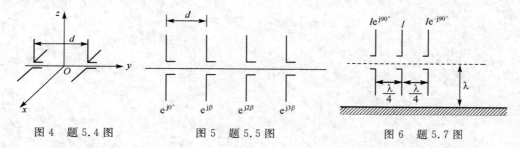

图 4　题 5.4 图　　　　　　图 5　题 5.5 图　　　　　　图 6　题 5.7 图

5.8　对称振子一臂长为 $l=0.2\lambda$、0.3λ、0.4λ，查出三种情况下的辐射电阻（归于腹电流）。如归于输入电流，三种情况下的辐射电阻各为多少？（设波长缩短系数都为 $k_1=1.04$）

5.9　有一对称振子，全长为 $2l=1.2$ m，导线半径为 $r_1=10$ mm，工作频率为

$f = 120$ MHz，计算其输入阻抗的近似值。

5.10 两平行排列的半波振子，间距为 $d = 0.4\lambda$，高度差 $h = 0$，设两振子电流比为 $\dfrac{I_{m2}}{I_{m1}} = 0.5\mathrm{e}^{\mathrm{j}45°}$，求：

(1) 振子"1"的总辐射阻抗 Z_{r1}；

(2) 振子"1"的总辐射阻抗 Z_{r2}；

(3) 二元阵的总辐射阻抗 Z_r（归于振子"1"的电流 I_{m1}）。

5.11 两半波振子平行排列，间距为 $d = 0.2\lambda$，其中一个为有源振子，电流为 $I_{m1} = 1\mathrm{e}^{\mathrm{j}0°}$ A，求：

(1) 无源振子的电流 I_{m2}；

(2) 二元阵的总辐射阻抗。

5.12 一半波振子水平架设在理想导电地面上，架设高度为 $h = 0.3\lambda$，试求振子的辐射电阻和方向系数。

5.13 如图7所示，两半波振子垂直放置，其电流方向如图，$I_1 = I_2 = I$。A、B、C 三点均在两振子所在平面内，且距振子等距为 r。试求 A、B、C 三点的辐射场 E 的大小。

5.14 两基本振子，如图8所示，长度相等皆为 l，电流 $I_1 = I$，$I_2 = I\mathrm{e}^{\mathrm{j}90°}$，方向如图。试求：

(1) x 轴上任一点的辐射场；

(2) 概画 yz 面的方向图；

(3) 若 $I_1 = I$，$I_2 = I$，概画 yz 面的方向图。

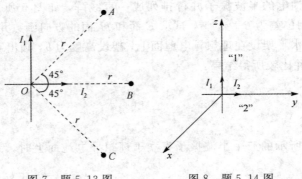

图 7　题 5.13 图　　　　图 8　题 5.14 图

第 6 章　常用线天线

　　本章介绍导航、通信中常用的一些线天线，包括水平对称天线、直立天线、环天线、引向天线、八木天线、对数周期天线、螺旋天线等天线以及微带和波导缝隙天线。它们各有特点，用以满足不同的导航、通信需求。

6.1　水平对称天线(短波通信天线)

6.1.1　双极天线

　　双极天线的结构如图 6.1-1 所示，是近地架设的水平半波对称振子，广泛应用于短波($\lambda = 10 \sim 100$ m)通信中，其振子臂可由黄铜线、钢包线和多股软铜线水平拉直构成；中间由高频绝缘子连接两臂，可由双线传输线馈电。

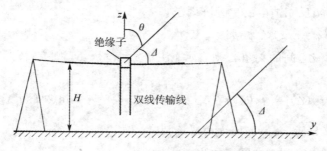

图 6.1-1　架设在地面上方的双极天线

　　为了便于架设天线，需要用绝缘子将其固定。这些绝缘子应选用高频损耗低的瓷材料。为了避免振子在拉线上感应较大的电流，应在离振子端 2 m～3 m 处的拉线上再加一个绝缘子。这样两天线杆之间的距离(跨度)为 $L = 2l + (5 \sim 6)$ (m)。支柱的拉线也要用绝缘子隔开，每段长度不要大于 $\lambda_{min}/4$(λ_{min} 为最短工作波长)。由于振子的自重和馈线的拉力，振子总有一定的下垂度。为了保持馈线水平，每隔一段要用高频瓷分离棒支撑，以减小下垂度。

这种天线由于结构简单，使用方便，天线最大辐射仰角通过改变架设高度容易控制，因此在短波通信天线中广泛使用。

1. 双极天线的方向函数与方向图

距离地面架设高度为 H 的双极天线及其镜像如图 6.1-2 所示。建立图示坐标系，可以得到观察线与振子轴线之间的夹角 θ 与仰角 Δ、方位角 φ 之间的关系为

$$\begin{cases} \cos\theta = \cos\Delta\sin\varphi \\ \sin\theta = \sqrt{1 - \cos^2\Delta\sin^2\varphi} \end{cases} \tag{6.1-1}$$

式中，θ 是射线与天线轴之间的夹角；Δ 是射线与地面之间的夹角；φ 是射线的方位角。

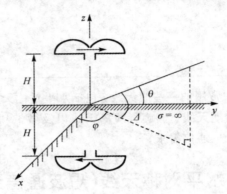

图 6.1-2　水平对称振子坐标系

采用镜像法，上半空间辐射场的方向图函数为

$$f_T(\theta, \varphi) = f_0(\theta, \varphi) f_a(\theta, \varphi) \tag{6.1-2}$$

式中，$f_0(\theta, \varphi) = \dfrac{\cos(\beta l\cos\theta) - \cos\beta l}{\sin\theta} = \dfrac{\cos\left(\dfrac{\pi}{2}\cos\Delta\right)}{\sin\Delta}$ 为半波振子的方向图函数；$f_a(\theta, \varphi) = 2\sin(\beta H\sin\Delta)$ 为等幅反相馈电的二元阵因子。

1) yz 平面内（$\varphi = \pi/2$）的方向图函数

采用地面与射线之间的夹角 Δ 来表示，注意 $\theta = \pi/2 - \Delta$，则有

$$f_T(\Delta) = f_0(\Delta) f_a(\Delta) = \frac{\cos\left(\dfrac{\pi}{2}\cos\Delta\right)}{\sin\Delta} \cdot 2\sin(\beta H\sin\Delta) \tag{6.1-3a}$$

2) xz 平面内（H 面，$\varphi = 0$）的方向图函数

半波振子（$\Delta = \pi/2$）的方向图函数为

$$f_0(\theta, \varphi) = 1$$

二元阵阵因子（用 Δ 角表示）为

$$f_a(\theta, \varphi) = 2\sin(\beta H\sin\Delta)$$

$$f_T(\Delta) = 2\sin(\beta H\sin\Delta) \tag{6.1-3b}$$

由式(6.1-3a)和式(6.1-3b)可画出随架高 H 变化的方向图，如图 6.1-3 所示。

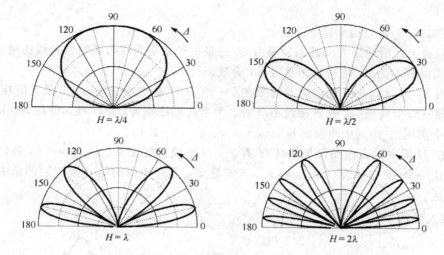

图 6.1-3　近地水平对称振子及 H 面方向图

令 $|\sin(\beta H \sin\Delta)| = 1$，可得各副瓣最大值方向为

$$\Delta_{Mn} = \arcsin\left[(2n+1)\frac{\lambda}{4H}\right], \quad n = 0, \pm 1, \pm 2, \cdots \tag{6.1-4}$$

若取 $n=0$，则第一波瓣仰角为

$$\Delta_{M0} = \arcsin\left(\frac{\lambda}{4H}\right) \tag{6.1-5}$$

Δ_{M0} 最靠近地面，称为通信仰角，用专门的符号 Δ_0 表示。

双极天线广泛应用于长距离的短波通信。短波通信主要是利用无线电波经过电离层的反射而传播的，如图 6.1-4 所示。已知电离层的高度 h 以及 A、B 两点间距离，就可确定水平振子的波束指向 Δ_M，由此可确定架设高度 H 为

$$H = \frac{\lambda}{4\sin\Delta_M} \tag{6.1-6}$$

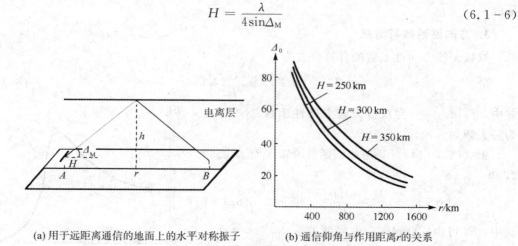

(a) 用于远距离通信的地面上的水平对称振子　　　(b) 通信仰角与作用距离 r 的关系

图 6.1-4　用于远距离通信的地面上的水平对称振子

3）讨论

由式(6.1-5)可以得到以下结论：

(1) 双极天线沿地面方向的辐射场为 0。这是由于水平天线与其镜像天线的电流反相，在地面方向波程差为 0，辐射场相互抵消，合成场为 0。

(2) 当 $H \leqslant \lambda/4$ 时，H 面内的方向图在 $\Delta = 60° \sim 90°$ 范围内变化不大，最大值在 $\Delta = 90°$ 方向上，即主瓣指向天空。这种架设不高的水平半波天线称为高射天线，可在 300 km 内的天波通信中实现地-地间的短波远程通信。

(3) 在 H 面内的方向图仅与架高 H 有关，与天线长度无关。当 $H > 0.3\lambda$ 时，最大辐射方向不止一个(波瓣分裂)。H/λ 愈大，波瓣越多，靠近地面的第一波瓣的仰角愈小，通信距离愈远。

2. 输入阻抗

$$Z_{11} = 73.1 + j42.5 \ (\Omega)$$

双极天线的输入阻抗就是其辐射阻抗。在自由空间中，半波振子的输入阻抗为其电抗部分可通过调整振子长度(缩短)或电路调谐予以消除，电阻部分是选择馈电传输线进行匹配的重要依据。

双极天线的输入阻抗为

$$Z_1 = Z_{11} - Z_{12} \tag{6.1-7}$$

式中，Z_{11} 为天线的自阻抗；Z_{12} 为天线与其镜像间的互阻抗，与架高 H 有关。

图 6.1-5 为双极天线辐射电阻随架设高度的变化曲

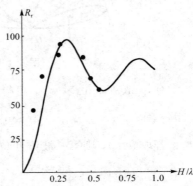

图 6.1-5　半波振子的 R_r 随 H/λ 的变化曲线

线，其中实线为理论计算值，圆点为测量值。当 $H > 0.25\lambda$ 时，实测值和计算值很近；当 $H/\lambda < 0.25$ 时，实测值较计算值大，这是因为当天线接近地面时，地面损耗电阻加大的缘故。

3. 方向性系数与增益

双极天线方向性系数的计算公式为

$$D = \frac{120 f_T^2(\theta_m, \varphi_m)}{R_r} \tag{6.1-8}$$

式中，$f_T(\theta_m, \varphi_m)$ 为双极天线方向性函数；(θ_m, φ_m) 为最大辐射方向。

由式(6.1-3b)H 面方向图函数可知 $f_T(\theta_m, \varphi_m) = 2$，得

$$D = \frac{480}{R_r} \tag{6.1-9}$$

式中，R_r 可由式(6.1-7)取实部求得。

图 6.1-6 给出了方向性系数随 h/λ 的变化曲线。已知方向性系数，则增益为

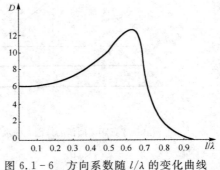

图 6.1-6　方向系数随 l/λ 的变化曲线

$$G = \eta_a D \tag{6.1-10}$$

式中，$\eta_a = R_r/(R_r + R_d)$ 为天线效率。其中 R_d 表示损耗电阻，包括天线导线热损耗、绝缘子损耗、地损耗等。一般情况下，除地损耗外其他损耗可忽略不计。若地损耗不大，则 $\eta_a \approx 1$，此时 $G \approx D$。

4. 天线尺寸选择

1）天线臂长 l

短波电台要求宽波段工作。为保证在整个工作波段内，$\varphi = 0°$ 方向为最大辐射方向，必须使 $l \leqslant 0.7\lambda_{min}$，$\lambda_{min}$ 为工作波段中的最短波长。但是若 l 太短，则天线辐射能力太弱，由于大地损耗的存在，天线效率大为下降；另一方面如果 l 太长，天线输入电阻很小而容抗很大，造成馈线上行波系数很低，衰减增大。

综合以上考虑，天线臂长应为

$$0.2\lambda_{min} < l \leqslant 0.7\lambda_{min} \tag{6.1-11}$$

通常将同一天线所能适用的最长工作波长与最短工作波长之比称为天线的波段系数，即

$$\frac{\lambda_{max}}{\lambda_{min}} = \frac{f_{min}}{f_{max}} = \frac{0.7}{0.2} = 3.5 \tag{6.1-12}$$

若工作波段过宽，不易满足上述要求时，应选用长度不同的两副天线。如某短波电台，工作频率为 3～24 MHz。由于波段范围太宽，它配有两副天线，当工作频率为 3～9 MHz 时，使用 $l = 20$ m 的天线；工作频率为 9～24 MHz 时，使用 $l = 7.5$ m 的天线。

2）天线高度 H

天线高度 H 选择的原则是保证在工作波段内，通信仰角方向上辐射较强。

如果通信距离在 300 km 以内，宜采用高射天线，通常架设高度取 $H = 0.1\lambda \sim 0.3\lambda$，中小型电台用的天线一般为 $H = 8$ m～15 m。此时天线的架设在方位上自由度很大，可进行山地或复杂地区的通信。如图 6.1-7 所示，由于高仰角辐射，电波经电离层反射后回到天线周围的圆形区域内都有较大的场强。

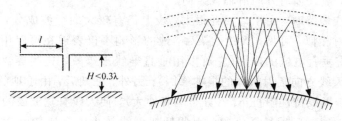

图 6.1-7　高射天线

如果通信距离较远，则应先根据距离 r 及电离层高度 h 计算通信仰角 Δ_0，然后根据 Δ_0 按式(6.1-6)求得架设高度 H。

3）高射天线的低架问题

高射天线的架设电高度比较低，但即使 $H/\lambda = 0.1$，在低频端的绝对高度 H 也接近于10 m，而这里所讲的低架是指高度 H 在 1 m 以下(常见的架设高度 H 为 1 m、0.5 m 和铺地)。

如图 6.1-8 所示为低架水平天线，它可以从天线中点馈电，如图 6.1-8(a)所示，称为低架水平对称天线；也可以从天线的一端馈电，如图 6.1-8(b)所示，而另一端可以是开

路的，也可以与地短接，称为低架终端开路（或短路）不对称天线；此外，还可以端接阻抗$R_L = Z_0'$（Z_0'为天线的特性阻抗），电阻的另一端与地线或地网连接，此时天线导线上电流为行波状态，故称为低架行波单导线天线。

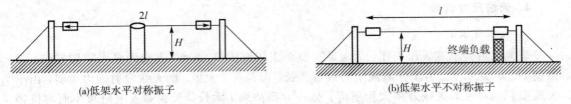

(a)低架水平对称振子　　　　　　　　　　　　(b)低架水平不对称振子

图 6.1 - 8　低架水平天线

当天线低架后，由于离地面很近，分布电容加大，天线两端会产生较强的垂直电流，垂直电流和天线上的电流一起构成了一个相应的环形天线，如图 6.1 - 9 所示。环形天线的最大辐射方向在环平面内，而不在环的两侧。因此，低架水平对称天线在水平面内的方向图会发生根本的变化，使最大辐射方向沿振子两臂所指的方向。

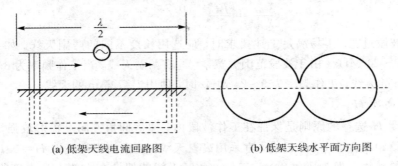

(a) 低架天线电流回路图　　　　　　　(b) 低架天线水平面方向图

图 6.1 - 9　低架双极天线水平方向图的形成

低架行波导线天线的高仰角辐射也很小，主要沿地面辐射垂直极化波。由于电流向负载方向连续滞后，最大辐射方向沿轴线方向。

当末端开路或短路时，由于地损耗很大，线上仍有较大的行波成分，故水平平面方向图与行波单导线时相似。可见，天线低架后，地的影响不仅表现在可以用水平电流的负镜像代替，而且还有垂直电流的作用（它可以用垂直导线来等效，这些等效的垂直导线是低架天线沿地面和天线方向辐射最强的根本原因）。另外，低架后，由于地的损耗加大，天线效率很低，又由于天线特性阻抗下降（分布电容加大），使天线有宽波段的特点，加之隐蔽，架设及撤收方便，受破坏后易于恢复，因此低架天线是小电台比较常用的近距离通信天线。使用时应注意采用带有外绝缘层的导线；在铺地的情况更不能用裸体线，以减小损耗。

双极天线由于结构简单，架设方便，在通信距离不超过 500 km～600 km 的无线通信中广泛应用。但它的方向性弱，增益不高，由于使用的导线很细，天线的特性阻抗很高，因此工作频段内输入阻抗的频率特性很差，造成馈线上的驻波很大，调谐匹配困难。为改善阻抗的频率特性，人们常常采用笼形结构的水平对称天线。

6.1.2　笼形天线

笼形天线是针对双极天线存在的不足而改进的。由 5.1.3 节对称振子的电特性可知，增大振子半径，可以降低特性阻抗，增大带宽。笼形天线就是利用这个原理，通过"笼形"结构增大振子的等效半径，达到降低特性阻抗、增加带宽的目的。笼形天线的工作原理、辐射场特性与双极天线没有多大差别，这里主要对其改进部分进行重点介绍。

1. 笼形天线的结构

笼形天线的结构如图 6.1 - 10 所示，它采用数根导线排成筒形以获得低特性阻抗。为了减小笼形天线与馈线连接时由于结构突变引起的反射，使振子与馈线获得较好的匹配，笼的半径从离馈电点 3～4 m 处开始逐渐减小，做成圆锥形。为使结构牢固，便于架设，笼形的末端也做成圆锥形。

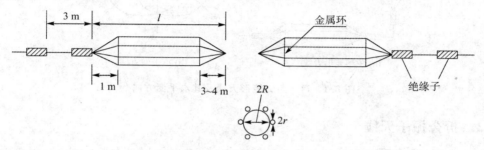

图 6.1 - 10　典型的笼形天线

对称振子天线的方向图、增益随频率的变化相对于其输入阻抗来说不太敏感，因此，只要确定了输入阻抗的频带宽度，该频带的宽度就可看作是对称振子的工作频带宽度。

2. 笼形天线的电特性

笼形天线特性阻抗的计算公式为

$$Z_0' = 120\left[\ln\left(\frac{2l}{a_e}\right) - 1\right] \tag{6.1 - 13}$$

式中

$$a_e = a\sqrt{\frac{nr}{a}} \tag{6.1 - 14}$$

称为笼形的等效半径；n 是构成笼形天线的导线根数；r 是单根导线的半径；a 是导线排成笼形的半径。

在短波通信中常取 $2a = 0.5 \sim 1.5$ m，$n = 6 \sim 8$ 根，所得天线的特性阻抗约为 $250 \sim 400$ Ω。架设时用双线进行匹配，可以在 $l/\lambda = 0.2 \sim 0.6$ 的波段范围内得到满意的结果。

考虑到地面的影响，笼形天线的增益可分为以下两种情况：

(1) 当 $l = 0.25\lambda$ 时，$G = 4.24$。

(2) 当 $l = 0.5\lambda$ 时，$G = 6.9$。

笼形天线的方向性与水平对称天线相同。

3. 笼形天线的改进型

在实际工作中（例如军用通信网工作方式时），一副笼形天线或水平对称天线在低仰角时，往往不能满足需要，因为要求天线在水平面无方向性或方向性很弱。因此，可将笼形天线作成两臂互相垂直的形式，如图 6.1 - 11 所示的角式笼形天线。由于两臂最大辐射方向互相垂直，因此在水平面内得到近似圆形的方向图，且振子为笼形，故特性阻抗低，工作频带宽。由于具备这些特点，这种天线在电台中常作备份天线，以随时增开通路。

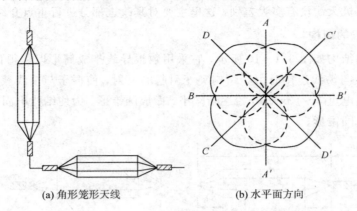

(a) 角形笼形天线　　　　　　　　　(b) 水平面方向

图 6.1-11　角式笼形天线及其水平面方向

6.1.3　折合振子天线

折合振子是一种常见的天线，它主要用作引向天线的主振子，在电视接收天线中广泛采用。

1. 折合振子的结构

折合振子由两个平行的、靠得较近的半波振子在末端连接起来所构成，如图 6.1-12 所示。它可看作是由一根长为 $\lambda/2$ 的短路双线传输线在 a、b 两点处左右拉开形成。因此，在折合振子的两端 a、b 两点处为电流波节点，中间为波腹点，并且折合振子两线上的电流等幅同相。

2. 折合振子的辐射特性与阻抗特性

折合振子相当于两个半波振子并联，两振子上的电流大小相等，相位相同，两振子的辐射电阻分别为

$$\begin{cases} R_1 = R_{11} + R_{12} \\ R_2 = R_{22} + R_{21} \end{cases} \tag{6.1-15}$$

折合振子的总辐射电阻为

$$R_r = R_1 + R_2 = R_{11} + R_{12} + R_{22} + R_{21} \tag{6.1-16}$$

由于两振子的间距 s 很小 $(s \ll \lambda)$，根据互阻抗理论，有

$$R_{11} \approx R_{12} = R_{21} \approx R_{22} \tag{6.1-17}$$

因此

$$R_r \approx 4R_{11} = 4 \times 73.1 \approx 300 \ (\Omega) \tag{6.1-18}$$

由此可见，折合半波天线比普通半波天线的辐射电阻增大了四倍。

也可以从另一种角度来证明这个结论。由于折合振子可以等效为两根半波振子的并联，就远区的辐射场来说，它的电流分布为两线电流分布之和。因此若每线的腹点电流为 I，则等效单线的腹点电流为 $2I$，辐射功率为

$$P_r = (2I)^2 R_r = 4I^2 \times 73.1 \approx 300I^2 \ (\text{W}) \tag{6.1-19}$$

实际上，折合半波天线的输入端电流为 I，可知天线的总辐射电阻为

$$R_{\mathrm{r}} = \frac{P_{\mathrm{r}}}{I^2} \approx 300\ (\Omega) \qquad\qquad (6.1-20)$$

与式（6.1-18）的结果一致。因此不难想到折合振子的方向图大致与单根对称振子的方向图相同。

图 6.1-13 表示三折合半波天线，按上法计算可得到其辐射电阻（即输入电阻）为

$$R_{\mathrm{r}} = 9 \times 73.1 \approx 660\ (\Omega) \qquad\qquad (6.1-21)$$

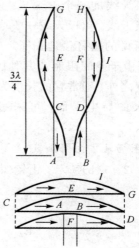

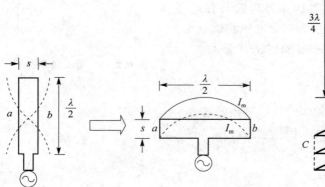

图 6.1-12　折合振子的形成及电流分布　　　　　图 6.1-13　三折合半波天线

需要指出的是，上述结果是组成折合振子的间距 d 很小、两线半径 r 都相等时得到的。当改变振子间距 d 和半径 r 时，就会影响线上的电流分配，致使折合振子的输入阻抗产生变化。

折合振子的优点不仅是输入电阻较高，易于匹配，而且还有较宽的频带特性，这是因为它相当于截面加粗的振子。

目前在电视接收天线中，为了提高输入阻抗以适应特殊的需要，或者为具有更宽的频带特性，常采用一些变形的折合振子和变形的半波振子，如图 6.1-14 所示。至于具体尺寸及输入阻抗的数值，常通过实测后获得一些经验数据，再采用现代电磁仿真软件来获得比较好的设计效果。关于此部分内容，可参阅有关资料，此处不作介绍。

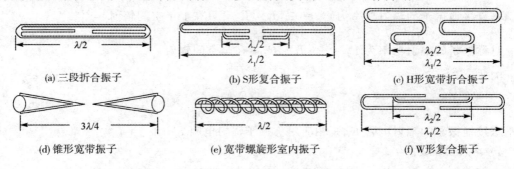

(a) 三段折合振子　　　　　　(b) S形复合振子　　　　　　(c) H形宽带折合振子

(d) 锥形宽带振子　　　　　(e) 宽带螺旋形室内振子　　　　(f) W形复合振子

图 6.1-14　几种变形的振子天线

6.2　直立天线

长波、中波、短波及超短波波段的广播、通信采用地表面波传播方式，传播稳定且距离远。因为地面对水平极化波的衰减较大，因此需要采用垂直地面的直立架设天线。

6.2.1　直立架设天线

当双极天线的一个臂变成一个导电平面时，就形成单极天线。单极天线一般垂直于地面架设，就是通常所说的垂直接地振子，如图 6.2-1(a) 所示。除了由于空间限制或其他因素要求它具有较短的长度之外，通常它的长度为四分之一波长。对于无限大的导电平面，可采用镜像法来进行分析。

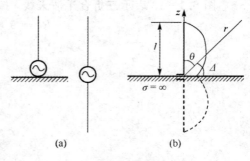

图 6.2-1　垂直接地振子

1) 辐射场及方向图函数

如图 6.2-1(b) 所示，由镜像法可得其辐射场为

$$\begin{cases} E_\theta = \mathrm{j}\dfrac{60I_m}{r}\mathrm{e}^{-\mathrm{j}\beta r}f(\theta), & 0 \leqslant \theta \leqslant \dfrac{\pi}{2} \\[2mm] E_\theta = 0, & \dfrac{\pi}{2} < \theta \leqslant \pi \end{cases} \tag{6.2-1}$$

方向图函数为

$$f(\theta) = \frac{\cos(\beta l \cos\theta) - \cos\beta l}{\sin\theta} = \frac{\cos(\beta l \sin\Delta) - \cos\beta l}{\cos\Delta} \tag{6.2-2}$$

式中，$\theta = \pi/2 - \Delta$。

注意：地面以下并不存在电磁场，等效只是在地面上半空间成立。

2) 方向性系数 D_v

$$D_v = \frac{2f^2(\theta_m)}{\displaystyle\int_0^{\pi/2} f^2(\theta)\sin\theta\mathrm{d}\theta} = \frac{2f^2(\theta_m)}{\dfrac{1}{2}\displaystyle\int_0^{\pi} f^2(\theta)\sin\theta\mathrm{d}\theta} = 2D_d \tag{6.2-3}$$

垂直接地振子的方向性系数 D_v 是相应的自由空间中对称振子方向性系数 D_d 的 2 倍。

3) 辐射电阻

垂直接地振子的辐射功率为 $P_{rv} = \dfrac{1}{2}|I_m|^2 R_{rv}$，只在上半空间辐射。

对称振子的辐射功率为 $P_{rd} = \dfrac{1}{2}|I_m|^2 R_{rd}$，在全空间辐射。

因 $P_{rv} = P_{rd}/2$，可得

$$R_{rv} = \frac{R_{rd}}{2} \tag{6.2-4}$$

即垂直接地振子的辐射电阻 R_{rv} 是相应对称振子辐射电阻 R_{rd} 的一半。

4) 输入阻抗 Z_{inv}

因垂直接地振子的输入电流与相应对称振子的输入电流相同，而 $V_{inv} = V_{ind}/2$，因此

$Z_{inv} = Z_{ind}/2$，即垂直接地振子的输入阻抗 Z_{inv} 是相应对称振子输入阻抗 Z_{ind} 的一半。

5) 有效长度 L_{ev}

$$L_{ev} = \frac{1}{I_{in}} \int_0^l I_m \sin\beta(l-z)\,dz = \frac{1}{\beta}\frac{1-\cos\beta l}{\sin\beta l} = \frac{1}{\beta}\tan\left(\frac{\beta l}{2}\right) = \frac{1}{2}L_{ed} \qquad (6.2-5)$$

即垂直接地振子的有效长度 L_{ev} 是相应对称振子有效长度 L_{ed} 的一半。

6.2.2 直立天线性能的改善

1. 加顶

加顶的方法主要用于中长波导航天线。

长波($\lambda = 1000$ m～$10\,000$ m)通信稳定，但天电干扰很强(天电干扰强度随频率的降低而增大)，且天线非常庞大，所以在一般通信中只起辅助作用。但在对潜通信、远洋导航中，长波却起主要作用。此外，在一些国际通信的重要线路上，为了避免短波通信的中断，往往备有长波电台作为备用。

中波主要用于语言广播，也用于通信和导航。如各机场和飞机航线上都装备有中波导航台，由于工作频率(约 150 kHz～750 kHz)低，对应的波长长(约 400 m～2000 m)，垂直接地天线谐振长度为 100 m～500 m，而实际上天线高度不超过 30 m。所以天线的电长度很小，辐射电阻很小，辐射能力很弱，同时损耗电阻因地面损耗而变得很大，以致天线效率很低，只有百分之几到百分之十几，因此提高天线效率就成为中长波波段垂直接地天线的主要问题。

由天线效率公式 $\eta_a = R_r/(R_r + R_d)$ 可知，提高天线效率的途径是增加辐射电阻 R_r 和减少损耗电阻 R_d。因为辐射电阻很小，实际应用中采用加顶的方法来提高天线的辐射电阻。所谓加顶就是在垂直天线的顶端架设水平部分或其他形式的负载，又称加载。常用的加载方法有电容加载和电感加载。电容加载的方法一般是在天线的顶端架设一根或几根水平或倾斜的金属导线、板、球、柱、星状辐射片等负载，如图 6.2-2 所示。电容加载主要有 T 形、Γ 形与伞形三种形式。Γ 形、T 形天线加顶的办法是在它的垂直线上端加水平横线，这些横线可以用一根，也可以用几根并联；一般由 3 根～4 根导线组成，导线直径为 $2r = 3$ mm～4 mm，相邻导线的间距为 $d = 0.5$ m～1 m；当 $h = 10$ m 时，横线的长度 L 取 30 m 左右；当 $h = 30$ m 时，L 取 60 m～70 m。伞形天线是在垂直线上端引下斜线，但这些斜线不宜过长，因为它上面电流的垂直分量与垂直线上的电流方向相反，有减小垂直线辐射的作用。为了减小斜线的影响，要求斜线与垂直线的夹角不小于 50°。

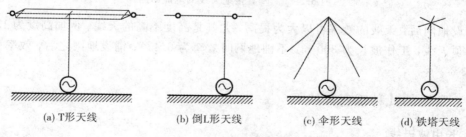

(a) T形天线　　(b) 倒L形天线　　(c) 伞形天线　　(d) 铁塔天线

图 6.2-2　电容加载单极天线

这些顶端所加负载的作用是增大天线顶端对地的分布电容。这一分布电容可等效为一段开路传输线加在天线的顶端，使原来的终端电流波节移至导线网的末端，如图6.2-3所示，使垂直振子上的电流分布更均匀，增加天线的有效高度。

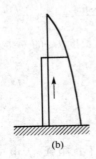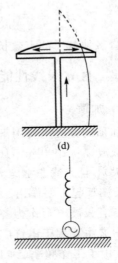

　(a)　　　　　　　　(b)　　　　　　　　(c)　　　　　　　　(d)

图6.2-3　加顶负载天线电流分布

　　在短单极天线的中部某点处加入一定数值的电感就构成电感加载。如图6.2-4所示，该电感可以抵消该点以上线段对该点所呈现的容抗的一部分，从而增大加感以下天线部分的电流。显然它对加感以上部分的电流分布不起作用。加感线圈放置在天线的中部可获得最大的效率增益。

图6.2-4　电感加载单极天线

2. 铺设地网

　　采用加顶后，辐射是增强了，但对于地面是长中波接地天线的回路，如图6.2-5所示，当电流通过地时将产生损耗，这一损耗相对于天线的辐射功率来说是比较大的。因此为了进一步提高天线的效率，还要设法降低电流的损耗，这就要求改变天线附近地面的导电性能，在地面下铺设地网，或在地面上架设平衡网做成人工地面。

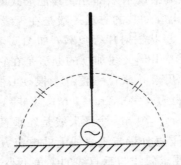

图6.2-5　垂直接地天线的电流回路

　　铺设地网后，天线的效率可以大为提高，尤其是高度不高的天线。例如高度为15 m的垂直无顶天线，工作波长为300 m，不铺地网时效率为6.4%；铺设地网之后，效率可提高到96.3%。

6.2.3　常见的几种垂直天线

1. 长中波天线

　　在长中波段常用的加载单极天线是如图6.2-6(a)所示的悬挂式天线或如图6.2-6(b)所示的铁塔天线。悬挂式天线将天线悬挂在两高塔之间的水平拉线上，天线与拉线之间绝

缘。作天线时，铁塔的底部与大地绝缘，用若干根拉线固定在地面上。为了减小拉线上的
电流损耗，拉线被分成若干段，每段长度小于八分之一波长，相互之间用绝缘子相连。

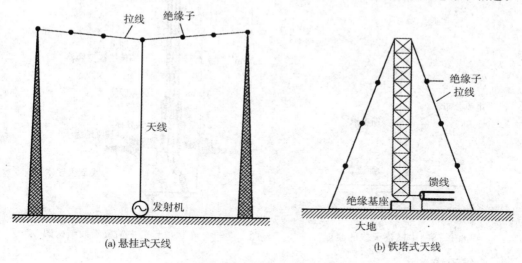

图 6.2 - 6　长中波直立天线

2. 鞭天线

　　最常见的直立振子天线就是鞭天线，广泛用于短
波、超短波移动通信。它们的长度在便携台时最高为
1.5 m～2 m，在车载台时一般为 4 m～5 m。如图
6.2 - 7所示，它是一根金属棒，从棒的底部进行馈电。
为了携带方便，可将棒分成数节，节间可采用螺接、拉
伸等连接方法。

　　正如上面分析的，由于鞭天线的实际长度往往低
于其谐振频率，特别在短波段，因此天线在匹配、带
宽、效率等方面的电特性很差。解决这个问题通常的办
法就是给鞭天线加负载。无论是加顶电容还是加电感

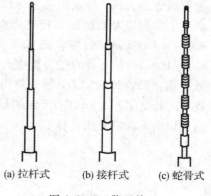

图 6.2 - 7　鞭天线

线圈，统称为对鞭天线的加载。为了增加天线的工作频带，也有采用电阻加载的办法。实
际上，对天线加载并不是只能采用上述的集总参数元件，也可以采用把电抗分布于整个天
线的方法。例如，以直径很小的螺旋线取代直导线做成鞭天线，其辐射特性与直立鞭天线
一样。

3. 中馈鞭天线

　　中馈鞭天线通过采用提高馈电点位置的方法提高鞭天线的辐射性能，其原理结构如图
6.2 - 8 所示，它由同轴线的内导体延伸构成天线的上臂；下臂是同轴线的外导体，外导体
上载有高频电流。为了减小天线底部的电流，增大天线底部与地之间的阻抗，在天线底部
加有扼流套。这种中馈鞭天线常用于超短波波段的车辆电台上。

　　如图 6.2 - 9 所示是车辆电台的中馈鞭天线结构图，工作频率为 30～76 MHz，在天线
基部接有填充铁氧体的扼流套。为了保证天线与馈线的匹配，其间接有一个阻抗变换器。

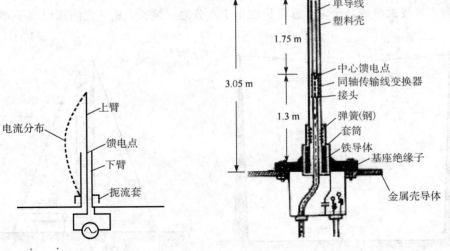

图 6.2－8　中馈鞭天线的原理　　　图 6.2－9　车辆电台的中馈鞭天线结构图

4. 盘锥天线

超短波波段鞭天线的地面是一块金属板。如图 6.2－10(a)所示，同轴馈线的芯线穿出金属板作为天线，外皮则接在金属板上。由于圆板不是无限大，因此天线的最大辐射方向略向上仰起。为了使最大辐射方向指向水平方向，可将圆板扳向下方，做成锥面，如图 6.2－10(b)所示。假使将图 6.2－10(b)λ/4 的垂直天线改为直径为 λ/4 的圆盘，如图 6.2－10(c)所示，就演变为盘锥天线。图 6.2－10(d)是图 6.2－10(c)的立体结构图。为了减小重量和对风力的阻力，便于使用，锥体部分改用多根金属杆构成，可像伞一样撑开和收拢，这就是图 6.2－10(e)所示的超短波对空通信所用的实际盘锥天线。当用 50 Ω 的同轴线馈电时，盘锥天线选择 $2\theta_0 = 60°$，可获得最好的阻抗频带特性。

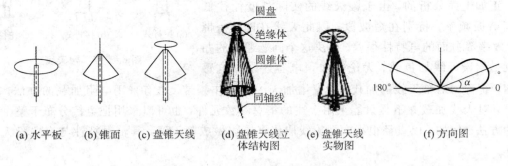

(a) 水平板　(b) 锥面　(c) 盘锥天线　(d) 盘锥天线立体结构图　(e) 盘锥天线实物图　(f) 方向图

图 6.2－10　盘锥天线及其形成过程

盘锥天线辐射垂直极化波，它的方向图大致与自由空间对称振子的方向图是相同的。即在水平面内为一圆，在垂直面内为 8 字形，如图 6.2－10(f)所示。

盘锥天线一般用于超短波频段，也有用于短波频段的。如图 6.2－11 所示的盘锥——单极复合天线，这种天线具有很宽的阻抗带宽，可以不用任何匹配网络在整个短波频段（3 MHz～30 MHz）内与 50 Ω 同轴电缆实现良好的匹配。单极天线高 15 m，盘锥天线的盘固定在 11.5 m 高处，由 6 根长度为 4.5 m 的金属杆组成，与单极天线绝缘。盘锥天线的锥

为6根与单极天线相连的金属线，锥线同时作为固定整个天
线的拉线，锥顶角为32°；拉线的下端与地绝缘（通过绝缘子
固定在地上），并最后连接到单极天线的底部。因此，盘锥天
线的锥的上下端都和单极天线相连，实际上相当于大大加粗
了单极天线的直径，从而扩展了单极天线的带宽。单极天线
和盘锥天线用 50 Ω 同轴电缆单独馈电，计算和实验结果证
明采用这种结构后，单极天线在 3 MHz～9 MHz，盘锥天线
在 6 MHz～30 MHz，都可以得到很好的匹配。

由于这些天线结构设计简单，装配容易，频带宽，因此
广泛应用在甚高频（VHF，$f=30$ MHz～300 MHz）和超高
频（UHF，$f=300$ MHz～3000 MHz）频段，为广播、电视和
通信服务。

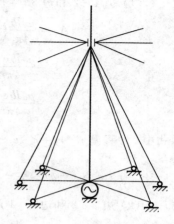

图 6.2-11 单极盘锥复合天线

6.3 环 天 线

根据收发天线的互易性，任何形式的天线都可以既用作
发射，也用作接收，但由于电气性能和结构上的原因，有的天线较适合用于发射，而有的
较适合用于接收。环天线就是接收装置中用得较多的一种天线形式。

如图 6.3-1 所示，环天线是将一根金属导线绕成一定形状，如圆形、方形、三角形等，以导
体两端作为输出端的结构。绕制多圈（如螺旋状或重叠绕制）的称为多圈环天线。根据环的周长
L 相对于波长 λ 的大小，可分为电大环（$L\geq\lambda$）、中等环（$\alpha/4\leq L\leq\lambda$）和电小环（$L<\lambda/4$）。

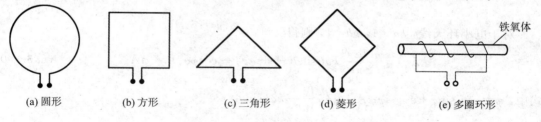

(a) 圆形   (b) 方形   (c) 三角形   (d) 菱形   (e) 多圈环形

图 6.3-1 各种形式的环天线

电小环天线是实际中应用最多的。如收音机中的天
线、便携式电台的接收天线、无线电导航的定位天线、
场强计的探头天线等。电大环天线主要用作定向阵列天
线的单元等。

在 4.3.2 节将采用对偶原理导出小电流环的场。在
此，我们从天线辐射的基本原理出发，推导矩形电小环
天线的辐射场。

设矩形电小环天线边长分别为 a 和 b，如图 6.3-2
所示，并建立坐标系。设环所绕圈数为 N，则每边上的
电流为 $I=NI_0$。

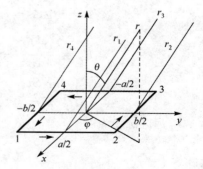

图 6.3-2 矩形电小环天线

(1) 边 1-2 和边 3-4 产生的矢量位为

$$A_y = \frac{\mu_0 Ib}{4\pi}\left(\frac{e^{-jkr_1}}{r_1} - \frac{e^{-jkr_3}}{r_3}\right) = \frac{\mu_0 Ibe^{-jkr}}{4\pi r}\left[e^{-jk(r_1-r)} - e^{-jk(r_3-r)}\right]$$

$$= \frac{\mu_0 Ibe^{-jkr}}{4\pi r}\left[e^{jka\cos\varphi\sin\frac{\theta}{2}} - e^{-jka\cos\varphi\sin\frac{\theta}{2}}\right]$$

$$= \frac{\mu_0 Ibe^{-jkr}}{4\pi r}2j\sin\left(ka\cos\varphi\sin\frac{\theta}{2}\right) \tag{6.3-1}$$

式中，波程差 $r-r_1 = \boldsymbol{r} \cdot \boldsymbol{e}_x \cdot \dfrac{a}{2} = a\cos\varphi\sin\dfrac{\theta}{2}$；

$r-r_3 = \boldsymbol{r} \cdot \boldsymbol{e}_x \cdot (-a/2) = -a\cos\varphi\sin\dfrac{\theta}{2}$。

(2) 边 2-3 和边 4-1 产生的矢量位为

$$A_x = \frac{\mu_0 Ia}{4\pi}\left(\frac{e^{-jkr_4}}{r_4} - \frac{e^{-jkr_2}}{r_2}\right) = \frac{\mu_0 Iae^{-jkr}}{4\pi r}\left[e^{-jk(r_4-r)} - e^{-jk(r_2-r)}\right]$$

$$= \frac{\mu_0 Iae^{-jkr}}{4\pi r}\left[e^{-jkb\sin\varphi\sin\frac{\theta}{2}} - e^{jkb\sin\varphi\sin\frac{\theta}{2}}\right]$$

$$= \frac{\mu_0 Iae^{-jkr}}{4\pi r}(-2j)\sin\left(kb\sin\varphi\sin\frac{\theta}{2}\right) \tag{6.3-2}$$

式中，波程差 $r-r_2 = \boldsymbol{r} \cdot \boldsymbol{e}_y \cdot \dfrac{b}{2} = b\sin\varphi\sin\dfrac{\theta}{2}$；$r-r_4 = \boldsymbol{r} \cdot \boldsymbol{e}_y \cdot \left(-\dfrac{b}{2}\right) = -b\sin\varphi\sin\dfrac{\theta}{2}$。

因此可得

$$\boldsymbol{A} = \boldsymbol{e}_x A_x + \boldsymbol{e}_y A_y = \frac{\mu_0 Ie^{-jkr}}{4\pi r}(-2j)\left[a\sin\left(kb\sin\varphi\sin\frac{\theta}{2}\right)\boldsymbol{e}_x - b\sin\left(ka\cos\varphi\sin\frac{\theta}{2}\right)\boldsymbol{e}_y\right] \tag{6.3-3}$$

对于电小环天线，$ka \ll 1$，$kb \ll 1$，则得

$$\boldsymbol{A} = j\frac{\mu_0 Ie^{-jkr}}{4\pi r}kab\sin\theta(-\sin\varphi\boldsymbol{e}_x + \cos\varphi\boldsymbol{e}_y) = \boldsymbol{\varphi}A_\varphi \tag{6.3-4}$$

式中，$\boldsymbol{\varphi} = -\boldsymbol{e}_x\sin\varphi + \boldsymbol{e}_y\cos\varphi$；$A_\varphi = j\dfrac{\mu_0 Ie^{-jkr}}{4\pi r}kab\sin\theta$。

远区电场为

$$\boldsymbol{E} = -j\omega A = \boldsymbol{e}_\varphi \frac{\omega\mu_0 Ie^{-jkr}}{4\pi}kab\sin\theta = \boldsymbol{e}_\varphi E_\varphi$$

$$E_\varphi = \frac{k^2\eta_0 Ie^{-jkr}}{4\pi r}S\sin\theta \quad \leftarrow \quad k = \frac{2\pi}{\lambda},\ S = ab\ (矩形面积)$$

$$= \frac{\pi\eta_0 SI}{\lambda^2 r}e^{-jkr}\sin\theta \tag{6.3-5a}$$

远区磁场为

$$H_\theta = -\frac{E_\varphi}{\eta_0} = \frac{\pi SI}{\lambda^2 r}e^{-jkr}\sin\theta \tag{6.3-5b}$$

与式(4.3-23)采用对偶原理得到的辐射场表达式相同，可见辐射场与环的形状无关，只与电流环面积有关。环天线的辐射电阻 $R_r = \dfrac{320\pi^4 S^2}{\lambda^4}$，因此面积比较小的电小环，其辐

射电阻比较低。工程中，通常采用下列方法提高环天线的辐射电阻：

（1）增加环的圈数，采用多圈环。单环天线的磁矩是 IS，N 圈环的磁矩是 NIS，其辐射电阻为

$$R_r = \frac{320\pi^4 (NS)^2}{\lambda^4}$$

辐射电阻按 N^2 的规律升高。

（2）在环中插入铁氧体磁芯，即将环绕在铁氧体磁芯上。有效磁导率为 μ_e 的铁氧体磁芯的相移常数为

$$k = \frac{2\pi}{\lambda / \sqrt{\mu_e}}$$

铁氧体上绕 N 匝线圈的辐射电阻为

$$R_r = 320\pi^4 \left(\frac{NS\mu_e}{\lambda^2} \right)^2$$

绕在直铁氧体芯上的多圈环称为环杆天线，如图 6.3 - 1(e)所示，这是常用的低频接收天线，如调频广播接收机。在 $f = 1\ \text{MHz}$ 左右（如 AM 广播频段），常用的铁氧体材料相对磁导率 $\mu_r = 100$，有效磁导率 $\mu_e = 40$。

6.4　行波天线

前面讨论的各种天线基本上都工作于谐振状态附近，天线上的电流是按正弦特性变化的驻波，这些天线通常都只能在某一频率或该频率的谐波上满意地工作。天线的特性对频率极为敏感，且其带宽很窄。若天线上的电流按行波分布，根据长线理论，如果线上载行波电流，则它的输入阻抗将不随频率而变，因此这种天线的阻抗频带一定很宽，如长线行波天线、"V"形天线、菱形天线等。还有一类天线，电磁场以行波方式在天线上传播，也称为行波天线，如八木天线、轴向模圆柱螺旋天线、对数周期天线等，它的带宽相对就比较窄。

6.4.1　菱形天线

菱形天线是短波通信中使用最广泛的一种定向天线。超短波波段有时也用菱形天线，如电视远距离接收、散射通信等。了解菱形天线首先从单导线行波天线讲起。

1. 单导线行波天线

地面上水平架设的长线（长度为几个波长）终端端接适当的电阻，其阻值等于将长线看成传输线时的特性阻抗时，长线上的电流为行波分布，这种结构的天线称为单导线行波天线。单导线天线与地面的镜像一起构成平行双线传输线。当平行双线上传输 TEM 模时，其特性阻抗在很宽的频带内是常数，因此这种天线具有很宽的阻抗带宽，输入阻抗基本上是一纯电阻。由于匹配负载会吸收一部分功率，因此这种天线的效率较低。

1）方向图函数

假定导线无耗，则图 6.4 - 1 所示长线上的行波电流分布可表示为

$$\boldsymbol{I}(z) = I_0 e^{-jkz} \tag{6.4 - 1}$$

式中，k 为电流沿导线传输的相移常数。

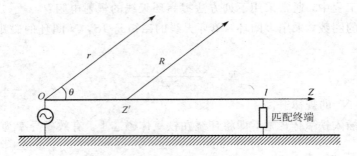

图 6.4 - 1　行波单导线天线

采用与对称振子相同的分析方法，利用电流元的辐射场公式(4.2-9)可得一段长为 l 的导线的辐射场为

$$E_\theta = \int_0^l j \frac{60\pi I_0 e^{-jkz'}}{\lambda R} \sin\theta e^{-jkR} dz'$$

$$= \frac{60\pi I_0 l}{r\lambda} e^{-jkr} \sin\theta \frac{\sin\left[\frac{kl}{2}(1-\cos\theta)\right]}{\frac{kl}{2}(1-\cos\theta)} e^{-j\frac{kl}{2}(1-\cos\theta)} \qquad (6.4-2)$$

方向图函数为

$$f(\theta) = \sin\theta \frac{\sin\left[\frac{kl}{2}(1-\cos\theta)\right]}{1-\cos\theta} = f_1(\theta) \cdot f_2(\theta) \qquad (6.4-3)$$

式中，第一项 $f_1(\theta) = \sin\theta$ 为线元 dz' 的方向图函数；第二项 $f_2(\theta) = \dfrac{\sin\left[\frac{kl}{2}(1-\cos\theta)\right]}{1-\cos\theta}$ 相当于单导线行波天线的阵因子。所以**单导线行波天线的方向图函数是基本振子方向图函数与阵因子方向图函数相乘的结果**。

阵因子的主瓣在 $\theta=0$ 方向，即沿轴向指向行波电流相位滞后的方向，但由于线元方向性在 $\theta=0$ 为零，因此单导线行波天线的方向图在 $\theta=0$ 形成一零陷。图 6.4 - 2 (a)、(b)分别为不同长度的阵因子和行波单导线辐射场的 E 面方向图。从图 6.4 - 2 中可以看出：

(1) 方向图函数与方位角 φ 无关，而关于天线轴(z 轴)旋转对称。

(2) 单导线行波天线沿导线轴向没有辐射，方向图主瓣偏离轴线一个角度。l/λ_0 愈大，主瓣愈窄，副瓣数愈多，主瓣方向愈靠近导线方向。但当 l/λ 很大时，主瓣方向随 l/λ_0 的变化不大，说明这种天线在方向性上具有一定的宽带特性。

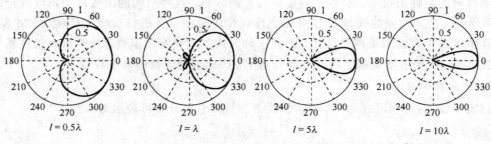

$l = 0.5\lambda$　　　　　　$l = \lambda$　　　　　　$l = 5\lambda$　　　　　　$l = 10\lambda$

(a) 阵方向图

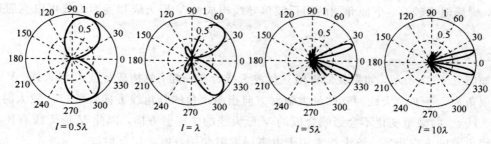

(b) 行波单导线方向图

图 6.4 - 2　阵因子和行波单导线的方向图

2）最大波束指向 θ_m

由式（6.4 - 3）可知，单导线行波天线的方向图函数为

$$f(\theta) = \frac{\sin\theta}{1 - \cos\theta}\sin\left[\frac{kl}{2}(1 - \cos\theta)\right] = \cot\left(\frac{\theta}{2}\right) \cdot \sin\left[\frac{kl}{2}(1 - \cos\theta)\right] \qquad (6.4 - 4)$$

当 l/λ 的比值较大时，式（6.4 - 4）中正弦函数比余切函数的变化快得多，因此方向图最大辐射方向近似为

$$\sin\left[\frac{kl}{2}(1 - \cos\theta_m)\right] = 1 \qquad (6.4 - 5)$$

所以，最大波束指向为

$$\theta_m = \mathrm{arccot}\left(1 - \frac{\lambda}{2l}\right) \qquad (6.4 - 6)$$

3）辐射功率

$$\boldsymbol{S} = \frac{1}{2}\boldsymbol{E} \times \boldsymbol{H}^* = \boldsymbol{e}_r \frac{|E_\theta|^2}{2\eta_0} = \boldsymbol{e}_r \frac{60^2 I_m^2}{2\eta_0 r^2} f^2(\theta)$$

对它在包围天线的球面上积分可得辐射功率为

$$\begin{aligned}
P_r &= \frac{60^2}{2\eta_0 r^2} I_m^2 \int_0^{2\pi} \mathrm{d}\varphi \int_0^\pi f^2(\theta)\sin\theta \mathrm{d}\theta \\
&= \frac{60^2 \pi}{\eta_0} I_m^2 \int_0^\pi \left\{\cot\left(\frac{\theta}{2}\right)\sin\left[\frac{kl}{2}(1 - \cos\theta)\right]\right\}^2 \sin\theta \mathrm{d}\theta \\
&= \frac{\eta_0}{4\pi} I_0 \left[\ln(2kl) - 0.4229 - C_i(2kl) + \frac{\sin(2kl)}{2kl}\right]
\end{aligned} \qquad (6.4 - 7)$$

式中，$C_i(x) = \int_0^x \dfrac{\cos u}{u}\mathrm{d}u$ 是 x 的余弦积分。

4）辐射电阻 R_r

$$R_r = \frac{2P_r}{I_0^2} = \frac{\eta_0}{2\pi}\left[\ln(2kl) - 0.4429 - C_i(2kl) + \frac{\sin(2kl)}{2kl}\right] \qquad (6.4 - 8)$$

由于这种天线是架设在地面上的，因此地面对方向图的影响很大。天线与地面的镜像一起构成二元阵，地面对方向图的影响可用二元阵的理论来研究。通常这种天线用于短波波段，天线结构（长度和架设高度）的设计任务是产生一个与地面有适当夹角的定向波束，以便借助电离层的反射进行远距离通信。

实际上单导线行波天线使用的场合并不多，主要是因为主瓣的最大值方向会随电长度变化，副瓣电平较高。下面介绍的用行波单导线构成的 V 形天线和菱形天线可以克服这些缺点。

2. V 形天线

如图 6.4-3 所示，如果我们将两只行波天线合在一起，就构成行波 V 形天线。V 形天线的顶角为 $2\alpha = \theta_m$。天线两臂的最大辐射方向指向顶角的分角线方向，当 l/λ_0 较大时，单导线天线 θ_m 的微量变化不会影响合成的 V 形天线的主辐射方向，因此 V 形天线有比单导线天线更宽的方向带宽。该天线常用于电离层发射和接收电离层反射波。

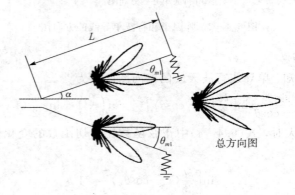

图 6.4-3 V 形天线

根据式(6.4-3)，行波单导线天线的方向图函数为

$$f(\theta) = \sin\theta \frac{\sin\left[\dfrac{kl}{2}(1-\cos\theta)\right]}{1-\cos\theta}$$

所以 $f(-\theta) = -f(\theta)$。

V 形天线一般在其顶点用平行双导线对称馈电，两臂上的电流反相，因此轴向的辐射场 $E_\theta = E_{-\theta}$，正好同相叠加。

V 形天线的实际架设有若干种形式，如图 6.4-4 所示。图(a)倾斜架设的单线行波天线与地面的镜像一起构成 V 形天线，当天线的倾角 Δ 与 θ_m 接近时，沿地面方向辐射最强；当天线的倾角接近第一个零点 θ_{01} 时，沿地面方向辐射为零。图(b)的天线称为倒 V 形

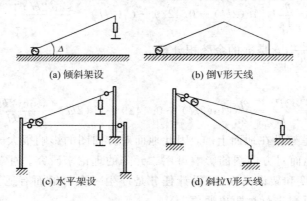

(a) 倾斜架设   (b) 倒V形天线

(c) 水平架设   (d) 斜拉V形天线

图 6.4-4   几种 V 形天线的架设方式

天线，这种天线可以看成与地面镜像一起构成下面要讨论的菱形天线。以上两种天线都辐射垂直极化波。图(c)为水平架设的 V 形天线，最强的辐射方向在 V 形的角平分线上，辐射场为水平极化波。图(d)为斜拉 V 形天线，最大辐射方向在 V 形的角平分线上，这种天线只需一根架设杆，适用于野外作业。调节它们的长度、架设高度、终端负载电阻等参数可以获得需要的性能。

3. 菱形天线

为了进一步提高天线的方向性，可以将两个 V 形天线组合成菱形天线。如图 6.4 - 5 所示，在一个 V 形的顶点馈电，另一个 V 形的顶点端接无感匹配电阻。

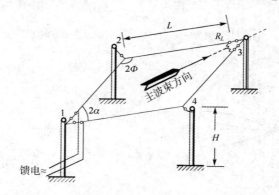

图 6.4 - 5　菱形天线

1) 辐射场

菱形天线的方向图函数相当于两个 V 形天线的叠加，因为方向相同，所以同相叠加，合成方向示意图如图 6.4 - 6 所示。

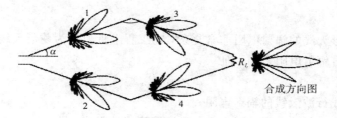

图 6.4 - 6　菱形天线的辐射方向

由于菱形天线不是平行排列，不能应用方向图乘积定理；而且四根导线电场极化方向又不一致，因此只能采用场的叠加原理。考虑地面影响，菱形天线方向图函数为

水平面的方向图函数为

$$f(\varphi) = \left[\frac{\cos(\phi+\varphi)}{1-\sin(\phi+\varphi)} + \frac{\cos(\phi-\varphi)}{1-\sin(\phi-\varphi)} \right] \sin\left\{ \frac{kl}{2}[1-\sin(\phi+\varphi)] \right\} \sin\left\{ \frac{kl}{2}[1-\sin(\phi+\varphi)] \right\}$$

$$(6.4-9a)$$

垂直面的方向图函数(即通过长对角线的 $\varphi=0°$ 的平面)为

$$f(\Delta) = \frac{8\cos\phi}{1-8\sin\phi\cos\Delta} \sin^2\left[\frac{kl}{2}(1-\sin\phi\cos\Delta) \right] \sin(kh\sin\Delta) \qquad (6.4-9b)$$

式中，φ 是水平面上的辐射方位角；ϕ 如图 6.4 - 5 所示。

图 6.4 - 7 给出了 $\phi = 65°$ 时不同边长的水平面方向图和垂直面方向图。

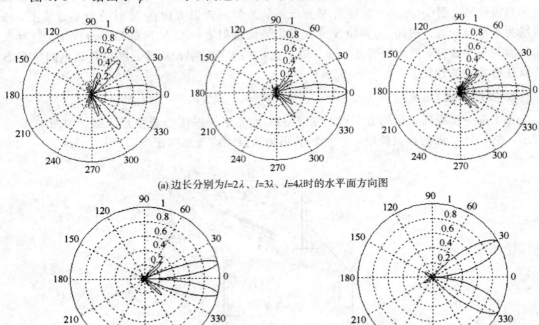

(a) 边长分别为 $l = 2\lambda$、$l = 3\lambda$、$l = 4\lambda$ 时的水平面方向图

$l = 4\lambda$，$h = \lambda$　　　　　　　　　　$l = 2\lambda$，$h = \lambda/2$

(b) 不同边长和不同架设高度的垂直面方向图

图 6.4 - 7　$\phi = 65°$ 时不同边长的水平面方向图和垂直面方向图

2) 辐射电阻

准确计算菱形天线的辐射电阻非常复杂，在工程上近似认为菱形天线的总辐射电阻就等于四根导线的自辐射电阻之和，即

$$R_r = 4R_{1r} \tag{6.4 - 10}$$

式中，R_{1r} 是单导线行波天线的辐射电阻。

由于菱形天线是行波天线，因此输入阻抗等于特性阻抗，即

$$Z_{in} = Z_0 \tag{6.4 - 11}$$

实际上菱形天线的特性阻抗各处不一样大，通常中间张开处约为 1000 Ω，两端处约为 600 Ω～800 Ω，所以天线上仍有驻波。为了使各处特性阻抗均匀分布，往往把菱形的每边改用渐渐张开的两根或三根导线，锐角处合在一起，钝角处将导线沿支杆分开，相当于增大导线截面，从而降低其特性阻抗，保证特性阻抗近乎均匀，接近 700 Ω。同时，采用多线之后减少了反射，有利于降低天线本身的损耗，增益比单线菱形天线提高了 20%～30% 左右，提高了天线的效率。

3) 菱形天线的优缺点

菱形天线的优点如下：

(1) 结构简单，使用、馈电都很方便。

（2）具有较宽的波段特性，可在 3∶1 的频带范围内工作。

（3）天线上载行波电流，因此可以应用于较大的功率。

（4）增益大。

（5）频率降低时，主瓣仰角自动加大，适合短波通信要求。

菱形天线的缺点是占地面积大，副瓣多而大，终端所加匹配负载要吸收一部分功率，因此效率不高，约为 60%～70%。

6.4.2　八木天线(YAGI - UDA Antenna)

1. 八木天线概述

八木天线又称波道天线或引向天线，是八木和宇田两人在 20 世纪 20 年代早期做出、20 年代中期发表的。但直到 1928 年八木访问美国，在无线电工程师协会（Institute of Radio Engineer，IRE）的会议上宣读论文后，八木天线才得到公认。这种天线被誉为是天线领域的经典之作，是极少以发明人命名的天线之一。目前，这种天线广泛应用于米波、分米波波段的通信，雷达、电视以及其他无线电技术设备中。

引向天线是由一根馈电振子和几根无源寄生振子并排放置组成的，如图 6.4 - 8 所示。其中 R 表示反射器，A 表示源振子，D 表示引向器，d_r 表示反射器与有源振子之间的距离，d_d 表示引向器与有源振子之间的距离。

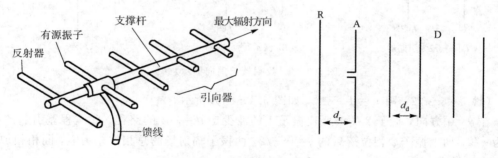

图 6.4 - 8　八木天线

引向天线由一根激励振子、一根反射器振子和若干根无源引向器振子组成。反射器保证天线单向辐射，引向器用以增加天线的方向性，所有振子并排排列在一个平面内，且相互平行。无源振子的中点直接与支架的金属杆相连，因为振子中心是电压波节，电位为零。金属杆与各振子垂直，所以金属杆上不感应电流，不会影响天线的场结构。有源振子的长度通常选为半波谐振长度 $l_A = (0.46～0.49)\lambda$；也可用折合振子，以便于匹配和保证一定的工作频带。

天线的反射器通常只用一个，反射器振子长度 $l_R = (1.05～1.15)l_A$，$d_r = (0.1～0.25)\lambda$，有时也用两根振子或反射网作反射器。

引向器振子长度 $l_D = (0.80～0.90)l_A$，间距 $d_d = (0.1～0.4)\lambda$。引向器的数目可以比较多，因为在反射器和第一个引向器的作用下沿 y 方向能量增强，这时，如果第二个引向器调整适当，有了有力的激励条件，就可以进一步增加 y 方向的能量。以此类推，引向器就好像一个波道（波道天线），能量沿这个波道传输，直到最末一个引向器，这时有一部分能量在末端会反射回来。所以天线和通常意义上的波道一样既有入射波，也有反射波。只要调整适当，反射波非常微弱，这时八木天线就相当于末端加有吸收电阻的行波天线。从这个意义上，将这类天线叫行波天线。一般来说，引向器数目愈多，引向能力愈强，但超过某一数目收益不大，这是由于边缘各引向器上的感应电流逐渐减弱的缘故。大多数八木天线的引向器一般有 4~15 个。引向振子尺寸和间距均相同的引向天线称为均匀天线，否则称为非均匀天线。

八木天线的优点是：结构与馈电简单，制作与维修方便，体积不大，重量轻，转动灵活；天线效率高（$\eta_a \approx 1$），增益高（可达 15 dB）；还可用它作阵元组成八木天线阵列，以获得更高增益。缺点是各引向器尺寸间距调整困难，频带较窄。

2. 工作原理

为了说明八木天线的工作原理，这里首先以两振子为例，说明产生"引向"和"反射"作用时电流的相位关系以及满足这种相位关系的方法。如图 6.4-9 所示，两平行排列的对称振子，假设单元间距 $d=\lambda/4$，振子 1 上的电流为 I_1，振子 2 上的电流 $I_2=mI_1\mathrm{e}^{\mathrm{j}\alpha}$。根据振子 2 电流相位的不同，可分两种情况：

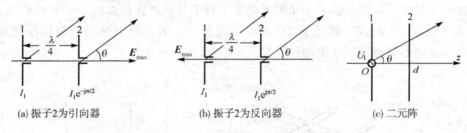

(a) 振子2为引向器　　　　　(b) 振子2为反向器　　　　　(c) 二元阵

图 6.4-9　反射器与引向器示意图

（1）$\alpha=-\pi/2$，则 $I_2=I_1\mathrm{e}^{-\mathrm{j}\pi/2}$，如图 6.4-9(a)所示。

在 $\theta=0°$方向，振子 2 的波要比振子 1 的波少走 $d=\lambda/4$ 的路程，此波程差引起的相位差为 $\pi/2$，加上振子 2 相位落后的 $\alpha=-\pi/2$，两振子辐射场的总相位差为零，同相相加，因而合成场最大。

在 $\theta=180°$方向，振子 2 的波要比振子 1 的波多走 $d=\lambda/4$ 的路程，此波程差引起的相位差为 $-\pi/2$，加上振子 2 相位落后的 $\alpha=-\pi/2$，两振子辐射场总相位差为 180°，反相相减，因而合成场最小。

在 $0<\theta<180°$方向，两振子波程差引起的相位差为 $\dfrac{\pi}{2}\cos\theta$，而电流相位差恒为 $\dfrac{\pi}{2}$，因而合成场介于最大值和零之间。

可见振子 2 的作用好像是将振子 1 向空间辐射的能量引导过来，故振子 2 称为引向器。

（2）$\alpha=\pi/2$，则 $I_2=I_1\mathrm{e}^{\mathrm{j}\pi/2}$，如图 6.4-9(b)所示。

在 $\theta=0°$方向，振子 2 的波要比振子 1 的波少走 $d=\lambda/4$ 的路程，此波程差引起的相位差为 $\pi/2$，加上振子 2 相位超前的 $\alpha=\pi/2$，两振子辐射场总相位差为 180°，反相相减，因而合成场最小。

在 $\theta=180°$方向，振子 2 的波要比振子 1 的波多走 $d=\lambda/4$ 的路程，此波程差引起的相

位差为 $-\pi/2$，加上振子 2 相位超前的 $\alpha=\pi/2$，两振子辐射场总相位差为零，同相相加，因而合成场最大。

在 $0<\theta<180°$ 方向，两振子波程差引起的相位差为 $\dfrac{\pi}{2}\cos\theta$，而电流相位差恒为 $\dfrac{\pi}{2}$，因而合成场介于最大值和零之间。

可见振子 2 的作用好像是将振子 1 朝它辐射的能量反射回去，故称振子 2 为反向器。

由上可知，电场的最大辐射方向总是沿相位滞后的一方。在单元间距 $d=\dfrac{\lambda}{4}$ 的情况下，当天线 2 的电流相位滞后天线 $\dfrac{\pi}{2}$ 时，天线 2 为引向器；反之为反射器。因此振子 2 做反射器还是引向器，关键在于两振子距离和电流间的相位关系。

在实际工作中，八木天线的引向器和反射器都采用无源振子，它们在有源振子场的作用下产生感应电流。感应电流的大小和相位取决于无源振子本身的尺寸和振子间的距离。调节振子的长度和间距，就可以使无源振子上的电流满足引向器或反射器所要求的相位条件。

如图 6.4-9(c) 所示的二元阵，振子 1 为有源振子，振子 2 为中点短路的无源振子，根据耦合振子理论，有

$$\begin{cases} U_1 = Z_{11}I_1 + Z_{12}I_2 \\ 0 = Z_{12}I_1 + Z_{22}I_2 \end{cases} \tag{6.4-12}$$

由式 (6.4-11) 可得

$$\frac{I_2}{I_1} = m\mathrm{e}^{j\alpha} = -\frac{Z_{21}}{Z_{22}} \tag{6.4-13}$$

所以

$$\begin{cases} m = \sqrt{\dfrac{R_{21}^2 + X_{21}^2}{R_{22}^2 + X_{22}^2}} \\ \alpha = \pi + \arctan\dfrac{X_{21}}{R_{21}} - \arctan\dfrac{X_{22}}{R_{22}} \end{cases} \tag{6.4-14}$$

根据式 (6.4-13) 讨论振子 2 起反射或引向的条件。为分析方便，近似取 $l_1 \approx l_2 \approx \lambda/4$，分两种情况：

(1) $l_2 \geqslant \lambda/4$，即振子长度稍大于谐振长度 ($<\lambda/2$)。从图 5.1-10 对称振子的阻抗曲线可以看出，$R_{22}>0$，$X_{22}>0$，$\arctan\dfrac{X_{22}}{R_{22}}$ 为正角度；对八木天线来说，振子间距通常在 $(0.15\sim 0.4)\lambda$ 之间。由图 5.2-25(a) 可知，$R_{12}>0$，$X_{12}<0$，$\arctan\dfrac{X_{21}}{R_{21}}$ 为负角度。所以 $0<\alpha<\pi$，无源振子起反射器作用。

(2) $l_2 \leqslant \lambda/4$，长度小于或等于 $\lambda/2$。同理可知 $R_{22}>0$，$X_{22}<0$，$\arctan\dfrac{X_{22}}{R_{22}}$ 为负角度，且 $\left|\dfrac{X_{22}}{R_{22}}\right| > \left|\dfrac{X_{21}}{R_{21}}\right|$，所以 $-\pi<\alpha<0$，无源振子起引向器作用。

因此，在振子间距 $d=(0.15\sim 0.4)\lambda$ 范围内，臂长小于四分之一波长的无源振子为引向器，臂长大于四分之一波长的无源振子为反射器。适当选择臂长和间距可以得到最

佳效果。

3. 八木天线的特性参数

八木天线特性分析常用的方法有两种：

（1）感应电动势法：根据耦合振子理论列出方程组，求出各振子上的电流分布和有源振子的输入阻抗，算出天线的方向性系数和增益等参数。该方法适用于振子数目不多的情况。

（2）行波天线法：认为八木天线是一个存在着特殊波形的慢波结构，行波的相速取决于无源振子的直径、长度和间距。该方法适用于引向器数目较多的情况。

上述两种方法都不能直接由给定的电参数计算天线的几何尺寸。所以在实际工程中，大多根据经验公式，结合实际测试得出天线的各个电参数。这些经验公式对天线的设计非常有价值。

1）方向性系数与增益

方向性系数的近似公式为

$$D = K \frac{L}{\lambda} \qquad (6.4-15)$$

式中，L 为八木天线的轴长，即由反射器至最后一个引向器的距离；K 是与振子数有关的比例系数，如图 6.4-10 所示。也可采用近似计算公式

$$K = \begin{cases} 10, & 3\lambda < L < 8\lambda \\ 7, & 10\lambda \leqslant L \leqslant 50\lambda \\ 4, & L > 50\lambda \end{cases} \qquad (6.4-16)$$

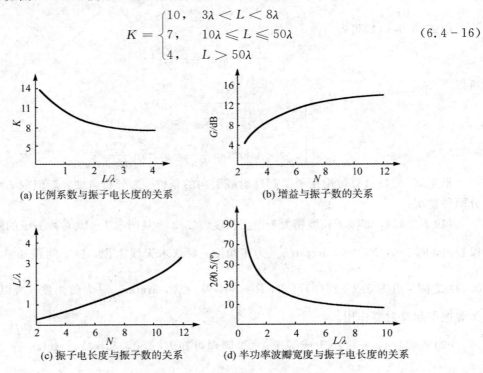

(a) 比例系数与振子电长度的关系　　　(b) 增益与振子数的关系

(c) 振子电长度与振子数的关系　　　(d) 半功率波瓣宽度与振子电长度的关系

图 6.4-10　八木天线参数关系图

八木天线架离地面较高，地面损耗很小，因此效率很高，通常都在 90% 以上，其增益与方向性系数非常接近，为

$$G = \eta_a D \approx D \qquad (6.4-17)$$

2) 半功率波瓣宽度 $2\theta_{0.5}$

由前可知,半功率波瓣宽度 $2\theta_{0.5}$ 为

$$2\theta_{0.5} = 55° \sqrt{\frac{\lambda}{L}} \qquad (6.4-18)$$

4. 八木天线的设计

1) 确定振子数目 N

(1) 根据主瓣宽度,查图 6.4 – 10(d)得天线总长为 L/λ,由 L/λ 根据图 6.4 – 10(c)确定单元数 N。

(2) 根据增益,直接由图 6.4 – 10(b)曲线查得所需要的振子数。此外,还可以参看表 6.4 – 1 决定总振子数。

表 6.4 – 1 八木天线的增益

种 类	反射器数	引向器数	振子总数 N/个	增益/dB
二元天线阵	1	0	2	3~4.5
	0	1		
三元八木天线	1	1	3	6~8
四元八木天线	1	2	4	7~9
五元八木天线	1	3	5	8~10
六元八木天线	1	4	6	9~11
七元八木天线	1	5	7	9.5~11.5
八元八木天线	1	6	8	10~12
九元八木天线	1	7	9	10.5~12.5
十元八木天线	1	8	10	11~13
双层五元八木天线	1×2	3×2	5×2	11~13

2) 振子长度和间距的确定

有源振子的长度对方向图影响较小,通常选半波谐振长度 $l_A = (0.46~0.49)\lambda$;也可用折合振子,以便于匹配和保证一定的工作频带。

反射器振子长度 $l_R = (1.05~1.15)l_A$,$d_r = (0.1~0.25)\lambda$。d_r 对天线方向图的前后辐射比和输入阻抗影响比较大,当 $d_r = (0.15~0.17)\lambda$ 时,前后辐射比比较大,但有源振子输入电阻较低,约为 15 Ω~20 Ω;当 $d_r = 0.23\lambda$ 左右时,有源振子的输入电阻较大,约为 60 Ω,便于和同轴线匹配,但此时方向图前后比比较小。

引向器振子长度 $l_D = (0.80~0.90)l_A$,间距 $d_d = (0.1~0.4)\lambda$。间距太小,输入阻抗变化剧烈,不便于匹配,带宽窄;间距太大,副瓣较大,天线性能很差。

由近似设计方法设计的八木天线制作好以后,一般都要进行调试,要测量输入阻抗或馈线上的驻波比和方向图。如果驻波比大于给定指标($\sigma \geq 2$)或辐射方向图后瓣太大、主瓣太胖等,应调整天线的结构尺寸,如反射器、引向器的长度,各振子的间距、有源振子的长度也要作适当调整。

调试也有一定规律可循。如调整紧靠有源振子的反射器和引向器的间距，将增大输入阻抗或驻波比；增加八木天线的总长度，会使主瓣变窄，反之则变宽；对前后辐射比，则调反射器较明显。如果一副八木天线的增益还不够大，可以采用阵列的方式加大增益。

图 6.4-11 所示为七元八木天线，$L_1=0.477\lambda$，$L_2=0.454\lambda$，$L_d=0.434\lambda$，$d=0.29\lambda$，$a=0.0025\lambda$。天线的输入阻抗为 $Z_{in}=33.17+j0.5\Omega$，各振元上的电流分布如图 6.4-12 所示，方向图如图 6.4-13 所示。

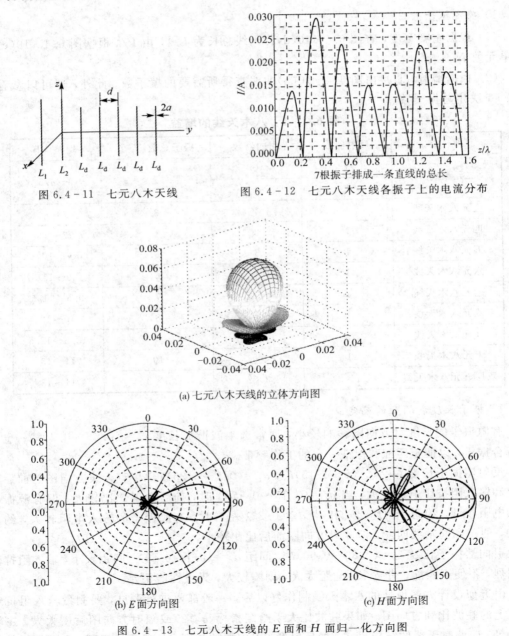

图 6.4-11　七元八木天线

图 6.4-12　七元八木天线各振子上的电流分布

(a) 七元八木天线的立体方向图

(b) E 面方向图

(c) H 面方向图

图 6.4-13　七元八木天线的 E 面和 H 面归一化方向图

图 6.4-14 给出了用于 VHF 波段的电视接收天线，其中引向器采用六单元对称振子，

馈电振子采用折合振子，反射器采用多单元振子组成的 V 型反射栅网。

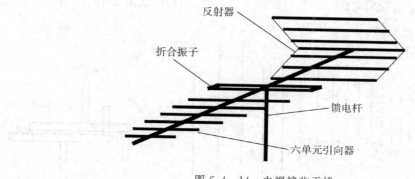

图 6.4 - 14　电视接收天线

6.4.3　对数周期天线

前面介绍的驻波天线如对称振子，输入阻抗随频率变化非常大，成为限制其宽带工作的主要因素；行波天线，如菱形天线，虽然输入阻抗随频率变化不大，但方向图却有较大变化，这也限制了天线的工作带宽。而 20 世纪 50 年代后期发展起来的对数周期天线的方向图和阻抗可以在十比一甚至几十比一的频带内基本保持不变，因此也称为非频变天线或超宽带天线。

对数周期天线在短波、超短波以及微波波段都有广泛应用。如在短波波段，可以作为天波通信天线；在微波波段，可作抛物面天线和透镜天线馈源以及相控阵天线的辐射单元等。

1.　对数周期天线的结构特点

对数周期天线的结构如图 6.4 - 15 所示，有梯齿片型、梯齿线型和楔状梯齿线型等。图 6.4 - 15(a)是将 V 形板的边缘做成凹凸齿形得到。对工作频率较高的超短波波段(300 MHz)以上是适用的；但对于频率较低的米波或短波波段来说，庞大的金属片结构就失去了使用价值。因此，人们试图用金属导线来替代金属片，齿片边缘用细导线制作的梯形齿对数周期天线如图 6.4 - 15(b)所示。它具有与齿片结构天线相类似的电性能。这两种形式都是双向辐射。为了获得单向辐射，可将图 6.4 - 15(b)的天线两半折成楔状，如图 6.4 - 15(c)所示，这时最大辐射方向沿楔尖所指方向。

(a) 梯齿片型　　　　　　　(b) 梯齿线型　　　　　　　(c) 楔状齿线型

图 6.4 - 15　对数周期天线

如果令图 6.4-15(c)对数周期天线的齿厚等于零,就可得到对数周期偶极子天线(Log-Periodic Dipole Array, LPDA),如图 6.4-16 所示,其实际结构图如图 6.4-17 所示。

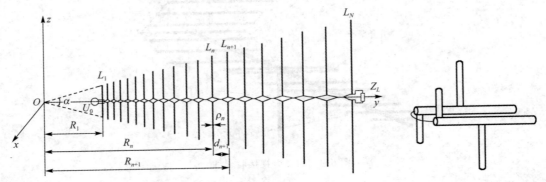

图 6.4-16　对数周期振子天线　　　　　　图 6.4-17　实际结构图

如图 6.4-16 所示,对数周期偶极子天线是由 N 个长度不同、间距不同的对称振子构成的对数周期振子天线,其结构参数满足

$$\tau = \frac{R_n}{R_{n+1}} = \frac{L_n}{L_{n+1}} = \frac{d_n}{d_{n+1}} = \frac{\rho_n}{\rho_{n+1}} < 1 \tag{6.4-19a}$$

$$d_n = R_n - R_{n-1} = R_n(1-\tau) = (1-\tau)\frac{L_n}{2}\cot\frac{\alpha}{2} \tag{6.4-19b}$$

$$\sigma = \frac{d_n}{2L_n} = \frac{1-\tau}{4}\cot\frac{\alpha}{2} \tag{6.4-19c}$$

$$\alpha = 2\arctan\left(\frac{1-\tau}{4\sigma}\right) \tag{6.4-19d}$$

式中,τ 为比例因子,或称周期率;R_n 是第 n 个振子到天线顶角端的距离;d_n 是第 n 个振子与第 $n+1$ 个振子间的距离,称为单元间距;σ 为间隔因子;α 为劈角。

对称振子的长度等于相应频率的半波长,振子长度的上下限由频率的上下限确定,它们连接在一均匀双线传输线上,振子末端夹角为 α,相邻两振子交叉馈电。为了和整个天线馈电系统的馈线相区别,我们将给对称振子馈电的传输线称为集合线。集合线的一端(连接最短振子的一端)与馈线相连,另一端开路或接一短支节,调节其长度,以减小反射。

每当频率变化 τ 倍,即频率从 f 变到 τf 时,天线结构的电尺寸都完全相同,只不过向外移动了一个振子的位置。因此天线的电性能完全不变,在频率由 f_N 到 f_{N-1}、f_{N-1} 到 f_{N-2} …周期内,电性能的变化规律也相同。虽然这些频率周期不同,但这些频率的对数区间是相等的,即

$$\frac{f_{n+1}}{f_n} = \tau < 1 \tag{6.4-20}$$

所以在此两个频率上,天线将具有相同的电特性,式(6.4-19)用对数可表示为

$$\ln f_n - \ln f_{n+1} = \ln\left(\frac{1}{\tau}\right) \tag{6.4-21}$$

式(6.4-20)说明,如果这样的天线需要工作在一个很宽的频率范围($f_1 \sim f_N$)内,则该频带内的一系列离散点 $f_n(n=1,2,\cdots,N)$ 的电特性呈对数周期变化的性质,周期为 $\ln(1/\tau)$。当工作频率在一个对数周期内变化时($f_n \geqslant f \geqslant f_{n+1}$),天线性能改变很小,则这

样的天线频带宽度为 $f_1-f_N=\Delta f$。在此频带范围内可认为天线性能是非频变的。

由于天线性能将在很宽的频率范围内以 $\ln(1/\tau)$ 作周期性重复的变化，故由此得名为对数周期天线。

2. 工作原理

采用引向天线的分析方法，可以简单地分析 LPDA 的工作原理。我们认为辐射最强的振子后面较长的振子相当于反射器，而在其前面的较短振子的作用相当于引向器，因此最大辐射方向在离开天线顶点的方向上，包含天线的劈形成波束最大值。

实质上，对数周期天线的结构使其电性能随频率的对数呈周期变化。但在每一个频率周期内，当天线馈电后，由信号源供给的电磁能量沿集合线传输，依次对各振子激励。只有长度接近谐振长度（$\lambda/2$）的那部分振子才能激励起较大电流，向空间形成有效的辐射，这部分振子通常称为有效辐射振子。而远离谐振长度的那些长的或短的振子上的电流都很小，对远场贡献甚微。因此，根据各振子电尺寸（l_n/λ）的不同，可把 LPDA 天线分为三个区，即传输区、辐射区和未激励区。

1）传输区

传输区是指由馈电点到辐射区之间的一段短振子区域。在该区中，由于振子的电尺寸很小，输入阻抗很大，故振子上电流很小，可忽略其辐射效应。所以，这个区只是起到传输电磁能量的作用。

2）辐射区

辐射区包括长度接近谐振半波长（$\lambda/2$）的几根振子及其相应的集合线部分。该区有效辐射的振子约为 4～6 根，这些振子能有效地吸收由集合线传输来的导波能量，并转而向空间辐射。

3）未激励区

未激励区为辐射区外的所有长振子及相应的集合线部分。该区可吸收辐射区剩余的、沿集合线传输的小部分能量，减弱了终端反射效应，这一点正是非频变天线所要求的。而未激励区振子吸收的这小部分能量对远场贡献是微不足道的。

随着工作频率的改变，辐射区位置将发生改变。由于结构的相似性，辐射方向图基本保持不变，因此 LPDA 天线的工作频带非常宽，达 10 个倍频程以上。

3. LPDA 天线的特性

1）辐射特性

LPDA 天线的增益一般为 5～12 dB。由于在工作频段内只有一部分振子起辐射作用，多数振子对辐射场基本没有贡献，因此天线的方向图较宽。

2）阻抗特性

由于辐射区前的振子呈现很大的容抗，它的作用相当于在集合线的两对应点并一个附加电容，因此集合线特性阻抗降低。辐射区是集合线的主要负载，吸收了几乎全部能量并向空间辐射。后面的振子所得能量很小，加上终端短路支节的作用，从末端反射也很弱，所以可以认为集合线上近似传行波。天线的输入阻抗近似等于集合线的特性阻抗。若主馈线的特性阻抗和集合线的特性阻抗近似相等，则行波系数相当高（$K>0.6$），且频段很宽，可以达到10∶1的波段覆盖。

3) 分析与设计

LPDA 的方向图、增益和阻抗取决于比例因子 τ 和间隔因子 σ，图 6.4-18 给出了 G、τ、σ 之间的关系。

【例 6.4-1】　分析 $G=9$ dB、频率为 $200\sim600$ MHz 的典型 LPDA 的特性，如图 6.4-18 所示。

解　由图 6.4-18 可知，当 $G=9$ dB 时，间隔因子 $\sigma=0.169$，对数周期率 $\tau=0.917$。

(1) 确定单元数 N。

根据最低和最高频率确定 LPDA 的振子数 N 为

$$N=1+\frac{\ln(f_{\max}/f_{\min})}{\ln(1/\tau)}$$

解得 $N\approx14$。为了留足设计余量，保证在最低和最高频率时辐射方向图不产生大的变形，可在式中加 4 使得 $N=18$。因此这个典型的 LPDA 的单元数为 18。

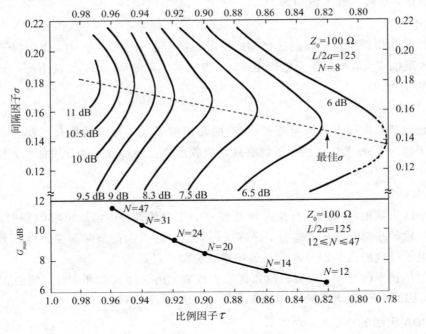

图 6.4-18　LPDA 的增益

(2) 确定最长振子的结构参数。

由最低频率 $f_{\min}$（对应波长 $\lambda_{\max}$）确定最长振子的长度 $L_N=0.5\lambda_{\max}$，因此到虚顶点的距离为

$$R_N=\frac{0.5L_N}{\tan\dfrac{\alpha}{2}}$$

$$\alpha=2\arctan\left(\frac{1-\tau}{4\sigma}\right)$$

(3) 确定其余振子($n=N-1$, $N-2$, $\cdots$, 2, 1)的结构参数。

长度为 $L_n=L_{n+1}\tau$，到虚顶点的距离为 $R_n=R_{n+1}\tau$。

由此得到 LPDA 的结构参数如表 6.4－2 所示。

表 6.4－2　LPDA 的结构参数，$\sigma=0.169$，$\tau=0.917$，$\sigma=13.9996°$，$f_{\min}=200$ MHz，$f_{\max}=600$ MHz

n	L_n/m	R_n/m	n	L_n/m	R_n/m
1	0.171 925	0.700 13	10	0.374 987	1.527 05
2	0.187 487	0.7635	11	0.408 928	1.665 27
3	0.204 457	0.832 61	12	0.445 941	1.816
4	0.222 963	0.907 97	13	0.486 304	1.980 37
5	0.243 143	0.990 15	14	0.530 321	2.159 62
6	0.265 151	1.079 77	15	0.578 321	2.355 09
7	0.289 151	1.1775	16	0.630 667	2.568 26
8	0.315 322	1.284 08	17	0.687 75	2.800 72
9	0.343 863	1.400 31	18	0.75	6.054 22

在频率范围 $f=150$ MHz$\sim$650 MHz 内，LPDA 集合线上的相对电压分布如图 6.4－19(a)所示，各振子馈电点处的归一化电流如图 6.4－19(b)所示，辐射方向如图 6.4－20所示。

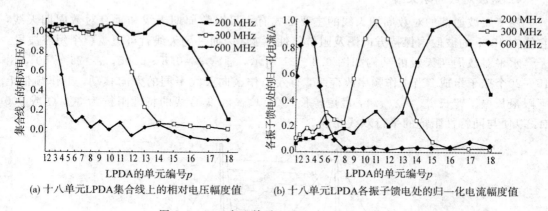

(a) 十八单元LPDA集合线上的相对电压幅度值　　　(b) 十八单元LPDA各振子馈电处的归一化电流幅度值

图 6.4－19　十八单元 LPDA 电压、电流分布

图 6.4－19 所示电压、电流的分布说明不同振子谐振在不同的频率。以 200 MHz 为例，15、16、17 三个振子电流很强，加上左右两个，总共有 5 个振子电流比较强。其他工作频率也是如此，伴随着频率的变化，有效作用区在集合线上移动。例如，有 5 个单元支撑着 600 MHz 频率的有效作用区。

由不同频率的方向图可以看出，频率变化对方向图影响不大，因此 LPDA 是非频变宽带天线。

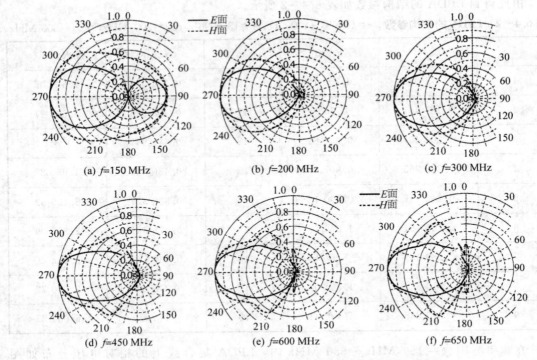

(a) *f*=150 MHz　　　　(b) *f*=200 MHz　　　　(c) *f*=300 MHz

(d) *f*=450 MHz　　　　(e) *f*=600 MHz　　　　(f) *f*=650 MHz

图 6.4 - 20　十八单元 LPDA 的辐射方向图随频率的变化

4. 短波对数周期天线

用于短波通信的对数周期天线的主要形式有水平对数周期天线和垂直对数周期天线，它能在 10∶1 的波段内保持方向图及阻抗特性不变，因而一副天线就可覆盖整个短波波段。

水平对数周期天线的结构如图 6.4 - 21 所示，通常 $\tau = 0.8 \sim 0.95$，$\alpha = 25° \sim 50°$，由 15～20 个振子组成。当工作频率改变时，有效工作区向天线不同的方向移动，工作频带上下限最长振子臂长 $l_{max} = \lambda_{max}/4$，最短臂长 $l_{min} = \lambda_{min}/4$，集合线的特性阻抗为 300 Ω 或 600 Ω，以便与同特性阻抗的平行双线相连。

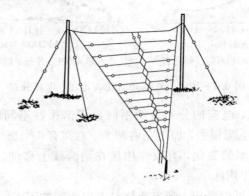

图 6.4 - 21　水平对数周期天线

实际中，短波通信要求天线在垂直面的最大辐射方向有一仰角 Δ_m，并使它对准通信仰角 Δ_0。Δ_m 由架设高度 H/λ 决定，但是 λ 的改变会导致 H/λ 发生变化，从而破坏 LPDA 的宽频带特性。因此 LPDA 不能平行地面架设，应和地面有一个下倾角 ψ，如图 6.4 - 22 所示，这时天线的高度也就是辐射区的相位中心离地面的高度为

$$H = L\sin\psi \tag{6.4-22}$$

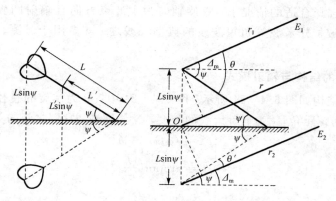

图 6.4 - 22　水平对数周期天线的垂直面方向性

由于 L 是辐射区相位中心到天线尖端的距离，因此当频率变化时，L/λ 等于常数；当 H/λ 不变时，最大辐射仰角不变。

考虑地面影响，采用镜像法，可得合成场为

$$E = E_{\mathrm{m}}\sin(kH\sin\Delta_{\mathrm{m}}) = E_{\mathrm{m}}\sin(kL\sin\psi\sin\Delta_{\mathrm{m}})$$

为使 Δ_{m} 方向场强最大，应使

$$kL\sin\psi\sin\Delta_{\mathrm{m}} = \frac{\pi}{2}$$

$$\psi = \arcsin\frac{\lambda}{4L\sin\Delta_{\mathrm{m}}} \tag{6.4-23}$$

ψ 角不宜过大，通常在 $25°\sim35°$ 之间。

对于铅垂对数周期天线，如图 6.4 - 23 所示，天线平面与地面垂直，可采用对称振子；为了架设方便也可不用对称振子。为了提高效率，可在天线下方铺设地网。

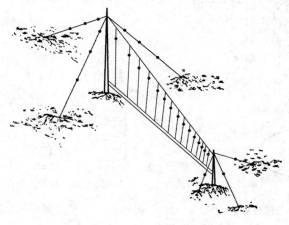

图 6.4 - 23　铅垂对数周期天线

6.4.4　螺旋天线(Helical Antenna or Helix Antenna)

　　螺旋天线是由金属导线绕制成柱形螺旋的形状所构成的天线，通常采用同轴线馈电。在结构尺寸选择合适的情况下，螺旋轴向为主波束方向且辐射圆极化波。它的工作频带较宽，是米波、分米波等超短波段的典型天线之一，多用于遥测、气象雷达和通信系统中。

1．螺旋天线的结构与辐射模式

　　螺旋天线的结构如图 6.4-24 所示。图 6.4-24 中，D 为螺旋的直径，h 为螺距，c 为一圈的周长，Δ 为螺距角，l 为螺旋天线的长度，N 为圈数，它们之间的关系为

$$\begin{cases} c^2 = (\pi D)^2 + h^2 \\ \Delta = \arctan\left(\dfrac{h}{\pi D}\right) \\ l = Nh \end{cases} \qquad (6.4-24)$$

　　螺旋天线上既存在沿螺旋线导行的电磁波，也存在因各螺旋圈间耦合传输的波，因此螺旋天线上的电流分布相当复杂，其电流分布及辐射特性根据 D/λ 或 C/λ 的不同分为三种情况：

　　(1) $D/\lambda < 0.18$(或 $C < 0.15\lambda$)时，最大辐射方向与螺旋轴线垂直，并且在此平面内的方向图为一个圆，在包含其轴线的任意一个平面内的方向图为 8 字形，如图 6.4-25(a)所示。这种辐射模式称为法向模式，相应的天线称为法向模式天线。

　　(2) $D/\lambda = 0.25 \sim 0.46$(或 $C = (3/4 \sim 4/3)\lambda$)时，螺旋一圈的周长约为一个波长，即按 $C \approx \lambda$ 设计尺寸，天线的最大辐射方向为螺旋轴线方向，方向图形状如图 6.4-25(b)所示。这种模式称为轴向模式，相应的天线称为轴向模螺旋天线。

　　(3) $D/\lambda > 0.64$(或 $C/\lambda \geqslant 4/3$)时，天线最大辐射方向偏离其轴线，形成圆锥波束，称为圆锥模式，如图 6.4-25(c)所示。这种模式一般不用，因此本节不做介绍。

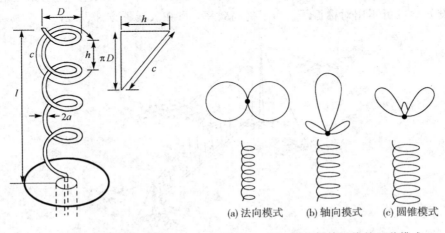

图 6.4-24　圆柱螺旋天线　　　　　图 6.4-25　圆柱螺旋天线的三种模式

(a) 法向模式　　(b) 轴向模式　　(c) 圆锥模式

　　根据螺旋旋向的不同，螺旋天线分为左旋螺旋和右旋螺旋，如图 6.4-26 所示。

　　(1) 右旋螺旋：螺旋由始端到终端的前进绕向与沿螺旋轴线由始端到终端的方向成右

手系的螺旋称为右螺旋。

（2）左旋螺旋：螺旋由始端到终端的前进绕向与沿螺旋轴线由始端到终端的方向成左手系的螺旋称为左螺旋。

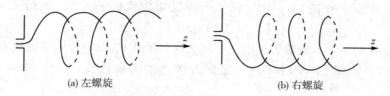

(a) 左螺旋　　　　　　　(b) 右螺旋

图 6.4 - 26　左旋和右旋螺旋

2. 法向模式螺旋天线

法向模式螺旋天线的结构特点是其截面结构尺寸远小于波长，如螺旋直径 $D \ll \lambda$，一圈周长 $C \ll \lambda$。它实际上是一种分布式的加载天线，即在整个鞭天线中作感性加载。这种法向模式螺旋天线广泛应用于短波、超短波的各类小型电台中。

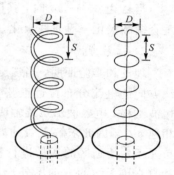

图 6.4 - 27　法向模式螺旋
天线中的一个合成单元

由于是一圈圈绕制而成，因此长度为 l 的螺旋天线与同样长度的对称振子天线相比辐射更强，辐射电阻更大。

分析这种天线时，可以把它看作由 n 个合成单元组成，每个合成单元由一个圆环与一个偶极子组成，如图 6.4 - 27所示。

由于螺旋直径 $D \ll \lambda$，螺距 $h \ll \lambda$，因此合成单元上电流可以认为是等幅同相的。该单元在远区的辐射场由两部分产生，一是由长度为 h 的短偶极子产生的场 E_θ，二是由电小圆环产生的场 E_φ。

由式(4.3-9b)可得长为 h 的短偶振子的远区辐射场为

$$E_\theta = j\frac{Ih}{2\lambda r}\eta\sin\theta\, e^{-j\beta r} = j\frac{60\pi I}{r}\cdot\frac{h}{\lambda}\sin\theta\, e^{-j\beta r} \tag{6.4-25}$$

由式(4.3-23a)可得电小圆环（直径为 D）产生的场为

$$\begin{cases} E_\varphi = \dfrac{120\pi^2 I}{r}\cdot\dfrac{S}{\lambda^2}\sin\theta\, e^{-j\beta r} \\ S = \pi(\dfrac{D}{2})^2 \end{cases} \tag{6.4-26}$$

则一个单元的合成场为

$$\boldsymbol{E} = \boldsymbol{e}_\theta E_\theta + \boldsymbol{e}_\varphi E_\varphi \tag{6.4-27}$$

E_θ 和 E_φ 在空间互相垂直，在时间上相位差 $\pi/2$，因此合成场是圆极化波。这两个分量的大小之比称为极化椭圆的轴比 AR。

当 $|E_\theta| > |E_\varphi|$ 时

$$AR = \frac{|E_\theta|}{|E_\varphi|} = \frac{2\lambda h}{(\pi D)^2} \tag{6.4-28a}$$

当 $|E_\varphi| > |E_\theta|$ 时

$$\text{AR} = \frac{|E_\varphi|}{|E_\theta|} = \frac{(\pi D)^2}{2\lambda h} \qquad\qquad (6.4-28b)$$

1）极化讨论

（1）螺距角 $\Delta = 90°$ 时（$D = 0$），螺旋天线退化为偶极子天线，此时 $E_\varphi = 0$，为垂直极化波。

（2）$\Delta = 0°$ 时（$h = 0$），螺旋天线退化为环天线，此时 $E_\theta = 0$，为水平极化波。

（3）当 $|E_\theta| = |E_\varphi|$、$\text{AR} = 1$ 时，螺旋天线产生圆极化波，且有 $2\lambda h = (\pi D)^2$，$\Delta = \arctan\left(\dfrac{\pi D}{2\lambda}\right)$。

（4）一般情况下，螺旋天线产生椭圆极化波。

当 Δ 由 $60° \to 90°$ 时，其极化特性变化过程为：水平线极化→水平椭圆极化→圆极化→垂直椭圆极化→垂直线极化。

2）辐射特性

理论和实验证明，当螺旋线的周长小于 $2\lambda/3$ 时，沿螺旋线轴线方向的电流分布接近正弦分布，如图 6.4-28 所示。它是一种慢波结构，电磁波沿螺旋轴线传播的相速 v_g 比沿直导线传播波的相速 c 小。因此求解天线的方向图仍可采用叠加法，将每一合成单元产生于远区的场量进行积分即可。显然，这种天线的方向图和直立鞭天线的方向图外形相近，它相当于分布加感的鞭天线，频带窄，其有效长度比同样长度鞭天线要长。

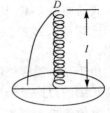

图 6.4-28　法向模式螺旋天线上的电流分布

3. 轴向模式螺旋天线

1）圆极化工作原理

当螺旋天线一圈的周长接近一个波长时，即 $c \approx \lambda$，$h \ll \lambda$，其轴向电流接近行波，沿轴线方向为最大辐射方向，并且辐射圆极化波。取螺旋天线上的一圈来分析，其周长 $c \approx \lambda$，如图 6.4-29 所示。

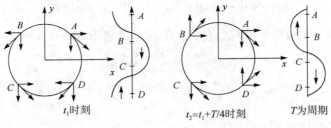

(a) t_1 时刻圆环上电流分布　　(b) $t_2 = t_1 + T/4$ 时刻圆环上电流分布

图 6.4-29　轴向模式螺旋天线圆极化工作原理的示意图

由于周长 $c \approx \lambda$，因此一圈上的电流为全波。在圆环上任取四个关于 x 和 y 轴对称的点 A、B、C、D，设在 t_1 时刻电流分布如图 6.4-29(a)所示，此时在 z 轴方向的远区场只有电流 I_y 分量的贡献 E_y，I_x 分量在 z 方向的场为 0。随着时间的变化，在 $t_2 = t_1 + T/4$ 时刻，环上电流分布见图 6.4-29(b)，此时在 z 轴方向的远区场只有电流 I_x 分量的贡献 E_x，而 I_y 分量在 z 轴方向的场为 0。而螺旋天线沿轴向（z 方向）为行波，每圈上的电流随时间变

化呈现绕 z 轴旋转的情况。因此 z 方向的远场矢量 $E(t)$ 也绕 z 轴旋转，这样就得到圆极化波。

2）辐射特性

螺旋天线可看作是由 N 个环、间距为 $h(h \ll \lambda)$ 组成的阵列，轴向辐射可看作是端射阵。圆环单元的方向图近似为

$$f_0(\theta) \approx \cos\theta$$

归一化阵因子为

$$\begin{cases} F(\theta) = \dfrac{\sin(N\psi/2)}{N\sin(\psi/2)} \\ \psi = \beta h \cos\theta - \alpha \end{cases} \qquad (6.4-29)$$

总场方向图函数为

$$F_T(\theta) = f(\theta)F(\theta) = \cos\frac{\sin(N\psi/2)}{N\sin(\psi/2)} \qquad (6.4-30)$$

图 6.4-30(a)给出了 $N=10$ 时，满足最大方向性系数端射阵条件的螺旋天线阵方向图，图 6.4-30(b)给出了满足端射阵条件的螺旋天线阵方向图。比较可知，满足最大方向性系数条件的端射阵方向图主瓣明显变窄，因而方向性系数增大，由此带来的副作用是副瓣增大。

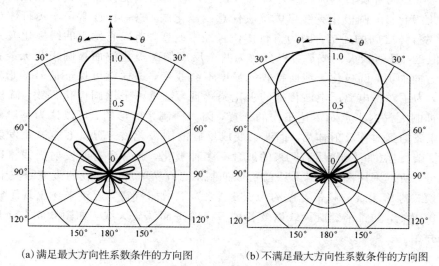

(a)满足最大方向性系数条件的方向图　　　　(b)不满足最大方向性系数条件的方向图

图 6.4-30　轴向模式螺旋天线方向图

当 $\Delta = 12° \sim 15°$、$\dfrac{c}{\lambda} = \dfrac{3}{4} \sim \dfrac{4}{3}$ 时，有下列近似公式

主瓣零点宽度为

$$2\varphi_0 = \frac{115°}{\dfrac{c}{\lambda}\sqrt{\dfrac{Nh}{\lambda}}} \qquad (6.4-31a)$$

半功率波瓣宽度为

$$2\varphi_{0.5} = \frac{52°}{\frac{c}{\lambda}\sqrt{\frac{Nh}{\lambda}}} \qquad (6.4-31b)$$

方向性系数为

$$D = 15\left(\frac{c}{\lambda}\right)^2\frac{Nh}{\lambda} \qquad (6.4-31c)$$

输入阻抗为

$$Z_{in} \approx R_{in} = 140\left(\frac{c}{\lambda}\right) \qquad (6.4-31d)$$

实际上，一般螺旋天线在轴线方向为椭圆极化波，其轴比为

$$AR = \left|\frac{c}{\lambda}(\sin\Delta - \xi)\right| = \left| \begin{array}{ll} 1 & \xi = \frac{\lambda+h}{c} \\ \\ \frac{2N+1}{2N} & \xi = \frac{\lambda+h+\frac{\lambda}{2N}}{c} \end{array} \right| \qquad (6.4-32)$$

式中，$\sin\Delta = h/c$；当 $N \gg 1$ 时，$AR = 1$。

　　螺旋天线可以发射圆极化波，也可以接收圆极化波。但要特别注意极化的旋转方向。一般规定：在无发射和接收时，当我们面向电波传播的方向，电场顺时针旋转的波称为右旋圆极化波，逆时针旋转的波称为左旋圆极化波。右旋圆只能接收右旋极化波，左旋圆只能接收左旋极化波。圆极化天线可以接收任意线极化波，这一特性常用于飞行体与地面或飞行体与飞行体之间的通信。因为飞行体位置经常改变，所以它发出的线极化波方向也经常改变。但是，任何线极化波都可以分解为两个反旋的圆极化波而被圆极化天线接收。不论线极化方向如何，圆极化天线所接收的强度不会改变，这样就可保证信号的稳定。在短波通信中，为了对付电离层电波传播的极化凋落现象，也可采用圆极化天线。圆极化天线还可用于抑制大气内水点对雷达工作的干扰，因为雨滴是球形的，可以认为是对称的反射体；圆极化波遇到对称反射体后，回波会变成反旋的圆极化波，所以不能被原发射天线接收。但从复杂目标（如飞机）反射回来的波含有多种极化，通常含有原发射天线可以接收的圆极化成分，所以采用圆极化天线，就可以抑制雨点在荧光屏上造成的假象回波干扰。

　　轴向模式螺旋天线的频带宽度约为 1:1.7。为了增加带宽，近年来还出现了很多其他形式的螺旋天线，如锥形螺旋天线以及各种各样的平面螺旋天线，如图 6.4-31 所示，在此不一一介绍。

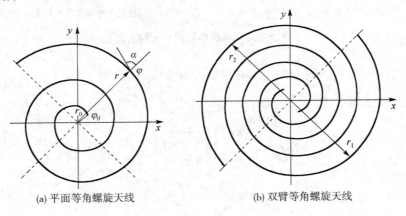

(a) 平面等角螺旋天线　　　　　　　　(b) 双臂等角螺旋天线

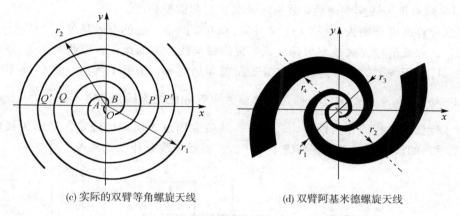

(c) 实际的双臂等角螺旋天线   (d) 双臂阿基米德螺旋天线

图 6.4－31 各种平面螺旋天线

本 章 小 结

地波传播要采用直立天线，以获得主向沿地表的方向图和垂直极化波。直立天线尺寸大者如塔杆，尺寸小者如便携的鞭状天线，对它们的理论分析方法相同，以镜像替代地面的作用，直立天线和它的镜像刚好构成一垂直架设的对称振子。

加载和铺设地网是改善直立天线辐射特性、减少地面损失、提高天线效率的基本手段。

水平偶极天线和菱形天线是利用天波实现远程通信的典型天线。它们利用平行地面架设天线的负镜像与原天线组成等幅反相二元阵，使天线主向以一定的仰角指向高空。架设高度是决定天线主向仰角的主要因素。水平偶极天线和菱形天线的电流分布规律不同，分别为驻波天线和行波天线。菱形天线是行波天线，它的工作频带宽。

引向天线、螺旋天线等都属于行波天线，用于直视传播的超短波天线。根据要求不同，它们各有自己的特点。引向天线是采用无源振子的端射直线阵列，该天线经理论研究及实际经验总结，其结构尺寸设计已规范化。因为整个阵列只有一个有源振子，因而馈电系统特别简便。螺旋天线中最重要的是轴向辐射工作模式，它要求螺旋的周长近于一个波长。轴向模式螺旋天线在主向(即轴向)上辐射圆极化波，由于螺旋线上电流近于行波电流，所以工作频带较宽。

习   题

6.1 短波天波通信为什么多用水平天线？水平对称振子的架设方向与通信方向有什么关系？如何选择水平对称振子的长度和架设高度？

6.2 一副双极天线，其 $l=31.5$ m，试求：

(1) 最适合于工作在哪个频率；

(2) 可以在哪个波段内工作。

6.3 一场备通信线路，距离 $r=900$ km，日夜频率在 5.8 MHz～14.4 MHz 之间变

化。拟用一副双极天线实现通信，试确定天线长度和假设高度。

6.4　计算高度分别为 $h=0.25\lambda$、0.15λ、0.05λ 的鞭天线的有效高度。

6.5　高度低的鞭天线效率为什么低？提高鞭天线效率的途径有哪些？

6.6　广播天线 $l\ll\lambda$，为提高效率需要在顶部加电容，如图 1 所示，设 $l=\lambda/10$，特性阻抗为 1000 Ω，频率为 1 MHz，问需要加多大电容才能使天线顶部电流 $I(l)=\frac{1}{2}I_0$？

6.7　行波单导线的方向性有什么规律？其最大辐射方向如何确定？V 形天线和菱形天线水平面内的最大辐射方向在何方，为什么？菱形天线有什么优缺点？

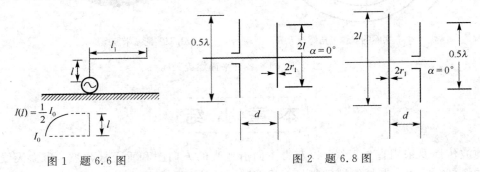

图 1　题 6.6 图　　　　　　　　　图 2　题 6.8 图

6.8　如图 2 所示，计算下列两种情况下的前后辐射比 $\left|\dfrac{E(a=0°)}{E(a=180°)}\right|$，并从中领会八木天线的工作原理。

(1) $l=0.2\lambda$，$d=0.2\lambda$，$l/r_1=30$；

(2) $l=0.28\lambda$，$d=0.15\lambda$，$l/r_1=30$。

6.9　三元八木天线尺寸如图 3 所示，计算前后辐射比和输入阻抗。设有源振子长度为 0.48λ，各振子长度直径比都为 30，有源阵子波长缩短系数为 1.40。

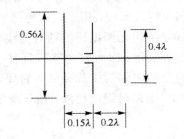

图 3　题 6.9 图

6.10　有一七元八木天线，反射器与有源振子距离为 0.15λ，各引向器等间距排列，间距为 0.22λ。估算其方向性系数 D 和波瓣的半功率宽度 $2\theta_{0.5}$。

6.11　为什么八木天线的有源振子通常要采用折合振子？说明折合振子的工作原理。

6.12　为什么八木天线馈电时通常要采用二分之一波长的 U 型管？说明 U 型管的工作原理。

6.13　对数周期天线的结构有什么特点？说明其工作原理。

6.14　用电磁感应原理分析矩形环天线的接收方向图，并说明如何消除环天线的天线效应。

6.15　某中波晶体收音机使用 MX－400－P120×17×4.5 型磁棒，如图 4 所示，密绕 80 匝，加磁棒后 $\mu'=60$，试求：

（1）磁性天线的有效高度；

（2）若外部场 $E=2$ mV/m，天线接收电动势多大？

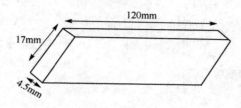

120mm

17mm

4.5mm

图 4　题 6.15 图

6.16　试述轴向模式螺旋天线轴向辐射圆极化波的工作原理。

6.17　一螺旋天线，螺距角为 $\Delta=14°$，圈数为 $N=8$，估算它在中心工作波长时的方向系数 D 和半功率波瓣宽度 $2\theta_{0.5}$。

第 7 章　面天线理论和常用面天线

第 6 章讨论的线状天线主要用于长中短波波段和超短波波段，其特点是天线呈直线、折线或曲线状，且天线的尺寸为波长的几分之一或数个波长，所构成的基本理论称为线天线理论。

在频率较高的微波波段，由于波长较短，电磁波在传播的过程中会产生较大衰减，影响通信质量。要实现有效通信需要采用方向性很强、增益较高的面天线，如喇叭天线、抛物面天线、双反射面的卡塞格伦天线等。它们的尺寸可以是波长的十几到几十倍以上，主要用于雷达、微波通信、卫星通信、导航等需要强方向性、高增益的场合，其突出特点是增益随工作频率的升高而增加，输入阻抗近乎实数。

7.1　面　天　线　理　论

面天线通常由馈源和反射曲面两个起不同作用的部分构成，如图 7.1 - 1 所示。

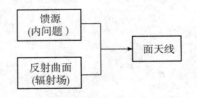

图 7.1 - 1　面天线的组成框图

馈源的主要作用是提供辐射信号和辐射功率，可以是开口喇叭、波导，也可以是线天线。反射曲面主要用来形成面天线辐射场的强方向性。它是由良导体金属板或金属网制成的反射曲面，根据需要不同可以采用不同的形状，如旋转抛物面、抛物柱面等各种形状，以形成所需的方向图。

面天线的工作过程是：高频电流通过馈源转换成电磁波能量，并以电磁波的形式投射到反射曲面上，在反射面上产生感应电流；感应电流在反射面的作用下在空间形成强方向性的二次辐射场。

如果将初级馈源产生的场称为内场，远区辐射场称为外问题，那么面天线的基本问题就是求外问题。但外问题的解要通过内问题最终获得。

建立分析模型如图 7.1－2 所示，外场与天线附近的内场及初级辐射源是统一整体。它包括金属导体面 S'、金属导体开口面 S 以及由 $S'+S$ 构成的封闭面内的辐射源。

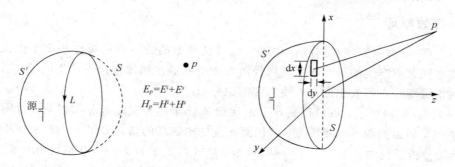

图 7.1－2　口面天线的分析模型

对这样一个分析模型，通过内问题求解空间某点 p 处的电磁场 E_p、H_p 有感应电流法和口径场法两种方法。感应电流法先求馈源所辐射的电磁场在反射面上感应的电流，然后再根据反射面上的电流求辐射场。口径场法将天线问题分为内问题和外问题，其分析步骤如下：

（1）解内问题，即由场源求得口面上的场分布；

（2）解外问题，利用惠更斯原理由口面上的场分布求解远区辐射场。

这两种方法都是建立在几何光学基础上的，天线口径尺寸的波长数愈大，近似程度愈好，一般只能用来计算主瓣及近轴区副瓣。由于一般面天线的口径尺寸都远大于波长，天线的辐射功率主要集中在轴线方向一个较窄的主瓣范围之内，因此这两种方法都得到了广泛应用。在这两种方法中，口径场法的误差比镜像法的误差大些，但后者要在反射面上积分而前者是在平面口径上积分，所以口面场法的计算比镜像法容易一些，因此本书面天线的分析均采用口面场法。

7.2　惠更斯-菲涅尔原理

惠更斯原理说明，波在传播过程中，任一等相位面（波前）上的各点都可视为新的次波源。在任一时刻，这些次波源的包络就是新的波面。

菲涅尔发展了惠更斯原理，进一步指出，空间任一点 p 处的辐射场是包围波源的任意闭合曲面上各点的次辐射源产生的场在该点作用的和。这就是惠更斯-菲涅尔原理。

把这个原理应用于天线问题，即空间某点 p 处的场，是包围天线的一个封闭面上各点的次级场在 p 点处叠加的结果。

对口面天线，所作封闭面有一部分是金属导体面 S'，见图 7.1－2，其外表面上的场为零，所以根据惠更斯-菲涅尔原理，口面天线的辐射问题可简化为开口面 S 的辐射。

求解口面天线的辐射场，须先求得开口面上的场分布，然后按惠更斯-菲涅尔原理，把开口面分割成许多小面元。根据面元的辐射场，并在整个开口面 S 上积分，最后可求得口面天线的辐射场。

7.3　等效原理和面元的辐射场

7.3.1　等效原理

由惠更斯-菲涅尔原理我们已经知道天线口径面上的每一点可看作一个小振荡源。原来天线在空间某点产生的场等同于其口径面 S 上分布的次级源在该点产生的场，则天线口径面上的次级源分布等效于原来天线内部的源分布。

如图 7.3-1(a)所示，以口径面 S 上的次级源分布代替实际源分布以后，封闭面内的场 $E=H=0$，但封闭面外的场不变，口径面 S 上的电磁场的切向分量 $n \times H_s$ 和 $n \times E_s$ 也不变。在新的分析系统中，如图 7.3-1(b)所示，口径面 S 的内外侧，电磁场由 0 跃变为 H_s 和 E_s，即发生了不连续，这种不连续只有在存在相应的面电流 J_s 和面磁流 M_s 时才能发生。因此证明了口径面 S 上的 J_s 和 M_s 分别为

$$\begin{cases} J_s = n \times H_s \\ M_s = -n \times E_s \end{cases} \tag{7.3-1}$$

已知口径场 E_s 和 H_s，由式(7.3-1)可以确定口径面上的等效电流 J_s 和等效磁流 M_s，由此等效电磁流就可借助矢量位求得远区辐射场 E、H。

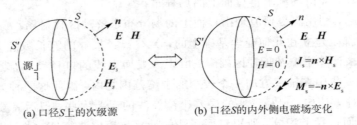

(a) 口径 S 上的次级源　　　　　　(b) 口径 S 的内外侧电磁场变化

图 7.3-1　口径天线的等效原理图

7.3.2　惠更斯源的场

所谓惠更斯源就是天线口径面上电磁波传播波前的一面积单元，如图 7.3-2 所示。

设此面元为一小矩形 $ds=dxdy$。在此小面元上，口径场是均匀的，其口径电磁场分别为

$$\begin{cases} H_s = e_x H_{sx} \\ E_s = e_y E_{sy} \end{cases} \quad 且\ E_{sy} = -\eta H_{sx} \tag{7.3-2}$$

由式(7.3-1)可得面元上的电磁流分别为

$$\begin{cases} J_s = n \times H_s = e_z \times e_x H_{sx} = e_y H_{sx} = -e_y \dfrac{E_{sy}}{\eta} \\ M_s = -n \times E_s = -e_z \times e_y E_{sy} = e_x E_{sy} \end{cases}$$

$$\tag{7.3-3}$$

采用矢量位法，可求得电流 J_s 和磁流 M_s 产生的矢量

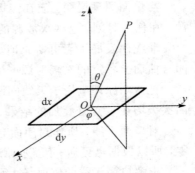

图 7.3-2　惠更斯源

位为

$$A = \frac{\mu_0}{4\pi} \iint_S J_s \frac{e^{-jkr}}{r} dS$$

$$F = \frac{\varepsilon_0}{4\pi} \iint_S M_s \frac{e^{-jkr}}{r} dS$$

利用 A 和 F 即可算出惠更斯源的辐射场为

$$\begin{cases} dE_\theta = j \dfrac{E_{sy}e^{-j\beta r}}{2\lambda r} \sin\varphi(1+\cos\theta)e^{j\beta(x\cos\varphi+y\sin\varphi)\sin\theta} dx dy \\ dE_\varphi = j \dfrac{E_{sy}e^{-j\beta r}}{2\lambda r} \cos\varphi(1+\cos\theta)e^{j\beta(x\cos\varphi+y\sin\varphi)\sin\theta} dx dy \end{cases} \quad (7.3-4)$$

空间电场矢量合成为

$$dE = e_\theta dE_\theta + e_\varphi dE_\varphi \quad (7.3-5)$$

其模为

$$dE = \sqrt{|dE_\theta|^2 + |dE_\varphi|^2}$$

方向图函数为

$$\begin{cases} f_\theta(\theta, \varphi) = \sin\varphi(1+\cos\theta) \\ f_\varphi(\theta, \varphi) = \cos\varphi(1+\cos\theta) \end{cases} \quad (7.3-6)$$

合成方向图函数为

$$F(\theta, \varphi) = \sqrt{f_\theta^2 + f_\varphi^2} = 1 + \cos\theta$$

E 面 $\left(\varphi = \dfrac{\pi}{2}\right)$ 为

$$f_E(\theta) = F(\theta, \varphi)\big|_{\varphi=\frac{\pi}{2}} = f_\theta(\theta, \varphi)\big|_{\varphi=\frac{\pi}{2}} = 1 + \cos\theta \quad (7.3-7a)$$

H 面 $(\varphi = 0)$ 为

$$f_H(\theta) = F(\theta, \varphi)\big|_{\varphi=0} = f_\varphi(\theta, \varphi)\big|_{\varphi=0} = 1 + \cos\theta \quad (7.3-7b)$$

面天线理论中的**惠更斯面元方向图函数** $1+\cos\theta$，就如线天线理论中元天线的 $\sin\theta$。因此，由式(7.3-5)可得面积为 S 的**口径天线的远场公式**为

$$E_\theta = j \frac{e^{-j\beta r}}{2\lambda r} \sin\varphi(1+\cos\theta) \iint_S E_{sy}(x, y)e^{j\beta(x\cos\varphi+y\sin\varphi)\sin\theta} dx dy \quad (7.3-8a)$$

$$E_\varphi = j \frac{e^{-j\beta r}}{2\lambda r} \cos\varphi(1+\cos\theta) \iint_S E_{sy}(x, y)e^{j\beta(x\cos\varphi+y\sin\varphi)\sin\theta} dx dy \quad (7.3-8b)$$

H_θ 和 H_φ 可由式(7.3-8)导出，即

$$H_\theta = -\frac{E_\varphi}{\eta} \quad (7.3-9a)$$

$$H_\varphi = \frac{E_\theta}{\eta} \quad (7.3-9b)$$

可见，面元是面天线的基本辐射单元，如同基本振子是线天线的基本辐射单元一样。可以认为口面天线就是面元组成的面阵，它是一个连续阵，因此计算空间任一点的场时，可采用积分的方法。

实际中，我们比较关心的两个面是 E 面和 H 面：

E 面 $\left(\varphi = \dfrac{\pi}{2}\right)$ 场强为

$$E_E = E_\theta \big|_{\varphi=\pi/2} = \mathrm{j}\,\frac{\mathrm{e}^{-\mathrm{j}\beta r}}{2\lambda r}(1+\cos\theta)\iint_S E_{sy}(x,\ y)\,\mathrm{e}^{\mathrm{j}\beta y\sin\theta}\,\mathrm{d}x\mathrm{d}y \qquad (7.3-10\mathrm{a})$$

H 面($\varphi=0$)场强为

$$E_H = E_\varphi \big|_{\varphi=0} = \mathrm{j}\,\frac{\mathrm{e}^{-\mathrm{j}\beta r}}{2\lambda r}(1+\cos\theta)\iint_S E_{sy}(x,\ y)\,\mathrm{e}^{\mathrm{j}\beta x\sin\theta}\,\mathrm{d}x\mathrm{d}y \qquad (7.3-10\mathrm{b})$$

式(7.3-10)是分析面天线时的常用公式，只要知道口面的场分布 $E_{sy}(x,\ y)$，沿口面积分就可以得到它的辐射场。因此改变反射面的形状，采用不同的馈源或调整馈源与反射面的距离都可以改变辐射场，达到增强面天线方向性的目的。

7.4　平面口径辐射场的特性

7.4.1　矩形同相口径的辐射场

矩形口径天线常见的有矩形波导口天线、E 面扇形喇叭、H 面扇形喇叭和角锥喇叭等，如图 7.4-1 所示。

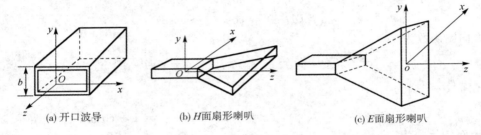

(a) 开口波导　　　　　(b) H面扇形喇叭　　　　　(c) E面扇形喇叭

图 7.4-1　矩形口径天线

矩形口径上的电磁场一般是线极化的。通常设电场矢量为 y 轴方向，磁场矢量为 x 轴方向，这相当于横电磁波垂直投射到口径上的情况。由式(7.3-10)可知，要计算口径天线的辐射场，只需知道口径上的电场 E_{sy} 分布即可。图 7.4-1 中的三种矩形口径，其口径上的电场分布是各不相同的，而且喇叭天线口径上场的相位并不同相。为简单起见，这一节主要讨论口径场相位同相、幅度为各种典型分布的情况。

1. 口径场为均匀分布

设矩形口径如图 7.4-2 所示，边长 $D_x \times D_y$，其口径场均匀分布，即

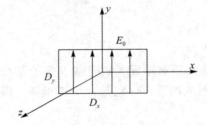

7.4-2　矩形口径的电场示意图

$$E_{sy}(x,\ y) = E_0 \qquad (7.4-1)$$

1) 辐射场

由式(7.3－10)可得 E 面场($\varphi=\pi/2$)为

$$E_E = E_\theta \big|_{\varphi=\frac{\pi}{2}} = \mathrm{j}\,\frac{\mathrm{e}^{-\mathrm{j}\beta r}}{2\lambda r}(1+\cos\theta)\int_{-D_y/2}^{D_y/2}\int_{-D_x/2}^{D_x/2} E_0\,\mathrm{e}^{\mathrm{j}\beta y\sin\theta}\,\mathrm{d}x\mathrm{d}y$$

$$= \mathrm{j}\,\frac{\mathrm{e}^{-\mathrm{j}\beta r}E_0}{2\lambda r_0}(1+\cos\theta)D_x D_y\,\frac{\sin(\beta D_y\sin\theta/2)}{\beta D_y\sin\theta/2} = \mathrm{j}\,\frac{\mathrm{e}^{-\mathrm{j}\beta r}E_0}{2\lambda r_0}(1+\cos\theta)D_x D_y\,f_E(\theta)$$

$$(7.4-2)$$

H 面场($\varphi=0$)为

$$E_H = E_\varphi \big|_{\varphi=0} = \mathrm{j}\,\frac{\mathrm{e}^{-\mathrm{j}\beta r}}{2\lambda r}(1+\cos\theta)\int_{-D_y/2}^{D_y/2}\int_{-D_x/2}^{D_x/2} E_0\,\mathrm{e}^{\mathrm{j}\beta x\sin\theta}\,\mathrm{d}x\mathrm{d}y$$

$$= \mathrm{j}\,\frac{\mathrm{e}^{-\mathrm{j}\beta r}E_0}{2\lambda r_0}(1+\cos\theta)D_x D_y\,\frac{\sin(\beta D_x\sin\theta/2)}{\beta D_x\sin\theta/2} = \mathrm{j}\,\frac{\mathrm{e}^{-\mathrm{j}\beta r}E_0}{2\lambda r_0}(1+\cos\theta)D_x D_y\,f_H(\theta)$$

$$(7.4-3)$$

2) 方向图函数

由式(7.4－2)和式(7.4－3)可得均匀口径场分布的矩形口径 E 面和 H 面的方向图函数为

$$\begin{cases} f_E(\theta) = (1+\cos\theta)\,\dfrac{\sin u_y}{u_y} \\[2mm] f_H(\theta) = (1+\cos\theta)\,\dfrac{\sin u_x}{u_x} \end{cases} \qquad (7.4-4)$$

式中

$$\begin{cases} u_x = \dfrac{\pi D_x}{\lambda}\sin\theta \\[2mm] u_y = \dfrac{\pi D_y}{\lambda}\sin\theta \end{cases} \qquad (7.4-5)$$

可见其 E 面和 H 面的方向图函数形式相同，且都与 φ 角无关，只与 E 面或 H 面的口径尺寸有关。这一点与线天线阵相同。E、H 面方向图函数中的面元方向图因子$(1+\cos\theta)$相当于阵元因子，$\dfrac{\sin u}{u}$ 相当于阵因子，与阵列尺寸有关。与面元相比，阵列方向图尖锐得多。所以方向图的特性主要取决于阵因子。

3) 最大辐射方向

令阵因子

$$f(\theta) = \frac{\sin u}{u} \qquad (7.4-6)$$

如图 7.4－3 所示，给出了不计面元方向图因子的归一化方向图函数 $\sin u/u$ 随 u 变化的曲线。对式(7.4－6)求导，并令其等于零，得最大辐射方向 $\theta_m=0$，即沿口面法线方向。

实际面天线通常满足 $D_x(D_y)\gg\lambda$，因此矩形口面天线辐射场集中在口面法线附近较小的区域内。

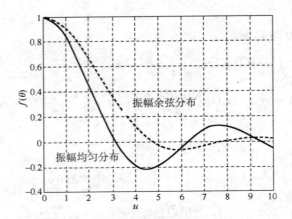

图 7.4 - 3   矩形同相口径阵因子的归一化方向图

4）主瓣宽度 $2\theta_{0.5}$

根据式(7.4 - 6)，令 $f(\theta)=0.707$，在不计因子 $1+\cos\theta$ 的情况下，如图 7.4 - 3 所示，当 $\sin u/u=0.707$ 时，$u_x=u_y=1.39$，可得

$$\begin{cases} 2\theta_{0.5H} \approx 2\sin\theta_{0.5H} = 0.89\dfrac{\lambda}{D_x}(\text{rad}) = 51\dfrac{\lambda}{D_x}(°) \\[2mm] 2\theta_{0.5E} \approx 2\sin\theta_{0.5E} = 0.89\dfrac{\lambda}{D_y}(\text{rad}) = 51\dfrac{\lambda}{D_y}(°) \end{cases} \tag{7.4 - 7}$$

此结果与均匀直线阵结果一致。若 $D_x>D_y$，则 $2\theta_{0.5H}<2\theta_{0.5E}$。

矩形口径 E 面和 H 面方向图哪个尖锐些，取决于 D_x 和 D_y 哪个大。如图 7.4 - 4 所示，若 $D_x>D_y$，则 H 面方向图主瓣窄些。

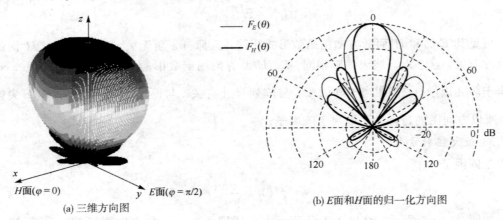

图 7.4 - 4   同相均匀分布矩形口面的辐射方向图

5）副瓣电平 SLL_1

由前可知，副瓣电平 SLL_1 为

$$\text{SLL}_E = \text{SLL}_H = -13.5 \text{ dB} \tag{7.4 - 8}$$

即均匀分布的口径天线其副瓣电平为 -13.5 dB，与均匀直线阵结果一致。

6）增益和效率

在工程上，一般是求最大辐射方向（$\theta=0$）的增益。引入口径效率，即

$$v = \frac{\left|\iint\limits_{S} E_{sy}\,\mathrm{d}S\right|^2}{S\iint\limits_{S}|E_{sy}|^2\,\mathrm{d}S} \qquad (7.4-9)$$

则增益为

$$G = \frac{4\pi}{\lambda^2}\frac{\left|\iint\limits_{S} E_{sy}(x,y)\,\mathrm{d}S\right|^2}{\iint\limits_{S}|E_{sy}(x,y)\,\mathrm{d}s|^2\,\mathrm{d}S} = \frac{4\pi}{\lambda^2}S\cdot r \qquad (7.4-10)$$

式中，S 为口径物理面积，若为矩形口径，$S=D_x D_y$，且口径场为均匀分布，则 $E_{sy}(x,y)=E_0$；$\gamma=1$，则

$$G = \frac{4\pi}{\lambda^2}D_x D_y = \frac{4\pi}{\lambda^2}S \qquad (7.4-11)$$

2. 口径场为余弦分布

设口径电场 E_{sy} 沿 x 轴为余弦分布，沿 y 轴为均匀分布，如图 7.4-5 所示，即

$$E_{sy} = E_0 \cos\left(\frac{\pi x}{D_x}\right) \qquad (7.4-12)$$

TE$_{10}$ 主模传输的矩形波导，在波导口径面上就是这种分布。

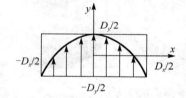

图 7.4-5　余弦分布的
矩形口径场

1）辐射场

由式（7.3-10）可得 E 面和 H 面的辐射场为

$$E_H = j\frac{e^{-j\beta r}E_0}{2\lambda r}(1+\cos\theta)\int_{-D_y/2}^{D_y/2}\mathrm{d}y\int_{-D_x/2}^{D_x/2}\cos\left(\frac{\pi x}{D_x}\right)e^{j\beta x\sin\theta}\,\mathrm{d}x$$

$$= j\frac{e^{-j\beta r}E_0}{\pi\lambda r}(1+\cos\theta)D_x D_y\frac{\cos(u_x)}{1-\left(\frac{2}{\pi}u_x\right)^2} \qquad (7.4-13)$$

$$E_E = j\frac{e^{-j\beta r}E_0}{2\lambda r}(1+\cos\theta)\int_{-D_y/2}^{D_y/2}e^{j\beta y\sin\theta}\,\mathrm{d}y\int_{-D_x/2}^{D_x/2}\cos\left(\frac{\pi x}{D_x}\right)\mathrm{d}x$$

$$= j\frac{e^{-j\beta r}E_0}{\pi\lambda r}(1+\cos\theta)D_x D_y\frac{\sin(u_y)}{u_y} \qquad (7.4-14)$$

式中，$u_y=\frac{1}{2}\beta D_y\sin\theta$；$u_x=\frac{1}{2}\beta D_x\sin\theta$。

2）方向图函数

由式（7.4-13）和式（7.4-14）可得 H 面和 E 面的方向图函数为

$$\begin{cases} f_H(\theta) = (1+\cos\theta)\dfrac{\cos u_x}{1-\left(\dfrac{2}{\pi}u_x\right)^2} \\[4mm] f_E(\theta) = (1+\cos\theta)\dfrac{\sin u_y}{u_y} \end{cases} \qquad (7.4-15)$$

3) 主瓣宽度

E 面方向图的半功率波瓣宽度与均匀口径分布的相同,即

$$2\theta_{0.5E} = 51\frac{\lambda}{D_y}(°)$$

令 $f_H(\theta) = 0.707$,不计因子 $(1+\cos\theta)$,查图 7.4-3 可得 $u_x = \frac{1}{2}\beta D_x\sin\theta_{0.5H} = 1.86$,故

$$2\theta_{0.5H} \approx 2\sin\theta_{0.5H} = 1.18\frac{\lambda}{D_x}(\text{rad}) = 68\frac{\lambda}{D_x}(°) \qquad (7.4-16)$$

H 面主瓣宽度比均匀口径分布的要大些。图 7.4-6 所示是当 $D_x = 3\lambda$、$D_y = 2\lambda$ 时的方向图。可以明显看出,口径不均匀分布时,波束宽度会增大。

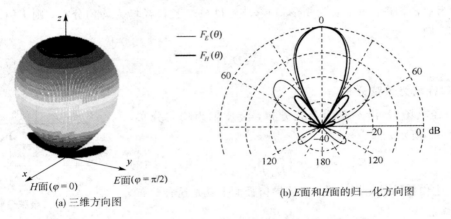

(a) 三维方向图   (b) E 面和 H 面的归一化方向图

图 7.4-6   同相余弦分布矩形口径的归一化阵方向图

4) 副瓣电平

由前可知,副瓣电平 SLL_E 为

$$\text{SLL}_E = -13.5 \text{ dB}$$

$$\text{SLL}_H = -23 \text{ dB}$$

即口径场为余弦分布的口径天线,比均匀口径分布的低。

5) 口径效率和增益

$$v = \frac{\left|\iint\limits_S E_{sy}\mathrm{d}S\right|^2}{S\iint\limits_S |E_{sy}|^2\mathrm{d}S} = \frac{\left|\iint\limits_S E_0\cos(\pi x/D_x)\mathrm{d}S\right|^2}{S\iint\limits_S |E_0\cos(\pi x/D_x)|^2\mathrm{d}S} = 0.81 \qquad (7.4-17)$$

$$G = \frac{4\pi}{\lambda^2}S\gamma = 0.81 \cdot \frac{4\pi}{\lambda^2}D_xD_y \qquad (7.4-18)$$

从以上结果可见,与均匀分布口径场的方向图相比,余弦分布口径场的主瓣宽度增加,副瓣电平降低,口径效率降低。一般来说,削锥分布导致较宽的主瓣、较低的副瓣电平及较低的口径效率。口面分布的锥度越大,主瓣越宽,副瓣越小,口径效率越低,这是一个很重要的概念。表 7.4-1 给出了几种不同口径分布时的特性,供参考。

表 7.4 - 1

口面场分布（另一方向均匀分布）		方向性函数	半功率宽度/rad	零功率宽度/rad	副瓣电平/dB	口面利用效率
振幅分布函数	分布图形					
$E_y = E_0$	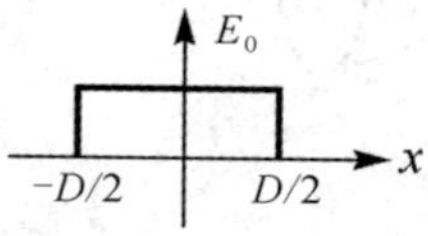	$\dfrac{\sin\phi}{\phi}\left(\phi=\dfrac{\pi D_1}{\lambda}\sin\theta\right)$	$0.89\lambda/D_1$	$2\lambda/D_1$	-13.2	1
$E_y = E_0\cos\dfrac{\pi x_s}{D_1}$	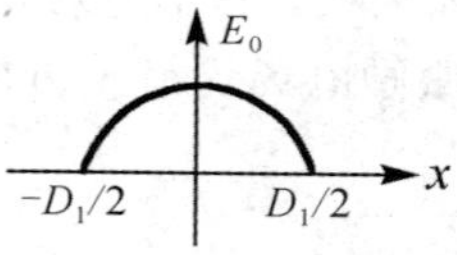	$\dfrac{\cos\phi}{1-(2\phi/)^2}$	$1.18\lambda/D_1$	$3\lambda/D_1$	-23	0.81
$E_y = E_0\cos^2\dfrac{\pi x_s}{D_1}$	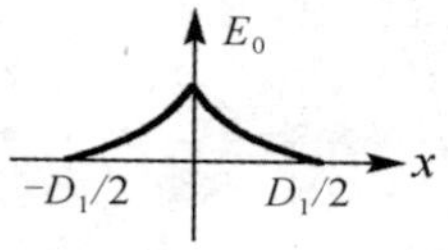	$\dfrac{1}{\phi^2-\pi^2}\dfrac{\sin\phi}{\phi}$	$1.45\lambda/D_1$	$4\lambda/D_1$	-32	0.667
$E_y = E_0\left(1-\dfrac{2\lvert x_s\rvert}{D_1}\right)$	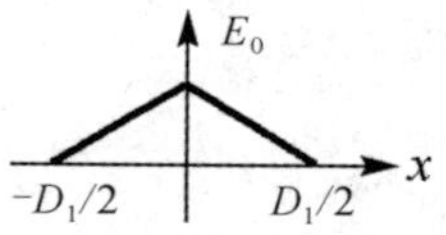	$\left(\dfrac{\sin\dfrac{\phi}{2}}{\phi/2}\right)^2$	$1.28\lambda/D_1$	$4\lambda/D_1$	-26.4	0.75
$E_y = E_0\left[1-(1-\Delta)\left(\dfrac{2x_s}{D_1}\right)^2\right]$ $\Delta=0$ $\Delta=0.5$ $\Delta=0.8$	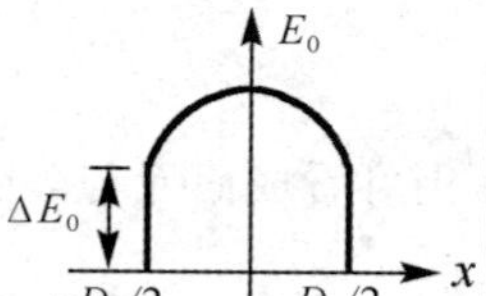	$\dfrac{\sin\phi}{\phi}+(1+\Delta)$ $\dfrac{\partial^2}{\partial\phi^2}\left(\dfrac{\sin\phi}{\phi}\right)$	$1.15\lambda/D_1$ $0.97\lambda/D_1$ $0.92\lambda/D_1$	$2.86\lambda/D_1$ $2.28\lambda/D_1$ $2.12\lambda/D_1$	-20.6 -17.1 -15.8	0.883 0.97 0.994

7.4.2　圆形同相口径的辐射场

实际中除矩形口径天线外，还经常用到圆口径天线，如圆波导口天线、圆锥喇叭天线、旋转抛物面天线等，如图 7.4 - 7 所示。

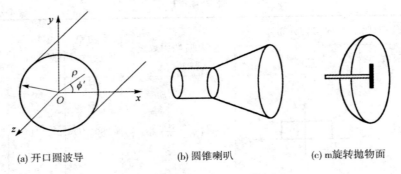

(a) 开口圆波导　　　　　(b) 圆锥喇叭　　　　(c) m旋转抛物面

图 7.4 - 7　圆口径天线

　　矩形口径天线的分析方法同样适用于圆形口径面天线，只不过对口径面为圆形的口径天线采用极坐标比较方便。如图 7.4 - 8 所示，假定激励电场仍沿 y 方向。

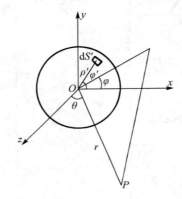

图 7.4 - 8　圆形口径

　　已知极坐标和直角坐标的转换关系为

$$\begin{cases} x = \rho\cos\varphi \\ y = \rho\sin\varphi \end{cases} \tag{7.4 - 19}$$

$$dS = dx dy = \rho d\rho d\varphi \tag{7.4 - 20}$$

　　将式(7.4 - 19)和式(7.4 - 20)代入式(7.3 - 10)，沿圆口径积分就可以得到圆形同相口面的辐射场。为简单起见，这里给出相关结果。

　　当圆形口径振幅为均匀分布时：

　　(1) 方向图函数 $F(\theta) = (1 + \cos\theta)\dfrac{2J_1(\beta a\sin\theta)}{\beta a\sin\theta}$，仍可看成面元与阵因子相乘的结果。

　　(2) 最大辐射方向仍沿口面法线方向。

　　(3) 主瓣宽度为 $2\theta_{0.5H} = 2\theta_{0.5E} = 1.03\dfrac{\lambda}{2a}(\text{rad}) = 59.1\dfrac{\lambda}{2a}(°)$。

　　(4) 副瓣电平为 $\text{SLL}_E = -17.6\ \text{dB}$。

　　(5) 方向性系数 $D = 4\pi\gamma\dfrac{S}{\lambda^2}$，口径效率为 $\gamma = \dfrac{\left|\iint\limits_S E_{sy}dS\right|^2}{S\iint\limits_S |E_{sy}|^2 dS} = 1$。

当圆形口径振幅为非均匀分布时，口径效率为

$$\gamma = \frac{\left|\displaystyle\iint_S E_{sy}\mathrm{d}S\right|^2}{S\displaystyle\iint_S |E_{sy}|^2\,\mathrm{d}S} < 1$$

总结口面场的振幅分布情况，可得出以下结论：

（1）最大辐射方向与口面场的振幅分布无关，始终沿口面的法向方向。

（2）口面振幅分布影响天线的波束宽度，口面场分布越均匀，主瓣宽度越窄，天线的方向性越好。

（3）口面天线的口径面积越大，工作频率越高，主瓣越窄，方向性越好。

7.4.3　口径场相位分布对方向图的影响

前面的讨论均假设平面口径上的相位分布是同相的。但是在工程实际中，有的天线为了实现某些特殊形状的波束，要求口径面上的相位按一定的规律分布，如 E 面喇叭、H 面喇叭、角锥喇叭和圆锥喇叭等。而有的天线在设计时由于加工误差导致口径上场相位不同相，其结果可能将使方向图指向发生偏移，主瓣变宽，副瓣电平变高，增益下降。口面场相位分布大体分为直线律相位分布、平方律相位分布以及立方律相位分布三种。

1. 直线律相位分布

当平面波沿着与平面口径法线成一定角度 α 向平面口径入射时，口径场的相位分布按线性规律变化，如图 7.4 - 9 所示。

若以口径中心为相位参考点，则 x 处的相位为 $\beta x\sin\alpha$。当 $x = D_x/2$ 时，在口径边缘处有最大相位差，最大相位差为

$$\phi_m = \frac{\beta D_x}{2}\sin\alpha \qquad (7.4-21)$$

以矩形口面为例，假定口面场振幅是均匀分布的，相位沿 x 轴线性分布，口径场可表示为

$$E_{sy} = E_0\mathrm{e}^{-\mathrm{j}\beta x\sin\alpha} = E_0\mathrm{e}^{-\mathrm{j}\varphi_m\left(\frac{2x}{D_x}\right)} \qquad (7.4-22)$$

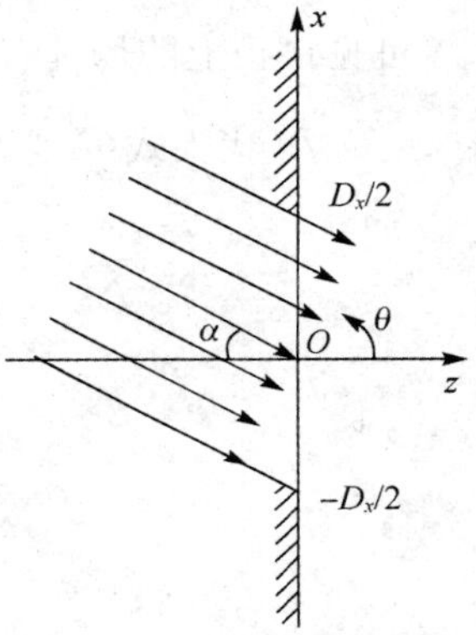

$\alpha = 0$ 时，平面波垂直投射到平面口面上，即为同相均匀分布。因此均匀同相分布是线性相位分布的特例。

图 7.4 - 9　线性相位分布的口径场

将式（7.4 - 22）代入式（7.3 - 10），得

$$E_H = A\,\frac{(1+\cos\theta)}{2}\int_{-D_y/2}^{D_y/2}\int_{-D_x/2}^{D_x/2}\mathrm{e}^{\mathrm{j}\beta x(\sin\theta-\sin\alpha)}\,\mathrm{d}x\mathrm{d}y = AS\,\frac{1+\cos\theta}{2}\,\frac{\sin\left[\dfrac{\pi D_x}{\lambda}(\sin\theta-\sin\alpha)\right]}{\dfrac{\pi D_x}{\lambda}(\sin\theta-\sin\alpha)}$$

$$(7.4-23)$$

式中，$A = \mathrm{j}\dfrac{\mathrm{e}^{-\mathrm{j}\beta r}}{2\lambda r}(1+\cos\theta)$；$S = D_x D_y$。

主瓣的最大辐射方向由 $\sin\theta = \sin\alpha$ 确定，可用口径场的最大相位差表示为

$$\theta_{\max} = \arcsin\left(\frac{2\phi_m}{k_0 a}\right) = \alpha \qquad (7.4-24)$$

相当于口面法线的偏转角。偏转方向和口面场相移方向一致，也是沿相位滞后方向。

总结直线律相位分布的情况，可以得到以下结论：

（1）口面场相位线性变化，则辐射场也随之沿该方向发生偏转。

（2）方向图形状和相位均匀分布时的方向图形状相同，只是最大辐射方向向着相位滞后的方向偏转。

（3）由于是斜入射，相当于口径变小了，因此方向图变胖，口径效率 γ 也随之减小。

（4）如果是垂直入射（$\alpha=0$），则口径场为同相分布。

2. 平方律相位分布

若球面波或柱面波投射到平面口径上，则在平面口径上将形成近似的平方律相位分布。喇叭天线的口径就属于这种情况。

设在喇叭内传播的是柱面波，当电磁波传播到口径处时，其等相位线是以喇叭张角虚顶点 O' 为圆心、半径为 R 的一段内切圆弧，如图 7.4-10 所示。若以口径面中心点 O 为相位参考点，则在偏离中心点的 x 处的波程差为 $\delta(x)$，有

$$[R+\delta(x)]^2=R^2+x^2$$

$$\delta(x)=-R+\sqrt{R^2+x^2}=-R+R\sqrt{1+\left(\frac{x}{R}\right)^2}\approx -R+R\left[1+\frac{1}{2}\left(\frac{x}{R}\right)^2\right]=\frac{x^2}{2R}$$

$$(7.4-25)$$

可见口径上的场具有平方律相位分布。式(7.4-25)可用口径边缘的最大相位差表示，将 $x=D_x/2$ 代入式(7.4-26)即得口径边缘的最大相位差 $\phi_m=\dfrac{\pi D_x^2}{4\lambda_0 R}$。

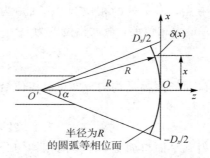

图 7.4-10　口径场平方律相位分布的计算

假设口径电场是在 y 方向极化的，口径场为振幅均匀分布，相位具有式(7.4-25)所示的相位分布，则

$$E_{sy}=E_0\,e^{-j\beta\delta(x)}=E_0\,e^{-j\beta\frac{x^2}{2R}}\qquad(7.4-26)$$

由式(7.3-10)可得 H 面辐射场为

$$E_H=E_\varphi\big|_{\varphi=0}=AE_0D_y\int_{-D_x/2}^{D_x/2}e^{-j\beta\left(\frac{x^2}{2R}-r\sin\theta\right)}\,\mathrm{d}x$$

$$=AE_0D_y e^{\frac{j\beta R\sin^2\theta}{2}}\sqrt{\frac{\pi R}{\beta}}\{C(t_2)-C(t_1)-j[S(t_2)-S(t_1)]\}\qquad(7.4-27)$$

式中，$C(x)=\int_0^x\cos\left(\frac{\pi}{2}t^2\right)\mathrm{d}t$；$S(x)=\int_0^x\sin\left(\frac{\pi}{2}t^2\right)\mathrm{d}t$ 为菲涅尔正、余弦积分。

E 面辐射场为

$$E_E = E_\theta \big|_{\varphi=\frac{\pi}{2}} = AE_0 \int_{-D_x/2}^{D_x/2} e^{-j\beta\frac{x^2}{2R}} dx \int_{-D_y/2}^{D_y/2} e^{-j\beta y \sin\theta} dy = AE_0 I\beta D_x \frac{\sin\left(\beta D_y \sin\frac{\theta}{2}\right)}{\beta D_y \sin\frac{\theta}{2}}$$

$$(7.4-28)$$

式中，$I\beta D_x = \sqrt{\dfrac{\pi R}{\beta}} \int_{x_1}^{x_2} e^{-j\frac{\pi}{2}t^2} dt = \sqrt{\dfrac{\pi R}{\beta}} \{C(x_2) - C(x_1) - j[S(x_2) - S(x_1)]\}$，其中 $x_1 = -\dfrac{D_x}{2}\sqrt{\dfrac{\beta}{\pi R}}, x_2 = \dfrac{D_x}{2}\sqrt{\dfrac{\beta}{\pi R}}$。

图 7.4-11 给出了不同 $\phi_m = \dfrac{\pi D_x^2}{4\lambda_0 R}$ 值的 H 面方向图，以便大家有个直观认识。

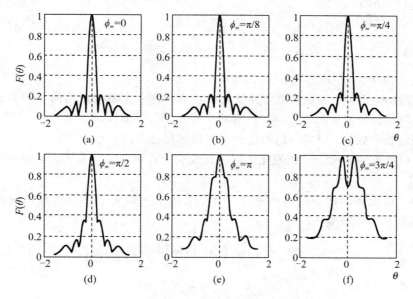

图 7.4-11　平方律相位分布的 H 面方向图

总结平方律相位分布的情况，可得到以下结论：

(1) 最大相移量 ϕ_m 不同，方向图形状不同，但最大辐射方向始终沿口面法线方向。

(2) 最大相移量 ϕ_m 不同，主瓣宽度不同。随着 ϕ_m 的增大（口径宽度增加），副瓣变小，主、副瓣最终和为一体。

(3) 当 $\phi_m = 2\pi/3$ 时，主波束波瓣分裂，方向性严重破坏，方向性系数 D 下降。

因此平方律相位分布是一种有害的分布，在面天线设计、安装、调试过程中，必须采取适当的措施加以消除，如在喇叭天线口径处加设透镜进行相位校正。

3. 立方律相位分布

立方律相位分布是指口面场相位沿某一方向按立方规律变化。

在天线技术中，口径场的立方律相位分布通常是和线性相位分布同时产生的。例如在抛物反射面天线中，馈源横向偏焦时，既会出现线性相位分布，也会出现立方律相位分布。

按立方律相位变化的场，在数学处理上十分复杂，这里只作简单介绍。立方律相位变

化可表示为

$$\phi = \phi_m \frac{8x^3}{D_x^3} \qquad\qquad (7.4-29)$$

图 7.4 - 12 是最大相位偏差 ϕ_m 分别为 $\pi/2$、$3\pi/4$ 和 π 时的方向图。由图 7.4 - 12 可见，和线性相位分布相似，波瓣最大值向口径相位落后方向偏移了一个角度，但同时波瓣形状也发生变化，在波瓣偏移方向一侧的副瓣明显加大。

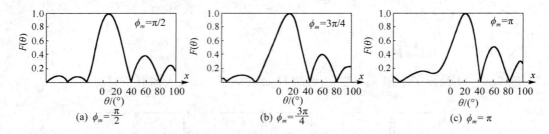

图 7.4 - 12　立方律相位分布口径的方向图

总结立方律相位分布的情况，可得到以下结论：

（1）口径场为等幅、相位按立方律变化的场方向图，主瓣波束指向不再是口径法线方向，而偏向口径相位滞后的一方，方向图畸变成不对称图形。

（2）口径效率减小，但减小的幅度比平方律相位分布的要小一些。

（3）在口径上相位随立方律变化的方向而变化。若场是减小分布的，则相位变化影响较小。

不管口径面上场的相位按何种规律变化，工程上一般要求口径边缘的最大相位偏差（相对于口径面中心点）为

$$\phi_{\max} \leqslant \frac{\pi}{4} \quad （振幅均匀） \qquad\qquad (7.4-30)$$

$$\phi_{\max} \leqslant \frac{\pi}{2} \quad （余弦分布） \qquad\qquad (7.4-31)$$

7.5　喇　叭　天　线

喇叭天线具有增益高、反射小和频带宽等特点，而且加工简单，成本低，是 1 GHz 以上频段广泛使用的一类微波天线，不仅可以作卫星地面站、微波中继通信用反射面天线的馈源，也可以作相控阵的单元天线。另外，在天线测量中，喇叭天线常用作标准天线，对其他高增益天线进行校准和增益测试。

7.5.1　喇叭天线的结构及分类

喇叭天线的基本形式是把矩形波导和圆波导的开口面逐渐扩展而形成的，如图 7.5 - 1 所示。可以看出，不管什么形状，就其结构来讲，喇叭天线可以分成波导管和喇叭两大部分。波导管相当于是供给喇叭天线信号和能量的部分，其激励大多采用图 7.5 - 1 所示的电激励方式，也有缝隙耦合、环激励等方式。

　　波导管横截面是矩形的称为矩形喇叭，横截面是圆形的称为圆锥喇叭。矩形喇叭根据扩展面的不同分为 E 面扇形喇叭、H 面扇形喇叭和角锥喇叭。沿矩形波导 E 平面内扩展的喇叭天线称为 E 面扇形喇叭，沿 H 平面内扩展的称为 H 面扇形喇叭，沿 E 面和 H 面同时扩展形成的喇叭称为角锥喇叭。波导开口面的逐渐扩大改善了波导与自由空间的匹配，因此波导中的反射系数较小，即波导中传输的绝大部分能量由喇叭辐射出去，反射的能量很小。

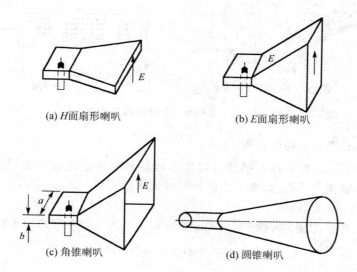

(a) H 面扇形喇叭　　　　　　　　(b) E 面扇形喇叭

(c) 角锥喇叭　　　　　　　　(d) 圆锥喇叭

图 7.5 - 1　各种形式的喇叭天线

　　喇叭天线的精确分析比较困难，常采用近似法，分两步进行：

　　(1) 解内问题，求口径面上的电磁场分布。

　　首先将喇叭看作是一根无限长的渐变波导（从喇叭到自由空间无反射），喇叭的渐变扩展部分也可看作是波导，由麦克斯韦方程出发，求边值问题；然后把实际的有限长喇叭的口径面上的电磁场看作是无限长喇叭在同一截面上的电磁场。

　　这样的近似忽略了喇叭口径面所产生的反射波及高次模，将带来一定的误差。但是喇叭口的反射系数不大，而高次模又相对较弱，在工程上，这点误差可忽略。

　　(2) 解外问题。

　　由喇叭口径面上的场分布求远场。

7.5.2　喇叭天线的口面场分布

1. 矩形喇叭的口面场结构

　　从矩形波导过渡到喇叭，当矩形波导中传输的主模是 TE_{10} 波时，在喇叭内只存在三个场分量，即两个横向分量和一个纵向分量。由于喇叭内壁不是互相平行的，从波导扩展到喇叭，电磁场矢量将改变方向。图 7.5 - 2 为喇叭天线的内场结构，其中图（a）为 H 面扇形喇叭口径场分布的内场结构，图（b）为 E 面扇形喇叭口径场分布的内场结构。可以看出，场的结构在喇叭内和波导内的主要差别是：喇叭内波前已不再是平面波，到扇形喇叭已变成柱面波，喇叭口径面上相位则呈平方律分布。

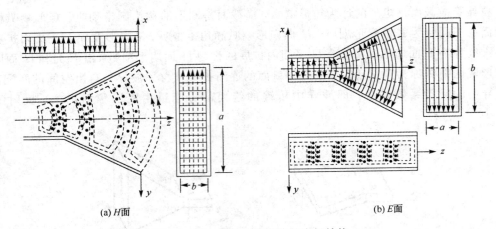

(a) H面　　　　　　　　　　　　　(b) E面

图 7.5 - 2　扇形喇叭天线的内场结构

2. 矩形喇叭口面场的相位分布

如图 7.5 - 3 所示，喇叭内传播的波可以看成是从喇叭边线的交点 O 发出的柱面波，其中 O 点为喇叭的顶点，R_H 为喇叭顶点到喇叭边缘的距离，D_1 为喇叭口径宽度，$2\varphi_0$ 为喇叭张角。

以 H 面扇形喇叭为例，由图 7.5 - 3(a)推导口面场沿宽边和窄边的相位关系，有

$$\Delta\varphi_x = \beta(OM - OO') = \frac{2\pi}{\lambda}(OM - R_H) \tag{7.5 - 1a}$$

$$\Delta\varphi_y = 0 \tag{7.5 - 1b}$$

因为 $OM = \sqrt{R_H^2 + x^2}$，所以 $\Delta\varphi_x = \frac{2\pi}{\lambda}(\sqrt{R_H^2 + x^2} - R_H)$。

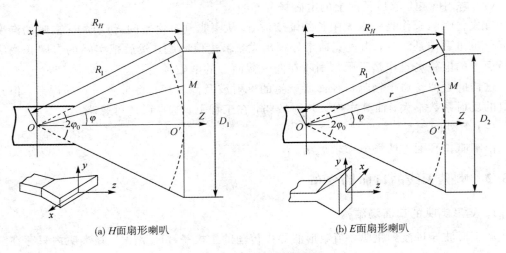

(a) H面扇形喇叭　　　　　　　　　　(b) E面扇形喇叭

图 7.5 - 3　喇叭的纵界面

由于喇叭天线的等效长度远大于口面尺寸，即 $x \ll R_H$，根据幂级数展开关系，可得

$$\Delta\varphi_x = \frac{2\pi}{\lambda}\left[\frac{x^2}{2R_H} - \left(\frac{x^2}{2R_H}\right)^2 + \cdots\right] \approx \frac{\pi}{\lambda}\frac{x^2}{R_H} \tag{7.5 - 2}$$

对 H 面扇形喇叭，虽然口面场 E_y 沿窄边 y 轴方向，但其相位却沿宽边 x 方向发生变

化。由式(7.5-2)可知,相位为平方律分布,在喇叭口径边缘具有最大相移量为

$$\Delta\varphi_{x\max} = \frac{\pi}{4\lambda}\frac{D_1^2}{R_H} \tag{7.5-3}$$

同理,对 E 面扇形喇叭天线,由于沿窄边 y 逐渐张开,其口面场相位沿 y 方向为平方律相位分布,沿 x 方向不变,即

$$\Delta\varphi_x = 0 \tag{7.5-4a}$$

$$\Delta\varphi_y = \frac{\pi}{\lambda}\frac{y^2}{R_E} \tag{7.5-4b}$$

在 y 轴边沿处具有最大相移量,即

$$\Delta\varphi_{y\max} = \frac{\pi}{4\lambda}\frac{D_2^2}{R_E} \tag{7.5-5}$$

角锥喇叭天线沿 x、y 方向同时扩展,因此在两个口面上,口面场的相位都为平方律相位分布,即

$$\Delta\varphi_{xy} = \frac{\pi}{\lambda}\left(\frac{x^2}{R_H} + \frac{y^2}{R_E}\right) \tag{7.5-6}$$

与此对应的相位最大值为

$$\Delta\varphi_{xy\max} = \frac{\pi}{4\lambda}\left(\frac{D_1^2}{R_H} + \frac{D_2^2}{R_E}\right) \tag{7.5-7}$$

3. 矩形喇叭口面场的振幅分布

矩形喇叭天线可以看成是由矩形波导逐渐扩张而成的,矩形波导传输的主模为 TE_{10},根据求解内问题准则,可近似认为喇叭中也同样传输 TE_{10},口面场振幅总是随宽边 x 按余弦规律分布。

矩形波导主模 TE_{10} 型波的场分布为

$$E_{sy} = E_0\cos\left(\frac{\pi x}{a}\right) \tag{7.5-8}$$

考虑到相位的平方律分布,因此对于 H 面扇形喇叭,口面场分布为

$$E_{sy} = E_0\cos\left(\frac{\pi x}{D_1}\right)e^{-j\beta\left(\frac{x^2}{2R_H}\right)} \tag{7.5-9}$$

对于 E 面扇形喇叭,口面场分布为

$$E_{sy} = E_0\cos\left(\frac{\pi x}{D_1}\right)e^{-j\beta\left(\frac{y^2}{2R_E}\right)} \tag{7.5-10}$$

对于角锥喇叭,口面场分布为

$$E_{sy} = E_0\cos\left(\frac{\pi x}{D_1}\right)e^{-j\beta\frac{\pi}{\lambda}\left(\frac{x^2}{2R_H} + \frac{y^2}{2R_E}\right)} \tag{7.5-11}$$

对于和圆波导相连的圆锥喇叭,当采用 TE_{11} 模激励时,其口面场分布更为复杂,在此不做讨论。

由此可见,对于矩形喇叭天线,不论口面场沿哪个方向扩张,其振幅均沿窄边(y 方向)均匀分布,沿宽边(x 方向)余弦分布,相位沿扩张边平方律分布。正因为喇叭天线口面场分布不均匀,所以喇叭天线辐射场方向性较差,通常只作面天线的馈源,而不作为独立的天线使用。

7.5.3　喇叭天线的方向性

1. 方向图

将喇叭天线的口面场分布代入面天线辐射场计算公式(7.3-8)，可得喇叭天线的辐射场

$$E_\theta = \mathrm{j}\frac{\mathrm{e}^{-\mathrm{j}\beta r}}{2\lambda r}\sin\varphi(1+\cos\theta)\iint_S E_{sy}(x,y)\mathrm{e}^{\mathrm{j}\beta(x\cos\varphi+y\sin\varphi)\sin\theta}\mathrm{d}x\mathrm{d}y \qquad (7.5-12\mathrm{a})$$

$$E_\varphi = \mathrm{j}\frac{\mathrm{e}^{-\mathrm{j}\beta r}}{2\lambda r}\cos\varphi(1+\cos\theta)\iint_S E_{sy}(x,y)\mathrm{e}^{\mathrm{j}\beta(x\cos\varphi+y\sin\varphi)\sin\theta}\mathrm{d}x\mathrm{d}y \qquad (7.5-12\mathrm{b})$$

由于计算比较复杂，这里不作推导，只给出喇叭天线在 H 面和 E 面的方向图曲线，如图 7.5-4 所示。

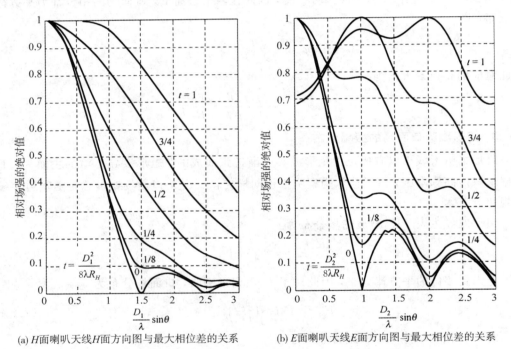

(a) H面喇叭天线H面方向图与最大相位差的关系　　(b) E面喇叭天线E面方向图与最大相位差的关系

图 7.5-4　喇叭天线的方向图

需要强调的是，对于 H 面喇叭，由于口径场沿 y 方向为均匀分布，因此沿 y 方向的 E 面方向图为口径均匀分布的函数方向图，沿 x 方向的 H 面方向图为振幅余弦分布、相位平方律分布的方向图。

图 7.5-4 所示为扇形喇叭的方向图与最大口径相位差 t 的关系曲线。由图 7.5-4 可以看出，方向图的形状与喇叭的长度和张角有关。

比较两组曲线可以看出，在相同的最大相位偏差条件下，图 7.5-4(b)所示 E 面扇形喇叭口径上的相位偏差对方向图的影响要比图 7.5-4(a)所示 H 面扇形喇叭口径上相位偏差对方向图的影响大得多。这是因为 E 面扇形喇叭中有相位偏差的方向振幅是均匀分布的，而 H 面扇形喇叭中有相位偏差的方向振幅是按余弦分布的，靠近喇叭边缘口径场的相

位偏差虽然很大但其振幅却很小，因此对方向图的影响减弱。

2. 方向性系数

方向性系数的计算公式为

$$D = \frac{4\pi}{\lambda^2} \frac{\left|\iint_S E_{sy}\,dS\right|^2}{\iint_S |E_{sy}|^2\,dS} \qquad (7.5-13)$$

由式(7.5-13)得到 H 面喇叭方向性系数为

$$D_H = \frac{4\pi D_2 R_H}{\lambda D_1}\{[C(v_1)+C(v_2)]^2 + [S(v_1)+S(v_2)]^2\} \qquad (7.5-14)$$

式中，$v_1 = \frac{1}{\sqrt{2}}\left[\frac{D_1}{\sqrt{\lambda R_H}} - \frac{\sqrt{\lambda R_H}}{D_1}\right]$；$v_2 = \frac{1}{\sqrt{2}}\left[\frac{D_2}{\sqrt{\lambda R_H}} + \frac{\sqrt{\lambda R_H}}{D_2}\right]$。

E 面喇叭的方向性系数为

$$D_E = \frac{64 R_E}{\pi \lambda D_2}\left[C^2\left(\frac{D_2}{\sqrt{2\lambda R_E}}\right) + S^2\left(\frac{D_2}{\sqrt{2\lambda R_E}}\right)\right] \qquad (7.5-15)$$

比较式(7.5-14)、式(7.5-15)可得角锥喇叭方向性系数为

$$D = \frac{\pi}{32}\left(\frac{\lambda}{D_1}D_H\right)\left(\frac{\lambda}{D_2}D_E\right) \qquad (7.5-16)$$

图 7.5-5 所示给出了 H 面扇形喇叭和 E 面扇形喇叭的方向性系数与喇叭尺寸的关系曲线。

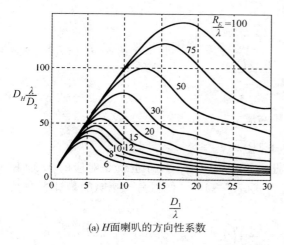
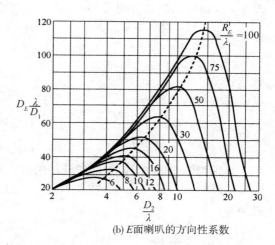

(a) H面喇叭的方向性系数　　　　　　(b) E面喇叭的方向性系数

图 7.5-5　喇叭天线的方向性系数

已知角锥喇叭的尺寸参数 D_1、R_H、D_2、R_E，在图 7.5-5(a)、图 7.5-5(b)查出对应的纵坐标值，根据式(7.5-16)即可得到角锥喇叭方向系数。

分析图 7.5-5 可得出下列结论：

(1) 当给定 D_1/λ、D_2/λ 时，方向性系数随 $R_H(R_E)/\lambda$ 的增大而增大，但 $R_H(R_E)/\lambda$ 存在极限值。当 $R_H(R_E)/\lambda$ 达到这一极限值时，方向性系数无明显变化。此极限值即为同相场的方向性系数，为

$$D_{\max} = 0.81 \frac{4\pi S}{\lambda^2} \qquad (7.5-17)$$

这种现象极易解释。因为面积 S 是常数，方向性系数随 $R_H(R_E)/\lambda$ 增加而增大是由于口面场相位差的减小，显然其极限是 $R_H(R_E)/\lambda \to \infty$ 的同相口面的方向系数。

（2）在 $R_H(R_E)/\lambda$ 等于常数的各条曲线上，方向性系数有极大值。这是由于当 $D_1(D_2)/\lambda$ 增加时，同时有两种趋向发生：一方面，面积的增大使方向性系数正比增大；另一方面，$D_1(D_2)/\lambda$ 增加又使口面相位偏差增大，这又是使方向系数减小的因素。当 $D_1(D_2)/\lambda$ 增大到一定程度时，后者成为主要趋向，因而会出现极值。计算表明，此极值所对应的口面场最大相位偏差，对 E_2 面扇形喇叭来说约为 $\pi/2$，对 H 面扇形喇叭来说约为 $\frac{3}{4}\pi$，此时对应的方向性系数称为最佳方向性系数 D_{opt} 为

$$D_{\text{opt}} \approx 0.8 D_{\max} = 0.64 \frac{4\pi S}{\lambda^2} \qquad (7.5-18a)$$

或口面效率为

$$\gamma_{\text{opt}} = 0.64 \qquad (7.5-18b)$$

如图 7.5-5(b)所示，作连接 $R_H(R_E)/\lambda=$ 常数的各条曲线上极大值的曲线，该曲线上各点所对应的喇叭尺寸便为喇叭的最佳尺寸。最佳尺寸发生在

$$\begin{cases} \varphi_{mE} = \dfrac{\pi}{\lambda} \cdot \dfrac{D_2^2}{4R_E} = \dfrac{\pi}{2} \\[2mm] \varphi_{mH} = \dfrac{\pi}{\lambda} \cdot \dfrac{D_1^2}{4R_H} = \dfrac{3}{4}\pi \end{cases} \qquad (7.5-19)$$

因此，可得喇叭的最佳尺寸为

$$\begin{cases} R_{E\text{opt}} = \dfrac{1}{2} \cdot \dfrac{D_2^2}{\lambda} \\[2mm] R_{H\text{opt}} = \dfrac{1}{3} \cdot \dfrac{D_1^2}{\lambda} \end{cases} \qquad (7.5-20)$$

或最佳方向性系数为

$$\begin{cases} D_{1\text{opt}} = \sqrt{3R_H\lambda} \\[2mm] D_{2\text{opt}} = \sqrt{2R_E\lambda} \end{cases} \qquad (7.5-21)$$

角锥喇叭是 E 面和 H 面展开的组合，因此角锥喇叭的最佳尺寸也就是对应的 H 面和 E 面扇形喇叭的最佳尺寸。将式(7.5-18a)代入式(7.5-16)，便得角锥喇叭的最佳方向系数为

$$D_{\text{opt}} = \frac{\pi}{32}\left(\frac{\lambda}{D_2}D_H\right)\left(\frac{\lambda}{D_1}D_E\right) = \frac{\pi}{32}\left(0.64\frac{4\pi D_1}{\lambda}\right)\left(0.64\frac{4\pi D_2}{\lambda}\right) = 0.51\frac{4\pi S}{\lambda^2} \quad (7.5-22)$$

由上面的讨论可知，在最佳尺寸下，扇形喇叭的口面利用效率为 0.64，角锥喇叭的口面利用效率为 0.51。这是由于角锥喇叭在 E 面和 H 面均有相位偏差的缘故。

喇叭天线的效率较高，$\eta \approx 1$，故有

$$G = D \qquad (7.5-23)$$

7.5.4　喇叭天线的设计

喇叭天线的设计主要包括喇叭几何尺寸的计算、方向图的计算和激励波导的计算等。

在设计喇叭天线时，一般所提的要求是一定的方向系数或方向图的波瓣宽度，其设计步骤如下：

1. 选用或设计作为激励喇叭的波导

波导尺寸 a、b 应保证波导内只传输 TE_{10} 波。如果给定波长 λ，通常取 a、b 为

$$\begin{cases} a = 0.72\lambda \\ b = 0.34\lambda \end{cases} \tag{7.5-24}$$

或选用标准波导。

2. 确定喇叭的最佳尺寸

喇叭的尺寸由电指标的要求来确定，一般有下列两种情况：

（1）给定半功率波瓣宽度 $2\theta_{0.5}$，此时可由公式(7.5-25a)和公式(7.5-25b)

$$2\theta_{0.5H} = 1.18\frac{\lambda}{D_1}(\text{rad}) = 68\frac{\lambda}{D_1}(°) \tag{7.5-25a}$$

$$2\theta_{0.5E} = 0.89\frac{\lambda}{D_2}(\text{rad}) = 51\frac{\lambda}{D_2}(°) \tag{7.5-25b}$$

确定尺寸 D_1 和 D_2。

喇叭尺寸确定后，为保证口面上的相位条件，由喇叭的最佳尺寸公式

$$\begin{cases} R_{Hopt} = \dfrac{D_1^2}{3\lambda} \\[2mm] R_{Eopt} = \dfrac{D_2^2}{2\lambda} \end{cases} \tag{7.5-26}$$

求得喇叭的长度 R_H 和 R_E。

（2）给定方向系数，此时可根据公式(7.5-27)

$$\begin{cases} D_H' = \dfrac{\lambda}{D_2}D_H \\[2mm] D_E' = \dfrac{\lambda}{D_1}D_E \end{cases} \tag{7.5-27}$$

求出 D_E' 和 D_H'（这里方向性系数 D_H 或 D_E 是已给定的，且对于 E 面扇形喇叭来说 $D_1 = a$，对于 H 面扇形喇叭来说 $D_2 = b$），然后查图 7.5-5(a)或图 7.5-5(b)即可确定 D_2 和 R_E 或 D_1 和 R_H，此时 D'_H 或 D'_E 应选在最佳尺寸线上。

另外，还可利用公式(7.5-28)

$$\begin{cases} D = \dfrac{4\pi}{\lambda^2}D_1 D_2 \gamma \\[2mm] R_{Hopt} = \dfrac{D_1^2}{3\lambda} \\[2mm] R_{Eopt} = \dfrac{D_2^2}{2\lambda} \end{cases} \tag{7.5-28}$$

来计算。当喇叭尺寸在最佳尺寸线上时，对扇形喇叭来说 $\gamma = 0.64$，对角锥喇叭来说 $\gamma = 0.51$。

3. 喇叭与波导的尺寸配合

对于角锥喇叭天线，最后确定其尺寸时，还需要考虑喇叭与波导在颈部的尺寸配合问

题。如图 7.5 - 6 所示，为使两者在颈部正好配合，必须使 $L_H = L_E$。由几何关系可得

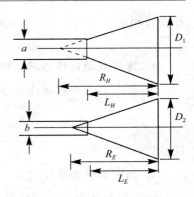

图 7.5 - 6　喇叭与波导尺寸
配合的关系

$$
\begin{cases}
\dfrac{D_1}{a} = \dfrac{R_H}{R_H - L_H} \\[2mm]
\dfrac{D_2}{b} = \dfrac{R_E}{R_E - L_E}
\end{cases}
\qquad (7.5 - 29)
$$

代入 $L_E = L_H$，并消去 L_H 得

$$
\frac{R_H}{R_E} = \frac{1 - b/D_2}{1 - a/D_1}
\qquad (7.5 - 30)
$$

因此，最后确定的喇叭尺寸必须满足关系式 (7.5 - 30)，否则应需调整。

4. 开口面上相位的检验

对于 H 面，$\varphi_{mH} \leqslant \dfrac{3}{4}\pi$，即

$$
D_1 \leqslant \sqrt{3R_H\lambda}
\qquad (7.5 - 31)
$$

对于 E 面，$\varphi_{mE} \leqslant \dfrac{1}{2}\pi$，即

$$
D_2 \leqslant \sqrt{2R_2\lambda}
\qquad (7.5 - 32)
$$

如果不符合相位条件，则应增大喇叭的长度或缩小口面的尺寸。

【例 7.5 - 1】　设计一角锥喇叭天线，要求 $D = 300$，$2\theta_{0.5H} = 2\theta_{0.5E}$，波长 $\lambda = 3.2$ cm。

解　(1) 根据工作波长，选择波导尺寸。

$$
a = 0.72\lambda = 2.3 \text{ (cm)}
$$
$$
b = 0.34\lambda = 1 \text{ (cm)}
$$

(2) 由方向性系数确定最佳尺寸。

因为

$$
D = \frac{4\pi}{\lambda^2} D_1 D_2 \gamma
$$

所以

$$
D_1 D_2 = \frac{D\lambda^2}{4\pi\gamma} = 46.7\lambda^2 \quad (\text{设 } \gamma = 0.51)
$$

因为

$$
2\theta_{0.5H} = 2\theta_{0.5E}
$$

所以

$$
1.18\frac{\lambda}{D_1} = 0.89\frac{\lambda}{D_2}
$$
$$
D_2 = 0.754 D_1
$$
$$
D_1 = 25.1 \text{ (cm)}
$$
$$
D_2 = 19 \text{ (cm)}
$$

(3) 根据喇叭最佳尺寸确定喇叭长度与口面尺寸的关系。

取 H 面，则

$$R_H = R_{Hopt} = \frac{D_1^2}{3\lambda} = 66 \text{（cm）}$$

$$R_E = R_H \frac{1 - a/D_1}{1 - b/D_2} = 63.4 \text{（cm）}$$

（4）校验和计算。

H 面无须校验相位。对于 E 面来说，有

$$D_2 = \sqrt{2R_E\lambda} = 20.1 \text{（cm）}$$

实际 $D_2 = 19$ cm，满足相位条件。

方向性系数为

$$D = \frac{\pi}{32}\left(\frac{\lambda}{D_2}D_H\right)\left(\frac{\lambda}{D_1}D_E\right) = 334 > 300$$

主瓣宽度为

$$2\theta_{0.5E} = 2\theta_{0.5H} = 68\frac{\lambda}{D_1}8.6 \text{（°）}$$

有时喇叭天线会同时给定关于方向性系数和方向图主瓣宽度的要求。在很多情况下，它还用作反射面天线的馈源，这对喇叭会有一些特殊要求，需要根据具体情况来设计喇叭天线。

7.6　反射面天线

利用金属反射面在空间形成特定波束的天线称为反射面天线。反射面天线通常由馈源和反射面组成，如图 7.6-1 所示。馈源可以是振子、喇叭、缝隙等弱方向性天线，反射面有单反射面和双反射面两种，其形状可以是各种结构形式的导体表面，如旋转抛物面、切割抛物面、圆柱抛物面、双曲面、球面等。馈源产生弱方向性球面波，经反射面反射后变成强方向性平面波，因此反射面天线具有主瓣窄、副瓣低、增益高的特点。反射面天线中最典型的、用得较多的是旋转抛物面天线和卡塞格伦天线，故本节主要介绍这两种天线，对其他有特殊要求的天线只做简单介绍。

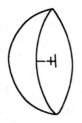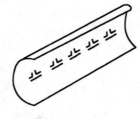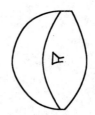

(a) 旋转抛物面天线　　(b) 切割抛物面天线　　(c) 柱形抛物面天线　　　　(d) 球形反射面天线

图 7.6-1　几种典型的反射面天线

下面以旋转抛物面天线和卡塞格伦天线为例介绍反射面天线的分析方法、几何结构、口径场分布、远区辐射场、电参量及各种馈源。

7.6.1 旋转抛物面天线

旋转抛物面天线是反射面天线中应用最多的，常用来得到笔形波束、扇形波束或具有特殊形状的波束，在雷达、导航、微波中继、通信、射电天文等领域获得广泛应用。

1. 旋转抛物面天线的几何特性

1）旋转抛物面

旋转抛物面天线是由抛物线绕其轴旋转而成的。抛物线结构如图 7.6-2 所示，假设反射面的焦点为 F，建立直角坐标系 $O\text{-}xyz$、$F\text{-}x'y'z'$ 以及极坐标系 $F\text{-}r'\psi$，取通过焦点 F 而垂直于反射面轴线的 z 轴的一个平面 S_0，并设 M 为抛物线上的点，P 为 S_0 上的点，Q 为准线上的点，且此三个点在一条直线上。抛物线有以下两个重要性质：

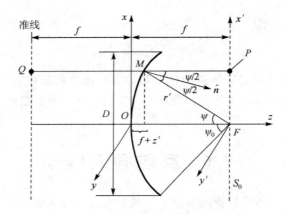

图 7.6-2 抛物面的几何特性

（1）由 M 点作 MP 平行于 z 轴，则 FM 和 MP 与 M 点抛物线法线夹角相等。

（2）$FM + MP =$ 常数，证明如下：

由于 $\overline{FM} = \overline{QM}$，故

$$\overline{FM} + \overline{MP} = \overline{QM} + \overline{MP} = 2f \tag{7.6-1}$$

由于

$$\begin{cases} \overline{FM} = r \\ \overline{MP} = r'\cos\psi \end{cases} \tag{7.6-2}$$

因此

$$r' + r'\cos\psi = 2f \Rightarrow r' = \frac{2f}{1+\cos\psi} \tag{7.6-3}$$

在 $x'y'z'$ 坐标下，$r' = \sqrt{x'^2 y'^2 z'^2}$，$\overline{MP} = -z'$，则

$$\sqrt{x'^2 + y'^2 + z'^2} - z' = 2f \tag{7.6-4}$$

$$x'^2 + y'^2 = 4f(f+z') \tag{7.6-5}$$

平移坐标系为 xyz，则得抛物面方程

$$x^2 + y^2 = 4fz \tag{7.6-6}$$

因 $x = r'\sin\psi$，所以得极坐标 $F - r'\psi$ 中的抛物线方程为

$$r' = \frac{x}{\sin\psi} = \frac{2f}{1 + \cos\psi} \qquad (7.6-7)$$

根据抛物线的性质可得抛物面的两个重要性质：

（1）从焦点发出的任一根射线经抛物面反射得到的反射线都与抛物面的轴线平行，反之亦然。

（2）从焦点发出的射线经抛物面任一点反射后到达口径面的距离相等，即口径面为一等相面。

因此置于焦点的馈源所辐射的球面波经抛物面反射后变成沿抛物面轴线方向传播的平面波。

这两条重要性质可以用来形成具有尖锐波瓣的天线，即抛物面天线。如果在焦点 F 放置一个波瓣较宽的馈源，并且焦点与抛物面的距离远大于波长，则照射在抛物面上的是馈源的远区场，其波阵面近似为球面；如果抛物面的半径也远大于波长，则在局部区域内此球面波可以看成是局部平面波，从而可根据均匀平面波在无穷大导电平面上的反射特性决定抛物面上的电流及反射波。根据抛物面的性质可知，反射波传播方向是 $+z$ 方向，并在抛物面的口径上形成等相场分布。把口径上的场分布看成等效场源，如果口径半径远大于波长，则可得到主瓣最强方向是在 $+z$ 方向的尖锐波瓣。如果几何光学是一个严格解，则辐射波束的宽度为零。

2）焦径比与半张角的关系

式(7.6-7)中，当 $x = D/2$ 时，$\psi = \psi_0$，可得

$$\frac{f}{D} = \frac{1}{4}\cot\left(\frac{\psi_0}{2}\right) \qquad (7.6-8)$$

如图 7.6-3 所示，当 $\psi_0 = \pi/2$ 时，$f/D = 0.25$ 称为中等焦距抛物面；当 $\psi_0 < \pi/2$ 时，$f/D > 0.25$ 称为长焦距抛物面；当 $\psi_0 > \pi/2$ 时，$f/D < 0.25$ 称为短焦距抛物。

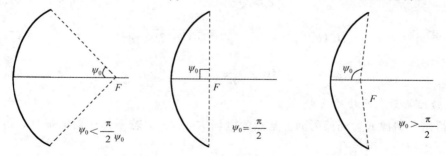

图 7.6-3　不同焦距的抛物面天线

f/D 是一个很重要的参量。一般来说 f/D 较大时，天线的电特性较好，但也不能取得太大，否则天线纵向尺寸太长，且能量泄漏大。工程中 f/D 通常取 $0.28 \sim 0.7$。

2. 旋转抛物面的辐射场

确定旋转抛物面天线口径上的场分布，首先需要确定其口径面，然后根据馈源照射到反射面上的场 E_i 确定反射场 E_r，从而求得口径面 S_0 上的场。在这个过程中还要确定反射场的方向单位矢量 e_r。

1）确定口径面 S_0

旋转抛物面天线的口径面 S_0 是一个垂直于 z 轴的平面。口径面大小是旋转抛物面圆口径在平面上的投影，如图 7.6-4 所示。口径面一般选择为通过焦点的平面。要确定口径面 S_0 上的场分布，首先要求得馈源发出的场在反射面上的反射场。

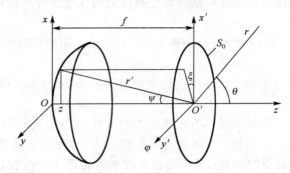

图 7.6-4　旋转抛物面天线口径面的几何特性

2）确定入射场

如图 7.6-4 所示，假设在旋转抛物面焦点 O' 处有一增益为 $G_f(\psi, \xi)$ 的 x 方向极化的馈源，辐射功率为 P_i。根据增益定义，有

$$G_f(\theta', \varphi') = \frac{E^2(\psi, \xi)}{E_0^2} \qquad (7.6-9)$$

由于理想点源辐射功率为

$$P_0 = 4\pi r'^2 = \frac{E_0^2}{2\eta}$$

因此可得

$$E_0^2 = \frac{60P_i}{r'^2} \qquad (7.6-10)$$

$$\boldsymbol{E}_i(\theta', \varphi') = \boldsymbol{e}_i \sqrt{60P_iG_f(\psi, \xi)}\, \frac{e^{-j\beta r'}}{r'} \qquad (7.6-11)$$

$$\boldsymbol{H}_i = \frac{1}{\eta}\boldsymbol{e}_r \times \boldsymbol{E}_i \qquad (7.6-12)$$

3）旋转抛物面表面处的反射场

前面给出了馈源入射到反射面上某点的电场 $\boldsymbol{E}_i(\psi, \xi)$，若不计反射面损耗，则为全反射，即 $|E_r| = |E_i|$，因此有

$$\boldsymbol{E}_r = \boldsymbol{e}_r \sqrt{60P_iG_f(\psi, \xi)}\, \frac{e^{-j\beta r'}}{r'} \quad \text{（在反射面上）} \qquad (7.6-13)$$

则面 S_0 上的场为

$$\boldsymbol{E}_s = \boldsymbol{E}_r e^{-j\beta(z_0-z)} = \boldsymbol{e}_r \frac{\sqrt{60P_iG_f(\psi, \xi)}}{r'} e^{-j\beta(r'+z_0-z)} \qquad (7.6-14)$$

式中，$r'+z_0-z=f+z_0$ 是射线由焦点到口径平面上的总光程。在口径面 S_0 上，场相位为常数。

由边界条件 $\boldsymbol{n}\times(\boldsymbol{E}_i+\boldsymbol{E}_r)=0$，可确定单位矢量为

$$e_r = 2(\boldsymbol{n} \cdot \boldsymbol{e}_i)\boldsymbol{n} - \boldsymbol{e}_i = \boldsymbol{e}_x \frac{1 - 2\cos^2 \xi \sin(\psi/2)}{\sqrt{1 - \sin^2 \psi \cos^2 \xi}} - \boldsymbol{e}_y \frac{\sin^2 \xi \sin^2 (\psi/2)}{\sqrt{1 - \sin^2 \psi \cos^2 \xi}} \qquad (7.6-15)$$

式(7.6-15)可用于确定口面场的极化。对长焦距情况$(\psi_0 < \pi/2)$，$e_r \approx e_x$，极化沿 x 方向。

4) 由口径面 S_0 上的场分布 E_s 求远区辐射场

因 $\boldsymbol{E}_s = \boldsymbol{e}_x E_{sx} + \boldsymbol{e}_y C E_{sy}$，故口径面上的等效电流为

$$\boldsymbol{J}_s = \boldsymbol{n} \times \boldsymbol{H}_s = \boldsymbol{e}_z \times \left(\boldsymbol{e}_x \frac{E_{sy}}{\eta} + \boldsymbol{e}_y \frac{E_{sx}}{\eta} \right) = -\boldsymbol{e}_x \frac{E_{sx}}{\eta} - \boldsymbol{e}_y \frac{E_{sy}}{\eta} \qquad (7.6-16)$$

$$\boldsymbol{M}_s = -\boldsymbol{n} \times \boldsymbol{E}_s = -\boldsymbol{e}_z \times (\boldsymbol{e}_x E_{sx} + \boldsymbol{e}_y E_{sy}) = \boldsymbol{e}_x E_{sy} - \boldsymbol{e}_y E_{sx} \qquad (7.6-17)$$

所以可以确定远区辐射场为

$$\begin{cases} E_\theta = \mathrm{j} \dfrac{\mathrm{e}^{-\mathrm{j}\beta r}}{2\pi r}(1 + \cos\theta) \iint\limits_{S_0} (E_{sx}\cos\varphi + E_{sy}\sin\varphi) \mathrm{e}^{\mathrm{j}\beta(x\cos\varphi + y\sin\varphi)\sin\theta} \mathrm{d}S \\[4mm] E_\varphi = \mathrm{j} \dfrac{\mathrm{e}^{-\mathrm{j}\beta r}}{2\pi r}(1 + \cos\theta) \iint\limits_{S_0} (-E_{sx}\sin\varphi + E_{sy}\cos\varphi) \mathrm{e}^{\mathrm{j}\beta(x\cos\varphi + y\sin\varphi)\sin\theta} \mathrm{d}S \end{cases} \qquad (7.6-18)$$

图 7.6-5 给出用于接收 COMSTAR 卫星系列指向信号的抛物面天线的 E 面方向图。可以看出，天线的波束非常窄，副瓣很低，$2\theta_{0.5} = 0.605°$，SLL$= -28.5$ dB。

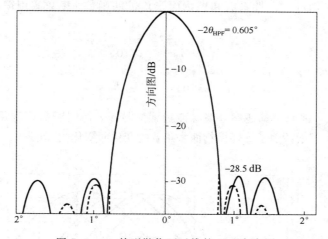

图 7.6-5　某型抛物面天线的 E 面方向图

3. 抛物面天线的增益

抛物面天线的增益为

$$G = \frac{4\pi}{\lambda^2} Sg \qquad (7.6-19)$$

式中，$g = v\eta_1$ 为增益因子。η_1 为照射效率(或截获系数)，它是馈源投射到抛物面的功率 P_t' 与辐射总功率 P_i 之比。

1) 照射效率对增益的影响

当馈源方向图和抛物面天线的焦径比确定时，并非所有馈源功率都照射在反射面上。焦距大时则照射功率漏失大，如图 7.6-6 所示。当 R_0/f 减小(长焦距)时，漏失的能量增

大，增益因子 g 减小。因此从这个角度讲，R_0/f 增加时，照射效率提高。

2）面积利用系数

为增大面积利用系数，尽量达到均匀照射，需要减小 R_0/f，以便提高 g。这与照射效率相矛盾。

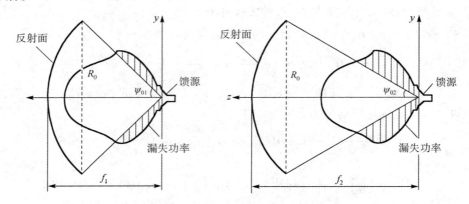

图 7.6-6　相同反射面口径下不同焦距（$f_1 < f_2$）时的漏失功率示意图

3）增益因子

增益因子 g 是馈源方向性系数和抛物面张角 ψ 的函数。多数实用馈源的方向性系数可近似表示为

$$G_{\mathrm{f}}(\psi,\,\xi) = \begin{cases} G_{\mathrm{f}}\cos^n\psi, & 0 < \psi < \dfrac{\pi}{2} \\ 0, & \dfrac{\pi}{2} < \psi < \pi \end{cases} \qquad (7.6-20)$$

式中，指数 n 越大，馈源主瓣越窄，馈源能量漏失越小，但同时面积利用系数变小。

图 7.6-7 给出了增益因子 g 随抛物面张角 ψ 的变化而变化的理论曲线。由图 7.6-7 可见，

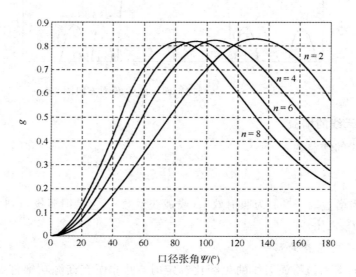

图 7.6-7　增益因子与张角 ψ 的关系

对不同指数 n，均存在最大值 $g_{max}=0.83$，称为最大增益因子。但是实际中，由于口径面相位分布不均匀，且在 $\psi>\pi/2$ 的空间馈源存在辐射，g_{max} 一般在 $0.6\sim0.75$ 之间，有时甚至低于 0.5。计算和实践表明，只要抛物面的口径边缘比中心低约 -10 dB，对应张角即为最佳张角。

4. 抛物面天线的馈源

馈源是抛物面天线的重要组成部分。抛物面天线的形状（直径和焦距之比）确定之后，天线的性能就完全由馈源决定了。为了保证天线有良好的性能，通常对馈源提出以下要求：

（1）馈源应有一个确定的相位中心，即馈源应辐射球面波，以便将其相位中心置于抛物面的焦点上；否则会增大口径面上的相位偏差，引起方向图畸变并使增益下降。

（2）馈源的方向图最好是单向辐射和旋转对称的，并且副瓣电平尽可能低。若只要求最大增益，则希望抛物面口径面上的功率分布是均匀的，如前所述，馈源的功率方向函数应正比于 $\sec^4 \dfrac{\psi}{2}$ 变化，并保证抛物面口径边缘照射电平低于中心 -10 dB 左右；若要求得到更低的副瓣，则应保证口径边缘照射电平低于 -10 dB。

（3）馈源的口径尽量小，以减少对口径的遮挡，否则将使增益下降和副瓣增高。

（4）馈源应有足够宽的工作频带。抛物面天线的工作频带完全由馈源和馈线系统的频带决定。

常用的实用馈源有波导喇叭馈源、振子型馈源、波导缝隙馈源以及用于抛物柱面的线阵馈源。

7.6.2 卡赛格伦天线

为了改善用于卫星跟踪与通信的大型地面微波反射面天线的性能，解决旋转抛物面由于口面照射不均匀，导致辐射场方向性差、方向系数小的问题，我们采用双反射面天线系统，既可以缩短反射面的焦距，又可以方便、灵活地控制口径场分布，保证得到所需的天线方向图。

双反射面天线系统的设计起源于卡塞格伦光学望远镜。这种光学望远镜以其发明人卡塞格伦（Cassegrain）命名。

1. 卡赛格伦天线的组成

一副 10 m 地面站卡塞格伦天线如图 7.6-8(a) 所示，其结构组成如图 7.6-8(b) 所示。

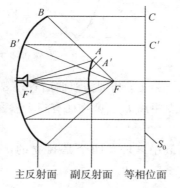

(a) 10 m地面站卡塞格伦天线　　　(b) 标准卡塞格伦天线组成示意图

标准的卡塞格伦天线由主反射面、副反射面和馈源组成。为了获得聚焦特性，主反射面必须是旋转抛物面，副反射面是旋转双曲面；馈源可以是各种形式，但一般用喇叭作馈源，安装在主、副反射面之间，其相位中心应置于旋转双曲面的焦点上；双曲面的安装应使双曲面的虚焦点与抛物面的焦点重合。

卡塞格伦天线整个就是一个轴对称结构。副反射面通常置于喇叭馈源的远区。如果喇叭辐射的球面波方向图是旋转对称的，则卡塞格伦天线就具有轴对称性能。

2. 卡塞格伦天线的工作原理

卡塞格伦天线的工作原理与抛物面天线相似。抛物面天线利用抛物面的反射特性，使得由其焦点处的馈源发出的球面波，经抛物面反射后转变为在抛物面口径上的平面波，从而使抛物面天线具有锐波束、高增益的性能。

卡塞格伦天线在结构上多了一个双曲面。天线作发射使用时，由馈源喇叭发出的球面波首先由双曲面反射，然后再经主反射面（抛物面）反射出去。根据双曲面和抛物面的性质，由 F' 发出的任意一条射线到达某一口径面 S_0 的波程相等，即

$$F'A + AB + BC = F'A' + A'B' + B'C' \qquad (7.6-21)$$

则相位中心在 F' 处的馈源辐射的球面波前，必将在主反射面的口径上变为平面波前，呈现同相场，即 S_0 面为等相位面，使卡塞格伦天线具有锐波束、高增益性能。

天线作接收使用时的过程正好相反，外来平面波前经主、副反射面反射之后，各射线都将汇聚到馈源所在点 F'，由喇叭接收。

3. 卡塞格伦天线的几何参数

卡塞格伦天线的几何参数关系如图 7.6-9 所示。

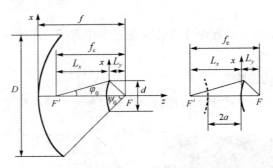

图 7.6-9　卡塞格伦天线的几何参数示意图

双曲面有四个参量，分别为双曲面直径 d，双曲面焦距 f_c，双曲面半张角 φ_0，双曲面顶点到抛物面焦点距离 L_y。抛物面有三个参量，分别为抛物面直径 D，抛物面焦距 f，半张角 ψ_0。

在这七个参量中，只有四个是独立的，其余三个可根据抛物面和双曲面的几何关系求出。

4. 卡塞格伦天线的优缺点

与抛物面天线相比，卡塞格伦天线的优点是：

（1）有主、副两次反射，便于调整反射面口面场到最佳状态，从而提高口面的利用率等电性能。

（2）馈源靠近主反射面顶点，便于从主反射面后伸出，并使馈线长度减小。

（3）用短焦距抛物面实现长焦距抛物面天线的性能，大大缩短天线的纵向尺寸。

（4）馈源面对的是双曲面，而双曲面对馈源辐射能量的散开损失比抛物面小。

卡塞格伦天线的缺点是，副面边缘绕射会引起口面场的振幅变化和相位畸变，使增益下降和副瓣电平升高。

改进型卡塞格伦天线通过对主面、副面形状的修改，可减小副面的能量漏失和边缘绕射。因此，改进型卡塞格伦天线在高增益天线中得到广泛应用。

7.6.3　赋形抛物面天线

前面介绍的旋转抛物面天线和卡塞格伦天线的方向图是针状方向图，它在雷达、通信、射电天文等方面获得了广泛应用。但是在雷达、导航等应用中，为了容易发现目标，对天线波瓣的形状提出了特殊要求，即赋形。这里介绍如何采用抛物面天线产生扇形波束和余割波束。

1. 对称扇形波束天线

对目标搜索雷达而言，往往要求天线产生扇形波束，即在一个平面（通常是俯仰面）内波束很宽，而在另一个平面（通常是方位面）内波束很窄，以便较快地找到目标，这里介绍两种方法。

（1）利用抛物柱面天线产生扇形波束。抛物柱面如图 7.6-10 所示，它由抛物面沿其所在平面的法线平移而成。在平移过程中，抛物线焦点的轨迹为一直线，称为焦线。抛物柱面天线的口径面为矩形，因而能够产生扇形波束。

抛物柱面天线采用线阵馈源，平行于焦线放置。线阵馈源辐射柱面波的条件是 $L \gg \lambda$、$r'_M < L^2/\lambda$，其中，L 是馈源长度，r'_M 是从馈源到抛物柱面的最大距离。抛物柱面天线中，抛物柱面与馈源间的耦合很强，严重影响馈源的匹配。采用偏置馈源是解决这一问题的有效措施。

（2）利用切割抛物面天线产生扇形波束。切割抛物面如图 7.6-11 所示，虚线表示旋转抛物面的口径面，先将其上下对称切割形成一矩形口径面，再将 4 个角区切去便形成了椭圆形口径面，从而能够产生扇形波束。

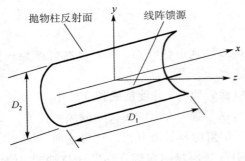 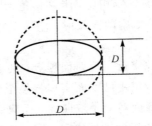

图 7.6 - 10　抛物柱面天线　　　　图 7.6 - 11　对称切割椭圆抛物面

2. 余割波束天线

从探测观点来看，简单的扇形方向图不能保证辐射功率的合理利用。能否找到这样一种天线的方向图，它能对不同的斜距 r，在同一高度上的目标提供均匀照射？这种方向图就是余割平方方向图。

1) 余割波束的特点

余割波束是一种不对称扇形波束。在对空搜索雷达中，通常要求天线具有如图 7.6 - 12 所示的垂直方向图。对等高度、不等距离的目标，这种方向图可使雷达接收机接收到的回波信号强度相等。

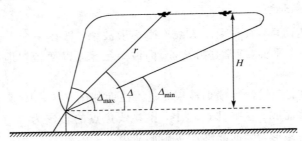

图 7.6 - 12　地对空搜索波瓣（余割波束）

一般而言，天线辐射场可写成 $E(\Delta) = \dfrac{A}{r}F(\Delta)$，若要求在一定仰角范围内 $E(\Delta) = C =$ 常数，则有

$$F(\Delta) = \frac{C}{A}r = \frac{C}{A}h\csc\Delta \qquad (7.6 - 22)$$

式中，h 为目标的高度。

可见，这种条件下要求天线场强方向图与 $\csc\Delta$ 成正比，故称为余割波束。对功率方向图而言则是与 $\csc^2\Delta$ 成正比，因而也称为余割平方波束。

2) 余割波束实现方法

（1）分布馈源法。如前所述，采用馈源横向偏焦的方法，利用线阵馈源可以形成多个波束。若适当控制各馈源的功率比，其合成波束即可为余割波束，如图 7.6 - 13 所示。

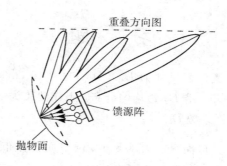

图 7.6-13　分布馈源法形成余割波束

（2）单弯曲反射面天线法。通过改变反射面的形状可获得余割波束，如图 7.6-14 所示。其中，图 7.6-14(a) 是反射面的构成，线段 OF 以上是以 F 为焦点的抛物线，以下是以 F 为圆心的圆弧。如将曲线沿 y 轴平移，就得到一个复合柱面，称为单弯曲反射面。F 点的轨迹则形成该柱面的"焦线"。图 7.6-14(b) 是波束形成原理，当焦线上放置线阵馈源时，反射面的上部将汇聚从馈源来的入射波，下部则按原方向反射。若适当选择两部分反射面的面积和馈源方向图，其合成波束即可为余割波束。

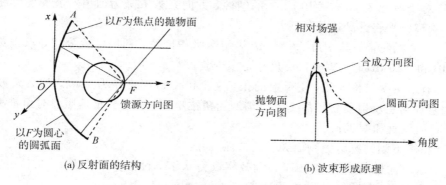

(a) 反射面的结构　　　　　　　　　　　　　　　(b) 波束形成原理

图 7.6-14　改变抛物面反射体形状形成余割波束

本 章 小 结

口径面天线的特点是增益高、波束窄，天线的方向性强，广泛应用于频率较高的微波波段。口径面天线分析以惠更斯-菲涅尔原理为基础，它的辐射特性取决于口径面上场的幅值和相位的分布规律。本章首先研究了常见的矩形、圆形口径场不同幅度（均匀、余弦）分布和相位（直线、平方律）分布情况下天线的方向图、增益、效率；然后介绍了喇叭天线和反射面天线两类比较典型的面天线，详细讲述了它们的结构、口面场分布、辐射特性、增益、效率以及设计方法和用途；最后介绍了赋形天线的概念、实现波束赋形的方法以及反射面天线中较常见的扇形波束和余割波束两种赋形波束。

习　　题

7.1　有一矩形口面，其口面尺寸为 $D_1 \times D_2 = 32 \times 16 \text{ cm}^2$，口面上电场方向与 D_1 垂直，振幅沿 D_1 边按余弦分布，沿 D_2 边均匀分布，工作波长为 3.2 cm。计算半功率波瓣宽度 $2\theta_{0.5E}$ 和 $2\theta_{0.5H}$ 以及方向性系数 D。

7.2　有一圆形口面，其口面直径为 1.5 m，设口面场分布为 $E_y = E_0 \left[1 - \left(\dfrac{\rho_s}{a} \right)^2 \right]$，计算下列不同工作波长情况下的波瓣宽度 $2\theta_{0.5}$ 和方向性系数 D：

(1) $\lambda = 10 \text{ cm}$；

(2) $\lambda = 3 \text{ cm}$；

(3) $\lambda = 8 \text{ cm}$。

7.3　设计一角锥喇叭，要求方向性系数 $D = 80$，工作波长为 3.2 cm，采用标准波导。

7.4　一抛物面天线，口面直径为 $2R_0 = 2$ m，张角 $\psi_0 = 67°$，设其馈源方向图指数 $n = 2$，工作波长为 $\lambda = 10$ cm，试估算其方向性系数和主瓣半功率宽度 $2\theta_{0.5}$。

7.5　对于习题 7.4，若改用 $n = 4$ 的馈源，方向系数下降为何值？波瓣宽度将增宽还是变窄？副瓣电平将升高还是降低？

7.6　有一抛物面，其张角 $2\psi_0 = 110°$，用喇叭作馈源，利用经验公式，求当边缘照射为 -10 dB 和 -15 dB 时，喇叭口面尺寸是多少波长？

7.7　有一卡塞格伦天线，主反射面张角为 $140°$，口面直径为 100λ，放大系数 $M = 4$，副反射面直径为主反射面直径的 15%，馈源为角锥喇叭。试求当最佳照射时角锥喇叭的口面尺寸、口面位置和喇叭长度。

7.8　估算下列情况时抛物面天线的口面尺寸：

(1) 要求方向性系数为 43 dB，口面效率取为 0.45，设工作波长为 $\lambda = 3.2 \text{ cm}$；

(2) 要求波束宽度为 $1.2°$，工作波长仍是 $\lambda = 3.2 \text{ cm}$。

7.9　有一直径为 6 m 的抛物面天线，口面张角为 $120°$，工作波长为 $\lambda = 3.2$ cm，试问应如何规定其公差。

7.10　有一抛物面天线，口面张角为 $114°$，设馈源归一化方向函数为

$$F(\psi) = \cos^2\psi, \quad \psi \leqslant 90°$$

试画出其口面场的振幅分布，并计算口面截获效率。

7.11　要求 $2\theta_{0.25E} = 3°$，$2\theta_{0.25H} = 21°$，$\lambda = 10$ cm，试估算切割抛物面口面的尺寸，并说明对馈源方向图的要求。

第 8 章　新 型 天 线

本章提要

- 超材料天线
- 智能天线
- 等离子天线

随着通信、雷达、广播、制导等无线电应用系统的不断发展，对天线提出了越来越高的要求。天线的功能已从单纯的电磁波能量转换器件发展成兼有信号处理功能，天线的设计已从用机械结构来实现其电气性能发展为机电一体化设计，天线的制造已从常规的机械加工发展成印刷和集成工艺。

天线学科与其他学科的交叉、渗透和结合将成为 21 世纪的发展特色。超材料具有许多自然界材料没有的电磁特性，利用这些特性可以实现天线的小型化，抑制表面波，提高天线增益，降低天线的雷达散射截面积（Radar Cross Section，RCS）。智能天线源于通信、导航雷达、电子对抗等系统对自动跟踪、自适应抗干扰、数字多波束等空分多址需求，该技术能在复杂而变化的电磁环境中，实时调整并控制激励的幅度和相位，以保持最合理的天线辐射特性，因此智能化是阵列天线发展的必然趋势。等离子天线源自天线学科与等离子物理学的交叉。等离子天线可用做低 RCS 天线。

8.1　超 材 料 天 线

8.1.1　超材料的概念

在过去十多年，超材料成为电磁领域的一个研究热点。超材料的英文为"Metamaterials（MTM）"，其中"meta"是一个古希腊单词前缀，有"超"的意思，直译为"超材料"。它是通过在一种介质中嵌入周期或非周期性金属、介质结构使其呈现出奇异电磁特性，其内在本质是通过人工工程设计构建亚波长周期结构，使其等效于连续媒质中原子和分子的性能，通过在材料关键物理尺度上的结构有序设计，获得自然界固有普通媒质所不具备的超常材料功能。也有学者将其称为"人工电磁材料"，因为它主要是通过人工周期性结构设计获得超常电磁特性的，而非自然界材料所具有的天然电磁特性。还有学者将其称为"异向介质"，这是从材料等效参数的角度来讲的。超材料是等效介电常数和磁导率张量全部或部分分量为负值的均匀或非均匀、各向同性或各向异性等效电磁媒质，以左手材料为其典型代表。新型人工电磁媒质产生了很多新概念和应用的潜在可能性，它是材料科学、材料工艺、电磁理论、微波、天线和光学工程以及先进测量等一系列学科的交叉和融合。

超材料的奇特物理性质包括负折射特性、表面波带阻特性、透射波带通或带阻特性、同相反射特性以及吸收电磁波特性等。根据材料的不同性质，可以将超材料分为左手材料（Left-Hand Material，LHM）、电磁带隙结构（Electromagnetic Band Gap，EBG）、频率选择表面（Frequency Selective Surface，FSS）、人工磁导体（Artificial Magnetic Conductor，AMC）和完美超材料吸波体（Perfect Metamaterial Absorber，PMA）等。正是这些新颖的电磁特性，为高性能天线的设计提供了新的途径和方法。负折射率可以实现亚波长聚焦和较高灵敏度透镜，其印刷电路已被用于开发微型射频器件，如移相器和天线。电磁带隙结构的禁带和可控色散也已经被用于开发设计新型的波导、谐振腔和滤波器。缺陷模 EBG 结构提供的强电磁谐振可以将天线由全向辐射转变为定向辐射。将 EBG 带隙等效为高阻抗地面，可以提高天线的辐射特性，如增益、一致性和耦合性。不同介质材料组成的复合介质基板也被用来提高印刷天线的性能。可以说，超材料的出现为解决天线在小型化、高增益、隐身等领域遇到的技术瓶颈提供了新的解决方法。

8.1.2　超材料天线的类型

1. 超材料宽带天线

微带天线的辐射性能由构成天线介质基底材料的介电常数和磁导率决定，也即辐射方向随着 ε_r、μ_r 和频率 f 的改变而变得不同，不同的 ε_r、μ_r 值组合可使天线方向图的波束宽度、辐射方向发生改变。如图 8.1-1 所示，在微带天线贴片上加载带通型周期结构，然后接到地面上，加载与其互补的带阻型周期结构。相对于原始天线，超材料天线的相对带宽从 2.9% 扩展到了 140%，天线的辐射方向图偏转了 90°，如图 8.1-2 和 8.1-3 所示。

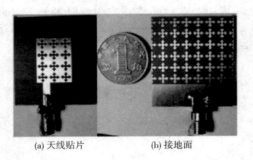

　　(a) 天线贴片　　　　　　(b) 接地面

图 8.1-1　加工天线实物

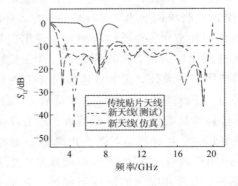

图 8.1-2　天线 S_{11} 曲线

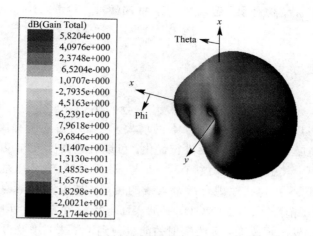

图 8.1-3　加载超材料微带天线的三维辐射方向图

2. 超材料高增益天线

将 FSS 置于微带天线上方作为微带天线的覆层，相当于增大了天线的辐射口径，从而改善天线增益和方向性。对此，可采用射线理论进行分析。如图 8.1-4(a)所示，从微带天线辐射出的电磁波在 FSS 与地面之间进行多次反射。其中各单元的相位差包含路径上的相位延迟和接地面反射的半波损耗，向外辐射的电磁波是通过超材料各单元部分透射的电磁波的幅相加权。

最终的辐射功率为

$$P(\theta) = \frac{\left[1-R^2(\theta)\right]}{1+R^2(\theta)-2R(\theta)\cos\left[\phi(\theta)-\pi-\dfrac{4\pi h}{\lambda_0}\right]} F^2(\theta) \tag{8.1-1}$$

其中，λ_0 是自由空间波长；h 是 FSS 与地面间的距离；$R(\theta)e^{j\phi(\theta)}$ 是 FSS 反射系数；θ 角如图 8.1-4(a)所示。

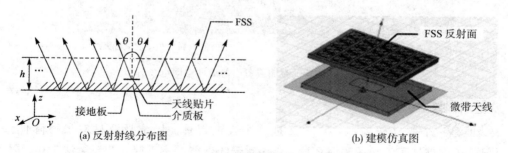

(a) 反射射线分布图　　　　　　　　　　　(b) 建模仿真图

图 8.1-4　超材料覆层的高增益微带天线

当每个超材料辐射单元的相位同相时，总辐射能量最大，即

$$\phi(0) - \pi - \frac{4\pi h}{\lambda_0 \cos\theta} = 2N\pi \tag{8.1-2}$$

$$h = \left(\frac{\phi(0)}{2\pi} - 0.5 + N\right)\frac{\lambda_0 \cos\theta}{2} \tag{8.1-3}$$

其中，$N = 0, 1, 2, \cdots$；$\phi(0)$ 为辐射电磁波的初相角。

由于超材料周期性结构有限，选取 $\theta = 0°$，将式(8.1-3)带入(8.1-1)，可得

$$\frac{P(\theta)}{F(\theta)^2} = \frac{1+R}{1-R} \qquad (8.1-4)$$

半功率主瓣宽度为

$$BW_{0.5} = \frac{\Delta f_{0.5}}{f_0} = \frac{\lambda_0(1-R)}{2\pi h \sqrt{R}} \qquad (8.1-5)$$

由式(8.1-5)可以看出，随着反射系数的增大，天线增益不断提高。N 增大时，天线的副瓣增大，因此高度 h 不易过大，要进行优化。可以通过高度 h 与反射系数 R 优化天线的增益与半功率宽度，其中 R 与超材料有关，h 与天线的辐射频率有关。

利用设计好的 FSS 作为缝隙耦合微带天线的覆层，加工实物结构如图 8.1-5 所示。图 8.1-6 是加载覆层前后天线在 10 GHz 时的表面电场幅值分布。可见，加载覆层后，天线辐射电磁波的方向发生了改变，天线辐射的能量得到了汇聚，增益得到了提高。

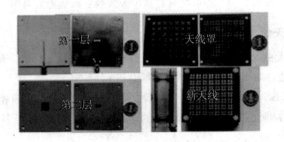

图 8.1-5　加载覆层前后天线实物图

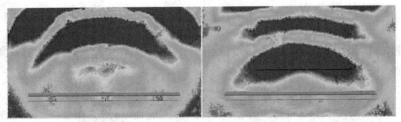

(a) 传统微带天线　　　　　　　　(b) 超材料加载覆层微带天线

图 8.1-6　10 GHz 时加载覆层前后的空间电场分布

3. 超材料隐身天线

天线既是一个主动辐射源，同时又是一个强散射体。传统吸波材料虽可降低天线 RCS，但由于它破坏了天线的辐射环境，会导致天线性能严重下降，甚至无法工作。因此，天线的 RCS 控制要比一般目标的电磁隐身复杂和困难得多。目前还没有一种完全理想的途径和方法，在显著降低天线 RCS 的同时不影响天线工作性能。近年来，超材料的飞速发展为人们解决这一难题提供了新的思路。

1) 空间场对消原理

人工磁导体(AMC)对入射电磁波具有同相反射特性，而 PEC 对入射电磁波则要产生半波损耗。利用 AMC 与 PEC 对电磁波反射的相位差，通过恰当的结构设计可以实现对入

射电磁波的低散射特性，降低 RCS，实现天线隐身设计。

当电磁波垂直照射在表面阻抗为 Z_s 的阻抗表面上时，根据电磁波的传输线模拟实验，这种情况可以等效成为端接阻抗 Z_s 的无损传输线模型，传输线的特性阻抗 Z_c 为自由空间的波阻抗。此时，要分为两种情况进行分析：

（1）PEC 表面。对于理想 PEC 表面，表面电阻和电抗均为 0，表面反射系数为 $\Gamma = -1$，此时的反射相位 $\varphi_0 = \pm \pi$，对应了终端短路的情况。

（2）PMC 表面。对于理想 PMC 表面，根据电磁场的对偶原理，其表面阻抗为无穷大，即 $Z_s = \infty$，表面反射系数为 $\Gamma = 1$，此时的反射相位 $\varphi_0 = 0$，对应终端开路的情况。

如图 8.1 − 7 所示，当电磁波垂直入射在 PEC、PMC 棋盘结构上时，可以近似认为 PEC、PMC 结构表面反射波的幅度相同，只是相位相反，可以用式（8.1 − 6）和式（8.1 − 7）进行描述

$$A_{PMC} = A e^{j \cdot phase_1} \tag{8.1 − 6}$$

其中 $phase_1 \approx 0$。

$$A_{PEC} = A e^{j \cdot phase_2} \tag{8.1 − 7}$$

其中 $phase_2 \approx 180$。

则两种结构的反射场为

$$E_{PMC} = A e^{j \cdot phase_1} S_{PMC} \tag{8.1 − 8}$$
$$E_{PEC} = A e^{j \cdot phase_1} S_{PEC} \tag{8.1 − 9}$$

其中 S 为 PMC 或者 PEC 结构的面积，则反射总场可简单表示为

$$E = (E_{PMC} \cdot AF1 + E_{PEC} \cdot AF2) \tag{8.1 − 10}$$

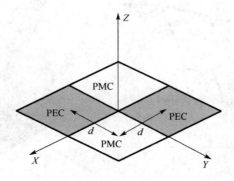

图 8.1 − 7　PEC、PMC 棋盘结构示意图

如果将 PEC、PMC 棋盘结构看为一个阵列，AF1 和 AF2 为阵列参数，则

$$AF1 = e^{j(kx+ky)d/2} + e^{j(-kx-ky)d/2} \tag{8.1 − 11}$$
$$AF2 = e^{j(kx-ky)d/2} + e^{j(-kx+ky)d/2} \tag{8.1 − 12}$$

由式（8.1 − 10）～式（8.1 − 12）可知，当平面波垂直入射到 PEC、PMC 棋盘结构上时，由于 PEC、PMC 结构上反射场的相位相反，因此空间合成场为零。由此可见，由于空间场的合成，在某些角域总的反射能量会变小，在某些角域总反射能量会增加，从而达到利用 PMC 改变空间散射场分布的目的。从式（8.1 − 10）可以看出，棋盘结构辐射场的特性与 PMC 和 PEC 的周期大小有关，也与其阵因子即 PMC 和 PEC 的排列结构有关。

图 8.1 − 8 给出了加载棋盘结构的缝隙天线。其中图 8.1 − 8(a)为金属表面的原始天

线，图 8.1 - 8(b) 和图 8.1 - 8(c) 为两种加载不同排列方式反射屏的缝隙天线，箭头代表 CSRR-AMC 模块的放置方向。图 8.1 - 9 给出了三种加载方式天线在垂直入射平面波照射下的 RCS 曲线。从图 8.1 - 9 中可以看出，与原始天线相比，加载材料后的天线均表现出良好的 RCS 减缩效果，且加载方式对 RCS 减缩范围的影响不大，除个别频点外，RCS 减缩 10 dB 以上，频带为 4.35～6.05 GHz，与之前获得的有效相位差频段吻合较好。以加载方式图 8.1 - 8(c) 为例观察天线后向散射的情况，图 8.1 - 10 给出了平面波垂直照射下天线的立体散射方向图。由于加载材料后反射能量被分散到鼻锥以外的各个方向上，因此鼻锥方向上的 RCS 得到大幅缩减，与之前的理论分析结果一致。

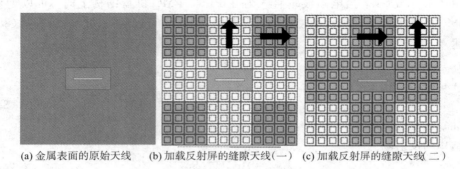

(a) 金属表面的原始天线　　(b) 加载反射屏的缝隙天线(一)　(c) 加载反射屏的缝隙天线(二)

图 8.1 - 8　三种不同加载形式的缝隙天线

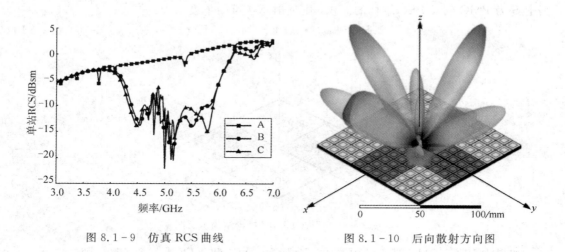

图 8.1 - 9　仿真 RCS 曲线　　　　　　　图 8.1 - 10　后向散射方向图

2) 加载吸收电阻的超材料隐身天线

超材料的奇异电磁特性为研究人员设计新型吸波材料提供了一种新的技术手段。N. Engheta 首次理论上提出采用超材料的同相反射特性来获得超薄吸收材料的观点。此种类型的吸波材料包括两个部分，即具有同相反射特性的超材料结构和损耗层。损耗层材料可以是传统电损耗材料，也可以直接将集总电阻加载在贴片之间作为损耗层，选择适当的电阻阻值可以在一定频段内较好地吸收入射电磁波。这种结构仍然基于 salisbury 屏原理，但是由于超材料的同相反射特性，不存在 0.25λ 波长厚度的限制，因此可以实现超薄设计结构。

基于"耶路撒冷十字"(Jerusalem)形的吸波结构如图 8.1-11 所示。将该结构用于 8×10
单元单脊波导天线阵，所设计制作的天线实物照片如图 8.1-12 所示，其中图(a)为金属接
地面的原始天线，图(b)为加载吸波材料后的波导缝隙天线阵。通过测试，天线带内 RCS
的减缩非常显著，如图 8.1-13 所示。

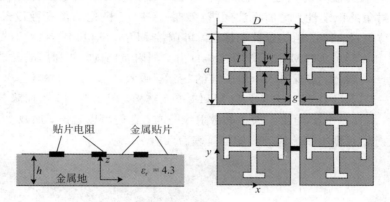

图 8.1-11 耶路撒冷十字形吸波单元

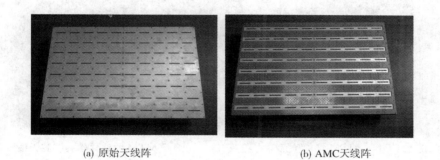

(a) 原始天线阵   (b) AMC天线阵

图 8.1-12 波导缝隙天线阵

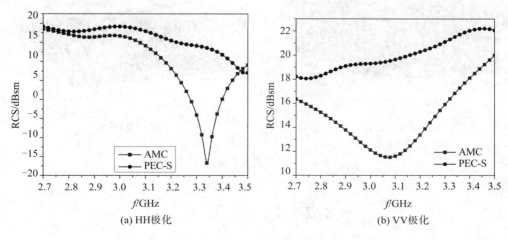

(a) HH极化   (b) VV极化

图 8.1-13 RCS 测试结果

3) 完美吸波材料隐身天线

2008 年，Landy 等人利用 MTM 的电磁耦合谐振特性，首次提出了由电谐振器、损耗型介质和金属微带线构成的具有"完美"吸收特性的吸波结构。自此，基于 MTM 的吸波结构就引起了研究人员极大的兴趣，新的吸波结构不断被提出，其电磁特性也不断得到改进，如改善入射角的稳定性，增加吸波频带（双带/多带）、极化的稳定性以及扩展吸波带宽。这类吸波体通过合理的结构设计和优化，可调控 MTM 的电谐振和磁谐振，改变其等效电磁参数（ε 和 μ），使 MTM 的等效阻抗与自由空间阻抗匹配，并利用电磁谐振器对入射波的电磁分量产生耦合，实现对入射电磁波的"完美"吸收。

如图 8.1-14 所示为 ±45° 交叉缝隙 MTM 单元结构，图 8.1-15 为加载 MTM 的波导端头缝隙天线。图 8.1-16 给出了天线的散射场分布。比较可以看出，加载 MTM 结构后，天线表面的散射场明显小于传统天线的金属表面散射场。

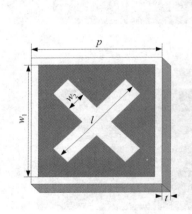 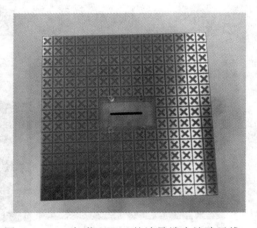

图 8.1-14　MTM 结构单元　　图 8.1-15　加载 MTM 的波导端头缝隙天线

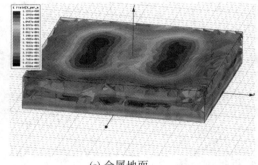 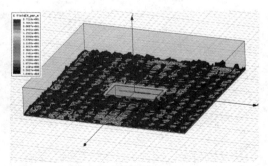

(a) 金属地面　　　　　　　　　　　　　　(b) 吸波结构地面

图 8.1-16　天线散射场分布

8.2　智　能　天　线

智能天线是一种新型无线通信抗干扰技术，是涉及电磁学、天线、电波传播、随机过程、自适应理论、阵列信号处理等相关学科领域的一门综合技术。智能天线技术在军用、民用移动通信系统中发挥着重要作用。随着有限频谱等资源的充分开发，提高通信系统容量的需求日益迫切，由于能够进一步提高频谱利用率和有效增大系统容量，智能天线受到广大学者的关注并成为当前一个研究热点。除此之外，智能天线还具有改善空间电磁环境、减小发射功率和空间电磁干扰、降低系统对功率控制的精度要求、降低系统造价等优点。

8.2.1　智能天线的基本概念

智能天线也叫自适应天线系统或自适应天线阵列。所谓智能天线，是指通过对多个天线阵元的组合进行信号处理，根据电磁环境变化不断地、适时地自适应调整天线阵的发射和接收方向图，从而实现对期望信号的有效接收并抑制干扰信号的阵列天线。智能天线不同于传统的阵列天线，传统天线的方向图通常是固定不变的；而智能天线则可以充分根据电磁环境的变化来调整阵列天线中各阵元的加权值，从而改变天线阵的方向图形状，实现系统接收与发射性能的最优。因此这里的"智能"是相对于传统天线阵固定波束这一特性来说的。智能天线波束方向图的自适应变化是通过高速数字信号处理器来实现的，带有高精度数字信号处理器是智能天线同传统天线阵的最大差异。

8.2.2　智能天线的工作原理

最初应用于军事方面的雷达、声呐，主要用来完成空间滤波和定位。相控阵雷达就是一种较简单的自适应天线阵，利用天线发射和接收电磁波。对于传统天线来说，如果天线的形式、结构、尺寸确定，那么天线的各种参数就能基本确定，从而决定天线只能用来发射或接收特定方向的信号。而智能天线不同于传统天线，它能够同时接收多个方向的信号，而且可以为每个用户提供一个很窄的定向波束，使信号在特定的方向区域发送和接收，降低了信号全向发射带来的电磁污染与相互干扰。即使在相同时隙、相同频率或相同地址码的情况下，智能天线仍然可以根据信号的不同传播路径将期望信号与干扰信号区分开来。如图 8.2-1 所示，通信系统根据发射或接收要求改变方向图，将主瓣对准有用信号的方向，方向图中的零陷对准干扰信号方向。

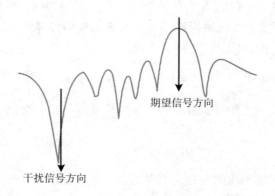

图 8.2-1　主波束及零陷具有特定指向的方向图

智能天线系统是一种可自动调节天线方向图的空域滤波器系统。空域自适应滤波是指自适应形成一定形状的波束,使有用信号或需要方向的信号通过,同时抑制不需要方向的信号的干扰,形成适应特定电磁环境的方向图,这一过程称为波束形成。波束形成是智能天线实现空域滤波的关键,因此是智能天线的核心技术。波束形成技术的基本思想是:通过将各阵元接收到的信号进行加权求和,把天线阵列形成的波束"导向"到一个方向上,使期望用户信号方向得到最大的输出功率,并对相应的干扰信号进行抑制。智能天线的基本原理框图如图 8.2-2 所示。从物理硬件结构的角度来看,智能天线的接收和发射部分是由若干个天线单元按照一定空间排列组成的天线阵列,核心部分是对接收信号进行实时自适应处理的自适应处理器。自适应处理器通过采用一定的自适应波束形成算法,实现对信号的实时处理。智能天线的工作机制是对天线阵的每一个阵元赋予可调整的权,通过权值控制每个天线单元的信号幅度和相位,每一阵元的权系数能够依据当前接收信号的信息,利用自适应算法实时地做出调整,使天线阵输出满足某一最优准则,从而调整和优化天线的方向图,使主波束对准期望用户信号的来波方向,零陷对准干扰信号的方向,最终实现抗干扰目的。

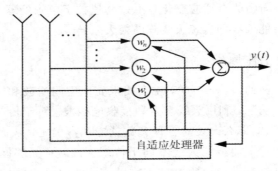

图 8.2-2 智能天线原理图

智能天线正是通过上述方式不断更新权值矢量,形成高增益的动态窄波束跟踪期望信号,使来自窄波束以外的信号被抑制。智能天线的波束跟踪并不意味着一定要将高增益的窄波束指向期望用户的物理方向。事实上,在随机多径信道上,移动用户的物理方向是难以确定的,特别是在发射台至接收机的直射路径上存在阻挡物时,用户的物理方向并不一定是理想的波束方向。智能天线波束跟踪的真正含义是在最佳路径方向形成高增益窄波束并跟踪最佳路径的变化,其"智能化"正体现于此。

8.2.3 智能天线的分类

目前智能天线的主要工作方式有三种,分别是波束切换、类似主波束形成的方法和完全自适应阵列。

1. 波束切换

波束切换是实现智能天线的一种最简单的技术,其工作方式就是通过在有效的通信范围空间内形成多个固定的波束,依据一定的先验信息,确定固定波束中使用户始终工作在信号最优的波束,从而实现系统性能的提升。该方式的不足主要是如果波束过窄,则用户可能在波束中频繁地切换，给网络造成额外的负担；若波束较宽，则其性能改善并不明显。因此，如何划分空域，确定波束的数目及形状是该类工作方式需要解决的关键问题。

2. 类似主波束形成的方法

类似主波束形成的方法首先估计期望信号的来波方向，也就是主波束方向，然后在该方向上得到最优权向量，从而实现期望信号的有效接收。

3. 完全自适应阵列

在完全自适应阵列中，阵列对单个用户可以形成多个波束，实现多径的最大比合并，并在干扰方向上形成零陷，从而实现信干噪比(Signal to Interference plus Noise Ratio, SINR)的最大化。

8.2.4 智能天线的基本用途

智能天线的应用非常广泛，涉及的领域也非常多。在通信领域，总的来说，其用途可以概括为以下几个方面：

1. 提高系统的抗干扰能力

提高通信系统的抗干扰能力、保证通信畅通是通信领域研究的重点之一。传统的抗干扰方法主要是在频域、时域等，如采用频率域处理中的直扩、跳频、跳扩，时间域处理中的跳时，信道编码方面的纠错编码，以及空间域处理中采用窄波束天线等方向性更好的天线。随着干扰技术的发展，这些抗干扰手段的局限性已经逐步显示出来。前三种技术是在干扰已经通过天线进入接收机后，通过频域、时域等变换或者采用优秀的信道编码来获得一定的增益(扩频增益、跳频增益、编码增益)，从而取得一定的干扰容限的。然而，当面对强的阻塞式干扰(可以是窄带、部分带宽、梳状干扰等)、跟踪式干扰时，采用这几种手段，效果就变得很差，甚至造成接收机无法工作。即使采用第四种方法，窄波束天线也往往不能满足要求。因为在战场上，通信系统受到的干扰来自大功率的干扰机，其干扰强度一般比有用信号强 70~80 dB。目前的天线技术水平，除非付出极大的代价，否则天线的旁瓣电平很难优于 -30~-40 dB。即使信号完全从主瓣进入，干扰从旁瓣进入，干扰仍比信号强 30~50 dB 或更多，这使得接收机几乎无法工作。智能天线提供了一种新的抗干扰途径。传统的天线仅起到场路转换器的作用，而智能天线具有空域抗干扰能力。当自适应处理器被赋予一定的自适应算法后，在一定的最优准则下，就可以自动地将加权调节至最佳，使天线阵的方向图的零点对准干扰方向，主波束对准期望信号方向，而且在一定的范围内，干扰越强，零点越深。

2. 增大移动通信系统的容量

自 20 世纪 80 年代以来，移动通信业务在全球范围内迅猛发展，越来越多的用户人数和越来越多的业务种类给移动通信系统的系统容量和通信带宽提出了越来越高的要求，使无线频谱资源变得非常紧张。利用智能天线可实现系统的空分多址(SDMA)复用。智能天线的基本思想是：在接收模式下，来自窄波束之外的信号被抑制；在发射模式下，能使期望用户接收的信号功率最大，同时使窄波束照射范围以外的非期望用户受到的干扰最小。

智能天线是利用用户空间位置的不同来区分不同用户的，在相同时隙、相同频率或相同地址码的情况下，通过波束指向的不同仍然可以区分不同用户。因此利用智能天线能够实现信道复用，提高频谱利用率，增大系统容量。

3. 节省发射功率，降低成本

在移动通信发展的早期，运营商为节约投资，总是希望用尽可能少的基站覆盖尽可能大的区域，这就意味着用户的信号在到达基站收发信设备前可能经历了较长的传播路径，有较大的路径损耗。为使接收到的有用信号不至于低于门限，要么增加移动台的发射功率，要么增加基站天线的接收增益。由于移动台（特别是手机）的发射功率通常是有限的，真正可行的是增加天线增益。相对而言，用智能天线实现较大增益比用单天线容易。

8.3　等　离　子　天　线

8.3.1　等离子天线简介

等离子天线是部分或全部用离子化气体代替金属作为导电介质的天线。等离子天线的优点是具有高度的可重构性并且可以开启或者关闭，缺点是需要较高的能量电离气体。因此，研究如何降低不同等离子密度时电离气体所需的能量十分重要。

1993 年以来，美国和澳大利亚的一些课题组对等离子天线的研究做出了重要贡献。由美国 Manheimer 等人领导的海军研究实验室研发了一种反射面等离子天线，称为 Agile Mirror。在雷达或电子战系统，这种天线通过电场激发，能够实现微波波束电子扫描能力。

澳大利亚的 Moisan 等人提出等离子束能够由射频等离子表面波直接从一端激发，这一发现是继 Brog 等人后等离子天线研究的基础。他们都利用表面波来激励等离子束。Brog 等人用一个电极来简化天线设计，减少了两个电极的使用，等离子束从激励点激励，研究的频带为 30 MHz～300 MHz。

美国的 Anderson 和 Alexeff 完成了等离子天线、等离子波导和等离子频率选择表面的理论、实验测试和模型制作等研究工作，展示出了等离子天线的优点，如降低了电离等离子管所需的功率，并使等离子束具有了更高的密度和更高的工作频率。该研究组还提出了智能等离子天线的概念。他们制作并测试了频率为 30 MHz～20 GHz 的等离子天线，将 20 GHz 时等离子电离所需的能量保持在平均 5 W 或者更少，这比开启一个荧光灯所需的能量都要少得多，并预计所需的能量会持续减少。2003 年，Jenn 撰写了一篇有关等离子天线的优秀报告，此后等离子天线有了更大的发展。

图 8.3-1 给出了一种等离子体反射天线，它是由一个等离子管作内部导体，外部由 8 个等离子管包围的等离子体波导。打开时，该结构和同轴电缆一样传送辐射波；但是关闭时，传送的信号就会衰减 100 dB。这种等离子波导能将辐射场传送到天线上，当被关闭时它就又变成透明的。雷达信号可以穿过一个被关闭的等离子波导而不会发生反射。事实上，这些波导可安装在工作天线前面，当关闭时它们就看不到了。由此可以看出，等离子天线具有天然的低雷达截面（RCS）特性和抗高功率超宽带电磁武器攻击的能力，而且其发射效率几乎是和金属天线一样的。

图 8.3-1 大小和形状相同的金属反射天线(右边)和等离子反射天线(左边)

8.3.2 等离子天线的基本理论

研究等离子天线通常使用等离子流体模型计算等离子天线的特性。本节我们以三角形电流分布、中心激励的偶极子为例,推导等离子天线辐射功率的解析解。为简化分析,仅考虑一维情况,假设等离子天线的偶极子沿 z 轴放置,则等离子中电子移动的动量方程为

$$m\left(\frac{\mathrm{d}\upsilon}{\mathrm{d}t}+\upsilon\upsilon\right)=-e(E\mathrm{e}^{\mathrm{j}\omega t}-\nabla\phi) \tag{8.3-1}$$

式中,m 是电子的质量;υ 是流体模型中电子的速度;υ 是碰撞率;e 是电子的电量;E 是电场;ω 是角频率的弧度;ϕ 是电势。

等离子中电子的连续性方程为

$$\frac{\partial n}{\partial t}+n_0\frac{\partial \upsilon}{\partial z}=0 \tag{8.3-2}$$

式中,n 是穿透电子密度;n_0 是背景等离子密度。

将动量方程与连续性方程结合,可得

$$n=\frac{\mathrm{j}n_0 e}{\omega(\upsilon-\mathrm{j}\omega)}\left[\frac{\partial E}{\partial z}-\frac{\partial^2 \phi}{\partial z^2}\right] \tag{8.3-3}$$

由高斯定律

$$\frac{\partial^2 \phi}{\partial z^2}=\frac{en}{\varepsilon} \tag{8.3-4}$$

可得等离子的介电常数定义为

$$\varepsilon=1-\frac{\omega_{\mathrm{p}}^2}{\omega(\omega-\mathrm{j}\upsilon)} \tag{8.3-5}$$

其中

$$\omega_{\mathrm{p}}=\sqrt{\frac{ne^2}{\varepsilon_0 m}} \tag{8.3-6}$$

是等离子频率。

假设等离子天线如三角电流分布、中心激励的偶极子天线,将式(8.3-4)、(8.3-5)

和(8.3-6)代入式(8.3-3)，对中心馈电偶极子天线求积分，得到等离子天线中偶极子的动量为

$$p = a \frac{e^2 n_0 E_0 d}{2m[\omega(\omega + \mathrm{j}\upsilon) - \omega_p^2]} \tag{8.3-7}$$

式中，a 是等离子天线的横截面积；d 是等离子天线的长度。

总辐射能量为

$$P_{rad} = \frac{k^2 \omega^2}{12\pi\varepsilon_0 c} |p|^2 \tag{8.3-8}$$

式中 k 是波数。

将式(8.3-7)带入式(8.3-8)，可得

$$P_{rad} = \frac{\varepsilon_0 a^2}{48\pi c} (kd)^2 \omega_p^4 \frac{(\omega E_0)^2}{[(\omega^2 - \omega_p^2) + \upsilon^2 \omega^2]} \tag{8.3-9}$$

由式(8.3-9)可以看出，等离子天线的辐射能量是等离子频率和碰撞率的函数。

本 章 小 结

本章简单介绍了超材料天线、智能天线和等离子天线，它们都是最近十几年天线研究领域的热点，其发展代表着天线研究的方向，也解决了快速发展的无线通信系统对天线的要求。

习　　题

8.1　超材料有哪些奇异的电磁特性？

8.2　超材料天线类型有哪些？

8.3　智能天线与传统天线有哪些区别？

8.4　等离子天线的主要优点是什么？

第 9 章　电 波 传 播

本章提要
· 主要的电波传播方式
· 无线电波在自由空间内的传播

9.1　引　　言

在无线电通信中，载有信息的电波由天线辐射出去后，要经过一段自然环境区域才能到达接收点，被接收天线接收。雷达工作时，雷达天线发出的电波到达目标后，被目标散射的电波沿原路径返回，被雷达天线接收。无论是通信、广播、雷达、导航、遥控、遥测及无线电勘探等，其无线电设备均和电波传播密切相关。电波在传播过程中可能产生反射、折射、绕射以及散射等现象，这意味着电波的传播方向可能要发生变化；随着传播距离的增大，能量将会分散，而且还可能被传播媒质吸收，这意味着电波强度要发生衰减。另外，在传播过程中还可能引入各种各样的信号失真。因此，研究电波传播的任务就是研究下列问题：电波是循着什么途径传播的？到达接收点的场强有多大？在传播过程中信号起了什么变化？接收信号稳定的情况怎样？解决了这些问题，就可以直接或间接帮助我们提高通信的效率，改进通信的质量。

在通信中，通常要根据无线电波的频率选择适当的传播方式来使接收信号最强也最稳定。目前常用的无线电波的频率（波长）范围从几十赫兹（波长为数千千米）到 300 千兆赫兹（波长为 1 mm），而且已开始延伸到光波（波长为 0.1 μm 以下）的频率范围，其波段划分见图 9.1－1。

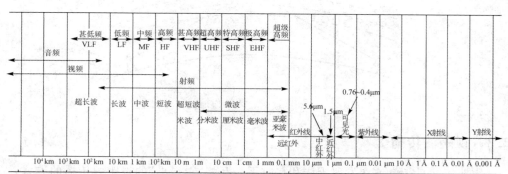

图 9.1－1　无线电波频谱

9.2 几种主要的电波传播方式

电波的传播特性同时取决于媒质结构的特性和电波的特征参量。若一定频率和极化的电波与特定媒质条件相匹配，将具有某种占优的传播方式。常用的电波传播方式分为以下五种：

9.2.1 地面波传播

地面波也称地波，是指沿着地球表面传播的电波。地波传播也称为地表面波传播，如图 9.2 - 1 所示。

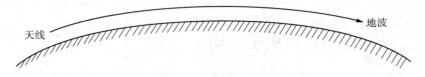

图 9.2 - 1 地表面波传播

地波传播的特点是：电波波长愈长，传播损耗愈小。因此超长波、长波、中波沿地表面可以传很远的距离，而超短波、短波传播时则沿途衰减很快，作用距离近。这种传播方式主要用于无线电导航及广播等方面，军用短波及超短波小型移动电台进行近距离通信时也应用这种传播方式。

9.2.2 天波传播

电波自发射天线向天空辐射，经过空中电离层的反射或折射后返回地面的无线电波叫天波。经由这种方式到达接收点的通信方式称作天波传播，如图 9.2 - 2 所示。天波传播又称作电离层电波传播。天波传播的特点是：由于电离层经常变化，天波传播情况很不稳定，但传播距离可以很远，主要用于中波和短波通信，是目前短波无线电通信和广播所采用的主要传播方式。

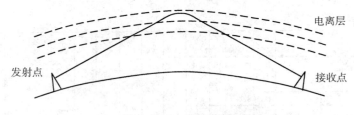

图 9.2 - 2 天波传播

9.2.3 视距波传播

视距波传播是指电波在发射天线和接收天线互相"看得见"的视距内传播的方式。它大体有两种形式：一种是地对地，另一种是地对空。

地对地的传播方式要求收、发天线高架（高度远大于波长）在地面上，电波在靠近地面的低空大气层中传播，如图 9.2 - 3(a)所示。接收点场强是直射波和反射波的叠加，它主要用于米波至微波波段的通信及电视广播。

地面和飞机、导弹、卫星之间的无线电联络是地对空的传播方式，如图 9.2 - 3(b)、9.2 - 3(c)所示，卫星通信及雷达等都采用这种传播方式。视距波传播又称为直接波传播。

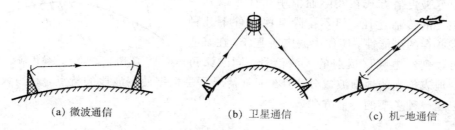

(a) 微波通信　　　　(b) 卫星通信　　　　(c) 机-地通信

图 9.2 - 3　视距波传播

9.2.4　散射波传播

低空对流层和高空电离层中介质分布是不均匀的，电波遇到这些不均匀的"介质团"时会产生散射。被散射的电波有一部分到达接收点，这种传播方式称为散射传播，如图 9.2 - 4 所示。

电离层和对流层都能散射微波和超短波无线电波，并且可以把它们散射到很远的地方去，从而实现超视距通信。电离层散射主要用于 30 MHz～100 MHz 频段，对流层散射主要用于 100 MHz 以上的频段。电离层比对流层高，故电离层散射用于距离大于 1000 km 的传播，而对流层用于距离小于 800 km 的传播。

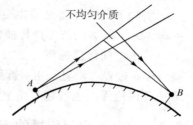

图 9.2 - 4　散射波传播

一般来讲，散射信号很弱，进行散射通信时要求使用大功率发射机、高灵敏度接收机和方向性很强的天线。

9.2.5　波导电波传播

在分层介质中，各层之间可能出现类似于金属波导中的传播，这种方式的电波传播称为波导电波传播。

这种"波导"是自然环境中形成的。比如在某些气象条件下，对流层中会形成具有一定强度和厚度的准水平大尺度层结。频率足够高的无线电波在适当的发射方向上，可在相当大的程度上进入其内，如同在波导管中一样，以异常低的衰减进行传播，此为对流层波导传播。对流层波导出现的概率很小，不可能应用于可靠的通信系统，但可用于电子侦察和干扰系统。目前已得到实际应用的是长波和超长波在电离层和地面之间形成的波导传播及超短波在地下坑道中形成的波导传播。如图 9.2 - 5 所示，电波在地面和电离层之间连续反射向前传播。这种波导的结构、变化复杂，其理论求解和特性分析比一般金属波导复杂得多。但是，对于甚低频和极低频电波来说，两壁介质具有良好的反射特性，且大量扰动的尺度比波长小，因此对传播特性影响不大。所以，甚低频和极低频地-电离层波导传播仍具有传播距离远和相位稳定两个突出优点，可应用于远距离通信、导航、频率和时间标准的

传送。例如，美国于 20 世纪 70 年代建成的工作频段
为 10 kHz～15 kHz 的奥米加导航系统，规模巨大，
有八个发射台，可覆盖全球。苏联在此期间也建立了
包括三个发射台的类似系统。

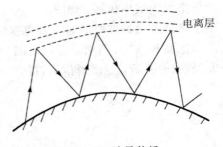

图 9.2 - 5　波导传播

　　以上五种传播方式在实际通信中往往是取其一
种作为主要的传播途径，但不排除某些条件下几种
传播途径并存的可能性。例如中波广播业务，在某些
地区既可收到经电离层反射的天波信号，同时又可
以收到沿地表传来的地面波成分。但在通常情况下是根据使用波段的特点，利用天线的方
向性来限定一种主要的传播方式。

9.3　无线电波在自由空间内的传播

　　所谓自由空间，严格来说应指真空，但实际上是不可能获得这种条件的。所以，通常
所说的自由空间是指充满均匀、无耗媒质的无限大空间。换言之，该空间具有各向同性、
电导率为零、相对介电常数和相对磁导率均恒为 1 的特点。因此，自由空间是一种理想
情况。

　　实际上电波传播总是要受到媒质或障碍物不同程度的影响。在研究具体的电波传播方
式时，为了能够比较各种传播情况，提供一个比较标准，并简化各种信道传输损耗的计算，
引出自由空间传播的概念是很有意义的。无线电波在自由空间中的传播简称为自由空间传
播，传播过程中没有反射、折射、绕射、散射和吸收等现象，只有扩散引起的传输损耗。本
节主要讨论无线电波在自由空间内传播时场强及传输损耗的计算公式。

9.3.1　自由空间传播的场强及接收功率

　　设有一天线置于自由空间中，若天线辐射功率为 P_r，方向系数为 D，则在距天线 r 处
的最大辐射方向上的场强为

$$|E_{\max}| = \sqrt{\frac{60 P_r(\mathrm{W}) D}{r(\mathrm{m})}} \ (\mathrm{V/m}) \qquad (9.3-1)$$

或

$$|E_{\max}| = \frac{245\sqrt{P_r(\mathrm{kW}) D}}{r(\mathrm{km})} \ (\mathrm{mV/m}) \qquad (9.3-2)$$

式中，$P_r D$ 称为发射天线的等效辐射功率。

　　若以发射天线的输入功率 P_T 和发射天线增益 G_T 来表示，则有 $P_r D = P_T G_T$，式(9.3 - 2)
又可写成

$$|E_{\max}| = \frac{\sqrt{60 P_T(\mathrm{W}) G_T}}{r(\mathrm{m})} \ (\mathrm{V/m}) \qquad (9.3-3)$$

或

$$|E_{\max}| = \frac{245\sqrt{P_T(\mathrm{kW}) G_T}}{r(\mathrm{km})} \ (\mathrm{mV/m}) \qquad (9.3-4)$$

　　设发射天线在最大辐射方向产生的功率密度为 $p_{\max}$，接收天线的有效面积为 S_e，则天

线的接收功率 P_A 为

$$P_A = p_{max} S_e \qquad (9.3-5)$$

将 p_{max} 和 S_e 的表达式

$$p_{max} = \frac{1}{2} \frac{|E_0|^2}{120\pi} = \frac{P_T G_T}{4\pi r^2} \qquad (9.3-6)$$

$$S_e = \frac{\lambda^2}{4\pi} G_A \qquad (9.3-7)$$

代入式(9.3-5)，得

$$P_A = \left(\frac{\lambda}{4\pi r}\right)^2 P_T G_T G_A \qquad (9.3-8)$$

此即天线与接收机匹配时送至接收机的输入功率。

9.3.2　自由空间的基本传播损耗 L_0

自由空间的基本传播损耗 L_0 是用在自由空间中两个理想点源天线(增益系数 $G=1$ 的天线)之间的传播损耗来定义的，它表示在自由空间中，当发射天线与接收天线的增益系数 $G_T = G_A = 1$ 时，发射天线的输入功率(发射功率)与接收天线的输出功率(接收功率)之比，即

$$L_0 = \frac{P_T}{P_A} = \left(\frac{4\pi r}{\lambda}\right)^2 \qquad (9.3-9)$$

若以分贝表示，则有

$$L_0 = 10\lg \frac{P_T}{P_A} = 20\lg\left(\frac{4\pi r}{\lambda}\right)(\text{dB}) \qquad (9.3-10\text{a})$$

或

$$L_0 = 32.45 + 20\lg f(\text{MHz}) + 20\lg r(\text{km}) = 92.45 + 20\lg f(\text{GHz}) + 20\lg r(\text{km})$$

$$(9.3-10\text{b})$$

式中，f 为工作频率；r 为传播距离。

这是一个非常有用的计算公式，在以后讨论各种传播方式时会多次用到。

前面已经提到过，自由空间是理想媒质，自由空间的基本传播损耗是指球面波在传播过程中，随着传播距离的增大，能量的自然扩散而引起的损耗，它反映了球面波的扩散损耗。由式(9.3-10)可见，自由空间基本传播损耗 L_0 只与频率 f 和传播距离 r 有关。当频率增加一倍或距离扩大一倍时，L_0 增加 6 dB。

9.3.3　实际电道的传播损耗 L 和基本传播损耗 L_W

实际上，电波是在有能量损耗的媒质中传播的。这种能量损耗可能是由大气对电波的吸收或散射引起的，也可能是由于电波绕过球形地面或障碍物的绕射而引起的。这些损耗都会使接收点场强小于自由空间传播的场强。在传播距离、工作频率、发射天线和发射功率相同的情况下，接收点的实际场强 $|E|$ 和自由空间场强 $|E_{max}|$ 之比，定义为该电道的衰减因子 W，即

$$W = \left|\frac{E}{E_{max}}\right| \qquad (9.3-11)$$

若用分贝表示，则 W 为

$$W = 20\lg \left| \frac{E}{E_{\max}} \right| \text{(dB)} \qquad (9.3-12)$$

一般情况下，$E < E_{\max}$，故 $W(\text{dB})$ 为负数。对于通信系统来说，衰减因子是一个很重要的量，讨论衰减因子与工作频率、传播距离、地球电参数、地形起伏、大气分布、传播方式以及和时间的关系等是电波传播的重要内容之一。

引入衰减因子 W 后，则实际传播电道接收点的场强为

$$|E| = |E_{\max}|W = \frac{\sqrt{60 P_{\text{T}} G_{\text{T}}}}{r} W \text{ (V/m)} \qquad (9.3-13)$$

相应最大辐射方向上的能流密度 $p_{\max}$ 和接收功率 P_{A} 分别为

$$p_{\max} = \frac{P_{\text{T}} G_{\text{T}}}{4\pi r^2} W^2 \text{ (W/m}^2) \qquad (9.3-14)$$

$$P_{\text{A}} = \left(\frac{\lambda}{4\pi r} \right)^2 W^2 P_{\text{T}} G_{\text{T}} G_{\text{A}} \text{ (W)} \qquad (9.3-15)$$

对于某一传播电道，发射天线的输入功率与接收天线的输出功率（匹配情况时）之比，定义为该电道的传播损耗 L，即

$$L = \frac{P_{\text{T}}}{P_{\text{A}}} = \left(\frac{4\pi r}{\lambda} \right)^2 \cdot \frac{1}{W^2 G_{\text{T}} G_{\text{A}}} \qquad (9.3-16)$$

若用分贝表示，则为

$$L = 20\lg \left(\frac{4\pi r}{\lambda} \right) - W - G_{\text{T}} - G_{\text{A}} \qquad (9.3-17)$$

因为衰减因子 W 小于 1，$W(\text{dB})$ 为负值，故 $-W$ 为正值，即媒质对电波能量的吸收作用使电道的传播损耗增加。由式(9.3-17)可见，传播损耗 L 与工作频率、传播距离、传播方向、媒质特性以及收、发天线增益等有关，一般为几十 dB 到 200 dB 左右。

显然，式(9.3-17)中的第一、二项表明实际电道中功率的传输情况，因此我们称之为基本传播损耗 L_{W}，即

$$L_{\text{W}} = 20\lg \left(\frac{4\pi r}{\lambda} \right) - W = L_0 - W (\text{dB}) \qquad (9.3-18)$$

它表示在某一传播电道中，无方向性发射天线的输入功率与无方向性接收天线输出功率之比。由于 L_{W} 与天线增益无关，仅决定于电道的传播情况，因此又称为路径损耗，一般为 100 dB～250 dB 左右。

若为自由空间传播，则 $W = 0$，式(9.3-17)就与式(9.3-8)相同，也就是自由空间的基本传播损耗。

由于衰减因子 W 随不同的传播方式、不同的传播情况而异，因此 W 值的计算将结合各种传播方式分别进行介绍，具体内容见第 10、11、12 章。

本 章 小 结

无线电波的频率不同，采取的传播方式也不同。常用的无线电传播方式主要有地面波传播、天波传播、视距波传播、散射波传播和波导波传播。

无线电波在自由空间中的传播是有损耗的，分为自由空间基本损耗、实际电道传播损耗和基本传播损耗，分别用 L_0、L 和 L_W 表示。其中自由空间基本传播损耗是指球面波在传播过程中，随着传播距离的增大，能量的自然扩散而引起的损耗，它反映了球面波的扩散损耗。但是电波的实际信道并非自由空间这种理想媒质，为了反映实际媒质对电波的影响，我们引入衰减因子，记为 W，它与工作频率、媒质特性、传播方式有关，进而得到电道的传播损耗为 $L(\text{dB})=20\lg\left(\dfrac{4\pi r}{\lambda}\right)-W-G_T-G_A$，基本传播损耗为 $L_W(\text{dB})=20\lg\left(\dfrac{4\pi r}{\pi}\right)-W=L_0-W$。

习 题

9.1 电波传播的方式有哪几种？它们工作的波段分别是什么？各自采用什么天线形式和什么极化方式？

9.2 什么是自由空间的基本传播损耗？

9.3 两微波站相距 50 km，工作波长为 7.5 cm，计算自由空间的路径损耗。

9.4 某电视转播卫星，发射机输出功率为 100 W，发射馈线损耗为 2 dB，天线增益为 37 dB，卫星高度为 36 000 km，试计算地面上的电场强度。

9.5 同步卫星通信系统中，卫星距地面 36 000 km，工作频率为 4 GHz，卫星天线增益 $G_T=16$ dB，地面接收天线增益 $G_A=50$ dB，地面接收系统的馈线损耗为 2 dB，接收机灵敏度为 0.1 pW，卫星发射天线的输入功率最少为多少 dBm？

9.6 一条微波线路长 50 km，工作频率为 2000 MHz，收、发天线增益为 35 dB，收、发馈线损耗分别为 2.6 dB，发射机输出功率为 250 mW，接收机灵敏度为 −79 dBm，试计算说明该线路能否正常通信？

第 10 章　地 面 波 传 播

地面波是在紧贴着地表面的区域内传播的，因此其传播情况主要取决于地表条件。地面的电性质、地貌地物的形态都对电波传播有很大的影响。概括地讲，它们的影响主要表现在两个方面：一是地面的不平坦性，二是地面的地质情况。前者对电波传播的影响视无线电波的波长而不同，对于长波，除了高山都可将地面看成是平坦的；而对于分米波、厘米波，即使是水面上的小波浪或田野上丛生的植物，也应看成是地面有严重的不平度，对电波传播起着不同程度的障碍作用。而后者则从地面土壤的电气性质来研究对电波传播的影响。就地面波传播而言，与地面的电参数有着密切的关系。所以我们在研究地面波传播特性时，必须首先了解地球表面与电磁现象有关的物理性能。

10.1　地球表面的电特性

描述大地电磁性质的主要参数是介电常数 $\varepsilon(\varepsilon=\varepsilon_T\varepsilon_0)$、电导率 σ 和磁导系数 μ（一般地，非铁磁性物质 $\mu=\mu_0$）。表 10.1-1 给出了经测量及统计求得的几种不同地质的平均电参数。

表 10.1-1　几种典型地面的电参数

地面种类 ＼ 电参数	相对介电常数 ε_r	电导率 $\sigma/(S/m)$
海水	80	4
淡水	80	5×10^{-3}
湿土	20	10^{-2}
干土	4	10^{-3}
高原、沙土	10	2×10^{-3}
山地	—	10^{-4}
大城市	3	10^{-4}

　　由于大地是半导电媒质，因此必须考虑电导率 σ 对电波传播的影响。设电磁场随时间作简谐振荡($e^{j\omega t}$)，在无源线性各向同性、半导电媒质内，麦克斯韦第一、第二方程的复数形式为

$$\left.\begin{array}{l} \nabla \times \boldsymbol{H} = j\omega\varepsilon\boldsymbol{E} + \sigma\boldsymbol{E} \\ \nabla \times \boldsymbol{E} = -j\omega\mu\boldsymbol{H} \end{array}\right\} \qquad (10.1-1)$$

　　将麦克斯韦第一方程改写为

$$\nabla \times \boldsymbol{H} = j\omega\left(\varepsilon - j\frac{\sigma}{\omega}\right)\boldsymbol{E} \qquad (10.1-2)$$

式(10.1-2)中括号内的部分可看成一个等效介电常数，它是一个复数，以 ε_c 表示，即

$$\varepsilon_c = \varepsilon - j\frac{\sigma}{\omega} \qquad (10.1-3)$$

式(10.1-3)中的实数部分就是大地的介电常数 ε，它反映媒质的极化特性；虚数部分(σ/ω)表示媒质的导电情况，$\sigma \neq 0$ 说明媒质是有耗媒质。复介电常数 ε_c 是表征地质电特性的重要参数，其相对复介电常数 ε_r' 为

$$\varepsilon_r' = \frac{\varepsilon_c}{\varepsilon_0} = \varepsilon_r - j\frac{\sigma}{\omega\varepsilon_0} \qquad (10.1-4)$$

　　将空气电介常数 ε_0 值代入式(10.1-4)，得

$$\varepsilon_r' = \varepsilon_r - j60\lambda_0\sigma \qquad (10.1-5)$$

式中，λ_0 为自由空间的波长。

　　在交变电磁场的作用下，大地土壤内既有位移电流又有传导电流，位移电流密度为 $\omega\varepsilon E$，传导电流密度为 σE。通常把传导电流密度和位移电流密度的比值 $\sigma/\omega\varepsilon = 60\lambda_0\sigma/\varepsilon_r = 1$ 看作是导体和电介质的分界线，若 $60\lambda_0\sigma \gg \varepsilon_r$，则介质具有导体性质；若 $60\lambda_0\sigma \ll \varepsilon_r$，则介质具有电介质性质。表 10.1-2 给出了在各种地质中，比值 $60\lambda_0\sigma/\varepsilon_r$ 随频率变化的情况。

表 10.1-2　各种地质中不同频率电波的比值($60\lambda_0\sigma/\varepsilon_r$)

频率 $60\lambda_0\sigma/\varepsilon_r$ 地质	300 MHz	30 MHz	3M Hz	300 kHz	30 kHz	3 kHz
海水 $\left(\begin{array}{l}\varepsilon_r=80\\\sigma=4\end{array}\right)$	3	3×10	3×10^2	3×10^3	3×10^4	3×10^5
湿土 $\left(\begin{array}{l}\varepsilon_r=20\\\sigma=10^{-2}\end{array}\right)$	3×10^{-2}	3×10^{-1}	3	3×10	3×10^2	3×10^3
干土 $\left(\begin{array}{l}\varepsilon_r=4\\\sigma=10^{-3}\end{array}\right)$	1.5×10^{-2}	1.5×10^{-1}	1.5	15	1.5×10^2	1.5×10^3
岩石 $\left(\begin{array}{l}\varepsilon_r=6\\\sigma=10^{-7}\end{array}\right)$	10^{-6}	10^{-5}	10^{-4}	10^{-3}	10^{-2}	10^{-1}

　　表 10.1-2 中给出的是平均数值。由表 10.1-2 可见，海水在中波波段的电性质类似良导体，在微波波段则类似电介质；湿土和干地在中、长波波段都呈良导体特性。

10.2　地面波的传播特性

10.2.1　波前倾斜现象

为了能对地面波的传播特性建立起明确的概念，我们把大地看作具有均匀半导电性质的光滑平面。

如图 10.2 - 1(a)所示，设来波为垂直极化波（电场矢量垂直于地面），电场为 E_{1z}，地面是 xy 平面，电波沿 x 轴方向传播。当电波沿地面传播时，该电场在地面必然要感应出电荷，这些电荷随着 E_{1z} 沿 x 方向移动，产生了沿 x 方向的传导电流。由于大地是半导电媒质，因此沿 x 方向的传导电流在 x 方向产生相应的场强分量 E_{2x}。由边界条件 $E_{2x} = E_{1x}$ 可知，在地面上一定具有沿传播方向的场分量 E_{1x}，因此上部空间总场应为 E_{1z} 与 E_{1x} 的矢量和。该场量向传播方向倾斜，如图 10.2 - 1(b)所示，这种现象称为波前倾斜。

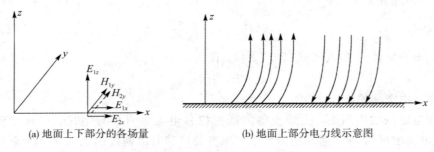

(a) 地面上下部分的各场量　　　　　　　(b) 地面上部分电力线示意图

图 10.2 - 1　地面波的波前倾斜

地面传导电流的存在必然损耗能量，这可以从场的观点来分析。地面波的波前倾斜代表能流密度的玻印亭矢量也发生了倾斜，它不仅有和 x 轴平行的分量，而且还出现了垂直向地下方向的分量。前者代表继续往前传播的能量，后者比较小，但它表示一部分能量进入地面。E_{1x} 分量愈大，进入地面的能量就愈大，地面波的损耗就愈严重。换言之，波前倾斜的程度反映了大地对电波的吸收程度。

10.2.2　地面波传播的场分量

由上面的简单解释可知，E_{1x} 的大小必然与 E_{1z} 及地的性质有关。下面我们来分析 E 的各分量之间的关系。我们要解决的问题是：当空气中电场垂直分量 E_{1z} 已知时，如何求出空气和大地两种媒质中的其他电磁场分量呢？严格的求解是比较困难的，首先要分别对每一种媒质寻求麦克斯韦方程的解，然后利用边界条件求得边界上场分量的严格解。显然这样的解是比较麻烦的。如果利用一些对于无线电波沿地表面传播情况下场分量之间的近似关系式，则可以大大地简化问题；还能得到一些电波沿地面传播的重要特性，满足实际应用上的需要。

分析的主要根据如下：

（1）在大地与空气的交界面上，电磁场各分量应满足边界条件

$$\begin{cases} E_{1x}=E_{2x} \\ \varepsilon_0 E_{1z}=\varepsilon_c E_{2z} \\ H_{1y}=H_{2y} \end{cases} \tag{10.2-1}$$

（2）列翁托维奇边界条件是当大地的相对复介电常数的绝对值 $|\varepsilon'_r|=|\varepsilon_r-\mathrm{j}60\lambda_0\sigma|\gg1$ 时，可假设透入地层内部的电波仍是一均匀平面波，沿法线方向垂直向下传播，其场分量具有下述关系

$$E_{2x}=-\sqrt{\frac{\mu_0}{\varepsilon_c}}H_{2y} \tag{10.2-2}$$

式(10.2-2)中忽略了 E_{2z}，不过由 10.2.3 节的分析可知，$|E_{2z}|\ll|E_{2x}|$，故该假设是合理的。将式(10.2-1)的第一个等式代入式(10.2-2)中，可得

$$E_{1x}=-\sqrt{\frac{\mu_0}{\varepsilon_c}}H_{1y} \tag{10.2-3}$$

下面我们来推导各分量的表示式：

因为 $|E_{1z}|\gg|E_{1x}|$，故在分析 H_{1y} 和 E_{1z} 的关系式时可忽略 E_{1x}，得到

$$H_{1y}=-\sqrt{\frac{\varepsilon_0}{\mu_0}}E_{1z} \tag{10.2-4}$$

将式(10.2-4)代入式(10.2-3)，得

$$E_{1x}=-\sqrt{\frac{\mu_0}{\varepsilon_c}}H_{1y}=\sqrt{\frac{\varepsilon_0}{\varepsilon_c}}E_{1z}=\frac{E_{1z}}{\sqrt{\varepsilon'_r}}=\frac{E_{1z}}{\sqrt{\varepsilon_r-\mathrm{j}60\lambda_0\sigma}}=\frac{E_{1z}}{\sqrt[4]{(\varepsilon_r)^2+(60\lambda_0\sigma)^2}}\mathrm{e}^{\mathrm{j}\frac{\theta}{2}}$$

$$\tag{10.2-5}$$

将 ε'_r 的表达式代入式(10.2-1)中的第二个等式中，得

$$E_{2z}=\frac{E_{1z}}{\varepsilon'_r}=\frac{E_{1z}}{\varepsilon_r-\mathrm{j}60\lambda_0\sigma}=\frac{E_{1z}}{\sqrt{\varepsilon_r^2+(60\lambda_0\sigma)^2}}\mathrm{e}^{\mathrm{j}\theta} \tag{10.2-6}$$

其中

$$\theta=\arctan\frac{60\lambda_0\sigma}{\varepsilon_r} \tag{10.2-7}$$

各场分量如图 10.2-2 所示。

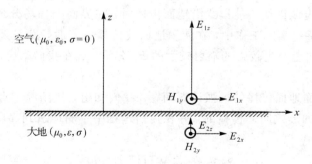

图 10.2-2　地面波的场结构

10.2.3　地面波的传播特性

根据前面的分析，可以得出地面波传播的一些重要特性：

（1）由于大地复介电常数足够大（$\varepsilon'_r\gg1$），空气一侧的电场垂直分量 E_{1z} 远大于（几十倍

甚至几千倍)水平分量 E_{1x}(因为 $E_{1x} = E_{2x} = \dfrac{E_{1z}}{\sqrt{\varepsilon_r'}}$),而大地一侧的电场水平分量 E_{2x} 以同样的倍数大于垂直分量 E_{2z}(因为 $E_{2z} = \dfrac{E_{1z}}{\varepsilon_r} = \dfrac{E_{2x}}{\sqrt{\varepsilon_r'}}$)。因此,为了提高地面波的传播效率,地面上的发射和接收天线均适宜采用垂直地面的天线,而在地下接收时应该采用水平振子天线。

(2) 电场水平分量的出现会导致波前倾斜,使地面上的玻印亭矢量斜向地面,故必有一部分能量穿入地面被大地所吸收。大地吸收的能量大小显然与电导率 σ 及波长 λ 有关。地面导电率愈大,电阻愈小,波长愈长,集肤效应愈小,E_{1x} 就愈小,波前就愈不倾斜,地的吸收就愈小。若地为理想导电地,则没有能量吸收,也无波前倾斜。由此可知,长、中波利于地面波通信,通信距离远;而超短波地面传播只能用作短距离通信。

电场水平分量的出现虽然会引起地的吸收,但却可以利用水平低架天线、水平埋地天线来接收此分量。这在军用通信上有着重要的作用。

(3) 由于空气中(地面上部)电场 E_{1z} 和 E_{1x} 的振幅不等,且具有相位差($\theta/2$),因此合成场在传播平面上呈现出椭圆极化的性质,电波不再是平面波,如图 10.2-3 所示。但由于 $|E_{1x}| \ll |E_{1z}|$,这个椭圆是非常狭长的,因此可以认为合成场是沿着与椭圆长轴方向一致的线极化波,即将它当作倾斜了的均匀平面波来看待,其倾斜角为

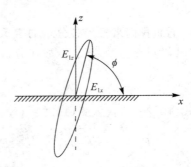

图 10.2-3　地面上部传播的椭圆极化波

$$\phi = \arctan \left| \frac{E_{1z}}{E_{1x}} \right| = \arctan \sqrt{|\varepsilon_r'|} = \arctan \sqrt[4]{(\varepsilon_r^2) + (60\lambda_0\sigma)^2} \qquad (10.2-8)$$

10.3　地面波场强的计算

前面讨论了当电波以横磁波模式沿地面传播时,在界面上各场分量间的关系,并未涉及它们与场源的联系。实际工作中,在使用地面波传播方式时,发射天线一般采用直立天线,会在沿地面方向上产生较强的辐射较大的 E_{1z} 分量。现在我们来讨论远区 E_{1z} 的场强计算问题。

首先介绍沿平面地面传播的场强计算问题。我们知道,从场源—直立天线—辐射出的电磁波是以球面波的形式向外传播的,并在传播过程中不断地遭到媒质的吸收,因此接收点场强为

$$E_{1z} = \frac{245\sqrt{P_r(\text{kW})D_T}}{r(\text{km})} \cdot W \quad (\text{mV/m}) \qquad (10.3-1)$$

式中,第一项因子表示由于电波能量的球面扩散作用,而使场强随距离 r 增大而减小;P_r 是发射天线的辐射功率;D_T 是考虑了地面作用后发射天线的方向性系数,对于短直立天线(长度 $<\lambda/4$),$D_T \approx 3$。第二项因子 W 表示地面的吸收作用,故称为地面波衰减因子。

地面波衰减因子完全由大地的电参数决定,而大地的电参数与频率有关。所以在一般

情况下，衰减因子应该是距离 r、大地参数 ε、σ、μ 以及频率 f 的函数，即

$$W=W(r, \varepsilon, \mu, \sigma, f)$$

从物理意义上可知，函数 W 的模值小于 1。而当大地为理想导电时，$|W|=1$，所以其工程计算公式为

$$W \approx \frac{2+0.3x}{2+x+0.6x^2} \qquad (10.3-2)$$

式中，x 为辅助参量，称为数值距离，无量纲。x 值的计算公式为

$$x=\frac{\pi r}{\lambda_0} \cdot \frac{\sqrt{(\varepsilon_r-1)^2+(60\lambda_0\sigma)^2}}{\varepsilon_r^2+(60\lambda_0\sigma)^2} \qquad (10.3-3)$$

当 $60\lambda_0\sigma \gg \varepsilon_r$ 时

$$x \approx \frac{\pi r}{60\lambda_0^2\sigma}=\frac{100\pi r}{6\lambda_0^2\sigma} \qquad (10.3-4)$$

将 x 值代入式(10.3-2)，即可求出相应的 W 值。当 $x>25$ 时，即属于劣质传导性的土壤和较短波长的状态，这时式(10.3-2)可简化为

$$W \approx \frac{1}{2x} \qquad (10.3-5)$$

式(10.3-5)说明，当数值距离大时，W 与 x 约成倒数关系。也就是说，此时地面波的场强振幅随传播距离的变化规律由 $\frac{1}{r}$ 近似变为 $\frac{1}{r^2}$。

【例 10.3-1】 某 $\lambda_0=1000$ m 的中波电台，辐射功率为 30 kW，天线使用短直立天线 ($D_T=3$)，电波沿湿土地面($\varepsilon_r=10$, $\sigma=10^{-2}$ S/m)传播，求距天线 250 km 处的场强(有效值)。

解 由于 $60\lambda_0\sigma=600 \gg \varepsilon_r$，由式(10.3-4)可得

$$x=\frac{100\pi \times 250}{6\times 1000^2 \times 10^{-2}}=1.31$$

将 x 值代入式(10.3-2)，得

$$W=\frac{2+0.3\times 1.31}{2+1.31+0.6\times(1.31)^2}=0.55$$

由式(10.3-1)计算出接收点场强(有效值)为

$$E_{1z}=\frac{1.73\sqrt{30\times 3}}{250}\times 0.55=3.61 \text{ (mV/m)}$$

式(10.3-1)是在电波传播的主要区域内的地面是平面这一假设条件下建立的。严格地说，处于地表面上的通信点，只有当波长比较长和传播距离比较近时，才能把球形地面当作小范围内的平面地面来处理，这时理论计算值和实验数据比较一致。表 10.3-1 列出了实际地面可以看成平面地面的限制距离，在这个距离范围内可以采用式(10.3-1)来计算场强。

表 10.3-1 可以作为平面地面的限制距离

波长/m	极限距离/km
200～20 000	300～400
50～200	50～100
10～50	10

可见，在平面地面上的电波传播理论在距离较大的情况下是不适用的。当通信距离超越限制距离时，就必须依照球形地面来考虑地面对电波传播的影响。

地面波能够传播到较远的距离是电波的绕射现象。电波的绕射是比较复杂的问题，因为很难直接求解满足球形地面边界条件的麦克斯韦方程。

图 10.3-1 和图 10.3-2 给出了一套地面波传播曲线中，地面波沿海水及干地表面传播的场强计算的两组曲线。该曲线的使用条件是：

（1）假设地面是光滑的，地质是均匀的。

（2）发射天线使用短于 $\lambda/4$ 的直立天线（其方向性系数 $D_T \approx 3$），辐射功率 R_r 为 1 kW。

（3）计算距离为 r 处的地面上（$z^+ \approx 0$）横向电场分量 E_{1z}。

图 10.3-1 和图 10.3-2 中纵坐标代表电场强度 E_{1z}（有效值），以 μV/m 或 dB 表示。（1 μV/m 相应于 0 dB）。

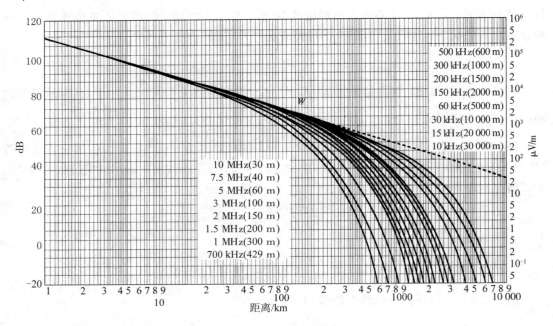

图 10.3-1　地面波传播电场的强度曲线（海水，$\sigma=4$ S/m，$\varepsilon_r=80$）

在使用这些图表时，如果发射天线的辐射功率不是 1 kW，则可以按照 $\sqrt{P}$ 的比例关系进行换算。若使用天线不同，也可按照 $\sqrt{D}$ 的关系换算，即

$$E = \sqrt{PD}\,E_{1z}\,(\mu\text{V/m}) \tag{10.3-6}$$

【例 10.3-2】　若工作频率为 500 kHz，辐射功率为 250 W，天线使用短直立天线，电波沿干燥地面（$\sigma=10^{-3}$ S/m，$\varepsilon_r=4$）传播，试求 400 km 处的电场强度。

解　查图 10.3-2，在 $f=500$ kHz 曲线上查出 400 km 的场强为 1.78 μV/m。当辐射功率为 250 W 时，电场强度为

$$E = \sqrt{\frac{250}{1000}} \times 1.78 = 0.89 \ \mu\text{V/m}$$

或

$$E = 20\lg(0.89) \approx -1 \text{ dB}$$

若欲求地表面的其他各场分量，可按其界面关系式进行计算。

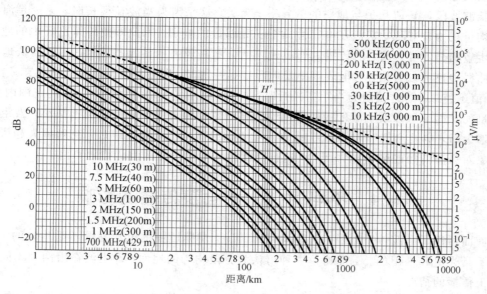

图 10.3 - 2　地面波传播曲线（干地，$\sigma = 10^{-3}$ S/m，$\varepsilon_r = 4$）

利用图 10.3 - 1 和图 10.3 - 2，也可以求出在各种地质情况下的衰减因子 W 值。注意：每张图中的上端均有一条虚线，它表示电波在自由空间中传播时接收点 r 处的场强（有效值），等于

$$E_{\max} = \frac{173 \sqrt{P_r(\text{kW})D_T}}{r(\text{km})} = \frac{173 \sqrt{1 \times 3}}{r} (\text{mV/m}) = \frac{3 \times 10^5}{r(\text{km})} \quad (\mu \text{V/m}) \quad (10.3 - 7)$$

若按分贝值计算，则实线与虚线间的差值就是衰减因子 W 的分贝数。表 10.3 - 2 列出了当 $r = 1000$ km 时，在不同频率、不同地质情况下，衰减因子 W 值的大小。

表 10.3 - 2　$W(\text{dB}) \sim \lambda \cdot \sigma (r = 1000 \text{ km})$

土壤 W/dB 频率	海 水 ($\sigma = 4$ S/m，$\varepsilon_r = 80$)	湿 土 ($\sigma = 10^{-2}$ S/m，$\varepsilon_r = 4$)	干 土 ($\sigma = 10^{-3}$ S/m，$\varepsilon_r = 4$)
15 kHz	-5.5	-5.8	-6
30 kHz	-8	-8.5	-9
150 kHz	-16	-18	-43
300 kHz	-22.5	-34	-95
1500 kHz	-41	< -34	< -65
3000 kHz	-55	—	—

由表 10.3－2 可以看出，波长愈长，地质电导率 σ 愈大，则衰减因子 W 值愈大，说明传输损耗愈小。当波长很大时，W 值与地质电参数的依从关系很不明显。特别是在超长波和极长波波段，W 值几乎与地质的电导率 σ 无关。这是因为当波长很长时，无论是海水或岩石均可视为良导体，它们在电气性质上已无明显的差别。因此即使传播路径中的地质结构发生较明显的变化时，对传播的影响也不大，具有较高的传播稳定性。其次，从地面波传播曲线中还可以看出，当电波频率及地质情况一定时，随着距离的增加，场强衰减很快，即 W 值迅速减小。这是因为当距离较近时（在可以使用平面地场强计算公式的范围内），电波能量的球面扩散以及土壤的吸收作用使场强近似随距离的平方反比例地减小；当距离进一步增大时，电波沿球形地面的传播还必须考虑绕射损失，距离越远，绕射损失越大。这种现象对微波传播的影响更为严重，这也是微波不能用于地面波传播的原因。

10.4　　不均匀性对地面波传播的影响

前面讨论了电波传播路径为地面均匀的情况，实际地面的电特性既不是均匀的，地表面也不是光滑和平坦的。下面讨论一种可认为分段均匀的地面，即电波在沿两个不同性质平面上传播的情况。

图 10.4－1 所示的是电波在三段不同性质的土壤中传播（路径分别为陆地-海洋-陆地和海洋-陆地-海洋两种情况时），场强 E 随距离变化的关系曲线。图 10.4－1(a)表明，电波先在陆地上传播，按陆地的衰减规律变化；由陆地进入海洋时，场强反常地增大，然后按海洋的衰减规律变化；由海洋再进入陆地时，又反常地很快下降。图 10.4－1(b)的情况刚好相反，从海洋进入陆地时场强反常下降；从陆地进入海洋时，再反常地增大。图 10.4－1中的虚线表示电波沿单一性质的陆地或海洋路径传播时场强的变化曲线。

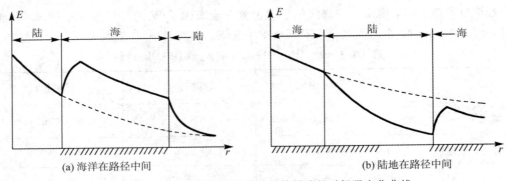

图 10.4－1　三段不同性质媒质的传播路径时场强变化曲线

若设备条件相同，路径总长和海洋、陆地各占长度都一样，唯一不同的是图 10.4－1(a)中海洋在路径中间，而图 10.4－1(b)中陆地在路径中间。仅此一点的差别导致了图 10.4－1(a)的场强远小于图 10.4－1(b)情况的场强。

从这个例子可以明显地看出：传播路径的中间部分对电波的影响较小，而收、发天线两端相邻区域的土壤对地面波传播的衰减程度有决定性的影响。这种现象的物理原因可以看成是只在接近发射和接收天线地区，地表面波直接紧贴地面传播，受到土壤的吸收作用大；逐渐远离发射天线后，电波好像由地面升起，在离地有一定高度的自由大气中传播；在接近接收天线地区时，电波又重新紧贴地面传播，这种现象称为电波的"起飞-降落"现象，就像飞机从发射点起飞到接收点降落一样。所以，收、发天线应尽量架设在导电性能好的地面上。

最后，简单地说明海岸的折射问题。在某些情况下，当电波由海洋传播到陆地（或反之）时，在通过海岸线时会发生电波传播路径的弯曲，这种现象称为海岸折射现象。如图 10.4 - 2 所示，发射天线位于海上 A 点，接收天线位于陆上 B 点，当电波以入射角 θ_1 到达海岸线上 O 点后，便会产生折射，沿 OB 方向到达 B 点，折射角为 θ_2，且 $\theta_2 < \theta_1$。这样，从接收点看来，就像电波从 A_1 点发射出来的一样，即出现测向误差 $\Delta\theta = \theta_1 - \theta_2$。

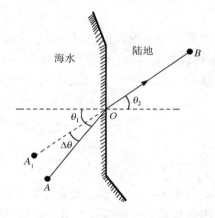

图 10.4 - 2　海岸折射现象图

海岸折射现象可以这样来解释。电波沿地面传播时，靠近地面的下层电波因受地面的"黏滞"作用，传播速度较慢。地面导电性越差，速度减慢越多。因此，一束电波 MN 到达海岸后，由于登陆先后不同，同相位面便发生扭转，产生了折射，如图 10.4 - 3 所示。如果电波从陆地进入海洋，海上飞机用环形天线测向时就是这样，也会产生折射误差。但情况与上面相反，折射角大于入射角。

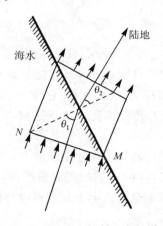

图 10.4 - 3　海岸折射现象的说明

海岸折射引起的误差大小与很多因素有关。折射现象只有地面附近才有，在几个波长高度上几乎完全消失；传播方向与海岸线垂直或近于垂直时，不产生折射或折射很弱；电波在陆地上传播距离越小，误差越大；距离越远时，误差反而减小以至消失。一般海岸折射产生的定向误差 $\Delta\theta$ 不超过几度。

10.5　地下和水下传播

随着科学技术、国民经济及国防建设的需要，除了利用电波在地球上层空间内传播用以完成信息传递、探测、遥控等任务外，还需要对地下或水下传播进行科学研究，诸如完成探测、定位及通信等任务，因此就有一个地下和水下电波传播的问题。这里对此仅作一般概念性的介绍。

1．地下传播

我们已经知道，当电波沿着半导电地面传播时，由于大地对电波能量的吸收作用，会产生沿电波传播方向上的电场纵向分量 E_{1x}，合成场强 E_1 的极化方向向地面倾斜（见图10.2-3）。此时沿地表面传播的功率流密度 p_1 可分解为两个分量，即

$$p_1 = p_{1z} + p_{1x} \tag{10.5-1}$$

$$p_{1x} = \frac{1}{2} R_e(E_{1z} \times H_{1y}^*) \tag{10.5-2}$$

$$p_{1z} = \frac{1}{2} R_e(E_{1x} \times H_{1y}^*) \tag{10.5-3}$$

式中 E、H 分别是电场强度的复振幅；p_{1x} 表示电波沿地面向 x 轴方向传播的那部分功率流密度；p_{1z} 表示电波是沿 $-z$ 方向传播的，也就是大地所吸收的那部分功率流密度；p_1 则为空气中紧贴地面传播的总功率密度，显然它是 p_{1z} 和 p_{1x} 的矢量和，如图10.5-1所示。

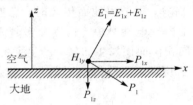

10.5-1　地面波功率流密度示意图

在地面波通信中，只利用 p_{1x} 这部分的功率流来传递信息（当然沿传播方向上波是衰减的），而 p_{1z} 则视为一种地面波的传输损耗，这部分能量垂直地向下传播，在传播过程中电磁能量不断地被大地所吸收并转换为热能，因而它是一个衰减的行波。从地下传播的观点来看，则可以利用这部分电磁波的传播来完成地下通信或对地下目标的探测、识别、定位等任务。

当电波在地面上传播时，波长越长，地电导率越大，电波场强衰减越慢。但当电波在土壤或海水内传播时，电导率越大，对电波的吸收愈严重，场强衰减也就越快。表10.5-1和表10.5-2分别列出了不同频率电波在干土和海水内传播时的衰减常数，并列出了场强衰减到1/1000时所传播的距离。

从表10.5-1和表10.5-2中可以看出，波长越长，电波在地下或水中传播得越远，因此地下或水中通信通常使用的频率范围是长波和超长波波段。

表 10.5 - 1　干土中不同波长的衰减常数

波　长	频率	衰减常数 α		衰减到 $\frac{1}{1000}$ 时的距离
		N/m	dB/m	
300 km（极长波）	1 kHz	0.002	0.017	3744 m
30 km（超长波）	10 kHz	0.006	0.055	1151 m
3 km（长波）	100 kHz	0.02	0.17	348 m
300 m（中波）	1000 kHz	0.063	0.55	115 m

表 10.5 - 2　海水中不同波长的衰减常数

波　长	频率	衰减常数 α		衰减到 $\frac{1}{1000}$ 时的距离
		N/m	dB/m	
300 km（极长波）	1 kHz	0.13	1.09	55 m
30 km（超长波）	10 kHz	0.40	3.45	17.4 m
3 km（长波）	100 kHz	1.26	10.9	5.5 m
300 m（中波）	1000 kHz	3.97	34.5	1.74 m

　　通常，地下通信的电波传播方式主要有浅地层的超越传播方式和"地下波导"传播方式两种。

　　浅地层的超越传播方式是将收、发天线分别水平埋设在浅层地壳中，深度可为几米或十几米。发射天线所辐射的无线电波在地层内垂直向上传播，其场强是按指数规律衰减的，称为"穿透损耗"。当电波到达地表面后，电波在两种媒质分界面处产生折射，电波传播方向改变，同时产生"折射损耗"。电波穿出地层后，或是沿着地表面以地面波传播方式传播；或是以一定仰角向高空辐射，经电离层反射后到达较远的地点，在接收附近的地区，电波进入地层，以几乎垂直向下的方向向地下传播，到达接收系统。当然，电波在沿地表面或在地面上层空间内传播时也是有损耗的。这种传播方式又称为"上-越-下"传播方式，其传播路径示意图如图 10.5 - 2 所示。

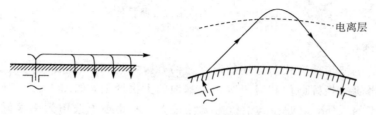

图 10.5 - 2　"上-越-下"传播方式示意图

　　这种传播方式的主要优点是：天线不需要埋得太深，在工程上较易实现。此外，由于电波主要是通过低空大气层、电离层，或是沿着空气与大地的分界面处传播的，因而传播损耗较之"地下波导"传播方式要小，发射功率不用太大就可以达到一定的通信距离。但由于电波要穿出地层，因而仍然要受到天电干扰及其他信号干扰的影响，对提高信噪比来说没有显示出更多的优越性。

　　而"地下波导"的传播方式，收发设备及天线均埋在深层地壳中，电波完全在地层内传播。其传播损耗包括两部分：一部分是球面波传播的扩散损耗；另一部分是由于岩石层对电波能量吸收而引起的介质损耗，后者会使得接收点处的场强相当微弱。但是，由于地表面的冲积层相对于岩石层而言是一种电导率较高的地质，它对地面上的大气噪声(这是低频、甚至低频频段的主要噪声来源)也起到了很好的屏蔽作用。这就是说，地面处的大气噪声电平虽然很高，但经过冲积层衰减后，到达地下接收系统处的噪声电平却很低。因此，尽管地下接收信号电平较低，但就信噪比来说，地下通信系统处的信噪比有可能高于地面系统的信噪比，这不仅使这种传播方式成为可能，而且提高了通信质量。此外，由于电波几乎不穿出地层，对信号的保密性以及克服核爆炸等人为干扰和天电、电离层骚扰等自然干扰也具有地面通信系统所难以比拟的优越性，即通信稳定可靠。

　　对于这种方式的传播机制，当前倾向性的看法是认为应用地下波导理论较合适，认为地表面是一层电导率较高($\sigma \approx 10^{-1} \text{ S/m} \sim 10^{-3} \text{ S/m}$)的冲积层，中间是电导率较低($\sigma < 10^{-3} \text{ S/m}$)的岩石层，其下是高温的导电层，这样就在地下(3 km～25 km)处形成一个地下波导，电波沿着由两个较高电导率层所构成的波导传播而到达接收点。理论估算，当电波频率为 1 kHz 时，在岩石层($\sigma = 10^{-7} \text{ S/m}$, $\varepsilon_r = 6$)内传播，衰减率约为 40 dB/1000 km 左右。

　　这种传播方式也存在问题，一是由于地下传播损耗很大。要达到一定的通信距离，需要很大的发射功率，以及由此带来的供电、冷却、工程等一系列问题。二是如何保持这种波导在水平方向上的连续性问题，地壳中的某些地区可能出现的深陷或断裂都将破坏电波传播预定的正常途径。因此，地下波导传播方式仍处于理论探讨和模拟试验阶段。目前在实际应用中，电波实际上是沿混合路径传播的，如图 10.5 - 3(a)所示。电波先是在地面上传播，到接收点区域再垂直进入地下。

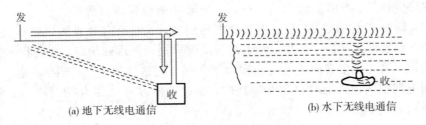

(a) 地下无线电通信　　　　　　　　　　　　(b) 水下无线电通信

图 10.5 - 3　电波沿混合路径传播

2. 水下传播

　　水下通信的电波传播方式与上述的地下通信有极大的相似性。目前水下无线电通信主要是指岸上对潜艇的指挥通信和潜艇对岸上基地的上报通信，如图 10.5 - 3(b)所示。由于海水是高导电率的媒质，电波在其中传播损耗很大，因此必须选用频率很低的波段。例如有的导航系统使用频率约 100 kHz，最低的用到 10 kHz 左右，就可以对位于水下几十米的潜艇进行导航。

　　此外，丛林通信(指在热带、亚热带丛林地区进行的通信)的电波传播方式也类似上述情况。在热带、亚热带丛林中，由于山高林密，丛林的浓密枝叶对电波的吸收很大。天线置于其中，类似置于半导电的媒质之内。因此，电波传播的主要途径是"上-越-下"方式，即电波穿出丛林，或沿着丛林顶以地面方式传播，或是经高空电离层反射后到达接收区域附近，而后再进入丛林，为接收系统所接收。这种通信方式的主要特点是：① 丛林属高导电性媒质，对电波能量吸收很大，因而通信距离大大缩短；② 热带、亚热带地区雷电多、天电干扰大，严重影响信噪比。

3. 总结

由以上讨论，我们可以得出有关电波传播的一些重要概念：

（1）垂直极化波沿地面传播时，会产生沿传播方向的电场纵向分量 E_{1x}，造成大地对电波能量的吸收，因此可以用 E_{1x} 值的大小来说明传输损耗的情况。地面电导率 σ 越高或电波频率越低，E_{1x} 就愈小，传输损耗也就愈小。故地面传播方式特别适宜于长波或超长波波段；短波和米波小型电台采用这种传播方式工作时，只能进行几十千米或几千米的近距离通信。

（2）地面波传播过程中的波前倾斜现象具有很大的实用意义，可以采用相应的天线，以便有效地接收 E_{1z}、E_{1x}、E_{2x} 等电场分量。

在空气中，由于电场垂直分量远大于水平分量，因此在接收地上电波时，多采用直立天线接收 E_{1z} 分量。当在某些场合，由于受到条件的限制时，也可用低架或铺地水平天线来接收 E_{1x} 分量。在接收水平分量的水平天线附近宜选择 ε_r 和 σ 较小的干燥地，以提高微弱信号的 E_{1x} 分量。

当在地下或水下接收电波（如坑道通信和潜艇通信）时，由于 $E_{2x} \gg E_{2z}$，因此必须用水平天线接收 E_{2x} 分量。但要注意随着地下深度的增加，地下传播的场强振幅将按指数规律迅速衰减，因此接收天线不能埋得过深。同样，埋地天线的地质也应该选择电导率低的干燥地为好。

（3）地面波的传播特性与整个传播路径的地质有关，特别是和发射、接收天线附近地质的电参数关系密切。根据地面波的"起飞-降落"现象，在实际工作中应力求把收、发天线架设在电导率大的地面上。另外，由于地面波是紧贴地表面传播的，除了大地吸收使电波场强随距离的增加而迅速衰减外，地球曲率和地面的障碍物对电波传播也有一定的阻碍作用，造成绕射损失。电波的绕射损失与地形的起伏和波长的比值有关，障碍物高度与波长的比值愈大，绕射损失愈大，甚至使通信中断。一般来说，长波绕射能力最强，中波次之，短波较小，而超短波绕射能力最弱。

（4）地面波是沿地表面传播的。由于地表面的电性能及地貌地物等一般较为稳定，并且基本上不受气候条件的影响，因此信号稳定，这是地面波传播的突出特点。

应该指出的是，地波的损耗和波的极化方式有很大关系。例如，水平极化波的电场平行于地面，则地面感应电流很大，电波能量损耗很大，传播距离很近。计算表明，电波沿一般地质传播时，水平极化波比垂直极化波的传播损耗要高 60 dB 左右。所以地面波传播采用垂直极化波时，一般都使用直立天线。

本 章 小 结

地面波传播适用于超长波、长波、中波远距离通信以及短波、超短波短距离通信。发射天线采用直立天线，垂直极化方式；地面上接收天线为直立天线，地下接收天线为水平振子天线。

电波沿地面传播时，会出现电场水平分量，将引起大地吸收损耗。地面电导率 σ 越高或电波波长越长，损耗越小。对于传播过程中遇到的障碍物，长波的绕射能力最强，绕射损失最小，故而地面波传播方式最适合长波。

电场水平分量的出现亦会造成波前倾斜现象，这在军事通信上有着重要的实用意义。

地面波在传播过程中，还有"起飞-降落"现象，所以在实际工作中应尽量把收发天线架设在电导率大的地面上。

习　　题

10.1　地球表面的电特性是如何划分的？

10.2　什么是地面波传播的波前倾现象？说明什么？

10.3　什么是地面波传播的起飞-降落现象，说明什么？

10.4　某电视转播卫星，发射机输出功率为 100 W，发射馈线损耗为 2 dB，天线增益为 37 dB，卫星高度为 36 000 km，计算地面上的电场强度。

10.5　地下和水下传播的特点是什么？二者主要区别是什么？

第 11 章　天 波 传 播

天波传播通常是指自发射天线发出的电波，在高空被电离层反射后到达接收点的传播方式，因而也称为电离层电波传播。长、中波和短波都可以利用这种传播方式进行通信。天波传播的主要特点是传输损耗小，因而可以利用较小的功率实现远距离通信。

11.1　电 离 层 概 况

11.1.1　电离层的形成、结构与变化

电离层是地球高空大气层的一部分，分布高度从 60 km 一直延伸到大约 1000 km。在这个范围内，辐射主要为太阳的紫外辐射及高能微粒辐射等，使得大气分子部分游离，形成由自由电子，正、负离子和中性分子、原子等组成的等离子体。这种被电离了的区域就叫电离层。

电离层的结构与大气的特性有关。距离地面 100 km 以内，由于上升与下降气流的混合作用，大气情况与地面附近的大气组成大致相同；在 100 km 以上，由于质量的关系，大气形成了分层现象，质量较重的气体在大气层的下面，较轻的气体在大气层的上面，如图 11.1-1 所示，每一层气体密度的分布也是上疏下密的。

当大气被电离时，电离的程度以每单位体积的自由电子数 N（即电子密度）来表示。它与被电离气体的分子密度以及太阳照射的强弱有关。由于每层气体分子的分布是上疏下密，而太阳辐射的能量是从上向下逐渐减弱，因此可以预计在每一气体层中，某一高度处电子密度最大。根据地面电离层观测站的间接探测和利用火箭、卫星等进行直接探测的结果证实，电离层中电子密度的高度分布有几个峰值区域。按照这些峰值区域出现的高度，整个电离层又相应地分为四个区域，从低向高分别称为 D 层、E 层、F_1 层和 F_2 层，如图 11.1-2 所示。各层之间没有明显的分界线，也没有非电离的空气间隙。每一层都有一个电子密度的最大值，整个电离层的最大电子密度就在 F_2 层；F_2 层以上的电子密度随高度增加而缓慢减小。各层的主要数据如表 11.1-1 所示。

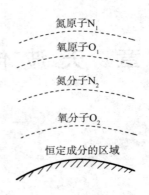

图 11.1 - 1　大气的分层现象

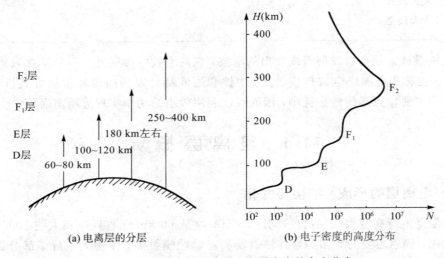

(a) 电离层的分层　　　　　　　　(b) 电子密度的高度分布

图 11.1 - 2　电离层的分层和电子密度的高度分布

表 11.1 - 1　电离层各层的主要数据

层别 / 参数	D	E	F₁	F₂
区域范围/km	$60\sim90$	$90\sim150$	$150\sim200$	$200\sim500$
N_{max} 出现的高度/km	≈80	≈115	≈180	$200\sim350$
白天的 N_{max}	$\approx2\times10^3$	$5\times10^4\sim1.5\times10^5$	$2\times10^5\sim4\times10^5$	$8\times10^5\sim2\times10^6$
夜间的 N_{max}	0	$10^3\sim5\times10^2$	0	$10^5\sim3\times10^5$
原子和分子密度/(个/厘米³)	$\approx2\times10^{15}$	$\approx6\times10^{12}$	$\approx10^{10}$	$\approx10^8$
碰撞频率/(次/秒)	$10^6\sim10^8$	$10^3\sim10^6$	10^4	$10\sim10^3$
白天的临界频率/MHz	<0.4	<3.6	<5.6	<12.7
夜间的临界频率/MHz	—	<0.6	—	<5.5

11.1.2 电离层的变化规律

电离层的形成主要是由于太阳的辐射,因此各层的电子密度、高度等参数和各地点的地理位置、季节、时间以及太阳活动等有密切关系,其变化可分为较规则的变化和随机的不规则变化两种。

1. 电离层的规则变化

1) 日变化

日变化是指昼夜 24 小时之内的变化情况。白天各层电子密度高,夜晚明显降低,如图 11.1-3 所示。D 层和 F_1 层只在白天出现;夜晚 D 层由于电子和离子不断复合而逐渐消失,F_1 层和 F_2 层合并。F_2 层的情况较为复杂,极小值出现在黎明前,而极大值多出现在午后,这说明形成 F_2 层的原因很复杂。

2) 季节变化

季节变化是指由于地球环绕太阳公转引起的季节性的周期变化。一般来说,夏季的电子密度大些,但 F_2 层的变化比较特殊。对于 F_2 层来说,冬季日夜变化大,夏季日夜变化较缓慢。但在许多地方,冬天的电子密度 N_{max} 反比夏天的大些,如图 11.1-4 所示。

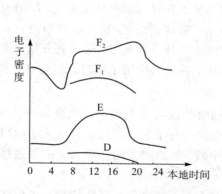

图 11.1-3 各层电子密度的昼夜变化

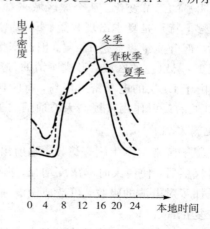

图 11.1-4 不同季节 F_2 层的昼夜变化情况

3) 随太阳黑子 11 年周期的变化

太阳黑子是指太阳光球表面经常出现的黑斑或黑点。根据天文观测,黑子的数目和大小经常在改变,有以 11 年为周期的变化规律,如图 11.1-5 所示。

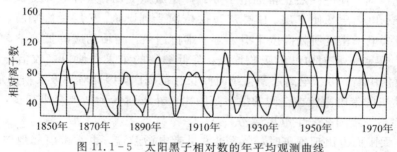

图 11.1-5 太阳黑子相对数的年平均观测曲线

太阳活动性一般以太阳一年的平均黑子数来表征。即太阳黑子数最多的年份也就是太阳活动性强的年份，电离层中各区域的电离度增加，电子密度加大；太阳活动性弱的年份，电子密度减小。太阳活动性也具有 11 年的周期性。

4）随地理位置的变化

纬度越高，太阳照射越弱，电离层的电子密度越小。

2. 电离层的不规则变化

电离层除了上述几种规则变化外，有时还会发生一些随机的、非周期性的、突发的急剧变化，称为不规则变化，主要有以下几种：

1）突发 E_s 层

突发 E_s 层是指发生在 E 层高度上的一种常见的较为稳定的不均匀结构。由于它的出现不太有规律，故称为突发 E_s 层。目前对 E_s 层的初步认识是：它是一些彼此被弱电离气体分开的电子密度很高的"电子云块"，像网似的、聚集而成的电离薄层，厚度约 0.5 km～5 km 左右，而水平扩展范围从数米到 2000 km 左右。E_s 层的出现虽然是偶发的，但形成后在一定时间内很稳定。

E_s 层夏季出现较多，白天和晚上出现的概率相差不大：赤道地区的 E_s 层主要在白天出现，无明显的季节变化。从全球区域来看，远东地区 E_s 层出现的概率最大，我国上空 E_s 层强而且多，特别是夏季出现频繁。E_s 层对电波有时呈半透明性质，即入射波的部分能量遭到反射，部分能量将穿透 E_s 层，因此产生附加损耗。有时入射电波受到 E_s 层的全反射而达不到 E_s 层以上的区域，形成所谓的"遮蔽"现象，造成借助 F_2 层反射的短波定点通信中断。但由于 E_s 层的电子密度很高，有时比正常值高出几个数量级，因此充分认识和利用 E_s 层对电波的反射作用来提高天波通信的工作频率，并将其应用于短波通信是有益的。

2）电离层骚扰

太阳黑子区常常发生耀斑爆发，辐射出较强的紫外线与 X 射线，以光速向外传播，到达地球大气层后，使白天时电离度增强，尤其是 D 层的电子密度可比正常值大 10 倍以上，大大地增加了对电波的吸收，可造成短波通信的中断。耀斑爆发时间很短，一般经过几分钟即可恢复正常。

电离层骚扰所产生的通信中断现象仅发生于白昼，一般在低纬度线传播的电波较在高纬度线所受的影响大。

3）电离层暴

太阳发生耀斑时，除辐射较强的紫外线和 X 射线外，还喷射出大量带电微粒流。当微粒流进入电离层时，使电离层正常的电子分布产生激烈变动，这种电离层状态的异常变化称为电离层暴。电离层暴使 F 层、E 层和 D 层依次受到影响。F 层受影响时，电子密度最大值下降，最大电子密度所处高度上升。为了维持通信，必须相应降低通信频率。但同时受到影响的 D 层和 E 层对电波的吸收增大，降低频率的结果会使得接收信号的电平严重减弱，甚至通信中断。由于电离层暴持续时间长且范围广，因此对短波通信的危害性极大。但耀斑爆发喷出的带电微粒在空间的散布范围比紫外线和 X 射线要窄小得多，所以电离层骚扰发生后并不一定随之发生电离层暴。

此外，在太阳面上出现耀斑时，会喷出大量带电微粒流，也常常引起地磁场很大的扰动，产生磁暴。由于磁暴经常伴随着电离层暴，且又比电离层暴早出现，因此目前它是电离层暴预报的重要依据之一。在发生磁暴时，由于地磁场的急剧变化，会在大地产生感应电流，这种地电流会在电报通信电路中引起严重干扰。

11.1.3 电离层的等效电参数

当大气电离而形成电离层后，其电参数就发生了变化。因为在电离层有自由电子和离子存在，当电波通过电离层时，它们受到电波电场的作用而运动，产生徙动电流，使电波的电场与磁场的关系发生改变。同时，当电子或离子运动时，会经常碰撞其他的电子、离子或气体分子，消耗一部分能量，使电波能量损耗。因此电离层是一种具有等效介电常数 ε 及等效电导率 σ 的半导体媒质。

下面根据徙动电流来求出等效电参数。

当电波通过电离层时，在电场的作用下，自由电子将受力而产生运动，其运动方程式为

$$F = eE = m \frac{\mathrm{d}^2 z}{\mathrm{d}t^2} + \gamma m \frac{\mathrm{d}z}{\mathrm{d}t} \qquad (11.1-1)$$

式中 $e = 1.602 \times 10^{-19}$ C，为电子的电荷；$m = 9.106 \times 10^{-31}$ kg，为电子的质量；电子运动的方向为 z 方向；γ 为电子每秒与中性分子的平均碰撞次数；$m \frac{\mathrm{d}^2 z}{\mathrm{d}t^2}$ 为使电子加速所需之力；$\gamma m \frac{\mathrm{d}z}{\mathrm{d}t}$ 为由于碰撞所引起的摩擦力（因为设电子每次碰撞失去它的全部动量 $m \frac{\mathrm{d}z}{\mathrm{d}t}$，则 $\gamma m \frac{\mathrm{d}z}{\mathrm{d}t}$ 为每个电子在每秒钟内改变的动量，相当于一种摩擦力）。

由于电波的电场随时间按正弦规律变化，即 $E = E_m \mathrm{e}^{\mathrm{j}\omega t}$，则电子运动方向也可表示成 $z = Z_m \mathrm{e}^{\mathrm{j}\omega t}$ 的形式，因此

$$\frac{\mathrm{d}^2 z}{\mathrm{d}t^2} = \mathrm{j}\omega \frac{\mathrm{d}z}{\mathrm{d}t} \qquad (11.1-2)$$

将式(11.1-2)代入式(11.1-1)，可得

$$-eE = m(\gamma + \mathrm{j}\omega) \frac{\mathrm{d}z}{\mathrm{d}t}$$

由此可解出

$$\frac{\mathrm{d}z}{\mathrm{d}t} = \frac{-eE}{m(\gamma + \mathrm{j}\omega)}$$

设自由电子密度为 N，则由于自由电子的运动而产生的徙动电流密度为

$$J_e = -Ne \frac{\mathrm{d}z}{\mathrm{d}t} = \frac{Ne^2 E}{m(\gamma + \mathrm{j}\omega)}$$

麦克斯韦第一方程应变为

$$\nabla \times \boldsymbol{H} = \frac{\partial \boldsymbol{D}}{\partial t} + \boldsymbol{J}_e = \mathrm{j}\omega \varepsilon_0 \boldsymbol{E} + \frac{Ne^2}{m(\gamma + \mathrm{j}\omega)} \boldsymbol{E} = \mathrm{j}\omega \left[\varepsilon_0 + \frac{Ne^2}{\mathrm{j}\omega m} \left(\frac{1}{\gamma + \mathrm{j}\omega} \right) \right] \boldsymbol{E} = \mathrm{j}\omega \left[\varepsilon_0 + \frac{Ne^2}{\mathrm{j}\omega m} \left(\frac{\gamma - \mathrm{j}\omega}{\gamma^2 + \omega^2} \right) \right] \boldsymbol{E}$$

$$= \mathrm{j}\omega \left[\varepsilon_0 - \frac{Ne^2}{m(\gamma^2 + \omega^2)} + \frac{Ne^2 \gamma}{\mathrm{j}\omega m(\gamma^2 + \omega^2)} \right] \boldsymbol{E} = \mathrm{j}\omega \left[\varepsilon + \frac{\sigma}{\mathrm{j}\omega} \right] \boldsymbol{E}$$

由此可看出，电离层的等效电参数为

$$\varepsilon_x = \varepsilon + \frac{\sigma}{j\omega} \qquad (11.1-3)$$

式中

$$\varepsilon = \varepsilon_0 - \frac{Ne^2}{m(\gamma^2+\omega^2)} = \varepsilon_0\varepsilon_r \qquad (11.1-4)$$

$$\varepsilon_r = 1 - \frac{Ne^2}{m\varepsilon_0(\gamma^2+\omega^2)} \qquad (11.1-5)$$

$$\sigma = \frac{Ne^2\gamma}{m(\gamma^2+\omega^2)} \qquad (11.1-6)$$

式中，ε_x 为等效复介电常数；ε 为等效介电常数；ε_r 为等效相对介电常数；σ 为等效电导率。

对于一般无线电波，有不等式

$$\omega^2 \gg \gamma^2$$

因此，可以认为

$$\varepsilon_r = 1 - \frac{Ne^2}{m\varepsilon_0\omega^2} \qquad (11.1-7)$$

$$\sigma = \frac{Ne^2\gamma}{m\omega^2} \qquad (11.1-8)$$

分析上面所得的结果，可以看出：

(1) 电离层的等效介电常数 ε 较真空介电常数 ε_0 小，即相对介电常数 $\varepsilon_r < 1$。电子密度 N 越大，频率越低，则 ε_r 越小。

ε_r 的降低是由于徙动电流与位移电流反相引起的。因为位移电流超前电场 $90°$，所以有电容性电流流动。徙动电流滞后电场 $90°$（由于电子运动的惯性），二者反相使总电流减小，这就相当于使电离层的等效介电常数 ε 降低。显然 ε 降低的程度与徙动电流的大小有关。N 越大，运动电荷越多，徙动电流越大，ε 越小；频率越低，电子受到电场单方向加速的时间越长，运动速度越大，徙动电流越大，ε 也越小。

(2) 由于自由电子在受到电波电场的作用下运动，并与其他离子、分子碰撞消耗能量，使电波受到吸收，故电离层可等效为一个电导率 $\sigma \neq 0$ 的半导电媒质。电子密度 N 越大，电波受到的吸收越多；频率愈高，电子运动方向改变愈频繁，受电场单方向加速的时间愈短，运动速度愈低，碰撞所消耗的能量愈小，电波所受吸收愈少；至于碰撞次数 γ 的影响，当 $\omega^2 \gg \gamma^2$ 时，碰撞次数 γ 愈大，能量消耗愈大，电波所受吸收愈多；而当 $\omega^2 \ll \gamma^2$ 时，γ 愈大，吸收反而减小，这是因为碰撞过于频繁时，电子加速不起来的缘故。

(3) 实际电离层的电子密度是随距地面的高度不同而变化的。因此其等效电参数 ε_r、σ 随高度变化，电离层呈现不均匀的性质。

11.2 电波在电离层中的传播

电波在电离层中的传播问题，实际上是一个电波在不均匀媒质中的传播问题。通常认为中、短波波段的无线电波在正常情况下的电离层中的传播，是满足几何光学近似条件的，因而可以用射线理论来分析。

11.2.1　电波在电离层中的折射与反射

我们已经知道电离层可等效为一个电导率不为零的半导电媒质,其等效相对介电常数为

$$\varepsilon_r = 1 - \frac{Ne^2}{m\varepsilon_0\omega^2} \qquad (11.2-1)$$

将 e、m、ε_0 等值代入式(11.2-1),得

$$\varepsilon_r = 1 - 80.8\frac{N}{f^2} \qquad (11.2-2)$$

或

$$n = \sqrt{\varepsilon_r} = \sqrt{1 - 80.8\frac{N}{f^2}} \qquad (11.2-3)$$

式中,N 的单位为电子数/厘米³;f 的单位为 kHz;n 为电离层媒质的折射率。

由于电离层中的电子密度是随高度而变化的,当 N 随高度增加而加大时,折射率 n 将随高度的增加而减小,因此射入电离层的无线电波将不沿着直线传播而连续产生折射。为了便于分析,我们将电离层分成许多厚度极薄的平行薄片层,如图 11.2-1 所示。在每一薄片层中,电子密度认为是均匀的,设第一层电子密度为 N_1,第二层电子密度为 N_2,依次类推,相应的折射率分别为 n_1、n_2……

若

$$0 < N_1 < N_2 < \cdots N_n < N_{n+1}$$

则

$$n_0 > n_1 > n_2 > \cdots n_n > n_{n+1}$$

当频率为 f 的电波以一定的入射角 θ_0 从空气射入电离层后,电波在通过每一薄片层时折射一次。当薄片层无限多时,电波的轨迹就变成一条光滑的曲线,如图 11.2-1 所示。

根据折射定理,可得

$$n_0\sin\theta_0 = n_1\sin\theta_1 = \cdots = n_n\sin\theta_n \qquad (11.2-4)$$

由于随着高度的增加,n 值逐渐减小,因此电波进入电离层后将会连续沿着折射角大于入射角的轨迹传播,即 $\theta_0 < \theta_1 < \theta_2 \cdots < \theta_n$。当电波深入到电离层的某一高度时,若该处电子密度 N_n 的值恰使折射角 $\theta_n = 90°$,则电波轨迹到达最高点,而后射线将沿着折射角逐渐减小的轨迹由电离层深处逐渐折回地面。由于电子密度随高度的分布是连续变化的,因此电波的轨迹是一条光滑的曲线。根据式(11.2-4)就可得出电波从电离层中全反射下来的条件。

因为

$$n_0\sin\theta_0 = n_n\sin\theta_n \qquad (11.2-5)$$

将 $n_0 = 1$、$\theta_n = 90°$ 代入式(11.2-5),得

$$\sin\theta_0 = n_n = \sqrt{1 - 80.8\frac{N_n}{f^2}} \qquad (11.2-6)$$

式(11.2-6)反映了欲使电波从电离层返回地面,电波频率 f、入射角 θ_0 和反射点的电子密度 N_n 之间的关系。可以看出:

(1) 当频率为 f 的电波以一定的入射角 θ_0 进入电离层时,一直要深入到电离层的 N

能满足式(11.2-6)所要求的数值时，才能由该点反射回来。若电离层的最大电子密度 $N_{\max}$ 尚不能满足式(11.2-6)所要求的数值，则电波穿出电离层，无法被反射。

（2）对于频率 f 一定的电波，入射角 θ_0 愈大，进入电离层后其相应的折射角也愈大，稍经折射电波射线就能满足 $\theta_n = 90°$ 的条件，使电波很容易从电离层中反射下来，如图11.2-2所示。

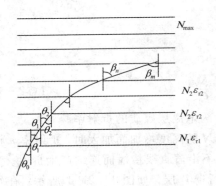

图 11.2-1　电波在电离层中的折射

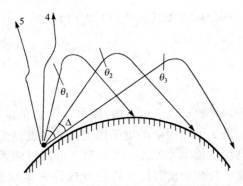

图 11.2-2　不同入射角时电波的反射情况

（3）当电波以一定的入射角 θ_0 进入电离层时，频率 f 愈高，使电波折回所需的 N 就愈大，即电波愈深入电离层（电子密度比低层大）。当频率高至某一值 $f_{\max}$ 时，电波将深入到电离层电子密度的最大值 $N_{\max}$ 处；当频率高于此值时，电波将穿出电离层，如图11.2-3所示。因此要使电波能从电离层反射回来，频率应小于最高频率 $f_{\max}$。

现在我们来求电波能从电离层反射的最高频率。

将全反射条件式(11.2-6)中的 N_n 用 $N_{\max}$ 来代替，即得最高频率的表示式为

$$f_{\max} = \sqrt{\frac{80.8\,N_{\max}}{1 - \sin^2\theta_0}} = \frac{\sqrt{80.8\,N_{\max}}}{\cos\theta_0} \qquad (11.2-7)$$

由于在实际工作中，常用仰角 Δ 而不用入射角 θ_0，故需将式(11.2-7)中的 θ_0 用 Δ 来表示。θ_0 与 Δ 的关系可由图11.2-4求得。由正弦定理可知

$$\frac{\sin(90° + \Delta)}{R + h} = \frac{\sin\theta_0}{R} \qquad (11.2-8)$$

式中，R 为地球半径，可得

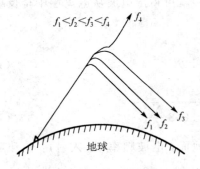

图 11.2-3　相同入射角 θ_0、不同频率电波的反射情况

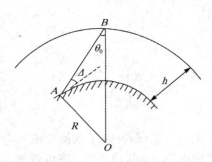

图 11.2-4　仰角与入射角的关系

$$\sin\theta_0 = \frac{\cos\Delta}{1+h/R} \qquad\qquad (11.2-9)$$

即

$$\sin^2\theta_0 = \frac{\cos^2\Delta}{1+2h/R} \qquad\qquad (11.2-10)$$

代入式(11.2-7)，得

$$f_{\max} = \sqrt{\frac{80.8N_{\max}(1+2h/R)}{\sin^2\Delta+2h/R}} \qquad\qquad (11.2-11)$$

当仰角 $\Delta=\pi/2(\theta_0=0)$ 时，即相当于垂直投射的情况

$$f_{\max} = f_c = \sqrt{80.8N_{\max}} \qquad\qquad (11.2-12)$$

式中 f_c 称为临界频率，它是电波垂直投射时能够从已知的电离层反射回来的最高频率。

将式(11.2-12)再代回式(11.2-11)，可得

$$f_{\max} = f_c\sqrt{\frac{1+2h/R}{\sin^2\Delta+2h/R}} \qquad\qquad (11.2-13)$$

或

$$f_{\max} = f_c\sec\theta_0 \qquad\qquad (11.2-14)$$

式(11.2-14)称为电离层的正割定律。它说明了斜投射时的最高频率 $f_{\max}$ 和临界频率 f_c 在同一高度处反射时，这两个频率之间应满足的关系。由此可见，当反射点电子密度 $N_{\max}$ 一定时(即 f_c 一定)，通信距离 r 愈大，θ_0 也就愈大，所允许使用的频率也就愈高。

11.2.2　电波在电离层中的吸收

在电离层中，除了自由电子外还有大量的中性分子和离子存在，它们都处于不规则的热运动中。当电波入射到电离层后，自由电子受电波电场力加速而作往返运动。运动的电子与离子及中性分子相碰撞，就把从电波得到的能量传递给中性分子或离子。因此无线电波的一部分能量在电子碰撞时就转化为热能而被损耗掉了，这种现象称为电离层对电波的吸收。吸收的大小可用衰减常数 α 来表示，电波在电离层中传播的整个路径所受的吸收可表示为

$$L = \int_l \alpha \cdot \mathrm{d}l$$

由电磁场理论中关于损耗媒质内平面波的讨论可知，电波在半导电媒质中传播时，其衰减常数 α 的表示式为

$$\alpha = \frac{2\pi}{\lambda}\sqrt{\frac{1}{2}\left[\varepsilon_r^2+(60\lambda\sigma)^2-\varepsilon_r\right]} \qquad\qquad (11.2-15)$$

而电离层的等效相对介电常数和电导率分别为

$$\varepsilon_r = 1 - \frac{Ne^2}{\varepsilon_0 m(\omega^2+\gamma^2)}$$

$$\sigma = \frac{Ne^2\gamma}{m(\omega^2+\gamma^2)}$$

对于具有实际意义的短波传播情况，$\omega^2\gg\gamma^2$，$\varepsilon_r^2\gg(60\lambda\sigma)^2$，则有

$$\alpha \approx \frac{60\pi\sigma}{\sqrt{\varepsilon_r}} = \frac{60\pi Ne^2\gamma}{\sqrt{\varepsilon_r}\,m(\omega^2+\gamma^2)} \approx \frac{60\pi Ne^2\gamma}{\sqrt{\varepsilon_r}\,m\omega^2} \qquad\qquad (11.2-16)$$

故

$$L = \int_l \frac{60\pi N e^2 \gamma}{\sqrt{\varepsilon_r}\, m \omega^2} \mathrm{d}l \qquad\qquad (11.2-17)$$

可见，电离层对电波的吸收不仅决定于衰减常数 α，还决定于电波在电离层中所经的途径。因此吸收的大小与入射角 θ_0、工作频率 f、电离层的参数（如电子密度 N 及碰撞次数 γ 等）都有关系。电子密度愈大，碰撞次数愈多，对电波的吸收就愈严重。D 层、E 层虽然电子密度不大，但离子及中性分子或原子的密度比 F_1 层、F_2 层大，碰撞的次数较多，故 D 层、E 层对电波吸收大。电波工作频率较低时，电子受到加速的时间长，电子从电波获得能量多，电子运动的路程也长，碰撞的机会也多，故电离层对电波吸收就严重些。若电波工作频率较高，情况则相反，即电子加速时间短，获能少，运动路程也短，碰撞机会也少，电离层对电波吸收就小些。这说明天波传播应尽可能采用较高的工作频率。然而工作频率过高时，电波需到达电子密度很大的地方才能开始返回地面，即电波要射入到电离层更高的地方，会大大增长电波在电离层中的传播距离。虽然频率越高，衰减常数 α 越小，但电离层对电波的总衰减量还是随路程的大大增长而增大。因此正确地选用通信频率，对提高通信质量是十分重要的。

此外，频率为 1.4 MHz 的电波可与电离层中的自由电子振动发生谐振，产生较大的谐振吸收。因此 1.4 MHz 的电波不宜采用天波传播方式。

11.3　短波的天波传播

波长从 100 m～10 m（相应的频率为 3 MHz～30 MHz）的无线电波称短波，又称为高频无线电波。短波使用天波传播方式时，具有以下两个突出优点：一是电离层这种传播媒质抗毁性好，不易被彻底地、永久地摧毁，只有在高空核爆炸时才会在一定时间内遭到一定程度的破坏；二是传播损耗小，因此能以较小的功率进行远距离通信，且通信设备简单，成本低，建立电路机动灵活。因此直至今日，短波天波传播仍然是重要的无线电波传播方式之一，在无线电通信技术中仍占有相当重要的地位。但由于短波无线电波比较深入地进入电离层，一般都是从 F 层反射下来，因此受电离层的变化影响较大，信号不够稳定，衰落现象严重，特别是受到电离层随机因素的影响，有时甚至造成通信中断。下面我们介绍短波传播中遇到的几个主要问题和特性。

11.3.1　传输模式

短波天波传播模式通常是指短波传播的路径。由于短波天线波束较宽，射线发散性较大；同时电离层是分层的，电波传播时可能有多次反射，因此在一条通信线路中存在着多种传播路径，即存在着多种传输模式。

当电波以与地球表面相切的方向发射时，可以得到一跳最长的地面上通信距离。平均来说，以 E 层反射的一跳（记为 1E）最远距离约为 2000 km，以 F 层发射的一跳（记为 1F）最远距离约为 4000 km。若通信距离更远时，必须经过几跳才能达到。表 11.3－1 列出了在各种距离上，可能存在的几种传输模式。

表 11.3 - 1 各种距离可能存在的传输模式

通信距离/km	可能的模式
0~2000	1E, 1F, 2E
2000~4000	2E, 1F, 2F, 1F+1E
4000~6000	3E, 4E, 2F, 4F, 1E+1F, 2E+1F
6000~8000	4E, 2F, 3F, 4F, 1E+2F, 2E+2F

对于一定的地面距离($r<4000$ km)，即使是 1F 型传播模式，一般也可以有两条传播路径，其射线仰角分别为 Δ_1 和 Δ_2，如图 11.3 - 1 所示。

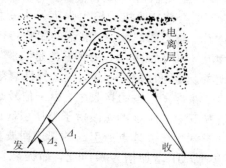

图 11.3 - 1 高角波和低角波示意图

上述情况说明，对于一定的传播距离而言，可能存在着几种传输模式和几条射线路径，这种现象就称为多径传输现象。特别是由于电离层的随机变异性，使得沿各条路径传输的信号场强及路径长度都是随机的，其结果会使接收电平有严重的快衰落现象并引起传输失真。其次，在对某一固定通信线路进行场强计算时，也必须确定存在的传输模式并找出对接收点场强起主要作用的主导模式。因此，无论是对线路进行电平估算或研究信号的传输特性，了解短波传输模式都是十分必要的。

11.3.2 衰落现象

衰落是指接收点信号振幅忽大忽小不规则的变化现象，如图 11.3 - 2 所示。通常衰落分为慢衰落与快衰落两种情况，慢衰落的周期（即两个相邻最大值或最小值之间的时间）从几分钟到几小时甚至更长时间，而快衰落的周期是在十分之几秒到几秒之间。

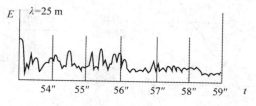

图 11.3 - 2 短波的衰落现象

慢衰落是一种吸收型衰落，它是由电离层电子密度及其高度的变化造成电离层吸收的变化而引起的。由于其变化周期较长，故也称为信号电平的慢变化。

快衰落是一种干涉性衰落，它是由随机多径传输现象引起的。由于所走的路径不同，到达接收点的相位也不同，同时它们的相位由于电离层电子密度不断的随机变化，造成接收点合成信号场强发生随机起伏，这种变化比较快，故称为快衰落。

衰落的严重程度一般常用失真来表示。它的意义是：接收点的总电场强度降到可靠接收所需要的信号强度 $E_{\min}$ 以下的时间段的总和与全部观察时间的比值。在图 11.3-3 中，设 T 是全部观察时间，则失真 S 的表示式为

$$S = \frac{\Delta t}{T} = \frac{\overline{ab} + \overline{cd}}{T} \qquad (11.3-1)$$

衰落给接收无线电波带来很大的困扰。例如，接收无线电报时，可能会遗漏一个符号，一个字母，甚至一个字。在使用电传机时，漏掉一个或几个脉冲会弄错成另外一个字母。在电话接收中，衰落的影响不但会使接收机的输出强度发生变化，而且会引起失真。因为在接收调幅波时，由于不同频率有不同的波径，衰落的影响将使信号中各频率的幅度和相互之间的相位都不断地发生互不相干的变动，最严重的是载波发生选择性衰落的时候，因为这样会产生过度调幅的现象。其他的失真还有边频选择性衰落所引起的失真和载波或边频的相位变动所引起的失真。在传真电报的接收中，由于信号是一连串的为时只有千分之几秒的脉冲，因此在这种情况下除了应该考虑漫射干涉所引起的衰落之外，还应该考虑经过不同反射次数的电波不同时到达接收地点所引起的邻近回波现象。

抗衰落通常采用的方法有：① 增加信号噪声比，如提高发射功率，提高接收机灵敏度，提高接收天线的方向系数等；② 在接收机内装特殊电路和改变调制方式；③ 采用分集接收，这是抗快衰落的最有效的办法。所谓分集接收，就是对信号进行分散接收再集中处理。原来尽管各点的接收信号都产生衰落，但互相离开一定距离的两点上的信号衰落却完全不相关，即一处信号最小时，另一处未必最小。因此，如果在两点各架设一副天线，分别将信号接收下来，再对信号进行集中处理，比如简单地择优选用，如图 11.3-4 所示，就可以使信号质量大大提高。这种靠不同空间位置的两副以上的天线同时接收信号的方法叫空间分集。同样道理，也可利用两个不同的频率传递一路信号，这就叫频率分集。分集效果的好坏取决于分集信号之间的相关程度。实践证明，只要相关系数 $|\rho| \leqslant 0.6$，就能得到较明显的分集效果。

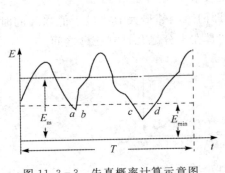

图 11.3-3　失真概率计算示意图

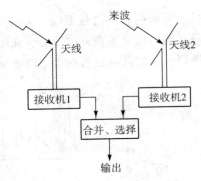

图 11.3-4　分集接收示意图

11.3.3　短波传播中的静区

静区是围绕发射机的环形区域，如图 11.3-5(a)所示，在这个区域内收不到信号，但

在这个区域之外又可收到信号。

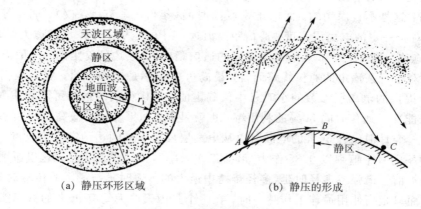

$$(a)\ 静压环形区域\qquad\qquad\qquad (b)\ 静压的形成$$

图 11.3 – 5　短波通信中的静区

　　静区的形成是由于短波传播中地波的衰减很快，在距离发射机不远处的 B 点，地波就接收不到。而对于一定的频率，天波高仰角的射线会穿出电离层，低仰角射线所能到达的最近距离都在 C 点以外，如图 11.3 – 5(b)所示。这样在 BC 段内既收不到地波，也收不到天波，就形成了所谓的静区。

　　静区的大小决定于它的内半径 r_1 及外半径 r_2。r_1 由地面波的传播条件决定，与昼夜时间无关，随着频率的增高，地面波衰减增大，r_1 减小。r_2 与昼夜时间及频率都有关系。白天由于反射层电子密度大，可用较高的仰角 Δ 发射电波，故 r_2 较小；对于不同的频率，为了保证电波从电离层反射回来，随着频率的增加，发射的仰角 Δ 应减小，因此 r_2 增大。

　　减小静区的措施有：① 降低工作频率，使仰角较大的电波能被反射下来，同时也会加大地波传播距离；② 增大辐射功率，使地波传播的距离增加；③ 在军事通信中为了保证 0～30 km 的较近距离的通信，常使用高射天线和较低频率，使电波经电离层反射回到天线周围附近地区。这些措施都可使静区范围缩小以至完全消失。

11.3.4　短波天波通信工作频率的选择与确定

　　短波利用天波传播方式通信，可用于几百到一、二万千米距离甚至环球通信。从电离层对无线电波的反射和吸收规律来看，欲建立可靠的短波通信，在这个波段内任意选用一个频率是不行的。对于每一条无线线路来说，都有它自己的工作频段。频率太高，接收点会落入静区；频率太低，电离层吸收会增大，不能保证必需的信噪比。因此短波天波通信必须正确选择工作频率。一般来说，选择工作频率应根据下述原则考虑：

1. 不能高于最高可用频率

　　能使经由电离层反射的电波到达接收点的最高频率称为最高可用频率，用 MUF 表示。如果所取频率大于最高可用频率，电波即使能从电离层反射回来，但由于反射波束不能到达接收点，因而接收点收不到信号，构不成通信。应注意不要把最高反射频率 $f_{\max}$ 与最高可用频率 MUF 相混淆。$f_{\max}$ 是入射角 θ_0 一定时，电离层能反射回来的最高频率，但此时反射波束不一定到达接收点。只有 $f_{\max}$ 的反射波束恰好到达接收点的情况下，二者才相等。通常最高可用频率小于最高反射频率。

由正割定理可知，最高可用频率与电子密度及电波入射角有关。电子密度愈大，MUF 值也就愈高，这是不言而喻的。而电子密度随时间（年份、季节、昼夜）、地点等因素而变化。其次，对于一定的电离层高度，通信距离愈远，则电波入射角 θ_0 也就愈大（仰角愈低），MUF 也就愈高。图 11.3 - 6 表示对于不同的通信距离，MUF 昼夜变化的一般规律。

注意：对于一条预定的通信线路而言，最高可用频率是个预报值，它是根据地面电离层观测站所提供的电离层参数的小时月中值确定的，这样得出的最高可用频率 MUF 的小时月中值只能保证通信时间 50％ 的利用率。也就是说，如果直接用最高可用频率作为工作频率，则在一个月中仅有 50％ 的电波可以从电离层反射下来到达预定的接收点。通常是将最高可用频率的月中值乘以 0.85 作为"最佳工作频率"，以 OWF 表示。这里所谓的最佳频率，并不是指信号最强或多径时延（多径传播中最大的传输时延与最小的传输时延之差）最小的频率，而只是指使用最佳工作频率时，在一个月内天波大约有 90％ 的概率能到达指定的接收点。OWF 与 MUF 之间的关系为

$$OWF \approx 0.85MUF \tag{11.3 - 2}$$

式中 0.85 称为最佳频率因子。

根据测量表明，最佳频率因子不是固定值，它是随地理纬度、太阳活动性、季节、时间的不同而变化的。图 11.3 - 7 给出了某条线路最佳工作频率的昼夜变化曲线。因此在频率选择上较为确切的说法是：短波工作频率应等于或略低于最佳工作频率，而绝不能高于最高可用频率。

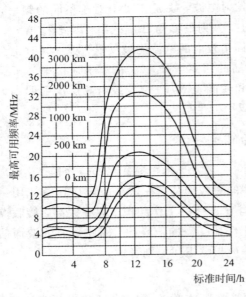

图 11.3 - 6　最高可用频率的昼夜变化曲线　　图 11.3 - 7　最佳工作频率的昼夜变化曲线

2. 不能低于最低可用频率

在短波通信中，频率愈低，电离层吸收愈大，信号电平愈低；而噪声电平却随频率的降低而增强（这是因为短波波段噪声以外部噪声为主，而人为噪声、天电噪声等外部噪声，其功率谱密度随频率的降低而加大），结果使信噪比变坏，通信线路的可靠性降低。我们定

义能保证最低所需信噪比的频率为最低可用频率，以 LUF 表示。它与发射机功率、天线增益、接收机灵敏度和接收点噪声电平等因素有关。为保证正常接收，频率不应低于某一个最低可用频率。通信距离越远，电波在电离层中经过的距离越长，最低可用频率也就越高。最低可用频率有和电子密度相同的变化规律，电子密度增大，最低可用频率亦应升高，以免吸收过大而影响通信。

3. 一日之内改变工作频率

由于 MUF、OWF 和 LUF 在一昼夜之间是连续变化的，而电台的工作频率则不可能随时变化。为了工作方便，在一昼夜之间选用的频率应尽可能地少，因此一般仅选择两个或三个频率作为该线路的工作频率。白天适用的频率称为日频，夜间适用的频率称为夜频。显然日频是高于夜频的，如图 11.3 - 7 所示。在实际工作中特别要注意换频时间的选择，通常是在电离层电子密度急剧变化的黎明和黄昏时刻适时地改换工作频率，否则会造成通信中断。例如在黎明时分，若过早地将夜频改为日频，则有可能由于频率过高而使接收点落入静区，造成通信中断；若换频时间过晚，则会因工作频率太低，电离层吸收大，信号电平过低而不能维持通信。同样，若日频不能适时地换为夜频，也难保持正常通信。至于换频的具体时间，则应根据通信线路的实际情况，通过实践掌握好每条线路不同季节的最佳换频时间。

上面介绍的选择工作频率的方法，是目前我国广泛使用的一种方法。这种方法存在的问题主要有两个：一是该方法的 MUF 值是以地面电离层观测站所预测的电离层参数的月中值为依据的，而不是以通信时刻电离层的即时状况来确定工作频率的。二是这里所说的最佳工作频率的含义也只是从统计的观点保证一个月内天波约有 90% 的概率能达到指定的接收点，而对其他特性如信噪比、多径时延、多普勒频移等均未予以特别注意。总之，由于电离层参数的时变性及各种干扰的随机性，根据这种方法选择的工作频率，无法保证短波通信经常处于优质状态。

20 世纪 60 年代开始，国际上采用实时选频技术来提高短波通信系统的效能。一般实时选频系统中至少测量三个参数：① 信号能量；② 多径时延；③ 噪声功率。有些系统还测量多普勒频移和空间分集的相关度等。这种系统的基本原理是：探测发射机以脉冲状态工作，所发射的探测信号是一串不同频率的脉冲信号，如图 11.3 - 8 所示。例如每个频率点上发射四个脉冲，相邻频率的间隔为 200 kHz，扫频一次可探测 80 个频率点，因此扫频覆盖16 MHz，扫频一次为 32 s。探测信号通过电离层传播到达接收点，由探测接收机接收，通过计算机对探测信号、干扰和噪声等进行取样和数据处理，判定出有最佳信道特性——信号电平高、多径时延小，并处于无干扰或弱干扰情况下的频率。采用这项对电离层状态进行实时测量和频率预报的先进技术，大大提高了短波通信的可靠性。

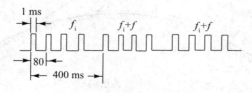

图 11.3 - 8　探测信号示意图

11.4　中波的天波传播

波长在 100 m～1000 m(相应频率从 300 kHz～3 MHz)之间的无线电波称为中波。

中波可采用地面波传播和天波传播两种方式。利用地面波传播时,与长波相比,由于波长较短,地面损耗较大,且绕射能力较差,所以传播的有效距离比长波近,但比短波要远,一般为几百千米。因为中波频率在电离层临界频率以下,故电离层能反射中波,通常是在 E 层反射。

由于白天电离层吸收大(主要是 D 层吸收),大多数情况下中波不可能用天波传播,信号几乎完全靠地面波传播。到了夜晚,D 层消失,E 层反射的天波场强增强。所以中波传播的特点是白天靠地面波传播,而晚上则既有地面波又有天波传播。例如,在距离广播电台较远的地方,地波达不到,白天天波传播损耗很大,因而在白天收不到信号;晚上由于天波损耗小,故可以收到信号。这就是为什么中波波段的广播电台信号到夜晚突然增多的原因。

中波的天波传播有以下主要特点:

(1) 存在衰落现象。

在近距离,产生衰落的原因主要是晚上天波和地波同时存在,因电离层的电子密度及高度时刻在变化,因此天波的路程随之改变,接收点天波和地波电场的相位差跟着变化,产生信号忽大忽小的现象。当接收点在地波范围以外时,衰落是由不同反射次数的天波所引起的。波长愈短,相位的改变愈容易,衰落现象愈易出现。

(2) 信号场强日变化极大。

因为白天的场强完全由地面波决定,晚上则增加了天波成分,所以中波的天波传播日变化极大。根据天波与地波场强的相对大小,可将其分为三个不同的区域,如图 11.4-1 所示。在距反射机较近的区域(DA 段)内,即使在夜间,地面波场强也远大于天波场强,故接收场强几乎与昼夜无关,信号稳定;在较远的地区(AB 段),白天接收场强取决于地面波,但到夜晚由于天波出现,其场强可与地面波相比拟,故使合成场产生严重的衰落,接收质量下降;在很远的地区(BC 段),白天地波不能到达,晚上则可以收到很强的天波信号,同样也存在着衰落现象。

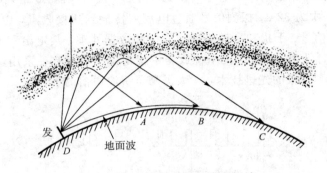

图 11.4-1　中波传播的三个区域

(3) 信号场强随年中季节变化。

由于中波的反射层 E 层晚上随季节变化很小,而白天的电子密度则有明显的季节变化,即夏季白天电子密度比冬季白天大,因此电离层吸收也较大。另外,在北半球的温带地区,夏季是一年内有较多雷雨的季节,强烈的雷雨活动使噪声电平剧烈增大,所以夏季白天天波传播情况不佳,信噪比较冬季低得多。

(4) 太阳活动性以及电离层暴对中波传播的影响极小。

(5) 卢森堡效应。

当电离层在电波电场的作用下时,自由电子的运动速度将随电场的变化而发生改变,使碰撞次数 γ 跟着变化。因此,当电波由强功率电台电场作用着的电离层区域反射时,被接收的信号为强功率电台的调制频率 Ω 所调制(即信号幅度随 Ω 而改变),这种现象就称为交叉调制现象,也称为卢森堡效应。

11.5 长波的天波传播

波长在 1 km~10 km(频率为 300 kHz~30 kHz)之间的电波称为长波。

长波主要靠地面波传播,但也可利用天波传播。白天由 D 层下缘反射,而夜间 D 层消失,由 E 层下缘反射,经一跳或多跳传播,作用距离可达几千千米甚至上万千米。一般来讲,在 200 km~300 km 以内,地面波占优势;2000 km~3000 km 以外,天波占优势;在两者之间的距离上,天波地波同时存在形成干扰场。

由于电离层的电气特性对长波来说好像一层良导体,因此它能很好地反射电波。地面的土壤和海水也是长波的良导体,因此长波以及波长更长的无线电波就在由地面和电离层之间组成的大气波导中来回反射而传播很远的距离。所以地面及电离层吸收很少,传播损耗小;太阳活动性及电离层暴对长波传播影响也小,传播情况比较稳定,很少有场强突然变化的现象。

此波段的主要缺点是:频带窄,设备较贵。因此,长波传播主要应用于远距离精密无线电导航、标准频率与标准时间信号的广播、低电离层的研究等方面。

本 章 小 结

天波传播适用于短波、中波远距离通信,采用水平振子天线及水平极化方式;电道抗毁性好,但变化较大,信号不稳定,衰落现象严重;虽然传输损耗小,可进行小功率远距离通信,但为了提高通信质量,还是要正确选用通信频率。另外,1.4 MHz 的电波不宜采用天波传播方式。

天波传播是利用电离层反射进行通信,要了解电离层的形成、结构和变化。对于电离层这种媒质,我们引入等效介电常数 ε_r

$$\varepsilon_r = 1 - 80.8 \frac{N}{f^2}$$

推导出电波从电离层中全反射的条件为

$$\sin\theta_0 = n_n = \sqrt{1 - 80.8 \frac{N_n}{f^2}}$$

电波能从电离层反射回地面的最高频率 $f_{\max}$ 为

$$f_{\max}=\sqrt{\frac{80.8N_{\max}}{1-\sin^2\theta_0}}=\frac{\sqrt{80.8N_{\max}}}{\cos\theta_0}$$

电波垂直投射时能够从已知的电离层反射回来的最高频率称为临界频率 f_c，即

$$f_c=\sqrt{80.8N_{\max}}$$

斜投射时的最高频率 $f_{\max}$ 和临界频率 f_c 在同一高度处反射时，这两个频率之间应满足的关系式称为电离层的正割定律

$$f_{\max}=f_c\sec\theta_0$$

可见，当反射点电子密度 $N_{\max}$ 一定时（即 f_c 一定），通信距离 r 愈大，θ_0 也就愈大，则所允许使用的频率也就愈高。

短波天波传播存在多种传播模式和衰落，在实际工作中要找出对接收场点起主要作用的主导模式，采用适当的抗衰落措施。短波天波传播存在静区，可以采用降低工作频率和增大辐射功率来减小静区。

短波天波通信选频很重要。既不能高于最高可用频率 MUF，也不能低于最低可用频率 LUF；应等于或略低于最佳工作频率 OWF。此外，一般只选择两到三个频率作为线路的工作频率，而且通常把换频时间选在 N 急剧变化的黎明和黄昏。

习　　题

11.1　电离层分为哪四层？其规则变化有哪些？

11.2　天波传播时，电波频率 f、入射角 θ_0、电子密度 N_n 之间的关系是什么？

11.3　天波传播时，最高频率 $f_{\max}$ 和临界频率 f_c 指的是什么？它们之间有什么关系？

11.4　什么是 MUF、LUF 和 OWF？它们随地理位置和昼夜、季节、年份有什么变化？日频和夜频换频时间应选在何时？

11.5　什么是天波传播的传输模式？多径现象及多径衰落指的是什么？

11.6　什么是天波传播的静区？如何减小静区？

11.7　解释下列现象：

（1）短波收音机夜间收到的电台多、信号强；

（2）中波收音机晚上可收到很远处电台的信号；

（3）短波电台夜间雷电干扰比白天严重。

第 12 章   视 距 传 播

本章提要

- 视线距离与亮区场的计算
- 地形起伏的影响
- 低空大气的影响

从超短波到微波波段，因为频率很高，电波沿地面传播时会由于大地的吸收而急剧衰减，遇到障碍时绕射能力很弱，投射到高空电离层时又不能被反射回地面，所以这一波段的电波只能使用视距波传播和对流层散射传播两种方式。

视距波传播是指在收发天线间相互能"看见"的距离内，电波直接从发射点传播到接收点（有时包括有地面反射波）的一种传播方式。它应用甚广，例如接力通信、对空通信、卫星通信、电视广播、雷达等都采用这种传播方式。

12.1   视线距离与亮区场的计算

12.1.1   视线距离

由于地面是球形的，故当地面上的收发天线高度确定后，就有一相应的视线所能达到的最远距离（视线距离），如图 12.1-1(a) 所示。设发射天线 A 和接收天线 B 的高度分别为 h_1 和 h_2，连线 AB 与地球表面相切于 E 点，则 r 即为直射波所能到达的最远距离，称为视线距离。

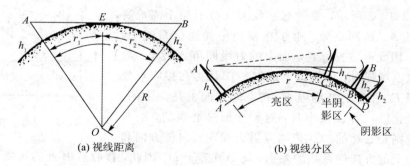

(a) 视线距离   (b) 视线分区

图 12.1-1   视线距离

设地球平均半径为 R，天线高度分别为 h_1 和 h_2，则在直角三角形 AEO 中，有

$$AE = \sqrt{AO^2 - EO^2} = \sqrt{(R+h_1)^2 - R^2} = \sqrt{2Rh_1 + h_1^2}$$

在直角三角形 BEO 中，有

$$BE = \sqrt{BO^2 - EO^2} = \sqrt{(R+h_2)^2 - R_0^2} = \sqrt{2Rh_2 + h_2^2}$$

由于 $R \gg h_1$，故可略去 h_1^2 和 h_2^2，得

$$AE \approx \sqrt{2Rh_1}$$

$$BE \approx \sqrt{2Rh_2}$$

则视线距离 r 为

$$r = r_1 + r_2 = \sqrt{2Rh_1} + \sqrt{2Rh_2} = \sqrt{2R}(\sqrt{h_1} + \sqrt{h_2}) \qquad (12.1-1)$$

将 $R = 6370$ km 代入，h_1、h_2 单位为 m，则

$$r(\text{km}) = 3.57(\sqrt{h_1(\text{m})} + \sqrt{h_2(\text{m})}) \qquad (12.1-2)$$

由此可见，视线距离决定于收发天线的架设高度。天线架设越高，视线距离就越远。因此在实际通信中，应尽量利用地形、地物把天线适当架高。

在地球表面上，接收点与发射点之间的距离不同，场强的变化规律也不同。为分析方便起见，我们通常依据距发射天线的距离远近将通信线路分成亮区、阴影区和半阴影区三个区域。

设接收点到发射点的距离为 d，视线距离为 r，如图 12.1-1(b)所示，则

$d < 0.7r$ 的区域称为亮区，图 12.1-1(b)中的 C 点位置就属亮区范围。

$d > (1.2 \sim 1.4)r$ 的区域称为阴影区，D 点位置即在阴影区。

$0.7r \leqslant d \leqslant (1.2 \sim 1.4)r$ 的区域称为半阴影区。

当然上述标准是近似的。在利用视距传播时，应尽量选择合适的天线高度，使接收点处于亮区。

12.1.2　地面上亮区场的计算

在视距波传播中，除了从发射天线直接到达接收点的直射波外，还存在从发射天线经由地面反射到达接收点的反射波，接收点的场是直射波与反射波的叠加。

1. 传播距离不远，地面可看作平面地时

如图 12.1-2 所示，发射与接收天线分别架于离地高为 h_1、h_2 的 A、B 两点处。由于在视距传播通信系统中，$d \gg h_1, h_2$，因此电波投射到地面上的射线仰角 Δ 很小。故在计算接收点场强时，可作以下近似：① 认为在接收点处直射波场强 E_1 和反射波场强 E_2 在空间方向上是一致的。对于垂直极化波，当 Δ 很小时，这种近似是恰当的，而对水平极化波则是必然的。② 忽略发射天线在直射波方向和

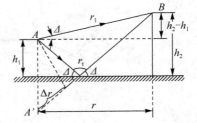

图 12.1-2　地面上方接收点的场

反射波方向上的方向性系数的差别，均令其等于 D。因此，接收点 B 处的场强可表示为

$$E = E_1 + E_2 = E_1[1 + |R_r| \mathrm{e}^{\mathrm{j}(k\Delta r + \varphi)}] \qquad (12.1-3)$$

式中，$\Delta r = r_2 - r_1$，r_1 和 r_2 分别是直射波和反射波的路径长度；k 为自由空间的相移常数，$k = 2\pi/\lambda$；$|R_r|$ 和 φ 分别是反射点处反射系数的模值和相位。

根据电磁场理论可知，当电波从空气投射到半导电媒质的地面时，会产生电波的反射

和透射现象，即部分能量被反射，部分能量透射进地面。反射波按照入射线、反射线和反射面的法线共面以及入射角等于反射角的方向传播，反射电场的幅度和相位变化则用反射系数 $R_r = |R_r| e^{-j\varphi}$ 表示。对于水平极化波，有

$$R_h = |R_h| e^{-j\varphi_n} = \frac{\sin\Delta - \sqrt{\varepsilon_r' - \cos^2\Delta}}{\sin\Delta + \sqrt{\varepsilon_r' - \cos^2\Delta}} \tag{12.1-4a}$$

对于垂直极化波，则有

$$R_v = |R_v| e^{-j\varphi_v} = \frac{\varepsilon_r' \sin\Delta - \sqrt{\varepsilon_r' - \cos^2\Delta}}{\varepsilon_r' \sin\Delta + \sqrt{\varepsilon_r' - \cos^2\Delta}} \tag{12.1-4b}$$

其中，$\varepsilon_1' = \varepsilon_r - j60\lambda\sigma$，为大地相对复介电常数。

由式 (12.1-4) 可知，地面反射系数 R_r 与地面土壤的电参数 (ε_1, σ)、电波频率、极化方式以及电波投射到地面时的角度 Δ 有关。若已知上述各量，利用式 (12.1-4) 就可求出反射系数的模值及相角。图 12.1-3 分别给出了电波频率为 0.1 GHz、0.3 GHz、1 GHz 和 3 GHz 时，海水和中等干地地面上的反射系数计算曲线。由图 12.1-3 可见，当地面电导率为有限值时，若射线仰角很小 ($\Delta \approx 0°$)，则有 $R_h \approx R_v \approx -1$；如果大地为理想导电体 ($\sigma = \infty$)，则反射系数与射线仰角无关，有 $R_h = -1$，$R_v = 1$，说明电波从理想导体表面全部被反射而不能透入到导体中去。上述结论可以从式 (12.1-4) 推出。

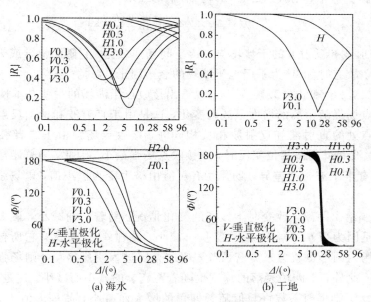

图 12.1-3　海水和干地上的反射系数曲线

对于视距通信线路来说，电波的射线仰角 Δ 很小（通常小于 1°），因此，不论是水平极化波还是垂直极化波，$|R_h|$、$|R_v|$ 均近似等于 1，相角 φ_h、φ_v 近似等于 180°，则接收点场强表示式 (12.1-3) 可简化为

$$|E| = E_1 |1 + R_r e^{-j(k\Delta r + \varphi)}| = E_1 \sqrt{1 + |R_r|^2 + 2|R_r| \cos\left(\frac{2\pi}{\lambda}\Delta r + \varphi\right)}$$

$$= E_1 \sqrt{2 - 2\cos\left(\frac{2\pi}{\lambda}\Delta r\right)} = 2E_1 \left|\sin\left(\frac{\pi}{\lambda}\Delta r\right)\right| \tag{12.1-5}$$

由图 12.1－3 中的几何关系可知

$$r_1 = \sqrt{r^2 + (h_2 - h_1)^2} = r\sqrt{1 + \frac{(h_2 - h_1)^2}{r^2}} \approx r\left[1 + \frac{(h_2 - h_1)^2}{2r^2}\right]$$

$$r_2 = \sqrt{r^2 + (h_2 + h_1)^2} = r\sqrt{1 + \frac{(h_2 + h_1)^2}{r^2}} \approx r\left[1 + \frac{(h_2 + h_1)^2}{2r^2}\right]$$

$$\Delta r = r_2 - r_1 = \frac{2h_1 h_2}{r}$$

将 Δr 表示式代入式(12.1－5)中，得接收点场强表示式为

$$E = 2E_1 \left| \sin \frac{2\pi h_1 h_2}{r\lambda} \right| \tag{12.1－6}$$

其中，$E_1 = 173\sqrt{P_r(\mathrm{kW})D}/r(\mathrm{km})(\mathrm{mV/m})$，为直射波场强的有效值，也即为自由空间传播的场强 $E_{\max}$ 值(见式(9.3－2))。

如同研究其他传播方式一样，我们最关心的还是电波在传播过程中场强幅度的变化情况。通常以衰减因子 W 表示，根据式(9.3－10)的定义，有

$$W = \frac{|E|}{|E_{\max}|}$$

在微波视距传播中，由式(12.1－6)可知 W 可表示为

$$W = \frac{|E|}{|E_{\max}|} \approx 2\left| \sin \frac{2\pi h_1 h_2}{r\lambda} \right| \tag{12.1－7}$$

W 表示直射波和反射波的干涉场与自由空间场强之比，它随距离 r 或天线高度 h 的变化呈波动状态。故有时称 W 为平面地干涉场的衰落因子。

根据式(12.1－6)和式(12.1－7)，可以看出接收点干涉场的一些基本性质：

(1) 接收点场强随距离的增大呈波动变化，这是由于直射波和地面反射波的干涉而引起的。当接收点处的直射波和反射波相位相同时，接收点场强由于二者叠加而获得最大值；反之，直射波和反射波相位相反时，则接收点场强最小。因此，随着距离的改变，Δr 的变化只要达到有半个波长的差异，场强就有可能由极大变为极小值，电场强度的起伏可达十几分贝。

图 12.1－4 给出距离 r 改变时干涉场的变化情况。随着 r 的减小，最大值和最小值的间隔缩小。这是因为当 h_1、h_2 和 λ 不变时，r 减小，波程差 Δr 加大，它所包含的半波数增多，因而干涉的图形也就愈来愈密。当 r 超过亮区进入阴影区后，则场强随着 r 的增大而单调地下降。此外，干涉场衰落的深度也随着距离 r 的减小而减小。这是由于 r 减小时，射线仰角 Δ 增大，则反射系数 $|R_r|$ 值随着仰角的增大而减小，使最大值 $E_{\max}(1 + |R_r|)$ 变小，最小值 $E_{\max}(1 - |R_r|)$ 增大。当然，随着距离 r 的变化，$E_{\max}$ 的大小也会有所变化。

(2) 接收点场强随天线高度的变化而波动变化。图 12.1－5 表示距离 r 一定，当一个天线高度不变，另一个天线高度连续改变时，接收信号场强随天线高度改变而变化的情况。通常称这个图形为高度图形。

当天线高度连续改变时，实际上是改变了反射点的位置，从而也改变了折射波的地面反射波的波程差，则二者之间的相位差也随之改变。例如当

$$\frac{2\pi}{\lambda}\Delta r \approx \frac{2\pi}{\lambda}\frac{2h_1 h_2}{r} = (2n-1)\pi \tag{12.1－8a}$$

时，接收点场强出现最大值 $E_{\max}(1+|R_{\mathrm{r}}|)$。

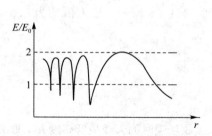
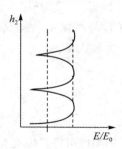

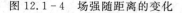

图 12.1 - 4　场强随距离的变化　　　　图 12.1 - 5　场强随高度的变化

当

$$\frac{2\pi}{\lambda}\Delta r\approx\frac{2\pi}{\lambda}\frac{2h_1h_2}{r}=2n\pi \tag{12.1-8b}$$

时，接收点场强出现最小值 $E_{\max}(1-|R_{\mathrm{r}}|)$。式中，$n=1,2,3,\cdots$。若保持 r、λ 和 h_1（或 h_2）不变，通过式（12.1-8）就可分别求出接收点场强为最大值和最小值时的 h_2（或 h_1）值，即

$$\begin{cases} h_2=\dfrac{2n-1}{4}\dfrac{\lambda r}{h_1} \\[2mm] h_2=\dfrac{2n}{4}\dfrac{\lambda r}{h_1} \end{cases} \tag{12.1-9}$$

因此，在接收电视信号时，改变接收天线的高度和位置，往往可以得到最佳效果。

（3）若距离 r 和天线高度 h 不变，改变工作波长则会得到类似的效果，即在某些波长上接收点场强会达到最大值，而在另一些波长上接收点场强会出现最小值。这是因为此时的波程差 Δr 虽然不变，但对不同的波长所引起的相位差却是不同的，所以会得到不同幅度的干涉场强。

上述所有这些现象，都是由于地面反射波和直射波相干涉的结果。因此在选择天线高度和收发天线之间的距离时，要避免接收天线处于场强最小的位置。

【例 12.1 - 1】　将一半波振子天线架高 60 m，南北方向水平放置，工作频率为 150 MHz，辐射功率为 10 W，求东西方向上地面距离为 6 km 处不同高度处的场强值。为获得好的接收效果，接收天线应架设的最低高度为多少米？

解　天线的工作波长为

$$\lambda=\frac{c}{f}=\frac{3\times10^8}{150\times10^6}=2\text{ m}$$

不考虑地面作用时，半波振子的辐射场为

$$E_1=E_{\max}=\frac{17\sqrt{P_{\mathrm{r}}(\mathrm{kW})D}}{r(\mathrm{km})}=\frac{173\sqrt{10\times10^{-3}\times1.64}}{6}\approx3.7\text{ mV/m}$$

直射波与反射波的波程差所引起的相位差为

$$k\Delta r=\frac{2\pi}{\lambda}\frac{2h_1h_2}{r}=\frac{4\pi\times60h_2}{2\times6\times10^3}=0.02\pi h_2$$

将以上数据代入接收点场强表示式（12.1-6），可得

$$E = 2E_1 \left| \sin \frac{2\pi h_1 h_2}{\lambda r} \right| \approx 7.4 \left| \sin(0.01\pi h_2) \right| \ \text{mV/m}$$

接收点场强值 E 与高度 h_2 的关系曲线如图 12.1-6 所示，最大值约为 7.4 mVm。自地面向上数的第一个最大值为

$$0.01\pi h_2 = \frac{\pi}{2}$$

即

$$h_2 = 50 \ \text{m}$$

利用式(12.1-9)同样可得到接收点获得最大接收场强时的天线最低高度 h_2，取 $n=1$，则

$$h_2 = \frac{2n-1}{4} \frac{\lambda_r}{h_1} = \frac{1}{4} \frac{2 \times 6 \times 10^3}{60} = 50 \ \text{m}$$

上述公式均是在 $\Delta \approx 0°$，$R_r \approx -1$ 的条件下得到的，要注意应用条件。

2. 传播距离较远，必须考虑地球的曲率时

当通信距离较大时，地面上有效反射区的范围也相应增大，这时就不能再视地面为平面，而必须考虑地球曲率的影响了。地球曲率对电波传播的影响有二：其一是在利用直射波和反射波干涉的概念计算接收点场强时，不能直接利用式(12.1-6)计算。因为这一公式是根据平面地面的反射情况推导出来的，而在球面地上，直射波和反射波的波程差与平面地时不同。其二是电波在球面上反射时有扩散作用，因此必须考虑由此引起的电场强度的变化。

球面地上直射波和反射波的传播路径如图 12.1-7 所示。显然，若要直接利用式(12.1-6)计算球面地上某点接收场强，则必须对天线高度作适当修正。图中两个高为 h_1 和 h_2 的实际天线架设在球面地上，两个高为 h_1' 和 h_2' 的假想天线架设在 MN 平面上，并假设两者的传播情况等效。这样就可以用前面平面地的一切公式了，只不过公式中天线高度应用 h_1'、h_2' 来代替，h_1'、h_2' 称作天线的折合高度。因此考虑地球曲率的问题就变成根据 r、h_1 及 h_2 的已知值，求折合高度 h_1'、h_2' 的问题。

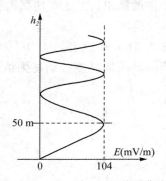

图 12.1-6　E 与 h_2 的关系曲线

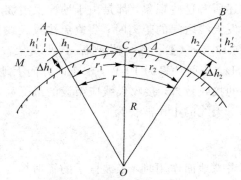

图 12.1-7　球面地上的反射

显然，$h_1' < h_1$，$h_2' < h_2$，因此地球曲率的影响使得天线的折合高度降低。下面推导 h_1'、h_2' 的公式。

实际上，h_1' 和 h_1，h_2' 和 h_2 之间的夹角很小(为了清楚起见，在图 12.1-7 中故意将天线高度放大)，因此可以认为

$$\begin{cases} h_1' \approx h_1 - \Delta h_1 \\ h_2' \approx h_2 - \Delta h_2 \end{cases} \qquad (12.1-10)$$

仿照视线距离 r 的推导方法，可以得出

$$\Delta h_1 \approx \frac{r_1^2}{2R}$$

$$\Delta h_2 \approx \frac{r_2^2}{2R}$$

将 Δh_1、Δh_2 表示式代入式(12.1-10)，得

$$\begin{cases} h_1' = h_1 - \dfrac{r_1^2}{2R} \\ \\ h_2' = h_2 - \dfrac{r_2^2}{2R} \end{cases} \qquad (12.1-11)$$

将地球平均半径 $R=6370$ km 代入，可得折合高度的计算公式为

$$\begin{cases} h_1' \,(\mathrm{m}) = h_1 \,(\mathrm{m}) - \dfrac{r_1^2 (\mathrm{km})}{12.8} \\ \\ h_2' \,(\mathrm{m}) = h_2 \,(\mathrm{m}) - \dfrac{r_2^2 (\mathrm{km})}{12.8} \end{cases} \qquad (12.1-12)$$

由式(12.1-12)可知，为了求得天线的折合高度，必须求出 r_1 和 r_2。换句话说，必须确定反射点的位置。当然，可以利用反射定律及线路路径的剖面图求出反射点位置。实用中为便于工程使用，已有图表可供查用。图 12.1-8 即为反射点位置的计算图，其使用方法如下：

（1）首先计算 m 和 c：

$$\begin{cases} c = \dfrac{h_2 - h_1}{h_1 + h_2} \,(h_2 > h_1) \\ \\ m = \dfrac{r^2}{4KR(h_1 + h_2)} \end{cases} \qquad (12.1-13)$$

式中，K 为考虑大气折射效应时对地球半径的修正系数，称为等效地球半径因子，通常取 $K=4/3$；R 为地球平均半径(6370 km)。

（2）根据所求出的 m 和 c 值，在图 12.1-8 中查出参数 b 值，将 b 值代入下列公式就可以求出 r_1 和 r_2 值：

$$\begin{cases} r_1 = \dfrac{r}{2}(1+b) \\ \\ r_2 = r - r_1 \end{cases} \qquad (12.1-14)$$

注意：在以上的计算中，h_2 是大于 h_1 的。

地球曲率的影响不仅会使天线的折合高度降低，而且使球面上的反射波场强比在平面地上的反射波场强要弱一些，这是因为在曲面反射时能量有扩散作用。在平面地上反射时，反射波是以 A 的镜像 A' 为等效辐射源的，如图 12.1-9(a)所示。因此，反射波束的张角 $\mathrm{d}\gamma'$ 等于入射波束的张角 $\mathrm{d}\gamma$。球面地上的反射情况如图 12.1-9(b)所示，从 A 辐射的波束经球面地上反射时，由于 C 点和 C' 点的切面不相同，因此波束经球面地上反射后的张角扩展为 $\mathrm{d}\gamma'$，而 $\mathrm{d}\gamma' > \mathrm{d}\gamma$。因此，能量在球面地上反射后扩散增大，在接收端 B 处单位面积上接收反射波的能量就要比平面反射时小。

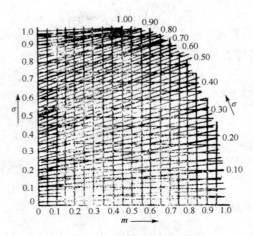

图 12.1-8　反射点参数的计算图表

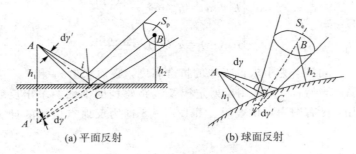

(a) 平面反射　　　　　(b) 球面反射

图 12.1-9　平面反射和球面反射

由于球面的扩散作用，电波在球面上的反射系数比平面时的小，定义

$$R_{f0} = \frac{\text{球面地反射时反射波场强}}{\text{平面地反射时反射波场强}} \qquad (12.1-15)$$

式中，R_{f0} 称为球面地的扩散系数或扩散因子，是一个小于 1 的系数。它的表示式为

$$R_{f0} = \frac{1}{\sqrt{1 + \frac{2r_1^2 r_2^2}{KRrh_1'}}} = \frac{1}{\sqrt{1 + \frac{2r_1 r_2^2}{KRrh_2'}}} \qquad (12.1-16)$$

根据传播路径上的几何参数（r_1、r_2、h_1'、h_2' 等）求出 R_{f0} 值后，将考虑球面地影响后的 Δr 及 R_{f0} 值代入式（12.1-5）中，就可以求出接收点处的合成场强。即

$$E = \frac{173\sqrt{P_r(\text{kW})D}\sqrt{1 + R_{f0}^2|R_r|^2 + 2R_{f0}|R_r|\cos\left(\frac{2\pi}{\lambda}\Delta r + \varphi\right)}}{r(\text{km})} \text{ mV/m} \qquad (12.1-17)$$

当 $\varphi \approx 180°$ 时，式（12.1-17）可写为

$$E \approx \frac{173\sqrt{P_r(\text{kW})D}\sqrt{1 + R_{f0}^2|R_r|^2 - 2R_{f0}|R_r|\cos\frac{4\pi h_1'h_2'}{\lambda r}}}{r(\text{km})} \text{ mV/m} \qquad (12.1-18)$$

反射波的扩散削弱了空间任一点的反射场强，因此有可能会使合成场强增强。

12.2 地形起伏对微波传播的影响

前面推导场强计算公式时，都认为地球表面是光滑的。实际上地球表面是起伏不平的。地面起伏情况对电波传播的影响程度与波长和地面起伏高度之比有关。例如，起伏高度为几百米的丘陵地带，对超长波来说可以认为是十分平坦的地面。但对分米波特别是厘米波来说，即使地面有一个微小的起伏，它就能与波长相比拟，而对电波传播产生重大的影响。因此，我们必须首先明确衡量地球表面不平坦性的标准。

12.2.1 雷利准则

为简单起见，设地面的起伏都具有相同的高度 Δh，如图 12.2-1 所示。过起伏地形的脊和谷作两假想平面，实线表示 Δh 的下边界平面（谷平面），虚线表示 Δh 的上边界平面（脊平面）。自发射天线发出的射线 1 和 2 分别经脊面处 A 点和谷面处 B 点反射，则这两射线的行程差为

$$\Delta r = 2\Delta h \sin\Delta$$

由此引起的相位差为

$$\Delta\varphi = k\Delta r = \frac{2\pi}{\lambda}2\Delta h \sin\Delta = \frac{4\pi\Delta h}{\lambda}\sin\Delta \tag{12.2-1}$$

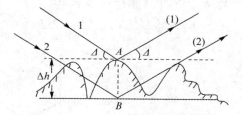

图 12.2-1 地面不平引起的射线行程差

若行程差 Δr 远小于波长，$\Delta\varphi$ 很小，这时对接收点场强没有明显的影响，则可以认为地面是平坦的。通常取 $\Delta\varphi \leqslant \pi/2$ 作为光滑地面和粗糙地面的分界线。将 $\Delta\varphi \leqslant \pi/2$ 代入式 (12.2-1)，则可得可视为光滑地面的条件为

$$\frac{4\pi\Delta h}{\lambda}\sin\Delta \leqslant \frac{\pi}{2} \tag{12.2-2}$$

换句话说，可视为镜面反射时所能允许的最大起伏高度为

$$\Delta h_{\max} \leqslant \frac{\lambda}{8\sin\Delta} \tag{12.2-3}$$

我们称这一条件为雷利准则。式 (12.2-3) 所表示的雷利准则并不是唯一的。如果取 $\Delta\varphi = \pi/4$ 或 $\Delta\varphi = \pi/8$ 为准则的依据，条件就更严格一些。因此实际工作中，为人们所引用的雷利准则有如下的变化范围：

$$\Delta h_{\max} = \frac{\lambda}{(8\sim 32)\sin\Delta} \tag{12.2-4}$$

由式 (12.2-4) 可以看出：波长愈短或射线仰角 Δ 愈大，愈难以看作光滑地面，地面不

平的影响也就愈大。例如，对频率为 6 GHz 的电波，投射角 $\Delta=1°$ 时，根据式(12.2-3)可计算出 $\Delta h_{max}=0.358$ m；当 $\Delta=30°$ 时，$\Delta h_{max}=0.0125$ m。两者差别很大，表明即使起伏较大的地面，当投射角 Δ 很小时，也同能视为光滑地面，这时式(12.2-3)可写成

$$\Delta h_{max} \leqslant \frac{\lambda}{8\Delta} \qquad (12.2-5)$$

式中 Δ 以弧度(rad)计。

12.2.2　地面不平的影响和菲涅尔区的概念

粗糙不平的地面对电波的反射不再是几何光学的镜面反射，而是向各个方向都有反射，即漫反射，如图 12.2-2 所示。漫反射使得反射波能量发散到各个方向，其作用相当于反射系数的降低。如果地面十分粗糙，则可以忽略反射波，而只考虑直射波在接收点产生的场强。另一方面，地面不平会引起图 12.2-1 中射线 1 和射线 2 的相位差，使到接收点电波相位发生畸变而降低天线增益。

对于光滑地面，可以用几何光学的射线理论来计算接收点的场强。而对于粗糙不平的地面，就必须用波动光学的理论。即认为地面上的任一点，当受到发射电波的投射后，它就会成为一个波源，此波源以一个点源的姿态辐射电磁波(亦称次波)。故应把整个地面看作无限个辐射源，而不像几何光学中那样只是一个点的反射。理论上可以证明，起决定性影响的只是整个地面中的一部分区域，如图 12.2-3 所示，这一区域被称为第一菲涅尔区，它是一个椭圆。此椭圆的中心点(一般情况不在反射点)在

$$y_0 \approx \frac{r}{2} \frac{\lambda r + 2h_1(h_1+h_2)}{\lambda r + (h_1+h_2)^2} \qquad (12.2-6)$$

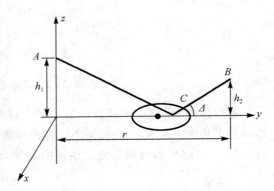

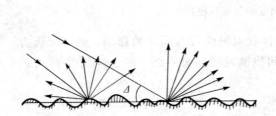

图 12.2-2　粗糙地面的漫反射　　　　　图 12.2-3　第一菲涅尔区域

在 y 轴方向的长半轴为

$$a \approx \frac{r}{2} \frac{\sqrt{\lambda r(\lambda r + 4h_1 h_2)}}{\lambda r + (h_1+h_2)^2} \qquad (12.2-7)$$

在 x 轴方向的短半轴为

$$b \approx \frac{a}{r} \sqrt{\lambda r + (h_1+h_2)^2} \qquad (12.2-8)$$

因此，在考虑地面不平的影响时，只要根据第一菲涅尔区所在地面的粗糙程度估计粗糙不平的影响即可。用该区的等效电参数作为地面等效电参数的代表，确定地面的反射系

数。如果第一菲涅尔区内的地面是光滑的，即使在该区周围存在凹凸不平现象，仍可以将地面看作光滑平面而用干涉公式直接计算；反之，若第一菲涅尔区所在地面非常粗糙，则可忽略反射波，而认为仅有直射波。

　　在微波视距通信系统中，为使接收点场强稳定，希望反射波的成分愈小愈好。所以在通信线路路径的设计和选择时，要尽可能地利用起伏不平的地面减弱反射波场强。若能十分合理地选择反射点附近（第一菲涅尔区）的地理条件，充分利用地形地物，使反射场明显削弱或改变反射波的传播方向，使其不能到达接收点，就可以保证接收点的场强稳定。

12.2.3　山脊的影响及传播余隙

　　实际工作中有时必须把天线安装在峭壁和山岗附近，或者线路要跨越山脊等。这时山脊或高大建筑物就成为通信线路中的障碍，因此必须考虑障碍物对电波传播的影响。由于地形是多种多样的，下面仅用一个典型的楔形山脊加以说明。

　　如图 12.2-4 所示，在收发两点之间有一楔形障碍，与两点的距离分别为 r_1 和 r_2，收发两点连线与障碍物顶点之距离为 h，图 12.2-4 中图(a)为 $h>0$，图(b)为 $h<0$，则接收点的场强计算公式为

$$E = E_{\max} F \qquad\qquad (12.2-9)$$

式中，$E_{\max}$ 为没有山脊阻挡电波在自由空间传播时的最大辐射方向场强；F 叫绕射因子，它与山脊高度、山脊位置以及工作波长有关。

　　由绕射理论可以得出，F 的变化范围为 $0\sim1.165$，与其中间变量 u 的关系有专门的图表可查，图 12.2-4(c)绘出了 F 与 u 的关系曲线，而中间变量 u 可由下式求出：

$$u = \sqrt{\dfrac{3(r_1+r_2)}{\lambda r_1 r_2}}\,h \qquad\qquad (12.2-10)$$

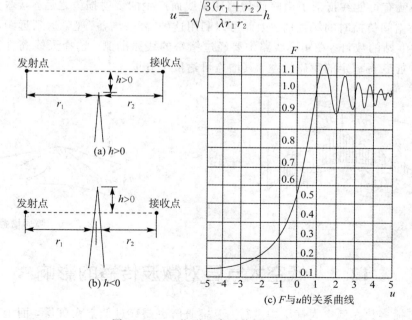

图 12.2-4　楔形山脊对传播的影响

分析图 12.2-4 可以看出，当电波通过楔形障碍时，接收点场强有以下特点：

（1）接收点场强与障碍物高度有明显关系。

当 $h>0$，即山脊低于收发两点连线时，场强呈波动状态。这是由于直射波与自山脊顶端所发射的二次场在接收点处相互干涉的结果。当 h 增大时，山脊影响减小，场强波动减小，逐渐趋近于自由空间的场强，也即 $F \rightarrow 1$。

当 $h<0$，即山脊高出收发连线时，场强随障碍物的增高而单调下降。这是由于山脊高度增大，电波绕射能力减弱之故。

当 $h=0$，即线路擦山脊而过时，场强恰为自由空间场强的一半，即 $E=0.5E_{\max}$。

（2）接收点场强与使用频率有关。

当 $h<0$，视线受阻时，对于一定高度的障碍物，波长愈短，绕射损失愈大，即接收场强愈小；当 $h>0$ 时，波长愈短，愈容易出现波动现象。

因此，在选择传播路径时，既不能让障碍物高出收发连线，也不能使收发连线刚好与障碍物取平，而应使收发天线的连线高出线路上最高障碍物一段距离。我们把收发两天线的连线与地形障碍物最高点之间的垂直距离 H_c 称作为传播余隙，如图 12.2-5 所示。

传播余隙一般大一些好，但也不能太大，因为太大，势必要求天线架得很高，一般取

$$H_c=\sqrt{\frac{\lambda r_1 r_2}{3(r_1+r_2)}} \sim \sqrt{\frac{\lambda r_1 r_2}{r_1+r_2}} \qquad (12.2-11)$$

此外，近几十年来发现在米波传播途中有楔形障碍时，在山后接收点场强有时不是减小而是增大。也就是说，在超短波传播路径中的山峰等障碍物，在某种条件下反而会促使远距离传播。即有楔形障碍时，接收点的场强反而比自由空间传播时的场强值要大，这种现象称为"障碍增益"。如图 12.2-6 所示，障碍物挡住了收发两点间的视线，但范围较窄，且山脊两边比较开阔而平坦。如果设计得当，使干涉场因折射波和反射波的同相叠加而获得最大值，就有可能在抵消了由障碍物挡住视线而产生的绕射损失之后，接收点的总场强仍大于自由空间传播时的场强值。因此可以利用这种"障碍增益"现象达到远距离通信的目的，减小中继站的数目。在实际线路中要经过精密的线路勘测，选择天线高度甚至改造地形等工作才能获得稳定的障碍增益，其增益可达数十分贝。

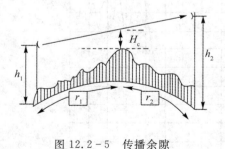

图 12.2-5　传播余隙　　　　　　　　　图 12.2-6　障碍增益现象

12.3　低空大气层对微波传播的影响

视距传播多数在低空大气层中进行，卫星通信也要穿过低空大气层，而上面的讨论是假定地球周围的大气是一种均匀、无耗的理想媒质。实际上，低空大气层是一种不均匀的媒质，电波在其内传播时会产生折射、反射、散射和吸收等现象。下面讨论大气对电波传

播的影响。

12.3.1　对流层和大气折射

对流层是指靠近地球表面的低空大气层，其平均厚度约十余千米，空气的主要成分是氮气和氧气。在太阳照射下，对流层很少直接吸收太阳辐射的热量，主要是地面受热。地面受热后，通过地面的热辐射和空气对流，对流层才被地面自下而上地依次加热。正因为如此，对流层的温度平均说来是随高度下降的。对流层中的水汽是靠地面上的水分蒸发形成的，因此其湿度也是随高度下降的，而且下降速度较快。由于大气密度的分布特点，大气压强也是随高度递减的。正是由于大气的压强、温度及湿度都随高度而变化，导致对流层的介电常数是高度的函数。在标准大气层情况下，对流层的相对介电常数随高度的增加将逐渐减少而更加趋近于 1。因此，大气对电波的折射率（$n=\sqrt{\varepsilon_r}$）随高度的增加逐渐减小而趋近于 1。

我们将地球的大气层分成许多薄层，如图 12.3－1(a)所示，每一薄层的厚度为 Δh。若令 Δh 足够小，则每层的 ε_r 可视为均匀的，但各薄层的 ε_r 不同，使各层具有不同的折射率 n，并随高度的增加而减小，即 $n_1>n_2>n_3\cdots>n_n$。和讨论电离层情况一样，电波在对流层中也要产生连续折射，称为大气折射，结果使传播路径发生弯曲。下面我们求射线的曲率半径。

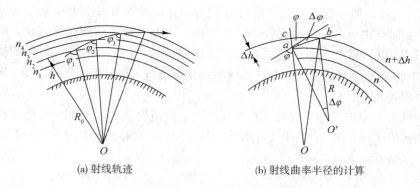

(a) 射线轨迹　　　　　　　(b) 射线曲率半径的计算

图 12.3－1　大气对电波的折射

如图 12.3－1(b)所示，入射角为 φ，相邻一层的折射角为 $\phi=\varphi+\Delta\varphi$。作入射点 a、b 处的法线，两线相交于 O' 点，有 $\angle O'=\Delta\varphi$。根据曲率半径的定义，射线的曲率半径为

$$R_0=\lim_{\Delta h\to 0}\frac{ab}{\Delta\varphi}$$

在 $\triangle abc$ 中，有

$$ab\approx\frac{\Delta h}{\cos(\varphi+\Delta\varphi)}\approx\frac{\Delta h}{\cos\varphi}$$

则

$$R_0=\lim_{\Delta h\to 0}\frac{\Delta h}{\Delta\varphi\cos\varphi} \tag{12.3－1}$$

根据折射定律，有

$$\frac{\sin\varphi}{\sin(\varphi+\Delta\varphi)}=\sqrt{\frac{\varepsilon_2}{\varepsilon_1}}=\frac{n+\Delta n}{n}$$

即

$$n\sin\varphi=(n+\Delta n)\sin(\varphi+\Delta\varphi)=(n+\Delta n)(\sin\varphi\cos\Delta\varphi+\cos\varphi\sin\Delta\varphi) \tag{12.3-2}$$

由于 $\Delta\varphi\to 0$，可以近似认为 $\sin\Delta\varphi\approx\Delta\varphi$，$\cos\Delta\varphi\approx 1$，并忽略二阶小量 $\Delta n\sin\Delta\varphi\cos\varphi$，因此式(12.3-2)可简化为

$$n\sin\varphi=n\sin\varphi+n\Delta\varphi\cos\varphi+\Delta n\sin\varphi$$

由此得

$$\Delta\varphi\cos\varphi=-\frac{\Delta n\sin\varphi}{n} \tag{12.3-3}$$

将式(12.3-3)代入式(12.3-1)，得

$$R_0=-\lim_{\Delta h\to 0}\frac{n\Delta h}{\Delta n\sin\varphi}=-\lim_{\Delta h\to 0}\frac{n}{\frac{\Delta n}{\Delta h}\sin\varphi}=-\frac{n}{\sin\varphi\frac{dn}{dh}} \tag{12.3-4}$$

对于微波视距传播来说，射线传播方向(即入射角)$\varphi\approx 90°$，通常有 $n\approx 1$，此时式(12.3-4)可化简为

$$R_0=-\frac{1}{\frac{dn}{dh}} \tag{12.3-5}$$

式(12.3-5)说明在低空大气层内传播的电波，其射线的曲率半径不是由折射率 n 的大小确定的，而是由折射率的梯度 dn/dh 确定的。当大气折射率随高度变化，即 dn/dh 为常数时，则 R_0 也为常数，因而射线轨迹是一段圆弧。当大气折射率随高度减小时，式(12.3-5)中的负号使 R 为正值，电波射线轨迹向下弯曲。在标准大气情况下，射线的曲率半径为 $R_0=25\ 000$ km。

考虑大气折射率的实际变化时，若大气折射率的梯度 dn/dh 不同，则电波在大气层中的传播轨迹也就不同。按大气折射的分类情况，大致可分为正折射、负折射和无折射三种，如图 12.3-2 所示。

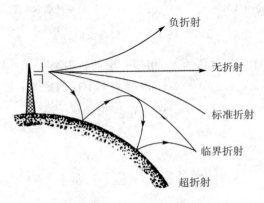

图 12.3-2　大气折射的类型

(1) 正折射：当低空大气层的折射率随高度而减小(即 $dn/dh<0$)时，电波射线轨迹向下弯曲。因为射线弯曲方向与地面相同，故称为正折射。若电波射线的曲率半径 $R_0\approx 4R=$

25 000 km，则称这种情况为标准大气折射。若电波射线的曲率半径 $R_0 = R$，射线轨迹恰好
与地球地平行，称为临界折射。若大气折射能力急剧加强，$R_0 < R$，使电波在一定高度的大
气层内呈现连续折射的现象，俗称波导效应，或称为超折射现象。当波导效应产生时，可
使超短波传播到很远的距离，这也就是在某些情况下，分米波和厘米波可以传播到极远距
离（甚至可达数百千米）的原因所在。但必须明确，由波导效应而产生的超短波远距离传播
现象不是经常发生的，只在低空大气中"波导"发生时才能够传播，因而利用波导效应不能
保证经常的可靠的通信联络。

（2）负折射：如果在低空大气层中气压、温度和湿度随高度的分布情况使折射率随高
度而增加（即 $dn/dh > 0$），电波折射的曲率半径 R_0 为负值，此时射线轨迹下凹，其结果使
视线距离及超短波传播距离都要减小。

（3）无折射：大气折射率不随高度变化（即 $dn/dh = 0$），大气为均匀介质，射线轨迹为
一直线，相当于电波射线的曲率半径 $R_0 \to \infty$ 的情况。

由于对流层是不均匀的，因此波在其中传播的轨迹发生弯曲。为了能直接应用前面导
出的场强计算公式，我们引入等效地球半径这一概念，认为电波在大气中仍沿直线传播，
但不是在实际地球上空，而是在等效地球面上空传播，如图 12.3 - 3 所示。

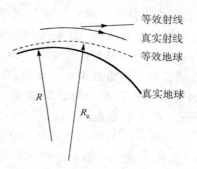

图 12.3 - 3　等效地球半径概念

为了保证图 12.3 - 3 中两种情况是等效的，必须使等效地球面上直线轨迹上任一点到
等效地球面的距离等于真实球面上弯曲轨迹的该点到真实地面的距离。根据几何定理，若
两组曲线的曲率之差相等，则它们之间的距离相等。设真实射线的弯曲半径为 R_0，则它的
曲率为 $1/R_0$。地球半径为 R，它们的曲率差等于 $1/R - 1/R_0$。图 12.3 - 3 中，虚线表示等
效的直线轨迹和等效的地球，由于直线的曲率半径为无限大，所以它的曲率等于零。设等
效地球半径为 R_e，则它们之间的曲率差为 $1/R_e$。令两组曲线的曲率差相等，得

$$\frac{1}{R} - \frac{1}{R_0} = \frac{1}{R_e}$$

即

$$R_e = \frac{R}{1 - R/R_0} = KR \qquad (12.3 - 6)$$

式中，$K = \dfrac{1}{1 - R/R_0}$，称为等效地球半径因子。它表示等效地球半径与实际地球半径之比。

将式（12.3 - 5）代入式（12.3 - 6）得

$$K = \frac{1}{1 + \dfrac{\mathrm{d}n}{\mathrm{d}h}R} \qquad\qquad (12.3-7)$$

当 $\dfrac{\mathrm{d}n}{\mathrm{d}n} < 0$ 时，$K > 1$；当 $\dfrac{\mathrm{d}n}{\mathrm{d}n} > 0$ 时，$K < 1$。一般来讲，K 的平均值在 4/3 附近，这也是为什么通常把 $K = 4/3$ 时的大气折射称为标准折射的原因。

采用上面的等效方法，在考虑大气折射的情况下，我们只要把电波在均匀大气中传播时所得到的一系列计算公式中，所有的地球半径 R 用 $R_e = KR$ 来代替，则电波就好像在无折射大气中一样，沿直线传播了。这样就可得到考虑大气折射时的一系列计算公式，如视线距离公式应修正为

$$r(\mathrm{km}) = \sqrt{2R_e}\,(\sqrt{h_1} + \sqrt{h_2}) = 4.12\left[\sqrt{h_1(\mathrm{m})} + \sqrt{h_2(\mathrm{m})}\right] \qquad (12.3-8)$$

12.3.2　大气电波的衰减

大气对电波的衰减有两个方面的内容，一是云、雾、雨、雪、冰、雹等小水滴对电波的热吸收以及水分子、氧分子对电波的谐振吸收；二是云、雾、雨等小水滴对电波的散射。

热吸收是当电波投射到这些水凝物(大气中水汽凝聚而成的云、雾、雨、冰、雹等物的总称)粒子时，由于水凝物粒子内部的分子之间或分子与离子之间的相互作用产生的阻尼效应，使一部分电波功率转化为热能而消耗掉，这就形成了对电波能量的吸收。它与水凝物的浓度有关。谐振吸收是由于任何物质都是由带电粒子组成的，这些粒子有固有的电磁谐振频率，当通过此物质的电磁波频率接近其谐振频率时，这些物质就会对电磁波产生强烈的共振吸收作用。大气中的氧分子具有固有的磁偶极矩，水汽分子具有固有的电偶极矩，它们都能从电波中吸收能量，产生吸收衰减。谐振吸收与工作波长有关，其中水分子的谐振吸收发生在 1.35 cm 与 1.6 mm 的波长上，氧分子的谐振吸收发生在 5 mm 与 2.5 mm 的波长上。散射衰减则是由于这些水凝物随外场频率振荡产生的二次辐射，从而将投射到它上面的一部分功率散射出去。无论是吸收或散射作用，其效果都是使电波在传播方向上遭到衰减。就云雾雨雪等对微波传播的影响来说，降雨引起的衰减是最为严重的。

总的来讲，电波的工作频率愈高，大气衰减愈严重，在一般气象条件下，波长长于 3 cm～5 cm 时，衰减很小(100 km 衰减不超过 1 dB)，波长大于 10 cm 时，可以不用考虑大气对电波的衰减；但波长小于 3 cm 时，衰减明显增加，毫米波波段衰减更加严重。

本 章 小 结

视距波传播适用于微波、超短波远距离通信，尤其进行卫星通信时，电波必须要穿透电离层到达外空间，所用频率非微波莫属。采用面天线时，有线极化和圆极化方式。

因为工作频率高，所以通信两点必须"可视"才能进行通信。视线距离 r 与天线高度有关：

$$r \approx 3.57\left[\sqrt{h_1(\mathrm{m})} + \sqrt{h_2(\mathrm{m})}\ \mathrm{km}\right]$$

考虑大气折射，则有

$$r \approx 4.12 \left[\sqrt{h_1(\text{m})} + \sqrt{h_2(\text{m})} \right] \text{ km}$$

根据收发天线的间距，把接收天线所处的区域分为亮区、半阴影区、阴影区，其中 $d<0.7\,r$ 的区域称为亮区，$d>(1.2\sim1.4)r$ 的区域称为阴影区，$0.7r<d<(1.2\sim1.4)r$ 的区域称为半阴影区。当然，为获得好的接收效果，应把接收天线置于亮区。

视距波在传播过程中，接收点的场时空中直射波与地面反射波的叠加为

$$E = 2E_1 \left| \sin \frac{2\pi h_1 h_2}{r\lambda} \right|$$

$$E_1 = \frac{173\sqrt{P_\text{r}(\text{kW})D}}{r(\text{km})} \text{ mV/m}$$

该合成场强与收发两点之间的距离、天线架高、工作频率有关，因此，在实际工作中要选择合适的天线高度及收发间距。

因为工作频率高，地面上大部分物体的尺寸都与工作波长相比拟，会对电波传播产生重大影响，其中起决定性影响的是呈椭圆形状的第一菲涅尔区。若该区域光滑，则接收场点的场为干涉场；若该区域非常粗糙，则可以忽略反射波，保证接收点场强稳定。当然，地面平坦与否要由雷利准则来判断。若通信线路途经山脊、峭壁，则要注意选取适当的传输余隙。这些对于设计和选择通信线路路径都有重要的实用意义。

工作频率越高，工作波长越小，大气衰减就越严重。

习　　题

12.1　什么是视线距离？亮区、阴影区、半阴影区是如何划分的？

12.2　什么是第一菲涅尔区？微波通信时对电路设计有何要求？

12.3　某电视台工作在 8 频道（$f = 187.5$ MHz），发射功率为 1 kW，天线增益 $G = 6$ dB，天线高度为 100 m，如接收天线高 10 m。试问：（1）直视距离有多大？（2）电视台服务面积多大？（3）直视距离边界上的场强有多大（只考虑直射波）？

附　　录

附录 A　常用材料的特性

附表 A－1　常用导体材料的特性

材料	电导率 $\sigma/(S/m)$	磁导率 $\mu/(H/m)$	趋肤深度 $\delta/(\mu m)$	表面电阻 R_s/Ω
银	6.1×10^7	$4\pi\times10^{-7}$	$0.37\sqrt{\lambda(cm)}$	$\dfrac{0.044}{\sqrt{\lambda(cm)}}$
铜	5.5×10^7	$4\pi\times10^{-7}$	$0.39\sqrt{\lambda(cm)}$	$\dfrac{0.047}{\sqrt{\lambda(cm)}}$
铝	3.2×10^7	$4\pi\times10^{-7}$	$0.5\sqrt{\lambda(cm)}$	$\dfrac{0.061}{\sqrt{\lambda(cm)}}$
黄铜	1.6×10^7	$4\pi\times10^{-7}$	$0.73\sqrt{\lambda(cm)}$	$\dfrac{0.086}{\sqrt{\lambda(cm)}}$

附表 A－2　常用介质材料的特性

材料 \ 特性	$\lambda=10$ cm		$\lambda=3$ cm		热传导率(25℃) $W/(cm\cdot℃)$	热膨胀系数/ $(10^{-6}℃)$
	ε_r	$\tan\delta$	ε_r	$\tan\delta$		
聚四氟乙烯	2.08	0.4×10^{-3}	2.1	0.4×10^{-3}		
聚乙烯	2.26	0.4×10^{-3}	2.26	0.5×10^{-3}		
聚苯乙烯	2.55	0.5×10^{-3}	2.55	0.7×10^{-3}		
夹布胶木			3.67	0.6×10^{-3}		
石英	3.78	0.1×10^{-3}	3.80	0.1×10^{-3}	0.0008	0.55
氧化铍(99.5%)			6.0	0.3×10^{-3}	0.13	6.0
氧化铍(99%)			6.1	0.1×10^{-3}		
氧化铝(96%)			8.9	0.6×10^{-3}	0.02	6.0
氧化铝(99%)			9.0	0.1×10^{-3}		
氧化铝(99.6%)			9.5～9.6	0.2×10^{-3}	0.02	
氧化铝(99.9%)			9.9	0.025×10^{-3}	0.02	
尖晶石			9	$10^{-3}\sim10^{-4}$	0.01	7
蓝宝石			9.3～11.7	0.1×10^{-3}	0.02	5.0～6.6
石榴石铁氧体			13～16	0.2×10^{-3}	0.03	
砷化钛			73.3	1.6×10^{-3}		
二氧化钛			85	0.4×10^{-3}	0.002	8.3
金红石			100	0.4×10^{-3}		

附录 B　国产矩形波导管参数表

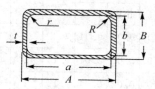

型号	频率范围/GHz	内截面尺寸/mm					壁厚	外截面尺寸/mm					
		a	b	偏差(±)		γ_{max}	t/mm	A	B	偏差(±)		R_{min}	R_{max}
				Ⅱ级	Ⅲ级					Ⅱ级	Ⅲ级		
BJ-8	0.64~0.98	292.0	146.0	0.4	0.8	1.5	3	298.0	152.0	0.4	0.8	1.6	2.1
BJ-9	0.76~1.15	247.6	123.8	0.4	0.8	1.2	3	253.6	129.8	0.4	0.8	1.6	2.1
BJ-12	0.96~1.46	195.6	97.8	0.4	0.8	1.2	3	201.6	103.8	0.4	0.8	1.6	2.1
BJ-14	1.14~1.73	165.0	82.5	0.4	0.6	1.2	2	169.0	86.5	0.3	0.6	1.0	1.5
BJ-18	1.45~2.20	129.6	64.8	0.3	0.5	1.2	2	133.6	68.8	0.3	0.5	1.0	1.5
BJ-22	1.72~2.61	109.2	54.6	0.2	0.4	1.2	2	113.2	58.6	0.2	0.4	1.0	1.5
BJ-26	2.17~3.30	86.40	43.20	0.17	0.3	1.2	2	90.40	47.20	0.2	0.3	1.0	1.5
BJ-32	2.60~3.95	72.14	34.04	0.14	0.24	1.2	2	76.14	38.04	0.14	0.28	1.0	1.5
BJ-40	3.22~4.90	58.20	29.10	0.12	0.20	1.2	1.5	61.20	32.10	0.15	0.20	0.8	1.5
BJ-48	3.94~5.99	47.55	22.15	0.10	0.15	0.8	1.5	50.55	25.15	0.10	0.20	0.8	1.3
BJ-58	4.64~7.05	40.40	20.20	0.8	0.14	0.8	1.5	43.40	23.20	0.10	0.20	0.8	1.3
BJ-70	5.38~8.17	34.85	15.80	0.7	0.12	0.8	1.5	37.85	18.80	0.10	0.20	0.8	1.3
BJ-84	6.57~9.99	228.50	12.60	0.06	0.10	0.8	1.5	31.50	15.60	0.07	0.15	0.8	1.3
BJ-100	8.20~12.5	22.86	10.67	0.05	0.07	0.8	1	24.86	12.16	0.06	0.10	0.65	1.3
BJ-120	9.84~15.5	19.05	9.52	0.04	0.06	0.8	1	21.05	11.52	0.05	0.10	0.5	1.15
BJ-140	11.9~18.0	15.80	7.90	0.03	0.05	0.4	1	17.80	9.90	0.05	0.10	0.5	1.15
BJ-180	14.5~22.0	12.96	6.48	0.03	0.05	0.4	1	14.96	8.48	0.05	0.10	0.5	1.0
BJ-220	17.6~26.7	10.67	4.32	0.02	0.04	0.4	1	12.67	6.32	0.05	0.10	0.5	1.0
BJ-260	21.7~33.0	8.64	4.32	0.02	0.04	0.4	1	10.64	6.32	0.05	0.10	0.5	1.0
BJ-320	26.4~40.0	7.112	3.556	0.02	0.04	0.4	1	9.11	5.56	0.05	0.10	0.5	1.0
BJ-400	32.9~50.1	5.690	2.845	0.02	0.04	0.3	1	7.69	4.85	0.05	0.10	0.5	1.0
BJ-500	39.2~59.6	4.775	2.388	0.02	0.04	0.3	1	6.78	4.39	0.05	0.10	0.5	1.0

续表

型号	频率范围 /GHz	内截面尺寸/mm					壁厚 t/mm	外截面尺寸/mm					
		a	b	偏差（±）		γ_{max}		A	B	偏差（±）		R_{min}	R_{max}
				Ⅱ级	Ⅲ级					Ⅱ级	Ⅲ级		
BJ－620	49.8～75.8	3.759	1.880	0.02	0.04	0.2	1	5.76	3.88	0.05	0.10	0.5	1.0
BJ－740	60.5～91.9	3.099	1.549	0.02	0.04	0.15	1	5.10	3.55	0.05	0.10	0.5	1.0
BJ－900	73.8～112	2.540	1.270	0.02	0.04	0.15	1	4.54	3.27	0.05	0.10	0.5	1.0
BJ－1200	92.2～140	2.032	1.016	0.02	0.20	0.15	1	4.03	3.02	0.05	0.10	0.5	1.0
BB－22	1.72～2.61	109.2	13.10	0.10	0.20	1.2	2	113.2	17.1	0.22	0.44	1.0	1.5
BB－26	2.17～3.30	84.6	10.40	0.09	0.15	1.2	2	90.4	14.4	0.17	0.34	1.0	1.5
BB－32	2.60～3.95	72.14	8.60	0.07	0.12	1.2	2	76.14	12.60	0.14	0.28	1.0	1.5
BB－40	3.22～4.90	58.20	7.00	0.06	0.10	1.2	1.5	61.20	10.0	0.12	0.24	0.8	1.3
BB－48	3.94～5.99	47.55	5.70	0.05	0.10	0.8	1.5	50.55	8.70	0.10	0.20	0.8	1.3
BB－58	4.64～7.05	40.40	5.00	0.04	0.08	0.8	1.5	43.40	8.00	0.08	0.16	0.8	1.3
BB－70	5.38～8.17	34.85	5.00	0.04	0.08	0.8	1.5	37.85	8.00	0.07	0.14	0.8	1.3
BB－84	6.57～9.99	28.50	5.00	0.03	0.06	0.8	1.5	31.50	8.00	0.06	0.12	0.8	1.3
BB－100	8.20～12.5	22.86	5.00	0.02	0.04	0.8	1	24.86	7.00	0.05	0.10	0.65	1.15

注：

（1）波导管的型号：第一个字母 B 表示波导管，第二个字母 J 表示矩形截面，B 表示扁矩形截面；阿拉伯数字表示波导管的中心工作频率，单位为百兆赫兹；罗马字母表示波导管的精度等级。例如，BJ－32－Ⅱ 表示矩形波导管的中心工作频率为 32 百兆赫，Ⅱ级精度。

（2）波导管的表面粗糙度标准为：

BJ－8～BJ－14，不高于 $\overset{0.8}{\triangledown}$

BJ－18～BJ－58，不高于 $\overset{0.4}{\triangledown}$

BJ－70～BJ－260，不高于 $\overset{0.2}{\triangledown}$

BJ－320～BJ－1200，不高于 $\overset{0.1}{\triangledown}$

BB－22～BB－58，不高于 $\overset{0.4}{\triangledown}$

BB－70～BB－100，不高于 $\overset{0.2}{\triangledown}$

（3）波导管应用黄铜 H96 制造。

（4）制造长度为：

BJ－3～BJ－140：3 m

BJ－180～BJ－260：3 m

BJ－320～BJ－1200：1.5 m

附录 C　常用同轴射频电缆的特性参数

型　号	内导体结构 /mm		绝缘外径 /mm	电缆外径 /mm	特性阻抗		衰减不大于 /(dB/m)		电容不小于	试验电压 /kV	电晕电压 /kV
	根数× 直径	外径			不小于	不大于	3 MHz	10 MHz	pF/m		
SWY - 50 - 2	1×0.68	0.68	2.2±0.1	4.0±0.3	47.5	52.5	2.0	4.3	115	3	1.5
SWY - 50 - 3	1×0.90	0.90	3.0±0.2	5.3±0.3	47.5	52.5	1.7	3.9	110	4	2
SWY - 50 - 5	1×1.37	1.37	4.6±0.2	9.6±0.6	47.5	52.5	1.4	3.5	110	6	3
SWY - 50 - 7 - 1	7×0.76	2.28	7.3±0.3	10.3±0.6	47.5	52.5	1.25	3.5	115	10	4
SWY - 50 - 7 - 2	7×0.76	2.28	7.3±0.3	11.1±0.6	47.5	52.5	1.25	3.2	115	10	4
SWY - 50 - 9	7×0.95	2.85	9.2±0.5	12.8±0.8	47.5	52.5	0.85	2.5	115	10	4.5
SWY - 50 - 11	7×1.13	3.93	11.0±0.6	14.0±0.8	47.5	52.5	0.85	2.5	115	14	5.5
SWY - 75 - 5 - 1	1×1.72	0.72	4.6±0.2	7.3±0.4	72	78	1.3	3.3	75	5	2
SWY - 75 - 5 - 2	7×0.26	0.78	4.6±0.2	7.3±0.4	72	78	1.5	3.6	76	5	2
SWY - 75 - 7	7×0.40	1.20	7.3±0.3	10.3±0.6	72	78	1.1	2.7	76	8	3
SWY - 75 - 9	1×1.37	1.37	9.0±0.4	12.6±0.8	72	78	0.8	2.4	70	10	4.5
SWY - 100 - 2	1×0.60	0.60	7.3±0.3	10.3±0.6	95	105	1.2	2.8	57	6	3

注：例如型号 SWY - 50 - 7 - 1 中各符号的含义如下：

S—同轴射频电缆

W—聚乙烯绝缘材料

Y—聚乙烯护层

50—特性阻抗为 50 Ω

7—芯线绝缘外径为 7 mm

1—结构序号

参 考 文 献

[1]　曹祥玉，高军，郑秋容. 天线与电波传播[M]. 北京：电子工业出版社，2015.

[2]　曹祥玉，高军，曹越胜，等. 微波技术与天线[M]. 西安：西安电子科技大学出版社，2008.

[3]　高军，曹祥玉. 电磁异向介质特性及微带天线应用[M]. 北京：国防工业出版社，2018.

[4]　梁昌洪，谢拥军，官伯然. 简明微波[M]. 北京：高等教育出版社，2006.

[5]　傅文斌. 微波技术与天线[M]. 北京：机械工业出版社，2007.

[6]　殷际杰. 微波技术与天线[M]. 北京：电子工业出版社，2005.

[7]　董金明，林萍实. 微波技术[M]. 北京：机械工业出版社，2003.

[8]　周希朗. 电磁场理论与微波技术基础（上、下册）[M]. 南京：东南大学出版社，2005.

[9]　毛均杰. 微波技术与天线[M]. 北京：科学出版社，2006.

[10]　廖承恩. 微波技术基础[M]. 西安：西安电子科技大学出版社，1995.

[11]　周希朗. 电磁场理论与微波技术基础解题指导[M]. 南京：东南大学出版社，2005.

[12]　郭辉萍，刘学观. 微波技术与天线学习指导[M]. 西安：西安电子科技大学出版社，2003.

[13]　KRAUSJ D，MARHEFKA R J. 天线（上、下册）[M]. 章文勋，译. 北京：电子工业出版社，2005.

[14]　STUTZMANW L，THIELE G A. 天线理论与设计[M]. 朱守正，安同一，译. 北京：人民邮电出版社，2006.

[15]　GROSS F B. 下一代天线设计与工程[M]. 曹祥玉，高军，刘涛，等译. 北京：国防工业出版社，2016.

[16]　康行健. 天线原理与设计[M]. 北京：北京理工大学出版社，1993.

[17]　潘仲英. 电磁波、天线与电波传播[M]. 北京：机械工业出版社，2003.

[18]　闻映红. 天线与电波传播理论[M]. 北京：清华大学出版社，北京交通大学出版社，2007.

[19]　赵春辉，杨莘元. 现代微波技术[M]. 哈尔滨：哈尔滨工程大学出版社，2007.

[20]　左智成，李兴华. 电波与天线[M]. 合肥：合肥工业大学出版社，2006.

[21]　李绪益. 微波技术与微波电路[M]. 广州：华南理工大学出版社，2007.

[22]　王一平，郭宏福. 电磁波：传输·辐射·传播[M]. 西安：西安电子科技大学出版社，2006.